高等院校电子信息科学与工程规划教材

单片机原理与应用技术

肖金球　黄伟军　雷岩　编著

清华大学出版社
北京

内容简介

本书是以MCS-51单片机内核为基础，以Proteus ISIS为仿真平台，并以Keil C51作为编译工具来介绍单片机原理和应用技术的。开篇以计算机的原理结构和发展史为先导，把计算机领域中两大重要分支——嵌入式系统（单片机）和通用计算机系统（微型计算机）有机结合在一起。51单片机几乎包含了高级单片机的所有结构，是学习高级单片机的基础。汇编语言是最接近机器码的语言，有助于读者对单片机运行过程和状态的理解。本书主要内容包括微型计算机系统的基本组成原理及基本结构、MCS-51单片机的硬件结构和时序、指令系统、汇编语言及Keil C51程序设计、内部功能及应用、系统的扩展、I/O接口技术、Proteus ISIS仿真平台的应用、单片机最新接口技术实例以及单片机应用系统设计实例（四旋翼飞行器飞控系统的设计）等。

图书在版编目（CIP）数据

单片机原理与应用技术 / 肖金球，黄伟军，雷岩编著. —北京：清华大学出版社，2019（2024.1 重印）
（高等院校电子信息科学与工程规划教材）
ISBN 978-7-302-51880-8

I. ①单… II. ①肖… ②黄… ③雷… III. ①单片微型计算机—高等学校—教材 IV. ① TP368.1

中国版本图书馆CIP数据核字（2018）第293999号

责任编辑：邓 艳
封面设计：刘 超
版式设计：王凤杰
责任校对：马军令
责任印制：丛怀宇

出版发行：清华大学出版社
网 址：https://www.tup.com.cn, https://www.wqxuetang.com
地 址：北京清华大学学研大厦A座 **邮 编：**100084
社 总 机：010-83470000 **邮 购：**010-62786544
投稿与读者服务：010-62776969，c-service@tup.tsinghua.edu.cn
质 量 反 馈：010-62772015，zhiliang@tup.tsinghua.edu.cn
印 装 者：涿州市般润文化传播有限公司
经 销：全国新华书店
开 本：185mm×260mm **印 张：**24 **字 数：**610千字
版 次：2019年3月第1版 **印 次：**2024年1月第4次印刷
定 价：69.80元

产品编号：080775-01

前　言

单片机（Micro Controller Unit，微控制器）是采用超大规模集成电路技术制成的一种集成电路芯片。

微控制器具有出色的控制能力，配合程序，可以像人脑一样控制电路的运行。如果说数字电路和模拟电路是打开你电子世界的第一扇大门，那么单片机技术，则是让你电子的应用能力更进一步的阶梯。是否具备单片机应用技术将直接影响一个电子爱好者就业机会的多少。

电子技术的迅猛发展、超大规模集成电路设计技术及制造工艺的不断提高，单片机技术也得到迅速发展，人们生活对单片机类电子设备的依赖也日渐增加。目前，单片机技术已经渗透到国防、工业、农业等领域。在智能仪器仪表、工业检测控制、电力电子、汽车电子、机电一体化等方面得到了广泛应用。单片机技术快速发展，促使各种扩展型、增强型的单片机不断推出，美国 ATMEL 公司、Cypress、STC、飞利浦、西门子、美国 DALLAS 等公司推出与 MCS-51 兼容的增强型单片机，但万变不离其宗，都还是以 MCS-51 单片机为基础进行内核升级和外围设备升级的。本书以 MCS-51 单片机为基础进行讲解，MCS-51 系列的单片机品种多、规格齐、适应性强、应用技术资料多，便于初学者学习和使用。

随着教学课程的改革，许多学校开始撤销“微型计算机原理”课程，直接开设“单片机原理及应用”课程。由于没有“微型计算机原理”课程的先导，缺乏微型计算机系统及结构的知识铺垫，大部分初学者会觉得单片机技术入门困难、汇编语言难以理解。根据以上问题，本书编写时做了如下工作。

1. 相对于传统的单片机书籍而言，本书增加了微型计算机系统及结构的内容，把计算机领域中两大重要分支——嵌入式系统（单片机）和通用计算机系统（微型计算机）有机结合在一起，先介绍微机的基本概念及基础理论，再具体介绍单片机原理及应用，层层递进，有利于初学者迅速掌握单片机技术。

2. 在编程语言方面，传统的“单片机原理与应用”课程普遍采用汇编语言教学，增大了学者对编程语言的学习难度且不利于工程项目的实际应用。汇编语言具有效率高，对硬件可操控性强的特点，但也有不易维护、可移植性很差的不足；C 语言具有易维护、可移植性好的优点，但无法直接对硬件控制，需要调用封装库，不利于初学者对单片机工作流程的理解。本书增加了“嵌入式单片机高级 C51 程序设计”的内容，在多数应用程序的编程中，采用汇编语言和 C51 的“双”语言编程教学。汇编语言程序设计的学习更有利于加强初学者对单片机的理解，而 C 语言的学习为大型项目开发做准备。“双”语言编程教学主要是优势互补，让学者对单片机尽快理解的同时，也对将来应用开发打下坚实的基础。

3. 仿真及编译软件方面，本书选用 Proteus ISIS 仿真软件和 Keil μVision 编译软件。EDA 技术（Electronics Design Automation）的发展使得如今不需要产品板也可以在计算机中建立系统模型进行软件调试，并且还可以通过 Proteus ISIS 建立和目标产品板相差不大的产品级功能仿真模型，大大减少了硬件的投入和软件调试的等待时间。Keil μVision 开发软件集编辑、编译和仿真于一体，支持汇编语言、PLM 语言和 C 语言的程序设计，界面友好，可快速上手，很适合单片机爱好者使用。

本书共分为 12 章，第 1 章为计算机概述；第 2 章介绍计算机基础知识；第 3 章介绍微型计算机的基本结构和工作原理。前三章讲述初学者相对较熟悉的计算机系统，并补充基础知识，让初学者循序渐进地对计算机结构和原理有所了解。第 4 章讲述了单片机概论及增强型 51 单片机系列介绍，在前面章节的基础上过渡到单片机原理的学习；第 5 章介绍 MCS-51 单片机的结构和时序；第 6 章介绍 MCS-51 单片机指令系统；第 7 章介绍汇编语言程序设计；第 8 章介绍嵌入式单片机高级 C51 程序设计，读者有了汇编语言基础，对高级语言编程学习和理解就简单多了；第 9 章介绍基于 Proteus ISIS 现代嵌入式系统仿真技术；第 10 章介绍基本 51 内核内部功能及外部系统扩展和高级应用；第 11 章介绍基于 MCS-51 的 A/D、D/A 应用；第 12 章以四旋翼飞行器飞控系统的设计项目为实例，讲述单片机应用系统的开发流程。

编写本书时，笔者深入浅出地讲解 51 单片机原理与应用技术。首先力求以本书为教材的学生能够对 MCS-51 单片机的主要技术有一个深入的理解，掌握知识的同时能灵活应用；其次，能让使用本书自学的学者快速地理解、掌握和应用单片机关键性技术；最后，希望正在从事单片机系统设计，具有一定实践经验的工程技术人员在阅读本书后也能得到一些帮助。

本书参考了各个系列单片机的最新资料，吸取了单片机开发应用的最新成果，具有较强的系统性、先进性和实用性。内容由浅入深，并配有相应的习题，便于读者学习和实践。

本书可作为高等院校电子信息、自动控制、电气工程、物联网、计算机应用以及机电一体化等工科专业的单片机课程教材，也可作相关工程技术人员的参考书。

本书由肖金球、黄伟军、雷岩编著，参加本书编写的还有冯翼、刘传洋等。南京东南大学信息科学与工程学院的李文渊教授和南京河海大学计算机与信息学院的曹宁教授审阅了全书，并提出了许多宝贵的意见和建议。另外，本教材在编写过程中得到了清华大学出版社的大力支持，邓艳编辑为本书提出了许多宝贵的建议。在本书出版之际，笔者对在本书编写过程中给予帮助的所有老师和同学表示真诚的感谢。

由于时间仓促，笔者水平有限，书中难免会存在疏漏和不足之处，殷切希望广大读者予以批评和指正。

编者

目　录

第1章　计算机概述

计算机发展到今天，已不再是一种应用工具，它已经成为一种文化和潮流，并给各行各业带来了巨大的冲击和变化。同时，计算机文化也在改变着人们的生活模式和思维模式，从来没有一种文化会像计算机文化一样得到如此一致的认同。

所谓计算机是电子数字计算机的简称，是一种自动地、高速地进行数值运算和信息处理的电子设备。电子计算机的出现和发展，是科学技术和生产力发展的卓越成就之一，反过来，它也极大地促进了科学技术和生产力的发展。本章介绍计算机的特点、分类、应用以及计算机的组成，并阐述硬件和软件之间的关系。

1.1　绪　　论

1.1.1　计算机发展简史

计算工具的演化经历了由简单到复杂、从低级到高级的不同阶段，例如从“结绳记事”中的绳结到算筹、算盘计算尺、机械计算机等。它们在不同的历史时期发挥了各自的历史作用，同时也启发了电子计算机的研制和设计思路。

1889年，美国科学家赫尔曼·何乐礼研制出以电力为基础的电动制表机，用以储存计算资料。

1930年，美国科学家范内瓦·布什造出世界上首台模拟电子计算机。

1946年2月14日，由美国军方定制的世界上第一台电子计算机“电子数字积分计算机”（ENIAC Electronic Numerical And Calculator）在美国宾夕法尼亚大学问世了。ENIAC（中文名：埃尼阿克）是美国奥伯丁武器试验场为了满足计算弹道需要而研制成的，这台计算器使用了17840支电子管，大小为80英尺×8英尺（1英尺=30.48厘米），重达28t（吨），功耗为170kW，每秒能进行5000次的加法运算，造价约为487000美元。ENIAC的问世具有划时代的意义，表明电子计算机时代的到来。在以后60多年里，计算机技术展现了惊人的发展速度，没有任何一门技术的性能价格比能在30年内增长6个数量级。

自从第一台电子计算机问世以来，计算机科学和技术获得了日新月异的飞速发展。计算机的发展大致经历了四代：

（1）第1代：电子管数字机（1946～1958年）

硬件方面，逻辑元件采用的是真空电子管；主存储器采用汞延迟线、阴极射线示波管静电存储器、磁鼓、磁芯；外存储器采用的是磁带；软件方面采用的是机器语言、汇编语言；应用领域以军事和科学计算为主。

特点是体积大、功耗高、可靠性差、速度慢（一般为每秒数千次至数万次）、价格昂贵，但为以后的计算机发展奠定了基础。

（2）第 2 代：晶体管数字机（1958 ～ 1964 年）

这一代计算机的主要逻辑元件为晶体管，主存储器仍用磁芯，外存储器已开始使用磁盘，软件也有较大发展，出现了各种高级语言。应用领域以科学计算和事务处理为主，并开始进入工业控制领域。特点是体积缩小、能耗降低、可靠性提高、运算速度提高（一般为每秒数十万次，可高达 300 万次）、性能比第 1 代计算机有很大的提高。

（3）第 3 代：集成电路数字机（1964 ～ 1970 年）

硬件方面，逻辑元件采用中、小规模集成电路（MSI、SSI），主存储器仍采用磁芯；软件方面出现了分时操作系统以及结构化、规模化程序设计方法，操作系统、会话式高级语言等软件发展迅速。特点是速度更快（一般为每秒数百万次至数千万次），而且可靠性有了显著提高，价格进一步下降，产品有了通用化、系列化和标准化的趋势，应用领域开始进入文字处理和图形图像处理领域。机种多样化，生产系列化，结构积木化，使用系统化，是这一阶段计算机发展的主要特点。

（4）第 4 代：大规模集成电路机（1970 年至今）

硬件方面，逻辑元件采用大规模和超大规模集成电路（LSI 和 VLSI），软件方面出现了数据库管理系统、网络管理系统和面向对象语言等。1971 年世界上第一台微处理器在美国硅谷诞生，开创了微型计算机的新时代。计算机的应用领域从科学计算、事务管理、过程控制逐步走向家庭。

由于集成技术的发展，半导体芯片的集成度更高，每块芯片可容纳数万乃至数百万个晶体管，并且可以把运算器和控制器都集中在一个芯片上，从而出现了微处理器，并且可以用微处理器和大规模、超大规模集成电路组装成微型计算机，就是我们常说的微电脑或 PC 机。微型计算机体积小，价格便宜，使用方便，而且它的功能和运算速度已经达到甚至超过了过去的大型计算机。另一方面，利用大规模、超大规模集成电路制造的各种逻辑芯片，已经可以制成体积并不很大，但运算速度可达一亿甚至几十亿次的巨型计算机。

随着物理元器件的变化，不仅计算机主机经历了更新换代，它的外部设备也在不断地变革。比如外存储器，由最初的阴极射线显示管发展到磁芯、磁鼓，之后又发展为通用的磁盘，现在又出现了体积更小、容量更大、速度更快的只读光盘（CD-ROM）。

1.1.2 计算机工作原理

计算机的基本原理是存储程序和程序控制。预先要把指挥计算机如何进行操作的指令序列（称为程序）和原始数据通过输入设备输入到计算机内存储器中。每一条指令中明确规定了计算机从哪个地址取数，进行什么操作，然后送到什么地址去等步骤。

1．基本原理

计算机在运行时，先从内存中取出第一条指令，通过控制器的译码，按指令的要求，从存储器中取出数据进行指定的运算和逻辑操作等加工，然后再按地址把结果送到内存中去。接下来，再取出第二条指令，在控制器的指挥下完成规定操作，依此进行下去，直至遇到停止指令。

程序与数据一样存储，按程序编排的顺序，一步一步地取出指令，自动地完成指令规定的操作是计算机最基本的工作原理。这一原理最初是由美籍匈牙利数学家冯·诺依曼（John von Neumann）于 1945 年提出来的，故称为冯·诺依曼原理。

按照冯·诺依曼存储程序的原理，计算机在执行程序时须先将要执行的相关程序和数据放入内存储器中，在执行程序时 CPU 根据当前程序指针寄存器的内容取出指令并执行指令，然后再取出下一条指令并执行，如此循环下去直到程序结束指令时才停止执行。其工作过程就是不断地取指令和执行指令的过程，最后将计算的结果放入指令指定的存储器地址中。计算机工作过程中所要涉及的计算机硬件部件有内存储器、指令寄存器、指令译码器、计算器、控制器、运算器和输入/输出设备等，在后续的内容中将会着重介绍。

2．系统架构

计算机系统由硬件系统和软件系统两大部分组成。美籍匈牙利科学家冯·诺依曼（John von Neumann）奠定了现代计算机的基本结构，这一结构又称冯·诺依曼结构，其特点如下。

（1）使用单一的处理部件来完成计算、存储以及通信的工作。

（2）存储单元是定长的线性组织。

（3）存储空间的单元是直接寻址的。

（4）使用低级机器语言，指令通过操作码来完成简单的操作。

（5）对计算进行集中的顺序控制。

（6）计算机硬件系统由运算器、存储器、控制器、输入设备、输出设备五大部件组成并规定了它们的基本功能。

（7）采用二进制形式表示数据和指令。

（8）在执行程序和处理数据时必须将程序和数据从外存储器装入主存储器中，然后才能使计算机在工作时能够自动调整地从存储器中取出指令并加以执行。

3．硬件系统

硬件通常是指构成计算机的设备实体。一台计算机的硬件系统应由五个基本部分组成：运算器、控制器、存储器、输入和输出设备。现代计算机还包括中央处理器和总线设备。这五大部分通过系统总线完成指令所传达的操作，当计算机在接受指令后，由控制器指挥，将数据从输入设备传送到存储器存放，再由控制器将需要参加运算的数据传送到运算器，由运算器进行处理，处理后的结果由输出设备输出。

4．软件系统

所谓软件是指为方便使用计算机和提高使用效率而组织的程序以及用于开发、使用和维护的有关文档。软件系统可分为系统软件和应用软件两大类。

（1）系统软件

系统软件（System Software），由一组控制计算机系统并管理其资源的程序组成，其主要功能包括：启动计算机，存储、加载和执行应用程序，对文件进行排序、检索，将程序语言翻译成机器语言等。实际上，系统软件可以看作用户与计算机的接口，它为应用软件和用户提供了控制、访问硬件的手段，这些功能主要由操作系统完成。此外，编译系统和各种工具软件也属此类，它们从另一方面辅助用户使用计算机。

（2）应用软件

为解决各类实际问题而设计的程序系统称为应用软件。从其服务对象的角度，又可分为通用软件和专用软件两类。

1.1.3 计算机应用领域

1．信息管理

信息管理是以数据库管理系统为基础，辅助管理者提高决策水平，改善运营策略的计算机技术。信息处理具体包括数据的采集、存储、加工、分类、排序、检索和发布等一系列工作。信息处理已成为当代计算机的主要任务，是现代化管理的基础。据统计，80% 以上的计算机主要应用于信息管理，成为计算机应用的主导方向。信息管理已广泛应用于办公自动化、企事业计算机辅助管理与决策、情报检索、图书馆、电影电视动画设计、会计电算化等各行各业。

2．科学计算

科学计算是计算机最早的应用领域，是指利用计算机来完成科学研究和工程技术中提出的数值计算问题。在现代科学技术工作中，科学计算的任务是大量的和复杂的。利用计算机的运算速度高、存储容量大和连续运算的能力，可以解决人工无法完成的各种科学计算问题。例如，工程设计、地震预测、气象预报、火箭发射等都需要由计算机承担庞大而复杂的计算量。

3．过程控制

过程控制是利用计算机实时采集数据、分析数据，按最优值迅速地对控制对象进行自动调节或自动控制。采用计算机进行过程控制，不仅可以大大提高控制的自动化水平，而且可以提高控制的时效性和准确性，从而改善劳动条件、提高产量及合格率。因此，计算机过程控制已在机械、冶金、石油、化工、电力等行业得到广泛的应用。

4．辅助技术

计算机辅助技术包括 CAD、CAM 和 CAI 等。

（1）计算机辅助设计（Computer Aided Design，简称 CAD）

计算机辅助设计是利用计算机系统辅助设计人员进行工程或产品设计，以实现最佳设计效果的一种技术。CAD 技术已应用于飞机设计、船舶设计、建筑设计、机械设计、大规模集成电路设计等。采用计算机辅助设计，可缩短设计时间，提高工作效率，节省人力、物力和财力，更重要的是提高了设计质量。

（2）计算机辅助制造（Computer Aided Manufacturing，简称 CAM）

计算机辅助制造是利用计算机系统进行产品的加工控制过程，输入的信息是零件的工艺路线和工程内容，输出的信息是刀具的运动轨迹。将 CAD 和 CAM 技术集成，可以实现设计产品生产的自动化，这种技术被称为计算机集成制造系统。有些国家已把 CAD 和计算机辅助制造（Computer Aided Manufacturing）、计算机辅助测试（Computer Aided Test）及计算机辅助工程（Computer Aided Engineering）组成一个集成系统，使设计、制造、测试和管理有机地组成为一体，形成高度的自动化系统，因此产生了自动化生产线和“无人工厂”。

（3）计算机辅助教学（Computer Aided Instruction，简称 CAI）

计算机辅助教学是利用计算机系统进行课堂教学。教学课件可以用 PowerPoint 或 Flash 等制作。CAI 不仅能减轻教师的负担，还能使教学内容生动、形象逼真，能够动态演示实验原理或操作过程，激发学生的学习兴趣，提高教学质量，为培养现代化高质量人才提供有效方法。

5．翻译

1947 年，美国数学家、工程师沃伦·韦弗与英国物理学家、工程师安德鲁·布思提出了以计算机进行翻译（简称“机译”）的设想，机译从此步入历史舞台，并走过了一条曲折而漫长的发展道路。机译被列为 21 世纪世界十大科技难题。与此同时，机译技术也拥有巨大的应用需求，机译消除了不同文字和语言间的隔阂，堪称高科技造福人类之举。

6．多媒体应用

随着电子技术特别是通信和计算机技术的发展，人们已经有能力把文本、音频、视频、动画、图形和图像等各种媒体综合起来，构成一种全新的概念——“多媒体”（Multimedia）。在医疗、教育、商业、银行、保险、行政管理、军事、工业、广播、交流和出版等领域中，多媒体的应用发展很快。

7．计算机网络

计算机网络是由一些独立的和具备信息交换能力的计算机互联构成，以实现资源共享的系统，计算机在网络方面的应用使人类之间的交流跨越了时间和空间障碍。计算机网络已成为人类建立信息社会的物质基础，它给我们的工作带来极大的方便和快捷，如在全国范围内的银行信用卡系统的使用、火车和飞机订票及检票系统的使用等。可以在全球最大的互联网络——Internet 上进行浏览、检索信息、收发电子邮件、阅读书报、玩网络游戏、选购商品、参与众多问题的讨论、实现远程医疗服务等。

1.1.4　计算机发展趋势

随着科技的进步，各种计算机技术、网络技术的飞速发展，计算机的发展已经进入了一个快速而又崭新的时代，计算机已经从功能单一、体积较大发展到了功能复杂、体积微小、资源网络化等。计算机的未来充满了变数，性能的大幅度提高是不可置疑的，而实现性能的飞跃却有多种途径。不过性能的大幅提升并不是计算机发展的唯一路线，计算机的发展还应当变得越来越人性化，同时也要注重环保等等。

计算机从出现至今，经历了机器语言、程序语言、简单操作系统和 Linux、Macos、BSD、Windows 等现代操作系统四代，运行速度也得到了极大的提升，第四代计算机的运算速度已经达到每秒几十亿次。计算机也由原来的仅供军事科研使用发展到人人拥有，计算机强大的应用功能，产生了巨大的市场需求，未来计算机性能应向着微型化、网络化、智能化和巨型化的方向发展。

1．巨型化

巨型化是指为了适应尖端科学技术的需要，发展高速度、大存储容量和功能强大的超级计算机。随着人们对计算机的依赖性越来越强，特别是在军事和科研教育方面对计算机的存储空间和运行速度等要求会越来越高。

2．微型化

随着微型处理器（CPU）的出现，计算机中开始使用微型处理器，这使计算机体积缩小了，成本降低了。另一方面，软件行业的飞速发展提高了计算机内部操作系统的便捷度，计算机外部设备也趋于完善。计算机理论和技术上的不断完善促使微型计算机很快渗透到全社会的各个行业和部门中，并成为人们生活和学习的必需品。四十年来，计算机的体积不断地缩小，台式电脑、笔记本电脑、掌上电脑、平板电脑体积逐步微型化，为人们提供便捷的服务。因此，未来计算机仍会不断趋于微型化，体积将越来越小。

3．网络化

互联网将世界各地的计算机连接在一起，从此进入了互联网时代。计算机网络化彻底改变了人类世界，人们通过互联网进行沟通、交流（QQ、微博等）、教育资源共享（文献查阅、远程教育等）、信息查阅共享（百度、谷歌）等，特别是无线网络的出现，极大地提高了人们使用网络的便捷性，未来计算机将会进一步向网络化方面发展。

4．人工智能化

计算机人工智能化是未来发展的必然趋势。现代计算机具有强大的功能和运行速度，但与人脑相比，其智能化和逻辑能力仍有待提高。人类不断在探索如何让计算机能够更好地反映人类思维，使计算机能够具有人类的逻辑思维判断能力，可以通过思考与人类沟通交流，抛弃以往的通过编码程序来运行计算机的方法，直接对计算机发出指令。

5．多媒体化

传统的计算机处理的信息主要是字符和数字。事实上，人们更习惯的是图片、文字、声音、视频等多种形式的多媒体信息。多媒体技术可以集图形、图像、音频、视频、文字为一体，使信息处理的对象和内容更加接近真实世界。

电子数字计算机诞生于1946年，直到20世纪70年代，随着集成电路的不断发展，微处理器的出现，计算机的使用有了历史性的变化。以微处理器为核心的微型计算机以其小型、价廉、高可靠性的特点，迅速走出机房，在满足数据、文字、图像等信息处理的同时，在工业控制领域也得到了日益广泛的应用，将微型机嵌入一个对象体系中，实现对象体系的智能化控制。这样一来，计算机便失去了原来的形态与通用的计算机功能。为了区别于原有的通用计算机系统，把嵌入对象体系中，实现对象体系智能化控制的计算机，称作嵌入式计算机系统。如果说微型机的出现，使计算机进入现代计算机发展阶段，那么嵌入式计算机系统的诞生，则标志了计算机进入了通用计算机系统与嵌入式计算机系统两大分支并行发展时代，从而导致20世纪末，计算机的高速发展时期。

由于嵌入式计算机系统要嵌入对象体系中，实现的是对象的智能化控制，因此，它有着与通用计算机系统完全不同的技术要求与技术发展方向。通用计算机系统的技术要求是高速、海量的数值计算；技术发展方向是总线速度的无限提升，存储容量的无限扩大。而嵌入式计算机系统的技术要求则是对象的智能化控制能力；技术发展方向是与对象系统密切相关的嵌入性能、控制能力与控制的可靠性。现代计算机技术发展的两大分支的里程碑意义在于：它不仅形成了计算机发展的专业化分工，而且将发展计算机技术的任务扩展到传统的电子系统领域，使计算机成为进入人类社会全面智能化时代的有力工具。

1.2 微型计算机系统

通用计算机具有计算机的标准形态，通过装配不同的应用软件，以类同的面目出现，应用在当今社会的各个领域。目前我们最广泛使用的PC机和笔记本电脑就是通用计算机最典型的代表。

计算机是 20 世纪最伟大的发明之一，微型计算机是计算机的一个重要分支，它的发展是以微处理器的发展为主要标志的。本节以微型计算机为例，对通用计算机的特点、结构和原理、应用等性能指标进行概述。

1.2.1　微型计算机系统的定义与特点

计算机主机按体积、性能和价格分为巨型机、大型机、中型机、小型机和微型机五类，微型计算机属于第四代电子计算机产品，即大规模及超大规模集成电路计算机，是电路技术不断发展，芯片集成度不断提高的产物，是性能价格比高、体积较小的一类，常应用在科学计算、信息管理、自动控制、人工智能等领域。从其工作原理上来讲，微型机与其他几类计算机并没有本质上的差别。所不同的是，由于采用了集成度较高的器件，使得其在结构上具有独特的特点，即将组成计算机硬件系统的两大核心部分——运算器和控制器，集成在一片集成电路芯片上，显然该芯片是整个微机系统的核心，即所谓的中央处理单元（Central Processing Unit，CPU），被称为微处理器（Microprocessor）。它是一块大规模集成电路芯片，代表着整个微机系统的性能。所以，通常就将采用微处理器为核心构造的计算机称为微机，工作学习中使用的个人微机，生产生活中运用的各种智能化电子设备都是典型的微机系统。

微处理器是微机系统的核心部分，自 20 世纪 70 年代初出现第一片微处理器芯片以来，微处理器的性能和集成度几乎每两年翻一番，其发展速度大大超过了前几代计算机。微型计算机从 20 世纪 70 年代初问世到现在，经历了以下几个发展阶段。

第 1 阶段（1971 ～ 1973 年）是 4 位和 8 位低档微处理器时代，通常称为第 1 代，其典型产品是 Intel4004 和 Intel8008 微处理器和分别由它们组成的 MCS-4 和 MCS-8 微机。基本特点是采用 PMOS 工艺，集成度低（4000 个晶体管/片），系统结构和指令系统都比较简单，主要采用机器语言或简单的汇编语言，指令数目较少（20 多条指令），基本指令周期为 20 ～ 50μs，用于简单的控制场合。

第 2 阶段（1974 ～ 1977 年）是 8 位中高档微处理器时代，通常称为第 2 代，其典型产品是 Intel8080/8085、Motorola 公司、Zilog 公司的 Z80 等。它们的特点是采用 NMOS 工艺，集成度提高约 4 倍，运算速度提高约 10 ～ 15 倍（基本指令执行时间 1 ～ 2μs）。指令系统比较完善，具有典型的计算机体系结构和中断、DMA 等控制功能。软件方面除了汇编语言外，还有 BASIC、FORTRAN 等高级语言和相应的解释程序和编译程序，在后期还出现了操作系统。

第 3 阶段（1978 ～ 1984 年）是 16 位微处理器时代，通常称为第 3 代，其典型产品是 Intel 公司的 8086/8088，Motorola 公司的 M68000，Zilog 公司的 Z8000 等微处理器。其特点是采用 HMOS 工艺，集成度（20000 ～ 70000 晶体管/片）和运算速度（基本指令执行时间是 0.5μs）都比第 2 代提高了一个数量级。指令系统更加丰富、完善，采用多级中断、多种寻址方式、段式存储机构、硬件乘除部件，并配置了软件系统。这一时期著名微机产品有 IBM 公司的个人计算机，由于 IBM 公司在发展个人计算机时采用了技术开放的策略，使个人计算机风靡世界。

第 4 阶段（1985 ～ 1992 年）是 32 位微处理器时代，又称为第 4 代。其典型产品是 Intel

公司的 80386/80486，Motorola 公司的 M69030/68040 等。其特点是采用 HMOS 或 CMOS 工艺，集成度高达 100 万个晶体管/片，具有 32 位地址线和 32 位数据总线。每秒钟可完成 600 万条指令（Million Instructions Per Second，MIPS）。微型计算机的功能已经达到甚至超过超级小型计算机，完全可以胜任多任务、多用户的作业。同期，其他一些微处理器生产厂商（如 AMD、TEXAS 等）也推出了 80386/80486 系列的芯片。

第 5 阶段（1993～2005 年）是奔腾（pentium）系列微处理器时代，通常称为第 5 代。典型产品是 Intel 公司的奔腾系列芯片及与之兼容的 AMD 的 K6、K7 系列微处理器芯片。内部采用了超标量指令流水线结构，并具有相互独立的指令和数据高速缓存。随着 MMX（Multi Media eXtended）微处理器的出现，使微机的发展在网络化、多媒体化和智能化等方面跨上了更高的台阶。

第 6 阶段（2005 年至今）是酷睿（Core）系列微处理器时代，通常称为第 6 代。酷睿是一款领先节能的新型微架构，设计的出发点是提供卓然出众的性能和能效，提高每瓦性能，也就是所谓的能效比。早期的酷睿是基于笔记本处理器的。酷睿 2（Core 2 Duo）是英特尔在 2006 年推出的新一代基于 Core 微架构的产品体系统，于 2006 年 7 月 27 日发布。酷睿 2 是一个跨平台的构架体系，包括服务器版、桌面版、移动版三大领域。其中，服务器版的开发代号为 Woodcrest，桌面版的开发代号为 Conroe，移动版的开发代号为 Merom。

由于微型计算机是采用 LSI 和 VLSI 组成的，所以它除了具有一般计算机的运算速度快、计算精度高、记忆功能和逻辑判断力强、自动工作等常规特点外，还有它自己的独特优点。

1．体积小、重量轻、功耗低

由于采用了大规模和超大规模集成电路，从而使构成微型计算机所需的器件数目大为减少，体积大为缩小。一个与小型机 CPU 功能相当的 16 位微处理器 MC68000，由 13000 个标准门电路组成，其芯片面积仅为 $6.25 \times 7.14\text{mm}^2$，功耗为 1.25W。32 位的超级微处理器 80486，有 120 万个晶体管电路，其芯片面积仅为 $16 \times 11\text{mm}^2$，芯片的重量仅十几克。工作在 50MHz 时钟频率时的最大功耗仅为 3W。随着微处理器技术的发展，今后推出的高性能微处理器产品体积更小、功耗更低而功能更强，这些优点对于航空、航天、智能仪器仪表等领域具有特别重要的意义。

2．可靠性高、对使用环境要求低

微型计算机采用大规模集成电路以后，使系统内使用的芯片数大大减少，接插件数目大幅度减少，简化了外部引线，安装更加容易。加之 MOS 电路芯片本身功耗低、发热量小，使微型计算机的可靠性大大提高，因而也降低了对使用环境的要求，普通的办公室和家庭环境就能满足要求。

3．结构简单、设计灵活、适应性强

微型计算机多采用模块化的硬件结构，特别是采用总线结构后，使微型计算机系统成为一个开放的体系结构，系统中各功能部件通过标准化的插槽和接口相连，用户选择不同的功能部件（板卡）和相应外设就可构成不同要求和规模的微型计算机系统。由于微型计算机的模块化结构和可编程功能，使得一个标准的微型计算机在不改变系统硬件设计或只部分地改变某些硬件时，在相应软件的支持下就能适应不同的应用任务的要求，或升级为更高档次的微机系统，从而使微型计算机具有很强的适应性和宽广的应用范围。

4．性能价格比高

随着微电子学的高速发展和大规模、超大规模集成电路技术的不断成熟，集成电路芯片的价格越来越低，微型机的成本不断下降，同时也使许多过去只在大、中型计算机中采用的技术（如流水线技术、RISC 技术、虚拟存储技术等）也在微型机中采用，许多高性能的微型计算机（如 Pentium Pro、Pentium II 等）的性能实际上已经超过了中、小型计算机（甚至是大型机）的水平，但其价格要比中、小型机低得多。

随着超大规模集成电路技术的进一步成熟，生产规模和自动化程度的不断提高，微型机的价格还会越来越便宜，而性价比会越来越高，这将使微型计算机得到更为广泛的应用。

1.2.2　微型计算机系统的组成

一个完整的微型计算机系统由硬件系统和软件系统两大部分组成。硬件和软件是一个有机的整体，必须协同工作才能发挥计算机的作用。硬件系统主要由主机（CPU、主存储器）和外部设备（输入/输出设备、辅存）构成，它是计算机物质基础。软件是支持计算机工作的程序，它需要人根据机器的硬件结构和要解决的实际问题预先编制好，并且输入到计算机的主存中，软件系统由系统软件和应用软件等组成。

微型计算机系统的组成由小到大可分为微处理器、微型计算机、微型计算机系统三个层次结构，如图 1-1 所示。

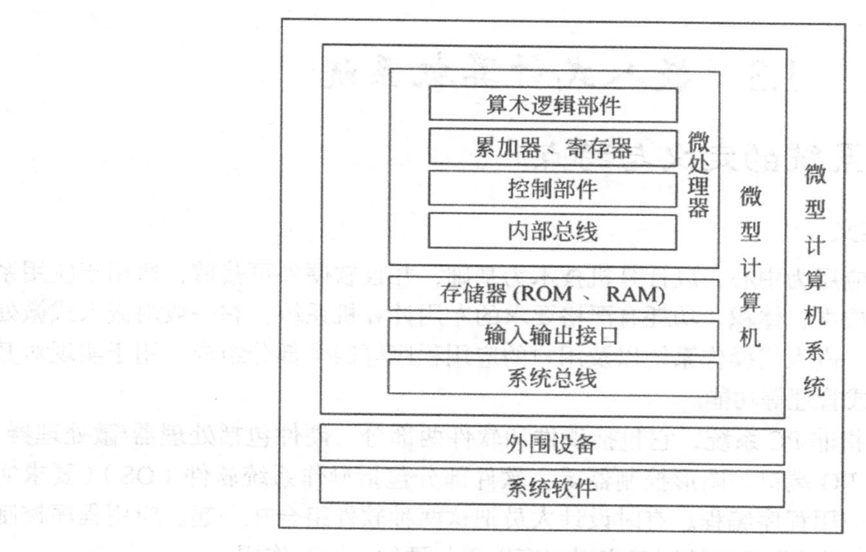

图 1-1　微型计算机系统框图

1．微处理器（Microprocessor）

微处理器也称微处理机，它是微型计算机的核心部件，是一个大规模集成电路芯片，其上集成了运算器、控制器、寄存器组和内部总线等部件。有时为把大、中型计算机的中央处理器 CPU 与微处理器区别开来，而称后者为 MPU。所以微处理器本身不是计算机，而是微型计算机的控制和运算部分。

2．微型计算机（Microcomputer）

微型计算机是以微处理器为基础，配以存储器、系统总线及输入输出接口电路所组成的裸机。它包括微型计算机运行时所需要的硬件支持。

3．微型计算机系统（Microcomputer System）

以微型计算机为主体，配上电源系统、输入/输出设备及软件系统就构成了微型计算机系统。没有软件系统的计算机，什么也不能做。软件系统包括系统软件和应用软件。系统软件主要包括操作系统、诊断系统、服务程序、汇编程序、语言编译系统等。

应用软件也称用户程序，是用户利用计算机来解决自己的某些问题而编制的程序。

1.2.3 微型计算机系统的应用与发展

由于微型计算机具有体积小、重量轻、功耗低、功能强、可靠性高、结构灵活、使用环境要求低、价格低廉等一系列特点和优点，因此得到了广泛的应用，如卫星、导弹的发射、石油勘探、天气预报、邮电通信、航空订票、计算机辅助、智能仪器、家用电器乃至电子表、儿童玩具等。它已渗透到国民经济的各个部门，几乎无处不在。微型计算机的问世和飞速发展，使计算机真正走出了科学的殿堂，进入到人类社会生产和生活的各个方面，使它从过去只限于各部门、各单位少数专业人员使用，普及到广大民众乃至中小学生，成为人们工作和生活不可缺少的工具，从而将人类社会推进到了信息时代。

1.3 嵌入式计算机系统

1.3.1 嵌入式系统的定义与特点

1．嵌入式系统定义

嵌入式系统是以应用为中心，以计算机技术为基础，并且软硬件可裁剪，适用于应用系统对功能、可靠性、成本、体积、功耗有严格要求的专用计算机系统。它一般由嵌入式微处理器、外围硬件设备、嵌入式操作系统以及用户的应用程序等四个部分组成，用于实现对其他设备的控制、监视或管理等功能。

嵌入式系统一般指非 PC 系统，它包括硬件和软件两部分。硬件包括处理器/微处理器、存储器及外设器件和 I/O 端口、图形控制器等。软件部分包括操作系统软件（OS）（要求实时和多任务操作）和应用程序编程。有时设计人员把这两种软件组合在一起。应用程序控制着系统的运作和行为；而操作系统控制着应用程序编程与硬件的交互作用。

2．嵌入式系统特点

嵌入式系统的核心是嵌入式微处理器。嵌入式微处理器一般就具备以下 4 个特点。

（1）对实时多任务有很强的支持能力，能完成多任务并且有较短的中断响应时间，从而使内部的代码和实时内核心的执行时间减少到最低限度。

（2）具有功能很强的存储区保护功能。这是由于嵌入式系统的软件结构已模块化，而为了避免在软件模块之间出现错误的交叉作用，需要设计强大的存储区保护功能，同时也有利于软件诊断。

（3）可扩展的处理器结构，以能最迅速地开展出满足相应的最高性能的嵌入式微处理器。

（4）嵌入式微处理器必须功耗很低，尤其是用于便携式的无线及移动的计算和通信设备中靠电池供电的嵌入式系统更是如此，如需功耗只有 mW 甚至 μW 级。

嵌入式计算机系统同通用型计算机系统相比具有以下特点。

（1）嵌入式系统通常是面向特定应用的嵌入式 CPU，与通用型的最大不同就是嵌入式 CPU 大多工作在为特定用户群设计的系统中，它通常都具有低功耗、体积小、集成度高等特点，能够把通用 CPU 中许多由板卡完成的任务集成在芯片内部，从而有利于嵌入式系统设计趋于小型化，移动能力大大增强，跟网络的耦合也越来越紧密。

（2）嵌入式系统是将先进的计算机技术、半导体技术和电子技术与各个行业的具体应用相结合后的产物。这一点就决定了它必然是一个技术密集、资金密集、高度分散、不断创新的知识集成系统。

（3）嵌入式系统的硬件和软件都必须高效率地设计，量体裁衣、去除冗余，力争在同样的硅片面积上实现更高的性能，这样才能在具体应用中对处理器的选择更具有竞争力。

（4）嵌入式系统和具体应用有机地结合在一起，它的升级换代也是和具体产品同步进行，因此嵌入式系统产品一旦进入市场，具有较长的生命周期。

（5）为了提高执行速度和系统可靠性，嵌入式系统中的软件一般都固化在存储器芯片或单片机本身中，而不是存贮于磁盘等载体中。

（6）嵌入式系统本身不具备自主开发能力，即使设计完成以后用户通常也是不能对其中的程序功能进行修改的，必须有一套开发工具和环境才能进行开发。

1.3.2　嵌入式系统的结构

仅由一片微处理器芯片是不能构成一个应用系统的。系统的核心控制芯片，往往还需要与一些外围芯片、器件和控制电路有机地连接在一起，才构成了一个实际的嵌入式系统，进而再嵌入到应用对象的环境体系中，作为其中的核心智能化控制单元而构成典型的单片嵌入式应用系统。

嵌入式系统的结构通常包括三大部分：即能实现嵌入式对象各种应用要求的微处理器、全部系统的硬件电路和应用软件。

1．微处理器

微处理器是嵌入式系统的核心控制芯片，由它实现对控制对象的测控、系统运行管理控制和数据运算处理等功能。

2．系统硬件电路

根据系统采用微处理器的特性以及嵌入对象要实现的功能要求，而配备的外围芯片、器件所构成的全部硬件电路，通常包括以下几部分。

（1）基本系统电路。提供和满足单片机系统运行所需要的时钟电路、复位电路、系统供电电路、驱动电路、扩展的存储器等。

（2）前向通道接口电路。这是应用系统面向对象的输入接口，通常是各种物理量的测量传感器、变换器输入通道。根据现实世界物理量转换成电量输出信号的类型，如模拟电压电流、开关信号、数字脉冲信号等的不同，接口电路也不同。常见的有传感器、信号调理器、模/数转换器ADC、开关输入、频率测量接口等。

（3）后向通道接口电路。这是应用系统面向对象的输出控制电路接口。根据应用对象伺服和控制要求，通常有数/模转换器DAC、开关量输出、功率驱动接口、PWM输出控制等。

（4）人机交互通道接口电路。人机交互通道接口是满足应用系统人机交互需要的电路，有键盘、拨动开关、LED发光二极管、数码管、LCD液晶显示器、打印机等多种输入输出接口电路。

（5）数据通信接口电路。数据通信接口电路是满足远程数据通信或构成多机网络应用系统的接口。通常有RS232、PSI、I2C、CAN总线、USB总线等通信接口电路。

3．系统的应用软件

系统应用软件的核心就是下载到微处理器中的系统运行程序。整个嵌入式系统全部硬件的相互协调工作、智能管理和控制都由系统运行程序决定。它可认为是嵌入式系统核心的核心，一个系统应用软件设计的好坏，往往也决定了整个系统性能的好坏。

系统软件是根据系统功能要求设计的，一个嵌入式系统的运行程序实际上就是该系统的监控与管理程序。对于小型系统的应用程序，一般采用汇编语言编写。而对于中型和大型系统的应用程序，往往采用高级程序设计语言如C语言来编写。

1.3.3 嵌入式系统的应用与发展

1．嵌入式系统的独立发展道路

嵌入式系统虽然起源于微型计算机时代，然而微型计算机的体积、价位、可靠性都无法满足广大对象系统的嵌入式应用要求，因此，嵌入式系统必须走独立发展道路。这条道路就是芯片化道路，将计算机做在一个芯片上，从而开创了嵌入式系统独立发展的单片机时代。

在探索单片机的发展道路时，有过两种模式，即“Σ 模式”与“创新模式”。“Σ 模式”本质上是通用计算机直接芯片化的模式，它将通用计算机系统中的基本单元进行裁剪后，集成在一个芯片上，构成单片微型计算机；“创新模式”则完全按嵌入式应用要求设计全新的，满足嵌入式应用要求的体系结构、微处理器、指令系统、总线方式、管理模式等。Intel公司的MCS-48、MCS-51就是按照创新模式发展起来的单片形态的嵌入式系统（单片微型计算机）。MCS-51是在MCS-48探索基础上，进行全面完善的嵌入式系统。历史证明，“创新模式”是嵌入式系统独立发展的正确道路，MCS-51的体系结构也因此成为单片嵌入式系统的典型结构体系。

嵌入式概念其实很早就已存在，从20世纪70年代单片机的出现开始，到今天嵌入式相关的各种应用，嵌入式系统经历了近30年的发展历史，但每个阶段的发展历程都有所不同，嵌入式系统发展历程经历了以下4个阶段。

（1）无操作系统阶段

这一阶段的应用就是基于最初的单片机上，多数以编程控制器的形式出现，这一时期，一般没有操作系统的相关支持，只有通过汇编语言对系统进行直接的控制，当然在相关运行结束之后再清除内存，当然这一时期的主要特点是：系统机构和功能相对都比较单一，处理效率也较低、储存量也小，几乎没有用户接口，由于具备以上特性，曾经被工业领域广泛的认可。

（2）简单的操作系统阶段

但随着微电子工艺水平的提高，出现了大量高可靠、低耗能的嵌入式 CPU，这种简单的嵌入式操作系统开始出现并得到了迅速发展。此时的嵌入式操作系统虽然比较简单，但已初步具备一定的兼容性和扩展性，对控制系统负载以及监控应用程序的运行有一定作用。

（3）实时操作系统阶段

在数字化通信和信息家电等巨大需求的牵引下，嵌入式系统得到进一步的飞速发展，随着硬件实时性要求的提高，嵌入式系统的软件规模也在不断扩大，这一时期操作系统的实行性得到了很大的改善，可以再不同类型的微处理器上，实现高度的模块化和扩展性运行，以此使得应用软件的开发变得更加简单。

（4）面向 Internet 阶段

在 21 世纪的网络时代，将嵌入式系统应用到各种网络环境的呼声越来越高，嵌入式设备与 Internet 的完美结合才是嵌入式技术的真正未来，在这个信息时代和数字时代里，为嵌入式系统的开发带来了巨大的机遇，同时对于嵌入式系统提供商来讲也是新的挑战。

2．嵌入式系统的应用

嵌入式控制器的应用几乎无处不在：移动电话、家用电器、汽车，等等。嵌入控制器由于其体积小、可靠性高、功能强、灵活方便等许多优点，其应用已深入工业、农监、教育、国防、科研以及日常生活等各个领域，对各行各业的技术改造、产品更新换代、加速自动化进程、提高生产率等方面起到极其重要的推动作用。嵌入式计算机在应用数量上远远超过了各种通用计算机，一台通用计算机的外部设备中就包含了 5～10 个嵌入式微处理器。制造工业、过程控制、网络、通信、仪器、仪表、汽车、船舶、航空、航天、军事装备、消费类产品等，均是嵌入式计算机的应用领域。而且随着电子技术和计算机软件技术的发展，嵌入式计算机不仅在这些领域中的应用越来越深入，而且在其他传统的非信息类设备中也逐渐显现出其用武之地。

（1）POS 网络及电子商务：公共交通无接触智能卡发行系统，公共电话卡发行系统，自动售货机，各种智能 ATM 终端将全面走入人们的生活。

（2）信息家电：这是嵌入式系统最大的应用领域，冰箱、空调等的网络化、智能化将引领人们步入一个崭新的生活空间。即使你不在家里，也可以通过电话线、网络进行远程控制。在这些设备中，嵌入式系统将大有用武之地。

（3）环境工程与自然：水文资料实时监测，防洪体系及水土质量监测，堤坝安全监测，地震监测网，实时气象信息网，水源和空气污染监测。在很多环境恶劣，地况复杂的地区，嵌入式系统将实现无人监测。

（4）家庭智能管理系统：水、电、燃气表的远程自动抄表，安全防火、防盗系统，其中嵌有的专用控制芯片将代替传统的人工检查，并实现更高效、更准确和更安全的性能。目前在服务领域，如远程点菜器等已经体现了嵌入式系统的优势。

（5）工业控制：基于嵌入式芯片的工业自动化设备将获得长足的发展，目前已经有大量的8位、16位、32位嵌入式微控制器应用在工业控制中。网络化是提高生产效率和产品质量、减少人力资源的主要途径，如工业过程控制、数字机床、电力系统、电网安全、电网设备监测、石油化工系统等。

（6）机器人：嵌入式芯片的发展将使机器人在微型化、高智能方面的优势更加明显，同时会大幅度降低机器人的价格，使其在工业领域和服务领域获得更广泛的应用。

（7）交通管理：在车辆导航、流量控制、信息监测与汽车服务方面，嵌入式系统技术已经获得了广泛的应用，内嵌CPS模块，GSM模块的移动定位终端已经在各种运输行业获得了成功使用。目前GPS设备已经从尖端产品进入了普通百姓的家庭，通过智能手机等设备，就可以随时随地找到你的位置。

（8）机电产品应用：相对于其他的领域，机电产品可以说是嵌入式系统应用最典型最广泛的领域之一。单片机到工控机、SOC在各种机电产品中均有着巨大的市场。

（9）移动互联网领域：移动互联网领域很多也需要嵌入式开发技术。

3．嵌入式系统的应用模式

嵌入式计算机系统起源于微型机时代，但很快就进入到独立发展的单片机时代。在单片机时代，嵌入式系统以器件形态迅速进入传统电子技术领域中，以电子技术应用工程师为主体，实现传统电子系统的智能化，而计算机专业队伍并没有真正进入单片机应用领域。因此，电子技术应用工程师以自己习惯的电子技术应用模式，从事单片机的应用开发。这种应用模式最重要的特点是：软、硬件的底层性和随意性；对象系统专业技术的密切相关性；缺少计算机工程设计方法。

虽然在单片机时代，计算机专业淡出了嵌入式系统领域，但随着后PC时代的到来，网络、通信技术得以发展；同时，嵌入式系统软、硬件技术有了很大的提升，为计算机专业人士介入嵌入式系统应用开辟了广阔天地。计算机专业人士的介入，形成的计算机应用模式带有明显的计算机的工程应用特点，即基于嵌入式系统软、硬件平台，以网络、通信为主的非嵌入式底层应用。

（1）两种应用模式的并存与互补

由于嵌入式系统最大、最广、最底层的应用是传统电子技术领域的智能化改造，因此，以通晓对象专业的电子技术队伍为主，用最少的嵌入式系统软、硬件开销，以8位机为主，带有浓重的电子系统设计色彩的电子系统应用模式会长期存在下去。

另外，计算机专业人士会愈来愈多地介入嵌入式系统应用，但囿于对象专业知识的隔阂，其应用领域会集中在网络、通信、多媒体、商务电子等方面，不可能替代原来电子工程师在控制、仪器仪表、机械电子等方面的嵌入式应用。因此，客观存在的两种应用模式会长期并存下去，在不同的领域中相互补充。电子系统设计模式应从计算机应用设计模式中，学习计算机工程方法和嵌入式系统软件技术；计算机应用设计模式应从电子系统设计模式中，了解嵌入式系统应用的电路系统特性、基本的外围电路设计方法和对象系统的基本要求等。

（2）嵌入式系统应用的高低端

由于嵌入式系统有过很长的一段单片机的独立发展道路，大多是基于8位单片机，实现最底层的嵌入式系统应用，带有明显的电子系统设计模式特点。大多数从事单片机应用开发人员，都是对象系统领域中的电子系统工程师，加之单片机的出现，立即脱离了计算机专业领域，以“智能化”器件身份进入电子系统领域，没有带入“嵌入式系统”概念。因此，不少从事单片机应用的人，不了解单片机与嵌入式系统的关系，在谈到“嵌入式系统”领域时，往往理解成计算机专业领域的基于 32 位嵌入式处理器、从事网络、通信、多媒体等的应用。这样，“单片机”与“嵌入式系统”形成了嵌入式系统中常见的两个独立的名词。但由于“单片机”是典型的、独立发展起来的嵌入式系统，从学科建设的角度出发，应该把它统一成“嵌入式系统”。考虑到原来单片机的电子系统底层应用特点，可以把嵌入式系统应用分成高端与低端，把原来的单片机应用理解成嵌入式系统的低端应用，含义为它的底层性以及与对象系统的紧耦合；现在稍微复杂的嵌入式系统，都是构架在操作系统之上，这样与对象系统联系的紧密性则削弱了，应该被看作嵌入式系统的高端应用。

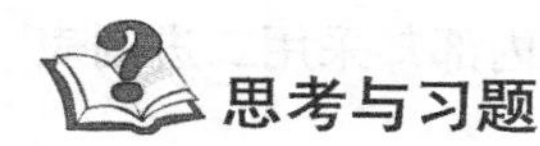

思考与习题

1. 计算机主要经历了哪几个发展阶段？
2. 什么叫微处理器？什么叫微型计算机？什么叫微型计算机系统？
3. 什么叫嵌入式系统？嵌入式系统有什么特点？
4. 计算机的发展为什么会形成嵌入式系统和通用计算机系统两个分支？
5. 简述嵌入式系统的开发应用模式。

第2章　计算机基础知识

2.1　计算机中的数制与编码

数据是计算机处理的对象。在计算机内部，各种信息都必须经过数字化编码后才能被传送、存储和处理，而在计算机中采用什么数制，如何表示数的正负和大小，是学习计算机首先遇到的一个重要问题。二进制并不符合人们的使用习惯，但是计算机内部却采用二进制表示信息，其主要原因有以下4点。

1．电路简单：计算机是由逻辑电路组成的，逻辑电路通常只有两个状态。例如，开关的接通与断开，电压电平的高与低等。这两种状态正好用二进制的0和1来表示。若采用十进制，则要求处理10种电路状态，这相对于两种状态的电路来说，是很复杂的。

2．工作可靠：两种状态代表两种数据信息，数字传输和处理不容易出错，因而电路更加可靠。

3．简化运算：二进制运算法则简单。

4．逻辑性强：计算机工作原理是建立在逻辑运算基础上的，逻辑代数是逻辑运算的理论依据。二进制只有两个数码，正好代表逻辑代数中的“真”与“假”。

2.1.1　数制及转换方法

人们最常用的数是十进制数，计算机中为了计算和存储方便，使用二进制数，人们也使用八进制和十六进制数，下面介绍这几种数制及其转换。

1．几种数制的表示

为了方便起见，使用不同的后缀表示不同的数制。

二进制——后缀B，例如11010011B

八进制——后缀Q，例如7321Q

十进制——后缀D或省略，例如732.15

十六进制——后缀H，例如87FFH

十进制数的基数为10，有十个不同的数字符号：0，1，2，…，9，遵循“逢十进一”原则。一般地，任意一个十进制数N都可以表示为：

$$N=\overbrace{K_{n-1}\times 10^{n-1}+K_{n-2}\times 10^{n-2}+\cdots+K_1\times 10^1+K_0\times 10^0}^{\text{整数部分}}+\underbrace{K_{-1}\times 10^{-1}+K_{-2}\times 10^{-2}+\cdots+K_{-m}\times 10^{-m}}_{\text{小数部分}}=\sum_{i=n-1}^{-m}K_i\times 10^i$$

上式是十进制按权展开式。式中，10 称为十进制数的基数，i 表示数的某一位，10^i 称为该位的权，K_i 表示第 i 位的数码，它可以是 0～9 中的任意一个数，由具体的数 N 确定。m 和 n 为正整数，n 为小数点左边的位数，m 为小数点右边的位数。表达式可以推广到任意进位记数制。

二进制数的基数为 2，有两个不同的数字符号：0 和 1，遵循"逢二进一"原则。一般地，任意一个二进制数 N 都可以表示为：

$$N=\sum_{i=n-1}^{-m} K_i\times 2^i$$

八进制数的基数为 8，有 8 个不同的数字符号：0，1，2，…，7，遵循"逢八进一"原则。一般地，任意一个八进制数 N 都可以表示为：

$$N=\sum_{i=n-1}^{-m} K_i\times 8^i$$

十六进制数的基数为 16，有 16 个不同的数字符号：0～9，A，B，C，D，E，F，遵循"逢十六进一"原则。一般地，任意一个十六进制数 N 都可以表示为：对于十六进制，R=16，K 为 16 个数码中的任意一个，逢十六进一。

$$N=\sum_{i=n-1}^{-m} K_i\times 16^i$$

综上可见，上述几种进位制有以下共同点：

（1）每种进位制都有一个确定的基数 R，每一位的系数 K 有 R 种可能的取值。

（2）按"逢 R 进一"方式计数，在混合小数中，小数点左移一位相当于乘以 R，右移一位相当于除以 R。

2．数制间的转换

（1）二、八、十六进制数转换为十进制数

二、八、十六进制数转换为十进制数时，该数每位上的数字与其对应的权值乘积之和，便是其对应的十进制值。

例如：

$(1110.01)_2=1\times 2^3+1\times 2^2+1\times 2^1+0\times 2^0+0\times 2^{-1}+1\times 2^{-2}=(4.25)_{10}$

$(170)_8=1\times 8^2+7\times 8^1+0\times 8^0=(120)_{10}$

$(B2F)_{16}=11\times 16^2+2\times 16^1+15\times 16^0=(2863)_{10}$

（2）十进制转换成二、八、十六进制数

十进制数转换成二、八、十六进制数时，需要把整数部分与小数部分分别转换，转换整数部分要用基数去除，转换小数部分要用基数去乘，然后拼接起来。

转换十进制数整数部分的算法如下。

① 用其他数制的基数除十进制数。

② 保存余数（最先得到的余数为最低有效位）。

③ 重复①②，直到商为零。

例如：十进制数 124 转化二进制数（124）$_{10}$=（$K_{n-1}\cdots K_1K_0$）$_2$

按权展开为：

（124）$_{10}$=$K_{n-1}\times 2^{n-1}+\cdots+K_1\times 2^1+K_0\times 2^0$

而 124÷2 的余数正好是 0，因此 K_0=0。将 62 继续除以 2，余数正好是 0，因此 K_1=0。用类似的方法继续除以 2，可将 $K_{n-1}\cdots K_0$ 都确定下来。因而转换结果为：

（124）$_{10}$=（11111100）$_2$

转换十进制数整数部分的算法如下。

① 用其他数制的基数乘十进制数。

② 保存结果的整数（最先得到的整数为最高有效位）。

③ 重复①②，直到小数为零。

例如：将十进制数 0.8125 转换为二进制小数。

设：（0.8125）$_{10}$=（$0.K_{-1}K_{-2}\cdots K_{-m}$）$_2$，展开为：（0.8125）$_{10}$=$K_{-1}\times 2^{-1}+K_{-2}\times 2^{-2}+\cdots+K_{-m}\times 2^{-m}$

将上式两边同乘以 2，得到：

$1.625=K_{-1}+K_{-2}\times 2^{-1}+\cdots+K_{-m}\times 2^{-m+1}$

整数：$1=K_{-1}$

小数：$0.625=K_{-2}\times 2^{-1}+K_{-3}\times 2^{-2}+\cdots+K_{-m}\times 2^{-m+1}$

上式继续乘以 2，有：

$1.25=K_{-2}+K_{-3}\times 2^{-1}+\cdots+K_{-m}\times 2^{-m+2}$

整数：$1=K_{-2}$

小数：$0.25=K_{-3}\times 2^{-1}+\cdots+K_{-m}\times 2^{-m+2}$

以此类推，可逐个求出 $K_{-1}K_{-2}\cdots K_{-m}$ 的值。

所以转换结果为：（0.8125）$_{10}$=（0.1101）$_2$

如果一个数既有小数又有整数，则应将整数部分与小数部分分别进行转换，然后用小数点将两部分连起来，即为转换结果。

例如：（3.125）$_{10}$=（3）$_{10}$+（0.125）$_{10}$

↓　　↓

（11）$_2$　（0.001）$_2$

所以：（3.125）$_{10}$=（11.001）$_2$

（3）二进制与八进制、十六进制的相互转换

由于 $8=2^3$，$16=2^4$，因此二进制与八进制或十六进制之间的转换就很简单。将二进制数从小数点位开始，向左每 3 位产生一个八进制数字，不足 3 位的左边补零，这样得到整数部分的八进制数；向右每 3 位产生一个八进制数字，不足 3 位右边补 0，得到小数部分的八进制数。同理，将二进制数转换成十六进制数时，只要按每 4 位分割即可。

例如：（100100.101001）$_2$=（44.51）$_8$=44.51Q

=（00100100.10100100）$_2$=（24.A4）$_{16}$=24.A4H

八或十六进制要转换成二进制，只需将八或十六进制数分别用对应的 3 位或 4 位二进制数表示即可。

2.1.2 计算机中数的表示及运算

1．数的二进制码

我们知道，数是有正有负的，带符号数的习惯表示方法是在数值前用“+”号表示正数，“−”号表示负数。计算机只能识别 0 和 1，对数值的符号也不例外，数的符号在机器中也要数码化，对于带符号的数，在计算机中，通常将一个数的最高位作为符号位，最高位为 0，表示符号位为正；最高位为 1，表示符号位为负。带有数码化的符号数称为机器数。机器数的最高位是其符号位，0 表示正数，1 表示负数。在计算机内，数有 3 种表示法：原码、反码和补码。

（1）原码

以最高位为 0 表示正数，1 表示负数，后面各位为其数值，这种数的表示法称为原码。

原码的几个特点如下。

① 数值部分即为该带符号数的二进制值。

②“0”有 +0 和 −0 之分，若字长为八位，则：

（+0）原 =0 0000000

（−0）原 =1 0000000

③ 8 位二进制原码能表示的数值范围为：

01111111 ～ 11111111，即 +127 ～ −127。

那么，对于 n 位字长的计算机来说，其原码表示的数值范围为 $2^{n-1}-1$ ～ $-2^{n-1}+1$。

（2）反码

正数的反码与其原码相同，最高位为 0 表示正数，其余位为数值位。负数的反码是其对应的正数连同符号位按位取反求得。

二进制反码的特点如下。

①“0”有 +0 和 −0 之分。

② 8 位二进制反码所能表示的数值范围为 +127 ～ −127，一般地，对于 n 位字长的计算机来说，其反码表示的数值范围为 $+2^{n-1}-1$ ～ $-2^{n-1}+1$。

③ 8 位带符号的数用反码表示时，若最高位为“0”（正数），则后面的 7 位即为数值；若最高位为“1”（负数），则后面 7 位表示的不是此负数的数值，必须把它们按位取反，才是该负数的二进制值。

（3）补码

正数的补码与其原码相同。负数的补码为其反码加 1，即在其反码的最低位上加 1 得到。

二进制补码的几个特点如下。

① $[+0]_{补}=[-0]_{补}=00000000$，即无 +0 和 −0 之分。

② 正因为补码中没有 +0 和 −0 之分，所以 8 位二进制补码所能表示的数值范围为 +127 ～ −128；同理可知，n 位二进制补码表示的范围为 $+2^{n-1}-1$ ～ -2^{n-1}。在原码、反码和补码三者中，只有补码可以表示 -2^{n-1}。

③ 一个用补码表示的二进制数，当为正数时，最高位（符号位）为“0”，其余位即为此数的二进制值；当为负数时，最高位（符号位）为“1”，其余位不是此数的二进制值，必须

把它们按位取反，且在最低位加 1，才是它的二进制值。

2．二进制码之间的转换运算

我们知道了计算机可以有三种编码方式表示一个数。对于正数因为三种编码方式的结果都相同：$[+1] = [00000001]_{原} = [00000001]_{反} = [00000001]_{补}$，所以不需要过多解释。但是对于负数：$[-1] = [10000001]_{原} = [11111110]_{反} = [11111111]_{补}$，可见原码、反码和补码是完全不同的。

既然原码才是被人脑直接识别并用于计算表示方式，为何还会需要有反码和补码呢？首先，因为人脑可以知道第一位是符号位，在计算的时候我们会根据符号位，选择对真值区域的加减。但是对于计算机，加减乘除是最基础的运算，要设计得尽量简单。计算机辨别“符号位”显然会让计算机的基础电路设计变得十分复杂。于是人们想出了将符号位也参与运算的方法。我们知道，根据运算法则减去一个正数等于加上一个负数，即：1−1 = 1 +（−1）= 0，所以机器可以只有加法而没有减法，这样计算机运算的设计就更简单了。于是人们开始探索将符号位参与运算，并且只保留加法的方法。

例如，计算十进制的表达式：1−1=0，可以写成：

$1-1=1+(-1)=[00000001]_{原}+[10000001]_{原}=[10000010]_{原}=-2$

如果用原码表示，让符号位也参与计算，显然对于减法来说，结果是不正确的，这也就是为何计算机内部不使用原码表示一个数。为了解决原码做减法出现的问题，产生了反码：计算十进制的表达式：

$1-1=0$

$1-1=1+(-1)$

$=[0000\ 0001]_{原}+[1000\ 0001]_{原}$

$=[0000\ 0001]_{反}+[1111\ 1110]_{反}$

$=[11111111]_{反}=[1000\ 0000]_{原}=-0$

发现用反码计算减法，结果的真值部分是正确的，而唯一的问题其实就出现在 0 这个特殊的数值上。虽然人们理解上 +0 和 −0 是一样的，但是 0 带符号是没有任何意义的。而且会有 $[0000\ 0000]_{原}$和 $[1000\ 0000]_{原}$两个编码表示 0。于是补码的出现，解决了 0 的符号以及两个编码的问题：

$1-1=1+(-1)$

$=[0000\ 0001]_{原}+[1000\ 0001]_{原}$

$=[0000\ 0001]_{补}+[1111\ 1111]_{补}$

$=[0000\ 0000]_{补}=[0000\ 0000]_{原}$

这样 0 用 [0000 0000] 表示，而以前出现问题的 −0 则不存在了。而且可以用 [1000 0000] 表示 −128：

$(-1)+(-127)$

$=[1000\ 0001]_{原}+[1111\ 1111]_{原}$

$=[1111\ 1111]_{补}+[1000\ 0001]_{补}$

$=[10000000]_{补}$

−1−127 的结果应该是 −128，在用补码运算的结果中，$[1000\ 0000]_{补}$就是 −128。但是注意因为实际上是使用以前的 −0 的补码来表示 −128，所以 −128 并没有原码和反码表示（对 −128 的补码表示 $[1000\ 0000]_{补}$算出来的原码是 $[0000\ 0000]_{原}$，这是不正确的）。

使用补码，不仅仅修复了 0 的符号以及存在两个编码的问题，而且还能够多表示一个最低数。这就是 8 位二进制使用原码或反码表示的范围为 [−127, +127]，而使用补码表示的范围为 [−128, 127] 的原因了。

2.1.3　计算机中的常用编码

计算机编码指电脑内部代表字母或数字的方式，常见的编码方式有：ASCII 编码、GB2312 编码（简体中文）、GBK、BIG5 编码（繁体中文）、ANSI 编码、unicode、utf-8 编码等。编码单位最小的单元是位（bit），接着是字节（Byte），一个字节 =8 位，英文表示是 1 Byte=8 bits，机器语言的单位为 Byte。1KB=1024 Byte，1MB=1024KB，1GB=1024MB，1TB=1024GB。

1．BCD 码

BCD 码（Binary-Coded Decimal）亦称二进码十进数或二 - 十进制代码。用 4 位二进制数来表示 1 位十进制数中的 0～9 这 10 个数码。是一种二进制的数字编码形式，用二进制编码的十进制代码。BCD 码这种编码形式利用了 4 个位元来储存一个十进制的数码，使二进制和十进制之间的转换得以快捷地进行。

由于十进制数共有 0，1，2，…，9 十个数码，因此，至少需要 4 位二进制码来表示 1 位十进制数。4 位二进制码共有 2^4=16 种码组，在这 16 种代码中，可以任选 10 种来表示 10 个十进制数码。

（1）BCD 码分类

BCD 码可分为有权码和无权码两类：有权 BCD 码有 8421 码、2421 码、5421 码，其中 8421 码是最常用的；无权 BCD 码有余 3 码，余 3 循环码等。

① 8421 码：8421 BCD 码是最基本和最常用的 BCD 码，它和 4 位自然二进制码相似，各位的权值为 8，4，2，1，故称为有权 BCD 码。和 4 位自然二进制码不同的是，它只选用了 4 位二进制码中前 10 组代码，即用 0000～1001 分别代表它所对应的十进制数，余下的六组代码不用。

② 5421 码和 2421 码：5421 BCD 码和 2421 BCD 码为有权 BCD 码，它们从高位到低位的权值分别为 5，4，2，1 和 2，4，2，1。这两种有权 BCD 码中，有的十进制数码存在两种加权方法，例如，5421 BCD 码中的数码 5，既可以用 1000 表示，也可以用 0101 表示；2421 BCD 码中的数码 6，既可以用 1100 表示，也可以用 0110 表示。这说明 5421 BCD 码和 2421 BCD 码的编码方案都不是唯一的。

③ 余 3 码；余 3 码是 8421 BCD 码的每个码组加 3（即 0011）形成的，常用于 BCD 码的运算电路中。

④ Gray 码：Gray 码也称循环码，其最基本的特性是任何相邻的两组代码中，仅有一位数码不同，因而又叫单位距离码。

表 2-1 常用 BCD 码

十进制数	8421 码	5421 码	2421 码	余 3 码	余 3 循环码
0	0000	0000	0000	0011	0010
1	0001	0001	0001	0100	0110
2	0010	0010	0010	0101	0111
3	0011	0011	0011	0110	0101
4	0100	0100	0100	0111	0100
5	0101	1000	1011	1000	1100
6	0110	1001	1100	1001	1101
7	0111	1010	1101	1010	1111
8	1000	1011	1110	1011	1110
9	1001	1100	1111	1100	1010

（2）BCD 码的特点

① 8421 码直观，好理解。

② 5421 码和 2421 码中大于 5 的数字都是高位为 1，5 以下的高位为 0。

③ 余 3 码是 8421 码加上 3，有上溢出和下溢出的空间。

④ Gray 码相邻的 2 个数只有一位不同。

2．ASCII 码

在计算机中，所有的数据在存储和运算时都要使用二进制数表示（因为计算机用高电平和低电平分别表示 1 和 0），例如，像 a、b、c、d 这样的 52 个字母（包括大写），以及 0 和 1 等数字还有一些常用的符号（例如 *、#、@ 等），在计算机中存储时也要使用二进制数来表示，而具体用哪些二进制数字表示哪个符号，当然每个人都可以约定自己的一套（这就叫编码），而大家如果要想互相通信而不造成混乱，那么大家就必须使用相同的编码规则，于是美国有关的标准化组织就出台了 ASCII 编码，统一规定了上述常用符号用哪些二进制数来表示。

美国标准信息交换代码是由美国国家标准学会（American National Standard Institute，ANSI）制定的，标准的单字节字符编码方案，用于基于文本的数据。起始于 20 世纪 50 年代后期，在 1967 年定案。它最初是美国国家标准，供不同计算机在相互通信时用作共同遵守的西文字符编码标准，它已被国际标准化组织（International Organization for Standardization，ISO）定为国际标准，称为 ISO 646 标准，适用于所有拉丁文字字母。

ASCII 码的表述方式如下。

ASCII 码使用指定的 7 位或 8 位二进制数组合来表示 128 或 256 种可能的字符。标准 ASCII 码也叫基础 ASCII 码，使用 7 位二进制数（剩下的 1 位二进制为 0）来表示所有的大写和小写字母，数字 0 到 9、标点符号，以及在美式英语中使用的特殊控制字符。

0～31 及 127（共 33 个）是控制字符或通信专用字符（其余为可显示字符），如控制符：LF（换行）、CR（回车）、FF（换页）、DEL（删除）、BS（退格）、BEL（响铃）等；通信专用字符：SOH（文头）、EOT（文尾）、ACK（确认）等；ASCII 值为 8、9、10 和 13 分别转换为退格、制表、换行和回车字符。它们并没有特定的图形显示，但会依不同的应用程序，而对文本显示有不同的影响。

32 ～ 126（共 95 个）是字符（32 是空格），其中 48 ～ 57 为 0 到 9 这 10 个阿拉伯数字。65 ～ 90 为 26 个大写英文字母，97 ～ 122 号为 26 个小写英文字母，其余为一些标点符号、运算符号等。

同时还要注意，在标准 ASCII 中，其最高位（b7）用作奇偶校验位。所谓奇偶校验，是指在代码传送过程中用来检验是否出现错误的一种方法，一般分奇校验和偶校验两种。奇校验规定：正确的代码一个字节中 1 的个数必须是奇数，若非奇数，则在最高位 b7 添 1；偶校验规定：正确的代码一个字节中 1 的个数必须是偶数，若非偶数，则在最高位 b7 添 1。

后 128 个称为扩展 ASCII 码。许多基于 x86 的系统都支持使用扩展（或“高”）ASCII。扩展 ASCII 码允许将每个字符的第 8 位用于确定附加的 128 个特殊符号字符、外来语字母和图形符号。

表 2-2　ASCII 表

ASCII码表

(American Standard Code for Information Interchange　美国标准信息交换代码)

高四位		ASCII控制字符												ASCII打印字符										
		0000					0001					0010		0011		0100		0101		0110		0111		
		0					1					2		3		4		5		6		7		
低四位		十进制	Ctrl	代码	转义字符	字符解释	十进制	Ctrl	代码	转义字符	字符解释	十进制	字符	十进制	字符	十进制	字符	十进制	字符	十进制	字符	十进制	字符	Ctrl
0000	0	0	^@	NUL	\0	空字符	16	^P	DLE		数据链转义	32		48	0	64	@	80	P	96	`	112	p	
0001	1	1	^A	SOH		标题开始	17	^Q	DC1		设备控制1	33	!	49	1	65	A	81	Q	97	a	113	q	
0010	2	2	^B	STX		正文开始	18	^R	DC2		设备控制2	34	"	50	2	66	B	82	R	98	b	114	r	
0011	3	3	^C	ETX		正文结束	19	^S	DC3		设备控制3	35	#	51	3	67	C	83	S	99	c	115	s	
0100	4	4	^D	EOT		传输结束	20	^T	DC4		设备控制4	36	$	52	4	68	D	84	T	100	d	116	t	
0101	5	5	^E	ENQ		查询	21	^U	NAK		否定应答	37	%	53	5	69	E	85	U	101	e	117	u	
0110	6	6	^F	ACK		肯定应答	22	^V	SYN		同步空闲	38	&	54	6	70	F	86	V	102	f	118	v	
0111	7	7	^G	BEL	\a	响铃	23	^W	ETB		传输块结束	39	'	55	7	71	G	87	W	103	g	119	w	
1000	8	8	^H	BS	\b	退格	24	^X	CAN		取消	40	(	56	8	72	H	88	X	104	h	120	x	
1001	9	9	^I	HT	\t	横向制表	25	^Y	EM		介质结束	41	)	57	9	73	I	89	Y	105	i	121	y	
1010	A	10	^J	LF	\n	换行	26	^Z	SUB		替代	42	*	58	:	74	J	90	Z	106	j	122	z	
1011	B	11	^K	VT	\v	纵向制表	27	^[	ESC	\e	溢出	43	+	59	;	75	K	91	[	107	k	123	{	
1100	C	12	^L	FF	\f	换页	28	^\	FS		文件分隔符	44	,	60	<	76	L	92	\	108	l	124	|	
1101	D	13	^M	CR	\r	回车	29	^]	GS		组分隔符	45	-	61	=	77	M	93	]	109	m	125	}	
1110	E	14	^N	SO		移出	30	^^	RS		记录分隔符	46	.	62	>	78	N	94	^	110	n	126	~	
1111	F	15	^O	SI		移入	31	^-	US		单元分隔符	47	/	63	?	79	O	95	_	111	o	127	⌂	^Backspace 代码：DEL

注：表中的ASCII字符可以用“Alt+小键盘上的数字”方法输入。

3．汉字编码

计算机只识别由 0、1 组成的代码，计算机在我国应用时，要能够输入、处理和输出汉字。显然，汉字在计算机中也只能用若干位的二进制编码来表示。ASCII 码是英文信息处理的标准编码，汉字信息处理也必须有一个统一的标准编码。我国国家标准局于 1981 年 5 月颁布了《信息交换用汉字编码字符集——基本集》，代号为 GB2312-80，共对 6763 个汉字和 682 个图形字符进行了编码，其编码原则为：汉字用两个字节表示，每个字节用七位码（高位为 0）；国家标准将汉字和图形符号排列在一个 94 行 94 列的二维代码表中；每两个字节分别用两位十进制编码，前字节的编码称为区码，后字节的编码称为位码，此即区位码。如“保”字在二维代码表中处于 17 区第 3 位，区位码即为“1703”。

该标准编码字符集共收录汉字和图形符号 7445 个，包括以下几种。

① 一般符号 202 个：包括间隔符、标点、运算符，单位符号和制表符等。

② 序号 60 个：包括 1.～20.、(1)～(20)、①～⑩和（-）～（+）等。

③ 数字 22 个：0～9 和 I～XII。

④ 英文字母 52 个：大、小写各 26 个。

⑤ 日文假名 169 个：其中平假名 83 个，片假名 86 个。

⑥ 希腊字母 48 个：其中大、小写各 24 个。

⑦ 俄文字母 66 个：其中大、小写各 33 个。

⑧ 汉语拼音符号 26 个。

⑨ 汉语注音字母 37 个。

⑩ 汉字 6763 个：分两级，第一级汉字 3755 个，第二级汉字 3008 个。

显然，汉字机内码的每个字节都大于 128，这就解决了与西文字符的 ASCII 编码冲突的问题。

2.2 计算机的基本组成电路

任何一个复杂的电路系统都可以划分为若干模块，这些模块大都由一些典型的电路组成。微型计算机就是由若干典型电路通过精心设计而组成的，这些典型电路包括逻辑门电路、触发器、寄存器、存储器及时钟电路等。

计算机是一种离散信号的传递和处理的设备，是一种基于二进制的数字信号运算和操作的逻辑电路。逻辑电路按其内部有源器件的不同可以分为三大类：第一类为双极型晶体管逻辑门电路，包括 TTL、ECL 等几种类型；第二类为单极型 MOS 逻辑门电路，包括 CMOS、NMOS 等几种类型；第三类则是二者的组合 BICMOS 门电路。

TTL 电路：TTL 全称是 Transistor-Transistor Logic，是数字电子技术中常用的一种逻辑门电路，应用较早，技术已比较成熟。TTL 主要有 BJT（Bipolar Junction Transistor 即双极结型晶体管，晶体三极管）和电阻构成，具有速度快的特点。TTL 电平信号被利用的最多是因为通常数据表示采用二进制规定，+5V 等价于逻辑“1”，0V 等价于逻辑“0”，这被称作 TTL（晶体管 - 晶体管逻辑电平）信号系统，这是计算机各部分设备之间通信的标准技术。但是由于 TTL 功耗大等缺点，正逐渐被 CMOS 电路取代。

CMOS 电路：CMOS 全称是 Complementary Metal-Oxide Semiconductor，即互补的金属氧化物半导体，是一种由场效应管和电阻等组成特殊类型的电子集成电路（IC）。CMOS 电路具有功耗低、工作电压范围宽、逻辑摆幅大、抗干扰能力强、输入阻抗高、温度稳定性能好、扇出能力强、抗辐射能力强、接口方便等诸多优点。

虽然制造集成电路的方法有多种，但对于数字逻辑电路而言，CMOS 是主要的方法。桌面个人计算机、工作站、视频游戏以及其他成千上万的其他产品都依赖于 CMOS 集成电路来完成所需的功能。

2.2.1 逻辑门电路

逻辑电路是数字电路中最基本的逻辑元件，分组合逻辑电路和时序逻辑电路。前者由最基本的“与门”电路、“或门”电路和“非门”电路组成，其输出值仅依赖于其输入变量的当前值，与输入变量的过去值无关，即不具记忆和存储功能；后者也由上述基本逻辑门电路组成，但存在反馈回路，它的输出值不仅依赖于输入变量的当前值，也依赖于输入变量的过去值。

电路的输入和输出之间存在一定的逻辑关系（因果关系），所以逻辑电路又称为逻辑门电路。基本逻辑关系为“与”“或”“非”三种，由最基本的“与门”电路、“或门”电路和“非门”电路来实现，所有复杂的数字电路都是这些最基本的电路组合而成。

非门：利用内部结构，使输入的电平变成相反的电平，高电平“1”变低电平“0”，低电平“0”变高电平“1”，如图 2-1 所示。

或门：利用内部结构，使输入信号至少一个输入高电平“1”，输出高电平“1”，输入全是低电平“0”，输出低电平“0”，如图 2-2 所示。

与门：利用内部结构，使输入信号都是高电平“1”，输出高电平“1”；输入信号只要有一个低电平“0”，输出低电平“0”，如图 2-3 所示。

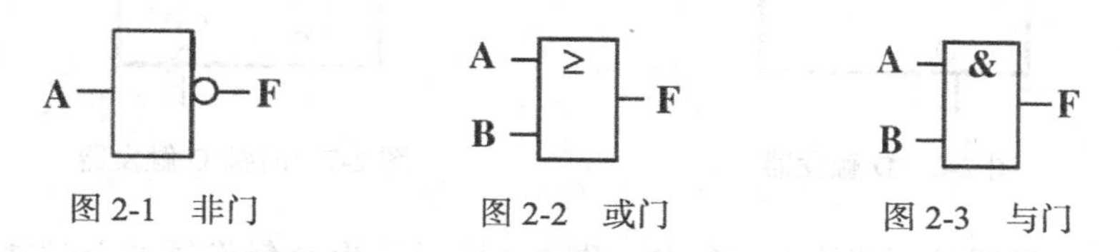

图 2-1　非门　　图 2-2　或门　　图 2-3　与门

2.2.2　触发器电路

触发器是一个具有记忆功能的，具有两个稳定状态的信息存储器件，是构成多种时序电路的最基本逻辑单元，也是数字逻辑电路中一种重要的单元电路。在数字系统和计算机中有着广泛的应用。触发器具有两个稳定状态，即 0 和 1，在一定的外界信号作用下，可以从一个稳定状态翻转到另一个稳定状态。

触发器有集成触发器和门电路组成的触发器。触发方式有电平触发和边沿触发两种。下面简要地介绍一下 RS 触发器、D 触发器和 JK 触发器，这些类型的触发器是计算机中最常见的基本元件。

1．RS 触发器

RS 触发器如图 2-4 所示。当 S=1 而 R=0 时，Q=1（Q=0）称为置位；当 S=0 而 R=1 时，Q=0（Q=1）称为复位。

S 端一般称为置位端，使 Q=1（=0），R 端一般称为复位端，使 Q=0（=1）。

时钟 RS 触发器——为了使触发器在整个机器中能和其他部件协调工作，RS 触发器经常有外加的时钟脉冲，如图 2-5 所示。

此图中的 CLK 即为时钟脉冲，它与置位信号脉冲 S 同时加到一个与门的两个输入端；而与复位信号脉冲同时加到另一个与门的两个输入端。这样，无论是置位还是复位，都必须在时钟脉冲端为高电位时才能进行。

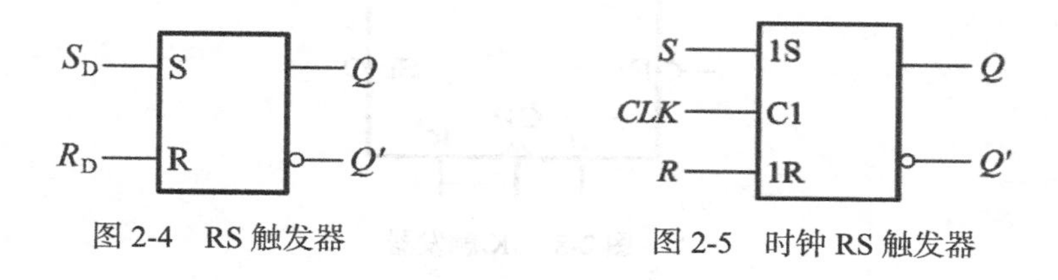

图 2-4　RS 触发器　　图 2-5　时钟 RS 触发器

2．D 触发器

RS 触发器有两个输入端 S 和 R，为了存储一个高电位，就需要一个高电位输入的 S 端；为了存储一个低电位，就需要另一个高电位输入的 R 端，这在很多应用中是不很方便的。D 触发器是在 RS 触发器的基础上延伸出来的，它只需一个输入端口，其图形符号如图 2-6 所示，其特点为输出状态始终跟随输入状态变化，即输出与输入状态相同。

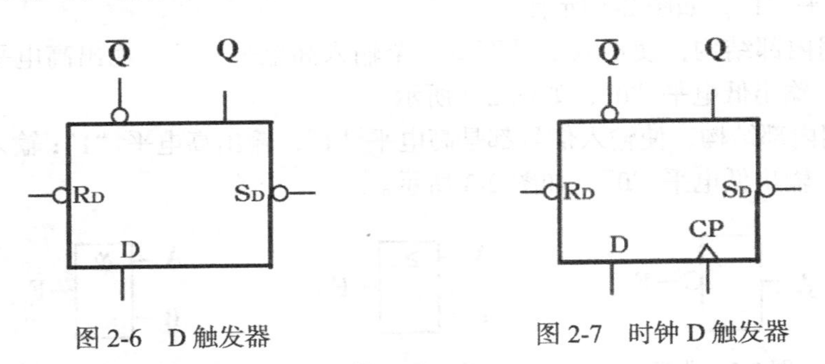

图 2-6　D 触发器　　　　图 2-7　时钟 D 触发器

无时钟的 D 触发器是不能协调运行的，图 2-7 所示是为 D 触发器加上时钟的电路。时钟脉冲 CLK 一般都是方波，在 CLK 处于正半周内的任何瞬间，触发器都有翻转的可能，这样计算机的动作就不可能整齐划一。系统总是想由时钟 CLK 来指挥整个机器的行动。因此，一般采用边缘触发的方式就可以得到整齐划一的动作。

触发器的预置和清除：在一些电路中，有时需要预先给某个触发器置位（即置 1）或清除（即置 0），而与时钟脉冲以及 D 输入端信号无关，这就是所谓预置和清除，如图 2-7 所示的 RD 和 SD 端。

3．JK 触发器

JK 触发器是组成计数器的理想记忆元件，如图 2-8 所示。图中的 CLK 为时钟输入端，JK 触发器和触发器中最基本的 RS 触发器结构相似，其区别在于，RS 触发器不允许 R 与 S 同时为 1，而 JK 触发器允许 J 与 K 同时为 1。当 J 与 K 同时变为 1 时，输出的值状态会反转。也就是说，原来是 0 的话，变成 1；原来是 1 的话，变成 0。

JK 触发器是数字电路触发器中的一种基本电路单元。JK 触发器具有置 0、置 1、保持和翻转功能，在各类集成触发器中，JK 触发器的功能最为齐全。在实际应用中，它不仅有很强的通用性，而且能灵活地转换其他类型的触发器，由 JK 触发器可以构成 D 触发器和 T 触发器。

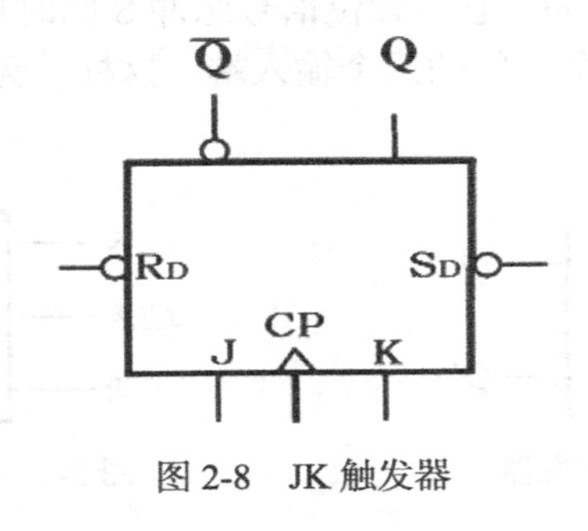

图 2-8　JK 触发器

2.2.3　三态输出电路

计算机中的记忆元件由触发器组成，而触发器只有两个状态。即“0”态和“1”态，所以每条信号线上只能传送一个触发器的信息。如果要在一条信号线上连接多个触发器，而每个触发器可以根据需要与信号线连通或断开，当连通时可以传送“0”或“1”，断开时对信号线上的信息不产生影响，就需要一个特殊的电路加以控制，此电路即为三态输出电路，又称为三态门。

三态电路可提供三种不同的输出值：逻辑“0”，逻辑“1”和高阻态。高阻态主要用来将逻辑门同系统的其他部分加以隔离，例如双向 I/O 电路和共用总线结构中广泛应用三态特性。

一个简单的三态缓冲电路如图 2-9 所示，图（a）为表示符号，图（b）为逻辑结构。由允许信号 E 控制输出，当 E=1 为高电平时，电路的功能是一个正常的缓冲驱动器。输出根据输入为低电平或高电平则相应为低电平和高电平。当 E=0 为低电平时，不论输入为何种电平，两管均不导通。切断输出节点与电源 VOD 和地的通路，此时输出呈高阻态。实际上泄漏电流还是有的，但非常小，故输出阻抗非常大。

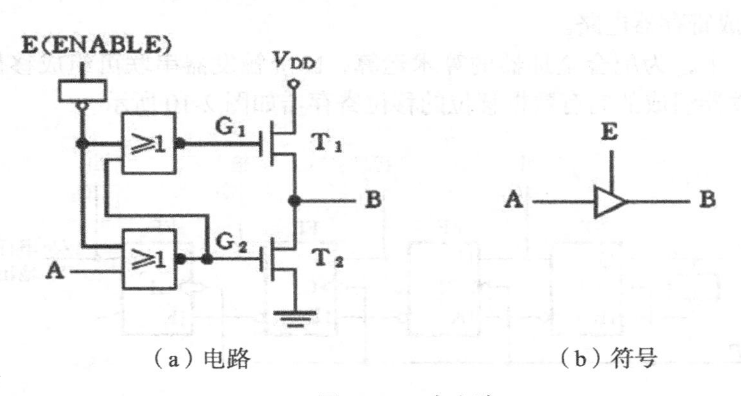

（a）电路　　　　（b）符号

图 2-9　三态电路

三态门电路的输出结构与普通门电路的输出结构有很大的不同，它在电路中增加了一个输出控制端 EN（Enable 的缩写）。当 EN=1 时，对原电路无影响，电路的输出符合原来电路的所有逻辑关系。当 EN=0 时，电路内部所有的输出将处于一种关断状态。

当多个三态门的输出端连在一起形成总线时，只要保证任何一个时刻只有一个三态门的输出控制端有效，就不会发生总线冲突现象。此时总线上的逻辑电平由那个输出有效的电路确定。

由于三态门通常总是用来驱动总线，所以大部分三态门的输出电流能力要比同系列的普通逻辑门电路强得多。

2.2.4　寄存器电路

在数字电路系统工作过程中，把正在处理的二进制数据或代码暂时存储起来的操作叫作寄存，寄存器电路就是实现寄存功能的电路，是数字逻辑电路的基础模块。

任何现代的数字电路系统，特别是一些大型的数字处理系统，往往不可能一次性地把所有的数据都处理好，因此在处理的过程中都必须把需要处理的某些数据、代码先寄存起来，以便在需要的时候随时取用。

在数字电路系统工作过程中，把正在处理的二进制数据或代码暂时存储起来的操作叫作寄存，实现寄存功能的电路称为寄存器。寄存器是一种最基本的时序逻辑电路，在各种数字电路系统中几乎是无所不在，使用非常广泛。常用的集成电路寄存器按能够寄存数据的位数来命名，如 4 位寄存器、8 位寄存器、16 位寄存器等。

寄存器按它具备的功能可分为两大类：数码寄存器和移位寄存器。若按照寄存器内部组成电路所使用的晶体管不同种类来区分，可以分成如晶体管 – 晶体管逻辑（TTL）、互补场效应晶体管逻辑（CMOS）等许多种类，目前使用最多的就是 TTL 寄存器和 CMOS 寄存器，它们都是中、小规模的集成电路器件。

寄存器电路是数字逻辑电路的基础模块。寄存器用于寄存一组二值代码，它被广泛地用于各类数字系统和数字计算机中。由于一个触发器能够存储一位二值代码，所以用 N 个触发器能够存储 N 位二值代码。对于寄存器中的触发器，只要求它们具有置高电平 1、置低电平 0 的功能就可以了，因此，无论是用同步 R-S 结构触发器，还是用主从结构或边沿触发结构的触发器，都可以组成寄存器电路。

在计算机 CPU 中，为配合全加器的算术运算，N 个触发器串联可组成移位寄存器。例如，由四位 JK 触发器组成的向有数据移位的移位寄存器如图 2-10 所示。

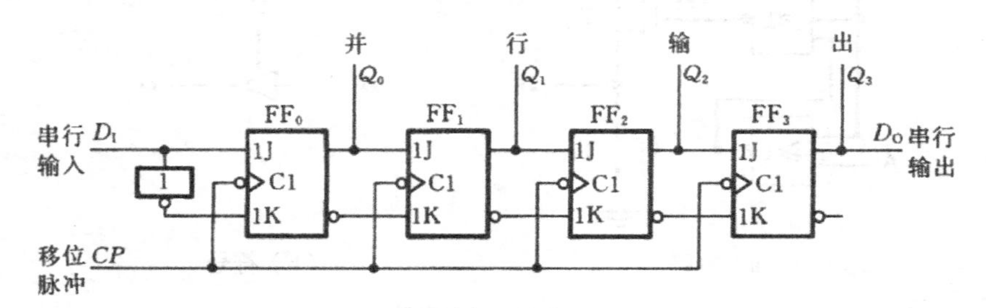

图 2-10　存储器电路

2.2.5　存储器电路

存储器（memory）是计算机的主要组成部分。它既可用来存储数据，也可用以存放计算机的运算程序。存储器由寄存器组成，可以看作一个寄存器堆，每个存储单元实际上相当于一个缓冲寄存器。

每个存储单元所存储的内容称为一个字（word）。一个字由若干位（bit）组成。比如 8 个记忆元件的存储单元就是一个 8 位的记忆字称为一个字节（byte），由 16 个记忆单元组成的存储单元就是一个 16 位的记忆字（由两个字节组成）。

一个存储器可以包含数以千计的存储单元。所以，一个储存器可以存储很多数据，也可以存放很多计算步骤——称为程序（program）。为了便于存入和取出，每个存储单元必须有一个固定的地址。因此，存储器的地址也必定是数以千计的。为了减少存储器向外引出的地址线，在存储器内部都自带译码器。根据二进制编码译码的原理，除地线公用之外，n 根导线可以译成 2^n 个的地址号。

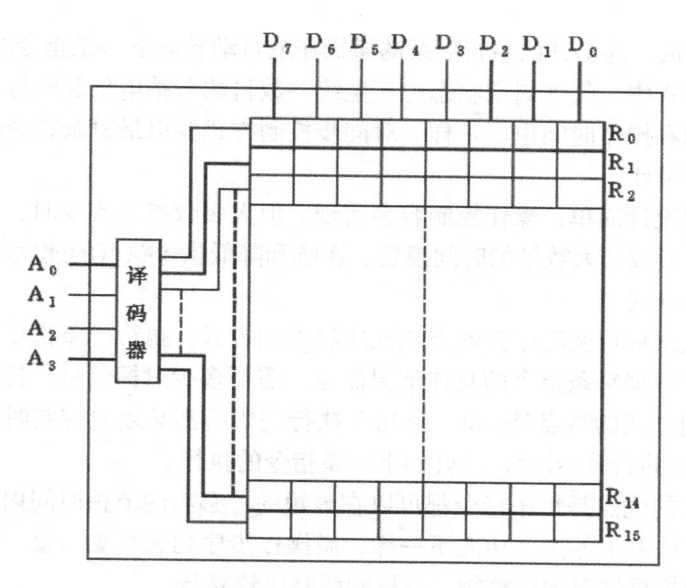

图 2-11　16×8 的存储器

例如，一个 16×8 的存储器，如图 2-11 所示，它是一个有 16 个存储单元，每个单元为 8 位记忆字（即每单元存一个字节）的集成电路片，它将有 4 条地址线 A0，A1，A2，A3 和 8 条数据线 D0，D1，D2，D3，D4，D5，D6，D7。如 16 个存储单元为 R0，R1，…，R15。它们是 A0，A1，A2，A3 的全部组合。

A0～A3 就是地址总线中的 4 根译码线。当存储器的存储单元愈多，则地址总线中的译码线，亦即存储器集成电路片的地址线愈多，如果地址线为 n，则存储器单元的数量为 2^n 个。例如：当地址线为 10 条时 n=10，则可编地址号为 1024 个，或称为 1K；16 条地址线，可译出 65536 个地址，或称为 64K。这里的 1K 和习惯上的 1000 不一样，请务必注意。

2.2.6　时序及时钟电路

1．时序及有关概念

要使计算机有条不紊地工作，对各种操作信号的产生时间、稳定时间、撤销时间及相互之间的关系都有严格的要求。对操作信号施加时间上的控制，称为时序控制。只有严格的时序控制，才能保证各功能部件有机地组合成计算机系统。

计算机的时间控制称为时序。指令系统中每条指令的操作均由一个微操作序列完成，这些微操作是在微操作控制信号控制下执行的。即指令的执行过程是按时间顺序进行的，也即计算机的工作过程都是按时间顺序进行的。时序系统的功能是为指令的执行提供各种操作定时信号。

时序控制方式为同步控制方式、异步控制方式和同异步联合控制方式 3 类。

（1）同步控制方式

同步控制方式又称固定时序控制方式或无应答控制方式。任何指令的执行或指令中每个微操作的执行都受事先安排好的时序信号的控制，每个时序信号的结束就意味着一个微操作或一条指令已经完成、随即开始执行后续的微操作或自动转向下一条指令的执行。

在同步控制方式中，每个周期状态中产生统一数目的节拍电位及时标工作脉冲。不同的指令，微操作序列和操作时间也不一样。对同步控制方式要以最复杂指令的实现需要作为基准，进行控制时序设计。

同步控制方式设计简单，操作控制容易实现。但大多数指令实现时，会有较多空闲节拍和空闲工作脉冲，形成较大数量的时间浪费，影响和降低指令执行的速度。

（2）异步控制方式

异步控制方式又称可变时序控制方式或应答控制方式。执行一条指令需要多少节拍，不作统一规定，而是根据每条指令的具体情况而定，需要多少时标信号，控制器就产生多少时标信号。这种控制方式的特点是：每一条指令执行完毕后都必须向控制时序部件发回一个回答信号，控制器收到回答信号后，才开始下一条指令的执行。

这种控制方式的优点是每条指令都可以在最短的、必需的节拍时间内执行完毕。指令的运行效率高；缺点是由于各指令功能不一样，微操作步序列长、短、繁、简不一致，节拍个数不同。控制器需根据情况加以控制，故控制线路比较复杂。

异步工作方式在计算机中得到了广泛的应用。例如，CPU对内存的读写操作，I/O设备与内存的数据交换等一般都采用异步工作方式以保证执行时的高速度。

（3）同异步联合控制方式

现代计算机系统中一般采用的方式是同步控制和异步控制相结合的方式，即联合按制方式。对不同指令的各个微操作实行大部分统一、小部分区别对待的方法。一般的设计思想是在功能部件内部采用同步控制方式，而在功能部件之间采用异步控制方式，并且在硬件实现允许的情况下，尽可能多地采用异步控制方式。

例如，在一般微型机中，CPU内部基本时序节拍关系采用同步控制方式，按多数指令的需要设置节拍数目与顺序，但对某些指令的控制要求可能不够用，这时采取插入节拍、延长节拍或延长周期时间的方式，使之满足各指令的需要。这些控制时序均体现了基本同步控制、局部异步协调控制的思想。再例如，当CPU要访问存储器时，在发送读/写命令后。存储器进入异步工作方式，当存储器访问完毕以后，会向CPU发回一个信号，表示解除对同步时序的冻结，机器又按同步时序运行（或发出一个WAIT信号冻结，不发信号时解除冻结）。

2．时钟电路

几乎所有的数字系统在处理信号都是按节拍一步一步地进行的，系统各部分也是按节拍有序工作的，要使电路的各部分统一节拍就需要一个“时钟信号”，产生这个时钟信号的电路就是时钟电路。

时钟电路一般由晶体振荡器、晶振控制芯片和电容组成。有人认为它们的重要性等同于电源，在任何需要时序信号的东西中都能发现它们的应用，从数字手表到电视和PC。时钟电路的核心是个比较稳定的振荡器（一般都用晶体振荡器），振荡器产生的是正弦波，频率不一定是电路工作的时钟频率，所以要把这正弦波进行分频处理，形成时钟脉冲，然后分配到需要的地方。让系统里各部分工作时使用。

晶体振荡器，以下简称晶振，是利用了晶体的压电效应制造的，当在晶片的两面上加交变电压时，晶片会反复地机械变形而产生振动，而这种机械振动又会反过来产生交变电压。

当外加交变电压的频率为某一特定值时，振幅明显加大，比其他频率下的振幅大得多，产生共振，这种现象称为压电谐振。晶振产生振荡必须附加外部时钟电路，一般是一个放大反馈电路，只有一片晶振是不能实现振荡的。

下图为典型的微处理器时钟电路结构：主要有由电容器、晶振和微处理器内部电路组成振荡回路，产生时钟信号的频率由晶振决定。

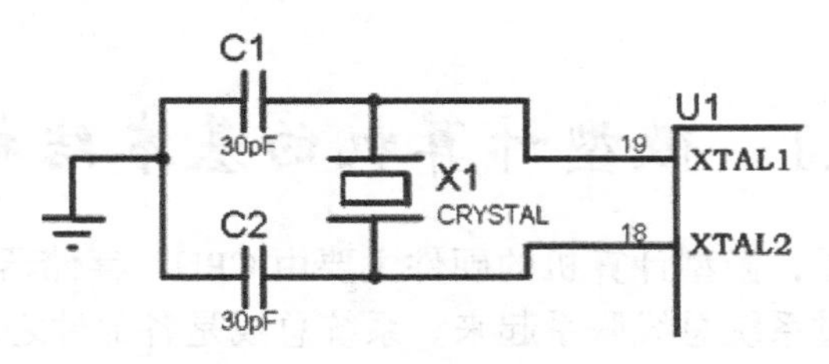

图 2-12　微处理器时钟电路

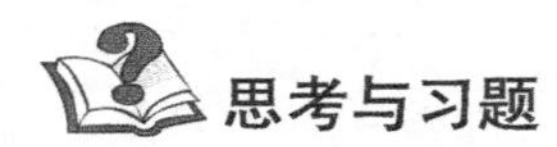

1．将下列十进制数分别转换为二进制数、八进制数、十六进制数。

63　　1000　　0.58　　7.65

2．将下列二进制数转换成十进制数。

10111011　　1011.1011

3．写出下列二进制数的反码和补码。

00000000　　01111111　　10000000　　11111111　　00000001

4．写出下列十进制数的 BCD 码、十六进制数。

1234　　5678

5．何为触发器、寄存器及存储器？它们之间有什么关系？

6．什么是三态输出电路？它有何作用？

7．什么叫时钟电路？它的作用是什么？

第3章 微型计算机的基本结构和工作原理

3.1 微型计算机的基本结构

从大的功能部件来看，微型计算机的硬件主要由CPU、存储器、I/O接口和I/O设备组成，各组成部分之间通过系统总线联系起来。系统总线是各部件之间传送信息的公共通道，其构成框图如图3-1所示。

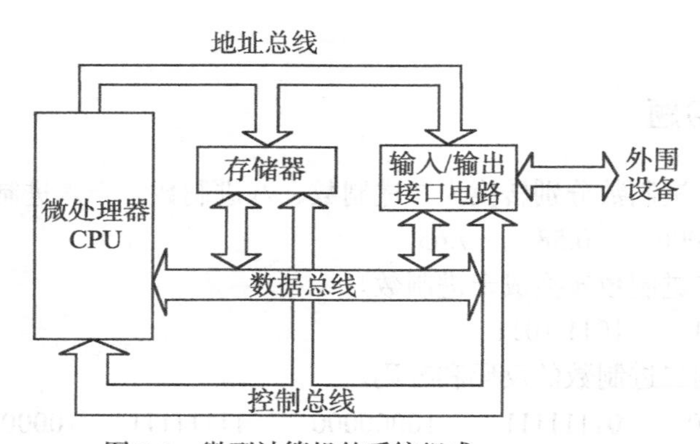

图3-1 微型计算机的系统组成

1．微处理器

微机的核心是微处理器，也就是微机的中央处理器，芯片内集成了控制器、运算器和若干高速存储单元（即寄存器）。高性能微处理器内部非常复杂，例如运算器中不仅有基本的整数运算器，还有浮点处理单元甚至多媒体数据运算单元，控制器包括存储管理单元、代码保护机制等。微处理器及其支持电路构成了微机系统的控制中心，对系统的各个部件进行统一的协调和控制。

2．存储器

存储器（Memory）是存放程序和数据的部件。高性能微机的存储系统由微处理器内部的寄存器（Register）、高速缓冲存储器（Cache）、主板上的主存储器和以外设形式出现的辅助存储器构成。

3．I/O设备

I/O设备是指微机上配备的输入（Input）设备和输出（Output）设备，也称外部设备或外围设备，简称外设（Peripheral），其作用是让用户与微机实现交互。微机上配置的标准输入设备是键盘，标准输出设备是显示器，二者又合称为控制台。微机还可选择鼠标、打印机、绘图仪、扫描仪等I/O设备。作为外部存储器驱动装置的磁盘驱动器，既是输出设备，又是输入设备。

4．系统总线

总线是一组信号线的集合，是在计算机系统各部件之间传输地址、数据和控制信息的公共通路，从物理结构来看，它由一组导线和相关的控制、驱动电路组成。微型计算机采用了总线结构，CPU 通过总线实现读取指令，并通过它与内存、外设之间进行数据交换。采用总线连接系统中各个功能部件使得微机系统具有了组合灵活、扩展方便的特点。

下面对微型计算机的各部分作具体阐述。

3.2　微处理器

CPU（Central Processing Unit）意为中央处理单元，又称中央处理器。CPU 由控制器、运算器和寄存器组成，通常集中在一块芯片上，是计算机系统的核心设备。计算机以 CPU 为中心，输入和输出设备与存储器之间的数据传输和处理都通过 CPU 来控制执行。微型计算机的中央处理器又称为微处理器，一般来说，微处理器由图 3-2 所示部件构成。

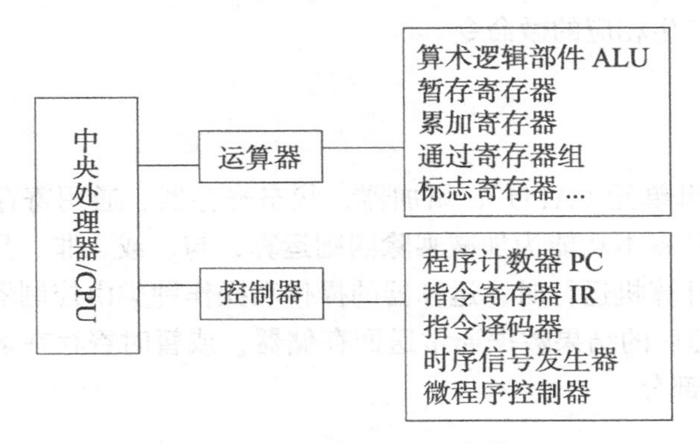

图 3-2　微处理器组成部件

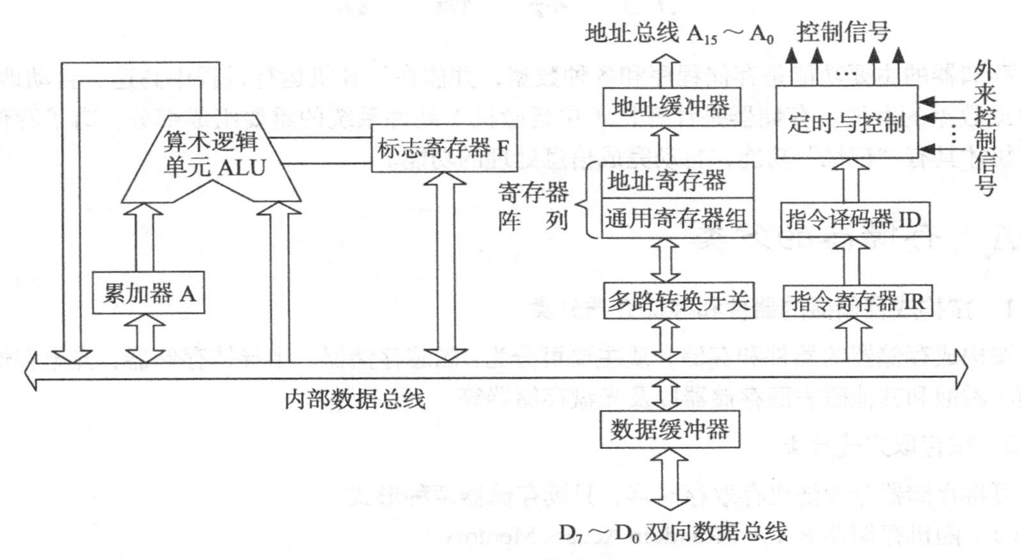

图 3-3　典型 8 位微处理器结构

一个典型的8位微处理器的具体结构如图3-3所示，主要包括以下几个重要部分：累加器，算术逻辑运算单元（ALU），状态标志寄存器，寄存器阵列，指令寄存器，指令译码器和定时及各种控制信号的产生电路。

3.2.1 控制器

控制器是对输入的指令进行分析，并统一控制计算机的各个部件完成一定任务的部件。它一般由指令寄存器、状态寄存器、指令译码器、时序电路和控制电路组成。计算机的工作方式是执行程序，程序就是为完成某一任务所编制的特定指令序列，各种指令操作按一定的时间关系有序安排，控制器产生各种最基本的不可再分的微操作的命令信号，即微命令，以指挥整个计算机有条不紊地工作。当计算机执行程序时，控制器首先从指令寄存器中取得指令的地址，并将下一条指令的地址存入指令寄存器中，然后从存储器中取出指令，由指令译码器对指令进行译码后产生控制信号，用以驱动相应的硬件完成指令操作。简言之，控制器就是协调指挥计算机各部件工作的元件，它的基本任务就是根据种类指纹的需要综合有关的逻辑条件与时间条件产生相应的微命令。

3.2.2 运算器

运算器由算术逻辑单元（ALU）、累加器、状态寄存器、通用寄存器组等组成。算术逻辑运算单元（ALU）的基本功能为加减乘除四则运算，与、或、非、异或等逻辑操作，以及移位、求补等操作。计算机运行时，运算器的操作和操作种类由控制器决定。运算器处理的数据来自存储器；处理后的结果数据通常送回存储器，或暂时寄存在运算器中。与控制器共同组成了CPU的核心部分。

3.3 存 储 器

存储器的主要功能是存储程序和各种数据，并能在计算机运行过程中高速、自动地完成程序或数据的存取。存储器是计算机（包括微机）硬件系统的重要组成部分，有了存储器，计算机才具有“记忆”功能，自动完成信息处理的功能。

3.3.1 存储器的分类

1．按构成存储器的器件和存储介质分类

按构成存储器的器件和存储介质主要可分为：磁芯存储器、半导体存储器、光电存储器、磁膜、磁泡和其他磁表面存储器以及光盘存储器等。

2．按存取方式分类

可将存储器分为随机存取存储器、只读存储器两种形式。

（1）随机存储器RAM（Random Access Memory）

指能够通过指令随机地、个别地对其中各个单元进行读/写操作的一类存储器。按照存放信息原理的不同，随机存储器又可分为静态和动态两种。静态 RAM 是以双稳态元件作为基本的存储单元来保存信息的，因此，其保存的信息在不断电的情况下，是不会被破坏的；而动态 RAM 是靠电容的充、放电原理来存放信息的，由于保存在电容上的电荷，会随着时间而泄露，因而会使得这种器件中存放的信息丢失，必须定时进行刷新。

（2）只读存储器 ROM（Read-Only Memory）

指只能对其进行读操作，而不能进行写操作的一类存储器。ROM 通常用来存放固定不变的程序、汉字字形库、字符及图形符号等。随着半导体技术的发展，只读存储器也出现了不同的种类，如可编程的只读存储器 PROM（Programmable ROM），可擦除的可编程的只读存储器 EPROM（Erasible Programmable ROM）和 EEPROM（Electric Erasible Programmable ROM）以及掩膜型只读存储器 MROM（Masked ROM）等，近年来发展起来的快擦型存储器（F1ash Memory）具有 EEPROM 的特点。

3．按照与 CPU 的接近程度分类

可分为主存储器（内存）、辅助存储器（外存）、缓冲存储器等。

主存储器又称为系统的主存或者内存，位于系统主机的内部，CPU 可以直接对其中的单元进行读/写操作。

缓冲存储器位于主存与 CPU 之间，其存取速度非常快，但存储容量更小，可用来解决存取速度与存储容量之间的矛盾，提高整个系统的运行速度。

辅存存储器又称外存，位于系统主机的外部，CPU 对其进行的存/取操作，必须通过内存才能进行。

把存储器分为几个层次主要基于以下原因。

（1）合理解决速度与成本的矛盾，以得到较高的性能价格比。半导体存储器速度快，但价格高，容量不宜做得很大，因此仅用作与 CPU 频繁交流信息的内存储器。磁盘等介质类永久性存储器价格较便宜，可以把容量做得很大，但存取速度较慢，因此用作存取次数较少，且需存放大量程序、原始数据（许多程序和数据是暂时不参加运算的）和运行结果的外存储器。计算机在执行某项任务时，仅将与此有关的程序和原始数据从磁盘上调入容量较小的内存，通过 CPU 与内存进行高速的数据处理，然后将最终结果通过内存再写入外存储器。这样的配置价格适中，综合存取速度则较快。为解决高速的 CPU 与速度相对较慢的主存的矛盾，还可使用高速缓存。它采用速度很快、价格更高的半导体静态存储器，甚至与微处理器做在一起，存放当前使用最频繁的指令和数据。当 CPU 从内存中读取指令与数据时，将同时访问高速缓存与主存。如果所需内容在高速缓存中，就能立即获取；如没有，再从主存中读取。高速缓存中的内容是根据实际情况及时更换的。这样，通过增加少量成本即可获得很高的速度。

（2）使用磁盘等介质类永久性存储器作为外存，不仅价格便宜，可以把存储容量做得很大，而且在断电时它所存放的信息也不丢失，可以长久保存，且复制、携带都很方便。

3.3.2　存储器结构及寻址

一个存储器系统由以下几部分组成。

1．存储体

存储体由一个个寄存器存储单元组成，一个寄存器单元可以存放一位二进制信息，其内部具有两个稳定的且相互对立的状态，并能够在外部对其状态进行识别和改变。不同类型的存储单元，决定了由其所组成的存储器件的类型不同。一个基本存储单元只能保存一位二进制信息，若要存放 M×N 个二进制信息，就需要用 M×N 个基本存储单元，它们按一定的规则排列起来，由这些基本存储单元所构成的阵列称为存储体。

2．地址译码器及地址线

由于存储器系统是由许多存储单元构成的，为了加以区分，我们必须首先为这些存储单元编号，即分配给这些存储单元不同的地址。地址译码器的作用就是用来接受 CPU 送来的地址信号并对它进行译码，选择与此地址码相对应的存储单元，以便对该单元进行读/写操作。

3．片选与读/写电路及控制线

片选信号用以实现芯片的选择。对于一个芯片来讲，只有当片选信号有效时，才能对其进行读/写操作。片选信号一般由地址译码器的输出及一些控制信号来形成，而读/写控制电路则用来控制对芯片的读/写操作。

4．I/O 电路及数据线

I/O 电路位于系统数据总线与被选中的存储单元之间，通过数据线来进行信息的读出与写入。

5．其他外围电路

对不同类型的存储器系统，有时，还专门需要一些特殊的外围电路，如动态 RAM 中的预充电及刷新操作控制电路等。

下面以一个 8×4 ROM 为例说明存储器的寻址过程：图 3-4 是一个 8×4 ROM 集成电路片的内部电路原理图。右半部分由矩阵电路及半导体二极管组成 8 个 4 位的存储单元。二极管的位置是由制造者配置好了而不可更改的。一条横线相当于一个存储单元，而一条竖线相当于一位。所以 8 条横线组成 8 个存储单元，4 条竖线成为一个 4 位的字。二极管连接到的竖线，则为该位置 1。无二极管相连的竖线，则为该位置 0。输出电信号是取自限流电阻 R 上的电位。为了可控，每条数据线都加一个三态输出门（E 门）。这样，只有在 E 门为高电位时，才有可能输出此 ROM 中的数据。

左半部为地址译码器电路。因为是 8 个地址号，所以只需 3 条地址线：A_2，A_1，A_0，每条地址线都并以一个非门，而得 3 条非线：A_2，A_1，A_0。这 6 条线通过 8 个与门即可译成 8 个地址号。例如，R_0 的地址号为 $A_2A_1A_0$=000，当地址线上出现 $A_2A_1A_0$=000 时，则 R_0 所在的那条横线所连接的与门 1 将导通，而使此横线为高电位。而此时 R_0 的 4 条竖线中只有最右一条接有二极管。它将横线的高电位引至下面的限流电阻 R 上。所以电阻 R 的上端出现高电位。其他 3 条竖线由于无二极管与 R_0 横线相连，所以它们各自的限流电阻上无电流流过而呈现为低电平（地电位）。当 E 门为高电位时，数据线 $D_3D_2D_1D_0$ 将送出数据为 0001，其他各个存储单元也可由地址线的信号之不同而选出，并通过 E 门将数据输出去。

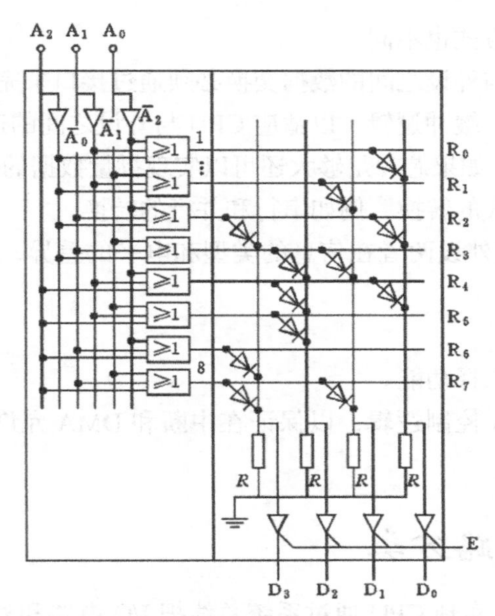

图 3-4　8×4 ROM 内部电路原理图

3.4 I/O 接口电路

I/O 接口是一电子电路（以 IC 芯片或接口板形式出现），其内有若干专用寄存器和相应的控制逻辑电路构成。它是 CPU 和 I/O 设备之间交换信息的媒介和桥梁。CPU 与外部设备、存储器的连接和数据交换都需要通过接口设备来实现，前者被称为 I/O 接口，而后者则被称为存储器接口。存储器通常在 CPU 的同步控制下工作，接口电路比较简单；而 I/O 设备品种繁多，其相应的接口电路也各不相同，因此，习惯上说到接口只是指 I/O 接口。接口电路包括硬件电路和软件编程两部分：硬件电路包括基本逻辑电路，端口译码电路和供选电路等。软件编程包括初始化程序段，传送方式处理程序段，主控程序段程序终止与退出程序段及辅助程序段等。

3.4.1　接口电路功能

由于计算机的外围设备品种繁多，因此，CPU 在与 I/O 设备进行数据交换时存在以下问题。

速度不匹配：I/O 设备的工作速度要比 CPU 慢许多，而且由于种类的不同，他们之间的速度差异也很大，例如硬盘的传输速度就要比打印机快出很多。

时序不匹配：各个 I/O 设备都有自己的定时控制电路，以自己的速度传输数据，无法与 CPU 的时序取得统一。

信息格式不匹配：不同的 I/O 设备存储和处理信息的格式不同，例如可以分为串行和并行两种；也可以分为二进制格式、ACSII 编码和 BCD 编码等。

信息类型不匹配：不同 I/O 设备采用的信号类型不同，有些是数字信号，而有些是模拟信号，因此所采用的处理方式也不同。

基于以上原因，CPU 与外设之间的数据交换必须通过接口来完成，通常接口有以下功能。

（1）设置数据的寄存、缓冲逻辑，以适应 CPU 与外设之间的速度差异，接口通常由一些寄存器或 RAM 芯片组成，如果芯片足够大还可以实现批量数据的传输。

（2）能够进行信息格式的转换，例如串行和并行的转换。

（3）能够协调 CPU 和外设两者在信息的类型和电平的差异，如电平转换驱动器、数/模或模/数转换器等。

（4）协调时序差异。

（5）地址译码和设备选择功能。

（6）设置中断和 DMA 控制逻辑，以保证在中断和 DMA 允许的情况下完成中断处理和 DMA 传输。

3.4.2 I/O 接口电路分类

I/O 接口的功能是负责实现 CPU 通过系统总线把 I/O 电路和外围设备联系在一起，按照电路和设备的复杂程度，I/O 接口的硬件主要分为两大类。

1. I/O 接口芯片

这些芯片大都是集成电路，通过 CPU 输入不同的命令和参数，并控制相关的 I/O 电路和简单的外设作相应的操作，常见的接口芯片如定时/计数器、中断控制器、DMA 控制器、并行接口等。

2. I/O 接口控制卡

有若干个集成电路按一定的逻辑组成为一个部件，或者直接与 CPU 同在主板上，或是一个插件插在系统总线插槽上。

按照接口的信号传输方式来分，又可以将它们分为串行接口、并行接口。

（1）串行传输或串行通信，指用一条数据线，将数据一位位地顺序传送，形象地可以视为一列汽车（数据位）沿着乡村公路行驶（单传输路径）。其特点是通信线路简单，只要一对传输线就可以实现双向通信，并可以利用电话线，从而大大降低了成本，特别适用于远距离通信，但传送速度较慢。串行通信分为异步通信与同步通信。

（2）并行传输或并行通信，指数据的各位同时进行传送，以字或字节为单位并行进行，形象地可以视为一排汽车（通常为 8 个数据位或 1 个字节）沿着多车道高速公路行驶。其特点是传输速度快，但当传输距离较远、位数又多时，导致了通信线路复杂且成本提高。与串行传输相比，是一种更快捷的传输方式，能够从一个点到一个点传输 8 倍的信息。

3.4.3 接口电路控制方式

CPU 通过接口对外设进行控制的方式有以下几种。

1. 程序查询方式

这种方式下，CPU 通过 I/O 指令询问指定外设当前的状态，如果外设准备就绪，则进行数据的输入或输出，否则 CPU 等待，循环查询。

这种方式的优点是结构简单，只需要少量的硬件电路即可，缺点是由于 CPU 的速度远远高于外设，因此通常处于等待状态，工作效率很低。

2．中断处理方式

在这种方式下，CPU 不再被动等待，而是可以执行其他程序，一旦外设为数据交换准备就绪，可以向 CPU 提出服务请求，CPU 如果响应该请求，便暂时停止当前程序的执行，转去执行与该请求对应的服务程序，完成后，再继续执行原来被中断的程序。

中断处理方式的优点是显而易见的，它不但为 CPU 省去了查询外设状态和等待外设就绪所花费的时间，提高了 CPU 的工作效率，还满足了外设的实时要求。但需要为每个 I/O 设备分配一个中断请求号和相应的中断服务程序，此外还需要一个中断控制器（I/O 接口芯片）管理 I/O 设备提出的中断请求，例如设置中断屏蔽、中断请求优先级等。

此外，中断处理方式的缺点是每传送一个字符都要进行中断，启动中断控制器，还要保留和恢复现场以便能继续原程序的执行，花费的工作量很大，这样如果需要大量数据交换，系统的性能会很低。

3．直接存储器存取（DMA）传送方式

DMA 最明显的一个特点是它不是用软件而是采用一个专门的控制器来控制内存与外设之间的数据交流，无须 CPU 介入，大大提高 CPU 的工作效率。

在进行 DMA 数据传送之前，DMA 控制器会向 CPU 申请总线控制权，CPU 如果允许，则将控制权交出，因此，在数据交换时，总线控制权由 DMA 控制器掌握，在传输结束后，DMA 控制器将总线控制权交还给 CPU。

其他还有无条件传送方式、I/O 通道方式、I/O 处理机方式等，这里不再具体叙述。

3.5　总线及其工作原理

总线（Bus）是计算机各种功能部件之间传送信息的公共通信干线，它是由导线组成的传输线束，总线是一种内部结构，它是 CPU、内存、输入、输出设备传递信息的公用通道，主机的各个部件通过总线相连接，外部设备通过相应的接口电路再与总线相连接，从而形成了计算机硬件系统。在计算机系统中，各个部件之间传送信息的公共通路叫总线，微型计算机是以总线结构来连接各个功能部件的。

3.5.1　总线工作原理

如果说主板（Mother Board）是一座城市，那么总线就像是城市里的公共汽车（Bus），能按照固定行车路线，传输来回不停运作的比特（Bit）。这些线路在同一时间内都仅能负责传输一个比特。因此，必须同时采用多条线路才能传送更多数据，而总线可同时传输的数据数就称为宽度（Width），以比特为单位，总线宽度愈大，传输性能就愈佳。总线的带宽（即单位时间内可以传输的总数据数）为：总线带宽 = 频率 × 宽度（Bytes/sec）。当总线空闲（其他器件都以高阻态形式连接在总线上）且一个器件要与目的器件通信时，发起通信的器件驱动总线，发出地址和数据。其他以高阻态形式连接在总线上的器件如果收到（或能够收到）与自己相符的地址信息后，即接收总线上的数据。发送器件完成通信，将总线让出（输出变为高阻态）。

3.5.2 总线特性

由于总线是连接各个部件的一组信号线。通过信号线上的信号表示信息，通过约定不同信号的先后次序即可约定操作如何实现。总线的特性如下。

（1）物理特性：物理特性又称为机械特性，指总线上部件在物理连接时表现出的一些特性，如插头与插座的几何尺寸、形状、引脚个数及排列顺序等。

（2）功能特性：功能特性是指每一根信号线的功能，如地址总线用来表示地址码。数据总线用来表示传输的数据，控制总线表示操作的命令、状态等。

（3）电气特性：电气特性是指每一根信号线上的信号方向及表示信号有效的电平范围，通常，由主设备（如 CPU）发出的信号称为输出信号（OUT），送入主设备的信号称为输入信号（IN）。通常数据信号和地址信号定义高电平为逻辑 1、低电平为逻辑 0，控制信号则没有俗成的约定，如 WE 表示低电平有效、Ready 表示高电平有效。不同总线高电平、低电平的电平范围也无统一的规定，通常与 TTL 是相符的。

（4）时间特性：时间特性又称为逻辑特性，指在总线操作过程中每一根信号线上信号什么时候有效，通过这种信号有效的时序关系约定，确保了总线操作的正确进行。

为了提高计算机的可拓展性，以及部件及设备的通用性，除了片内总线外，各个部件或设备都采用标准化的形式连接到总线上，并按标准化的方式实现总线上的信息传输。而总线的这些标准化的连接形式及操作方式，统称为总线标准。如 ISA、PCI、USB 总线标准等。

3.5.3 总线分类

总线按功能和规范可分为五大类型。

① 数据总线（Data Bus）：在 CPU 与 RAM 之间来回传送需要处理或是需要储存的数据。

② 地址总线（Address Bus）：用来指定在 RAM（Random Access Memory）之中储存的数据的地址。

③ 控制总线（Control Bus）：将微处理器控制单元（Control Unit）的信号，传送到周边设备，一般常见的为 USB Bus 和 1394 Bus。

④ 扩展总线（Expansion Bus）：可连接扩展槽和电脑。

⑤ 局部总线（Local Bus）：取代更高速数据传输的扩展总线。

其中的数据总线 DB（Data Bus）、地址总线 AB（Address Bus）和控制总线 CB（Control Bus），也统称为系统总线，即通常意义上所说的总线。

有的系统中，数据总线和地址总线是复用的，即总线在某些时刻出现的信号表示数据而另一些时刻表示地址；而有的系统是分开的。51 系列单片机的地址总线和数据总线是复用的，而一般 PC 中的总线则是分开的。

数据总线 DB 用于传送数据信息，是双向三态形式的总线，它既可以把 CPU 的数据传送到存储器或 I/O 接口等其他部件上，也可以将其他部件的数据传送到 CPU 上。数据总线的位数是微型计算机的一个重要指标，通常与微处理的字长相一致。例如 Intel 8086 微处理器字长 16 位，其数据总线宽度也是 16 位。需要指出的是，数据的含义是广义的，它可以是真正的数据，也可以是指令代码或状态信息，有时甚至是一个控制信息，因此，在实际工作中，数据总线上传送的并不一定仅仅是真正意义上的数据。常见的数据总线为 ISA、EISA、VESA、PCI 等。

地址总线 AB 是专门用来传送地址的，由于地址只能从 CPU 传向外部存储器或 I/O 端口，所以地址总线总是单向三态的，这与数据总线不同。地址总线的位数决定了 CPU 可直接寻址的内存空间大小，比如 8 位微机的地址总线为 16 位，则其最大可寻址空间为 2^{16}=64KB，16 位微型机（x 位处理器指一个时钟周期内微处理器能处理的位数（1 或 0）多少，即字长大小）的地址总线为 20 位，其可寻址空间为 2^{20}=1MB。一般来说，若地址总线为 n 位，则可寻址空间为 2^n 字节。

控制总线 CB 用来传送控制信号和时序信号。控制信号中，有的是微处理器送往存储器和 I/O 接口电路的，如读/写信号，片选信号、中断响应信号等；也有是其他部件反馈给 CPU 的，比如：中断申请信号、复位信号、总线请求信号、设备就绪信号等。因此，控制总线的传送方向由具体控制信号而定，（信息）一般是双向的，控制总线的位数要根据系统的实际控制需要而定。实际上控制总线的具体情况主要取决于 CPU。

按照传输数据的方式划分，可以分为串行总线和并行总线。串行总线中，二进制数据逐位通过一根数据线发送到目的器件；并行总线的数据线通常超过两根。常见的串行总线有 SPI、I^2C、USB 及 RS232 等。

按照时钟信号是否独立，可以分为同步总线和异步总线。同步总线的时钟信号独立于数据，而异步总线的时钟信号是从数据中提取出来的。SPI、I^2C 是同步串行总线，RS232 采用异步串行总线。

3.6　指令与程序概述

3.6.1　指令系统简介

指令系统是指计算机所能执行的全部指令的集合，它描述了计算机内全部的控制信息和“逻辑判断”能力。不同计算机的指令系统包含的指令种类和数目也不同。一般均包含算术运算型、逻辑运算型、数据传送型、判定和控制型、移位操作型、位（位串）操作型、输入和输出型等指令。指令系统是表征一台计算机性能的重要因素，它的格式与功能不仅直接影响到机器的硬件结构，而且也直接影响到系统软件，影响到机器的适用范围。

指令系统的发展经历了从简单到复杂的演变过程。早在 20 世纪 50 至 60 年代，计算机大多数采用分立元件的晶体管或电子管组成，其体积庞大，价格也很昂贵，因此计算机的硬件结构比较简单，所支持的指令系统也只有十几至几十条最基本的指令，而且寻址方式简单。

到20世纪60年代中期，随着集成电路的出现，计算机的功耗、体积、价格等不断下降，硬件功能不断增强，指令系统也越来越丰富。20世纪70年代以来，高级语言已成为大、中、小型机的主要程序设计语言，计算机应用日益普及。

一条指令就是机器语言的一个语句，它是一组有意义的二进制代码，计算机的指令格式与机器的字长、存储器的容量及指令的功能都有很大的关系。计算机是通过执行指令来处理各种数据的。为了指出数据的来源、操作结果的去向及所执行的操作，一条指令必须包含下列信息。

（1）操作码：它具体说明了操作的性质及功能。一台计算机可能有几十条至几百条指令，每一条指令都有一个相应的操作码，计算机通过识别该操作码来完成不同的操作。

（2）操作数的地址：CPU通过该地址就可以取得所需的操作数。

（3）操作结果的存储地址：把对操作数的处理所产生的结果保存在该地址中，以便再次使用。

（4）下条指令的地址：执行程序时，大多数指令按顺序依次从主存中取出执行，只有在遇到转移指令时，程序的执行顺序才会改变。为了压缩指令的长度，可以用一个程序计数器（Program Counter，PC）存放指令地址。每执行一条指令，PC的指令地址就自动+1（设该指令只占一个主存单元），指出将要执行的下一条指令的地址。当遇到执行转移指令时，则用转移地址修改PC的内容。由于使用了PC，指令中就不必明显地给出下一条将要执行指令的地址。

3.6.2 程序设计语言

程序设计语言用于书写计算机程序的语言。语言的基础是一组记号和一组规则。根据规则由记号构成的记号串的总体就是语言。在程序设计语言中，这些记号串就是程序。程序设计语言有3个方面的因素，即语法、语义和语用。语法表示程序的结构或形式，亦即表示构成语言的各个记号之间的组合规律，但不涉及这些记号的特定含义，也不涉及使用者。语义表示程序的含义，亦即表示按照各种方法所表示的各个记号的特定含义，但不涉及使用者。

自20世纪60年代以来，世界上公布的程序设计语言已有上千种之多，但是只有很小一部分得到了广泛的应用。从发展历程来看，程序设计语言可以分为以下4代。

1．第一代机器语言

机器语言是由二进制0、1代码指令构成，不同的CPU具有不同的指令系统。机器语言程序难编写、难修改、难维护，需要用户直接对存储空间进行分配，编程效率极低。这种语言已经被渐渐淘汰了。

2．第二代汇编语言

汇编语言指令是机器指令的符号化，与机器指令存在着直接的对应关系，所以汇编语言同样存在着难学难用、容易出错、维护困难等缺点。但是汇编语言也有自己的优点：可直接访问系统接口，汇编程序翻译成的机器语言程序的效率高。从软件工程角度来看，只有在高级语言不能满足设计要求，或不具备支持某种特定功能的技术性能（如特殊的输入输出）时，汇编语言才被使用。

3．第三代高级语言

高级语言是面向用户的、基本上独立于计算机种类和结构的语言。其最大的优点是：形式上接近于算术语言和自然语言，概念上接近于人们通常使用的概念。高级语言的一个命令可以代替几条、几十条甚至几百条汇编语言的指令。因此，高级语言易学易用，通用性强，应用广泛。高级语言种类繁多，可以从应用特点和对客观系统的描述两个方面对其进一步分类。

（1）从应用角度分类

从应用角度来看，高级语言可以分为基础语言、结构化语言和专用语言。

① 基础语言

基础语言也称通用语言。它历史悠久，流传很广，有大量的已开发的软件库，拥有众多的用户，为人们所熟悉和接受。属于这类语言的有 FORTRAN、COBOL、BASIC、ALGOL 等。FORTRAN 语言是目前国际上广为流行、也是使用得最早的一种高级语言，从 20 世纪 90 年代起，在工程与科学计算中一直占有重要地位，备受科技人员的欢迎。BASIC 语言是在 20 世纪 60 年代初为适应分时系统而研制的一种交互式语言，可用于一般的数值计算与事务处理。BASIC 语言结构简单，易学易用，并且具有交互能力，成为许多初学者学习程序设计的入门语言。

② 结构化语言

20 世纪 70 年代以来，结构化程序设计和软件工程的思想日益为人们所接受和欣赏。在它们的影响下，先后出现了一些很有影响的结构化语言，这些结构化语言直接支持结构化的控制结构，具有很强的过程结构和数据结构能力。PASCAL、C、Ada 语言就是它们的突出代表。

PASCAL 语言是第一个系统地体现结构化程序设计概念的现代高级语言，软件开发的最初目标是把它作为结构化程序设计的教学工具。由于它模块清晰、控制结构完备、有丰富的数据类型和数据结构、语言表达能力强、移植容易，不仅被国内外许多高等院校定为教学语言，而且在科学计算、数据处理及系统软件开发中都有较广泛的应用。

C 语言功能丰富，表达能力强，有丰富的运算符和数据类型，使用灵活方便，应用面广，移植能力强，编译质量高，目标程序效率高，具有高级语言的优点。同时，C 语言还具有低级语言的许多特点，如允许直接访问物理地址，能进行位操作，能实现汇编语言的大部分功能，可以直接对硬件进行操作等。用 C 语言编译程序产生的目标程序，其质量可以与汇编语言产生的目标程序相媲美，具有“可移植的汇编语言”的美称，成为编写应用软件、操作系统和编译程序的重要语言之一。

③ 专用语言

专用语言是为某种特殊应用而专门设计的语言，通常具有特殊的语法形式。一般来说，这种语言的应用范围狭窄，移植性和可维护性不如结构化程序设计语言。随着时间的推移，科技的发展，被使用的专业语言已有数百种，应用比较广泛的有 APL 语言、Forth 语言、LISP 语言。

（2）从客观系统的描述分类

从描述客观系统来看，程序设计语言可以分为面向过程语言和面向对象语言。

① 面向过程语言：以“数据结构 + 算法”程序设计范式构成的程序设计语言，称为面向

过程语言。前面介绍的程序设计语言大多为面向过程语言。

② 面向对象语言：以“对象 + 消息”程序设计范式构成的程序设计语言，称为面向对象语言。比较流行的面向对象语言有 Delphi、Visual Basic、Java、C++ 等。

Delphi 语言具有可视化开发环境，提供面向对象的编程方法，可以设计各种具有 Windows 风格的应用程序（如数据库应用系统、通信软件和三维虚拟现实等），也可以开发多媒体应用系统。

Visual Basic 语言简称 VB，是为开发应用程序而提供的开发环境与工具。它具有很好的图形用户界面，采用面向对象和事件驱动的新机制，把过程化和结构化编程集合在一起。它在应用程序开发中的图形化构思，无须编写任何程序，就可以方便地创建应用程序界面，且与 Windows 界面非常相似，甚至是一致的。

Java 语言是一种面向对象的、不依赖于特定平台的程序设计语言，简单、可靠、可编译、可扩展、多线程、结构中立、类型显示说明、动态存储管理、易于理解，是一种理想的、用于开发 Internet 应用软件的程序设计语言。

4．第四代非过程化语言

非过程化语言，编码时只需说明“做什么”，不需描述算法细节。第四代程序设计语言是面向应用，为最终用户设计的一类程序设计语言。它具有缩短应用开发过程、降低维护代价、最大限度地减少调试过程中出现的问题以及对用户友好等优点。真正的第四代程序设计语言应该说还没有出现。所谓的第四代语言，大多是指基于某种语言环境上具有非过程化语言特征的软件工具产品。

3.6.3 微型计算机工作过程

当我们用计算机来完成某项工作时，例如解决一个数学问题，必须先制定解决问题的方案，进而再将其分解成计算机能识别并能执行的一系列基本操作命令，这些操作命令按一定的顺序排列起来，就组成了“程序”。计算机所能识别并能执行的每一条操作命令就称为一条“机器指令”，而每条机器指令都规定了计算机所要执行的一种基本操作。因此，程序就是完成既定任务的一组指令序列，计算机按照规定的流程，依次执行一条条的指令，最终完成程序所要实现的目标。

由此可见，计算机的工作方式取决于它的两个基本能力：一是能存储程序，二是能自动执行程序。计算机是利用内存来存放所要执行的程序的，而 CPU 则依次从内存中取出程序的每条指令，加以分析和执行，直到完成全部指令序列为止。这就是计算机的存储程序控制方式的工作原理。

计算机不但能按照指令的存储顺序，依次读取并执行指令，而且还能根据指令执行结果进行程序的灵活转移，使得计算机具有判断思维的能力。

依据计算机的存储程序控制方式的工作原理设计了现代计算机的雏形，并确定了计算机的五大组成部分。冯•诺依曼的这一设计思想被誉为计算机发展史上的里程碑。虽然计算机发展很快，但存储程序原理仍然是计算机的基本工作原理，这一原理决定了人们使用计算机主要方式——编写程序和运行程序。

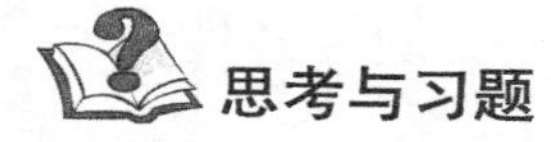

思考与习题

1．微型计算机系统有哪些功能部件组成？它们各自具有什么作用？
2．试说明存储器的概念和分类，举例说明存储器如何寻址。
3．计算机系统有哪三类总线？各自的作用是什么？
4．请说明微型计算机系统的工作过程。
5．简述接口电路的功能及控制方式。

第4章 单片机概论

4.1 单片机的特点及发展概况

单片机MCU（Micro Controller Unit）是一个以单芯片形态面对测控对象的嵌入式应用计算机系统。它的出现及发展使计算机技术从通用型数值计算领域进入到了智能化的控制领域，从此计算机技术在两个重要领域——通用计算机领域和嵌入式计算机领域都得到了极其重要的发展，并正在深深地改变着当今社会。

4.1.1 单片机——微控制器嵌入式应用的概念

1．单片机概述

所谓单片机，是指把组成微型计算机的各个功能部件（中央处理器CPU、随机存储器RAM、只读存储器ROM、输入/输出接口电路、定时器/计数器以及串行通信接口等）集成在一块芯片中构成的一个完整的微型计算机。因此单片机早期的含义为单片微型计算机（Single Chip Microcomputer），中文直译为单片机，并一直沿用至今。

由于单片机面对的是测控对象，突出的是控制功能，所以它从功能和形态上来说都是应控制领域应用的要求而诞生的。随着单片机技术的发展，人们可以在芯片内集成许多面对测控对象的接口电路，如ADC、DAC、高速I/O口、PWM和WDT等。这些对外电路及外设接口已经突破了微型计算机（Microcomputer）传统的体系结构，所以，更能确切反映单片机本质的叫法应是微控制器MCU（Micro Controller Unit）。

单片机是以单芯片形态进行嵌入式应用的计算机，它有唯一的专门为嵌入式应用而设计的体系结构和指令系统，加上它的芯片级体积的优点和在现场环境下可高速可靠地运行的特点，因此单片机又称为嵌入式微控制器（Embedded Micro controller）。

在国内，“单片机”的叫法仍然有着普遍的意义。可以把单片机理解为一个单芯片形态的微控制器，是一个典型的嵌入式应用计算机系统。目前按单片机内部数据通道的宽度，可以分为4位、8位、16位及32位单片机。

2．单片机和微处理器

随着大规模与超大规模集成电路技术的快速发展，微计算机技术形成了两大分支：微处理器MPU（Micro Processor Unit）和单片机MCU（Micro Controller Unit）。

微处理器MPU是微型计算机的核心部件，它的性能决定了微型计算机的性能。通用型的计算机已从早期的数值计算、数据处理发展到当今的人工智能阶段。它不仅可以处理文字、字符、图形和图像等信息，而且还可以处理音频、视频等信息，并正向多媒体、人工智能、数字模拟和仿真、网络通信等方向发展。它的存储容量和运算速度正在以惊人的速度发展。高性能的32位、64位微型计算机系统正在向中、大型计算机挑战。

单片机 MCU 主要用于控制领域。它构成的检测控制系统能实时、快速地进行外部响应，能迅速采集到大量数据，能在做出正确的逻辑推理和判断后实现对被控制对象参数的调整与控制。单片机的发展直接利用了 MPU 的成果，也发展了 16 位、32 位的机型。但它的发展方向是高性能、高可靠性、低功耗、低电压、低噪音和低成本。目前主流的单片机仍然是以 8 位机为主，16 位、32 位机为辅。单片机的发展主要还是表现在其接口和性能能不断地满足多种多样检测控制对象的要求上，突出表现在它的控制功能上，例如，构成各种专用的控制器和多机控制系统。

3．单片机和嵌入式系统

面向检测控制对象、嵌入到应用系统中去的计算机系统称之为嵌入式系统。实时性是它的主要特征，对系统的物理尺寸、可靠性、重启动和故障恢复方面也有特殊的要求。考虑被嵌入对象的体系结构、应用环境等因素，嵌入式计算机系统比通用的计算机系统应用设计更为复杂，涉及面也更为广泛。从形式上可将嵌入式系统分为系统级、板级和芯片级 3 大类。

系统级嵌入式系统为各种类型的工控机，包括进行机械加固和电气加固的通用计算机系统，各种总线方式工作的工控机和模块组成的工控机。它们大多数有丰富的通用计算机软件及周边外设的支持，有很强的数据处理能力，应用软件的开发也很方便。但由于体积庞大，系统级嵌入式系统适用于具有大空间的嵌入式应用环境，如大型实验装置、船舶以及分布式测控系统等。

板级嵌入式系统则有各种类型的带 CPU 的主板及 OEM 产品。与系统级相比，板级的嵌入式系统体积较小，可以满足较小空间的嵌入应用环境。

芯片级嵌入式系统则以单片机最为经典。单片机嵌入到对象的环境、结构体系中，作为其中的一个智能化控制单元使用，是最典型的嵌入式计算机系统。它有唯一的专门为嵌入式应用而设计的体系结构和指令系统，加上芯片级的体积和在现场运行环境下的高可靠性，使得它最能满足各种中、小型对象的嵌入式应用要求。因此，单片机是目前发展最快、品种最多、数量最大的嵌入式计算机系统。但是一般的单片机目前还没有通用的系统管理软件或监控程序，只放置由用户调试好的应用程序。它本身不具备开发能力，常常需要专门的开发工具。

4.1.2 单片机的特点和应用

1．单片机的基本组成

单片机的结构特征是将组成计算机的基本部件集成在一块晶体芯片上，构成一台功能独特、完整的单片微型计算机。图 4-1 为单片机的典型结构框图。

下面对单片机的各个组成部分进行简单的介绍。

（1）中央处理器

单片机中的中央处理器 CPU 和通用微处理器基本相同，由运算器和控制器组成。另外增设了“面向控制”的处理功能，如位处理、查表、多种跳转、乘除法运算、状态检测以及中断处理等，增强了实时性。

（2）存储器

单片机的存储空间有两种基本结构：普林斯顿结构和哈佛结构。普林斯顿结构（Princeton）中，程序和数据合用一个存储器空间，即 ROM 和 RAM 的地址同在一个空间里分配不同的

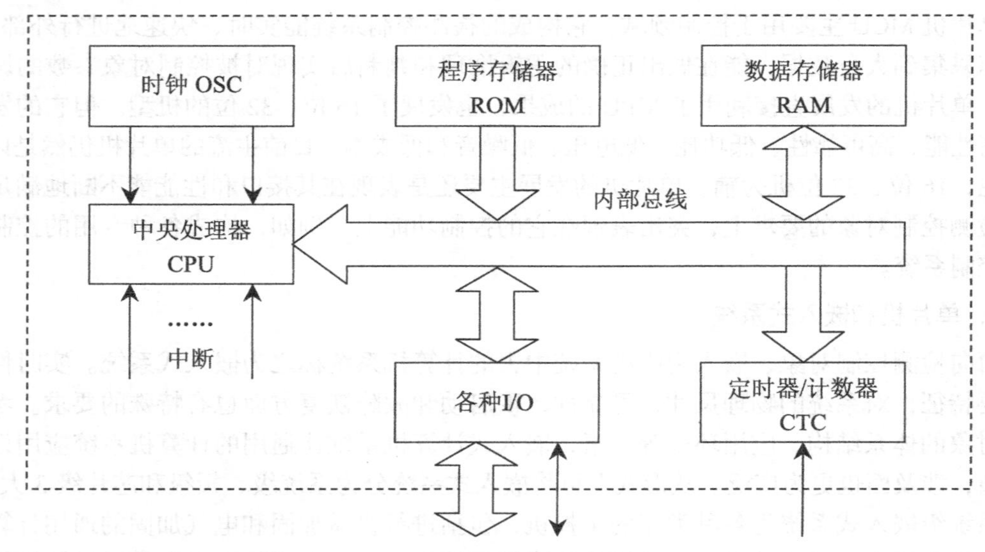

图 4-1　单片机的典型结构框图

地址。CPU 访问存储器时，一个地址对应唯一的一个存储单元，可以是 ROM，也可以是 RAM，用同类的访问指令。哈佛（Harvard）结构中，程序存储器和数据存储器截然分开，分别寻址，CPU 用不同的指令访问不同的存储器空间。由于单片机实际应用中具有"面向控制"的特点，一般需要较大的程序存储器，目前，包括 MCS-51 和 80C51 系列的单片机均采用程序存储器和数据存储器截然分开的哈佛结构。

① 数据存储器（RAM）

在单片机中，用随机存取存储器（RAM）来存储数据（运行期间的数据、中间结果、缓冲和标志位等），所以称之为数据存储器。一般在单片机内部设置一定容量（64B～256B）的 RAM，并以高速 RAM 的形式集成在单片机内，以加快单片机的运行速度。同时，单片机内还把专用的寄存器和通用的寄存器放在同一片 RAM 内统一编址，以利于运行速度的提高。对于某些应用系统，还可以外部扩展数据存储器。

② 程序存储器（ROM）

单片机中，通常将开发调试成功后的应用程序存储在程序存储器中。因为不会再发生改变，所以程序存储器通常采用只读存储器 ROM 的形式。

单片机内部的程序存储器主要有以下几种形式。

- 掩膜 ROM（Mask ROM）。它是由半导体厂家在芯片生产封装时，将用户的应用程序代码通过掩膜工艺制作到单片机的 ROM 区中，一旦写入后用户不能修改。所以它适合于程序已定型，需要大批量使用的场合。8051 就是采用掩膜 ROM（Mask ROM）的单片机型号。
- EPROM。此种芯片带有透明窗口，可通过紫外线擦除程序擦除存储器中的内容。应用程序可通过专门的写入器脱机写入到单片机中，需要更改时可通过紫外线擦除后重新写入。8751 就是采用 EPROM 的单片机型号。
- ROMLESS。这种单片机内部没有程序存储器，使用时必须在外部并行扩展一片 EPROM 作为程序存储器。8031 就是采用 ROMLESS 的单片机型号。

- OTP（One Time Programmable）ROM。这是用户一次性编程写入的程序存储器。用户可通过专用的写入器将应用程序写入 OTPROM 中，但只允许写入一次。
- Flash ROM（MTP ROM）闪速存储器。这是一种可由用户多次编程写入的程序存储器。它不需紫外线擦除，编程与擦除完全通过电来实现，数据不易挥发，可保存 10 年。编程/擦除速度快，4KB 编程只需数秒，擦除时只需 10 毫秒。例如 AT89 系列单片机，可实现在线编程，也可下载。这是目前大力发展的一种 ROM，大有取代 EPROM 型产品之势。

（3）并行 I/O 口

单片机为了突出控制的功能，提供了大量功能强、使用灵活的并行 I/O 口。这些并行的 I/O 口不仅可灵活地选作输入或输出口，又可作为系统总线或是控制信号线，从而为扩展外部存储器和 I/O 接口提供了方便。

（4）串行 I/O 口

高速的 8 位单片机都可提供全双工串行 I/O 口，因而能和某些终端设备进行串行通信，或者和一些特殊功能的器件相连接。

（5）定时器/计数器

单片机在实际的应用中，往往需要精确地定时，或者需对外部事件进行计数，因而在单片机内部设置了定时器/计数器电路，通过中断控制，实现定时/计数的自动处理。

2．单片机的特点

单片机独特的结构决定了它具有如下 4 个特点。

（1）高集成度，高可靠性

单片机将各个功能部件集成在一块晶体芯片上，集成度很高，体积非常小。芯片本身是按工业测控环境要求设计的，内部布线很短，其抗工业噪声的能力优于一般通用的 CPU。单片机程序指令、常数及表格等固化在 ROM 中，不易破坏，许多信号通道均在一个芯片内，故可靠性高。

（2）控制功能强

为了满足对对象的控制要求，单片机的指令系统具有分支转移能力、I/O 口的逻辑操作及位处理能力，非常适合于专门的控制功能场合。

（3）低电压，低功耗

为了满足广泛使用的便携式系统，许多单片机内的工作电压仅为 1.8V～3.6V，而工作电流仅为数百微安。

（4）优异的性能价格比

单片机的性能极高，为了提高速度和运行效率，单片机已开始使用 RISC 流水线和 DSP 等技术。其寻址能力也已突破 64KB 的限制，有的已达到 1MB 和 16MB，片内的 ROM 容量可达 62MB，RAM 容量则可达 2MB。由于单片机应用广泛，因此销量极大，但各大公司的商业竞争使其价格十分低廉，性价比极高。

3．单片机的应用

由于单片机技术的飞速发展，它的应用范围日益广泛，已远远超出了计算机科学的领域。小到玩具、信用卡，大到航天器、机器人，从实现数据采集、过程控制、模糊控制等智能系统到人类的日常生活，到处都离不开单片机。其主要的应用领域如下。

（1）在测控系统中的应用

单片机可以用于构成各种工业控制系统、自适应控制系统和数据采集系统等，如工业上的锅炉控制、电机控制、车辆检测系统、水闸自动控制、数控机床及军事上的雷达、导弹系统等。

（2）在智能化仪器仪表中的应用

单片机应用于仪器仪表设备中促使仪器仪表向数字化、智能化、多功能化、综合化等方向发展。单片机的软件编程技术使长期以来测量仪表中的误差得以修正，线性化处理等难题也迎刃而解。

（3）在机电一体化中的使用

单片机与传统的机械产品结合，能使传统的机械产品结构更加简化，控制更加智能化，形成新一代的机电一体化产品。这是机械工业未来的发展方向。

（4）在智能接口中的应用

在计算机系统特别是较大型的工业测控系统中，采用单片机进行接口的控制管理，单片机与主机并行工作，可大大提高系统的运行速度。例如，在大型数据采集系统中用单片机对模/数转换接口进行控制，不仅可提高采集速度，还可以对数据进行预处理，如数字滤波、误差修正、线性化处理等。

（5）在人类生活中的应用

单片机由于价格低、体积小，被广泛应用于人类生活的很多场合，如洗衣机、电冰箱、空调器、电饭煲、视听音响设备、大屏幕显示系统、电子玩具、信用卡以及楼宇防盗系统等。单片机将使人类的生活更加方便舒适和丰富多彩。

4.1.3 单片机的历史与发展

1．单片机的发展概况

单片机的历史并不长，它的产生与发展和微处理器的产生与发展大体上是同步的。

1970 年微型计算机研制成功后，美国 Intel 公司随即在 1971 年生产出了 4 位单片机 4004，它的特点是结构简单，功能单一，控制能力较弱，但价格低廉。1976 年，Intel 公司推出了 MCS-48 系列单片机，它以体积小、功能全、价格低等特点得到了广泛的应用，它标志着单片机发展进程中一个重要阶段，可谓是第一代单片机。

在 MCS-48 系列单片机的基础上，Intel 公司在 20 世纪 80 年代初推出了第二代单片机的代表：MCS-51 系列单片机。这一代单片机的主要技术特征是为单片机配置了完美的外部并行总线和串行通信接口，规范了特殊功能寄存器的控制模式，以及为增强控制功能而强化布尔处理系统和相关的指令系统，为发展具有良好兼容性的新一代单片机奠定了良好的基础。

近几年出现的许多具有新特点的单片机可称之为第三代单片机。它以新一代的 80C51 系列单片机为代表。同时 16 位单片机也有较大发展。

尽管单片机的品种繁多，但其中最具典型的仍当属 Intel 公司的 MCS-51 系列单片机。它的功能强大，兼容性强，软硬件资料丰富。国内也以此系列的单片机应用最为广泛。直到现在，MCS-51 仍然是单片机中的主流机型。在今后相当长的时间内，单片机应用领域中的

8 位机的主流地位还不会改变。

2．单片机的主要技术发展方向

纵观单片机这二十多年来的发展过程，再结合半导体集成电路技术和微电子设计技术的发展趋势，可以预见，未来单片机将朝着大容量高性能化、小容量低价格化、外围电路的内装化以及 I/O 接口功能的增强、功耗降低等方向发展。

（1）单片机的大容量化

单片机内存储器容量将进一步扩大。以往片内 ROM 为 1KB～8KB，RAM 为 64B～256B。现在片内 ROM 可达 40KB，片内 RAM 可达 4KB，I/O 也不再需外加扩展芯片。OTPROM、FLASHROM 成为主流供应状态。而随着单片机程序空间的扩大，在空余空间可嵌入实时操作系统 RTOS 等软件。这将大大提高产品的开发效率和单片机的性能。

（2）单片机的高性能化

今后单片机内 CPU 的性能将进一步得到改善，如加快指令运算速度、提高系统控制的可靠性、加强位处理功能、中断与定时控制功能。并采用流水线结构，指令以队列形式出现在 CPU 中，因而具有很高的运算速度。有的甚至采用多流水线结构，其运算速度比标准的单片机高出 10 倍以上。

单片机的扩展方式从并行总线发展出各种串行总线，并被工业界接受，形成一些工业标准，如 I²C 总线、DDB 总线、USB 接口等。它们采用 3 条数据总线代替现行的 8 位数据总线，从而也减少了单片机引线，降低了成本。

（3）单片机的小容量低廉化

容量小、价格低廉的 4 位、8 位机也是单片机的发展方向之一，其用途是把以往用数字逻辑电路组成的控制电路单片化。专用型的单片机将得到更大发展，使用专用单片机可最大限度地简化系统结构，提高可靠性，最大化资源利用率。当大批量使用时，有着可观的经济效益。

（4）单片机外围电路的内装化

随着单片机集成程度的提高，可以把众多的外围功能器件集成到单片机内。除了 CPU、ROM、RAM 外，还可把 A/D 转换器、D/A 转换器、DMA 控制器、声音发生器、监视定时器、液晶驱动电路以及锁相电路等一并集成在芯片内。为了减少外部的驱动芯片，进一步增强单片机的并行驱动能力，有的单片机可直接输出大电流和高电压，以便于直接驱动显示器。为了进一步加快 I/O 口的传输速度，有的单片机还设置了高速 I/O 口，这种 I/O 口可用最快的速度触动外部设备，也可用最快的速度响应外部事件。

（5）单片机将实现全面的低功耗管理

单片机的全盘 CMOS 化，将给单片机技术发展带来广阔的天地。最显著的变革是本身低功耗和低功耗管理技术的飞速发展。低功耗技术会提高单片机的可靠性，降低其工作电压，使抗噪声和抗干扰等各方面性能都得到全面提高。这也是一切电子系统所追求的目标。

4.2 常用单片机系列介绍

单片机的品种繁多，就应用情况来看，功能最强的是日立公司的 H8/3048 系列的 16 位机，而应用最广的则当属 Intel 公司的 MCS-51 系列 8 位机。在 Philips 等公司推出新一代 80C51

系列单片机后，各种型号的 80C51 单片机层出不穷。ATMEL 公司的闪速存储器单片机 AT89C51 等更有后来者居上之势。

4.2.1 MCS-51 系列单片机

MCS-51 系列单片机是 Intel 公司在总结 MCS-48 系列单片机的基础上，于 20 世纪 80 年代初推出的高档 8 位单片机。MCS-51 系列的制成及发展与 HMOS 工艺的发展密切相关。HMOS 是高性能的 NMOS 工艺。而 CMOS 与 HMOS 工艺的结合则产生了 C-HMOS 工艺的产品，如 80C51、80C31 等。这类产品既保持了 HMOS 高速和高封装密度的特点，又具有 CMOS 低功耗的优点。C-HMOS 工艺的单片机具有掉电保护和冻结运行两种独特的处理方式。MCS-51 系列的基本产品如表 4-1 所示。

表 4-1 MCS-51 系列的基本产品

	8051	8051 AH	8052 AH	80C51 BH	83C51 FA	83C51 FB	83C51 GA	83C512 JA	83C512 JC	83C451	83C452
无 ROM 型	8031	8031AH	8032AH	8031BH	80C51 FA	80C51 FB	80C51 GA	80C51 JA	80C152 JC	80C451	80C452
EPROM 型	—	8751 8751BH	8752BH	87C51	87C51 FA	87C51 FB	87C51 GA	—	—	—	87C452P
ROM 字节	4K	4K	8K	4K	8K	16K	4K	8K	8K	4K	8K
RAM 字节	128	128	256	128	256	256	256	128	256	128	256
8 位 I/O 口	4	4	4	4	4	4	4	5	5	7	5
16 位定时器/计数器	2	2	3	2	3	3	2	2	2	2	2
可编程计数器（PAC）					√	√					
异步串行口（UART）	√	√	√	√	√	√	√	√	√	√	√
串行扩展口（SEP）							√				
多功能串行口（GSC）								√	√		
DMA 通道								2	2		2
A/D 转换器							8				
中断源/中断向量	6/5	6/5	8/6	6/5	14/7	14/7	8/7	19/11	19/11	6/5	9/8
掉电和空闲方式				√	√	√	√	√	√	√	√

1．8051 单片机

这是 MCS-51 系列中最基本的产品，其特点如下。

（1）一个 8 位的 CPU 中央处理器。

（2）一个片内的振荡器及时钟电路。

（3）4K 字节的应用程序存储器。8051 为掩膜型（Mask）ROM。

（4）128 字节的片内数据存储器。

（5）64K 字节程序存储器可寻址的地址空间。

（6）64K 字节数据存储器可寻址的地址空间。

（7）两个 16 位可编程的定时器/计数器。

（8）一个可编程的全双工通用异步接收/发送器 UART。

（9）32 条可按位寻址的双向 I/O 线。

（10）两个优先级嵌套，5 个中断源的中断结构。

（11）有很强的布尔处理能力，即按位处理能力。

8051 有两个变体，即无片内程序存储器（ROMLess）的 8031 和有片内可编程可改写的 EPROM8751。目前，8751 已完全被 8751H 所取代。

2．8051AH 单片机

此类型号是采用当时较新的 HMOSII 工艺技术制造而成。其他方面与 8051 完全相同。8031AH 为无片内 ROM 的 8051AH，8751H 是以 EPROM 取代了 Mask ROM 的 8051AH。

3．8052AH 单片机

此类型号也是采用 HMOSII 技术制成的。它与 8051 向上兼容，其特点如下。

（1）有 256 个字节的片内数据存储器。

（2）有 8K 字节的片内程序存储器。

（3）有 3 个 16 位可编程定时器/计数器。

（4）中断源增加到 6 个的中断结构。

8032AH 为无片内 ROM 的 8052AH，8752AH 为带片内 EPROM 的 8052AH。

4．80C51BH 单片机

此类型号是采用 CHMOS 工艺制造生产的 8051，两者功能完全兼容。但它的耗电明显低于 8051。80C31 为无片内 ROM 的 80C51BH，87C51 为带片内 EPROM 的 80C51BH。

对于以上芯片，若不特指某一具体型号，则泛称为 8051 和 8052。即 8051 除包括 8051 外，还包含 8051AH、80C51BH 以及相对应的 8031、8031AH、80C31AH 和 8751、8751H 及 87C51。而 8052 则泛指 8052AH、8032AH 和 8052BH。

4.2.2　80C51 系列单片机

80C51 系列单片机是 Intel 公司 MCS-51 系列中采用 HCMOS 制造工艺制造出的一类产品。自 Intel 公司将 MCS-51 系列单片机实行技术开放政策后，许多公司（如 Philips、Dallas、Siemens、ATMEL、华邦和 LG 等）都以 MCS-51 系列中的基础结构 8051 为内核，推出了具有优异性能但各具特色的单片机。因此，现在的 80C51 已不局限于 Intel 公司，而是把所有厂家以 8051 为内核的各种型号的 80C51 兼容型单片机统称为 80C51 系列。因此在本书中所提到的 80C51 不是专指 Intel 公司的 Mask ROM 的 80C51，而是泛指 80C51 系列中的基础结构，它是以 8051 为内核，通过不同资源配置而推出的一系列采用 HCMOS 工艺制造生产的新一代的单片机系列。

1．80C51 内核的不变性

80C51 系列的单片机的内部资源配置不论是扩展还是删减，其内核结构仍然保持着 80C51 的内核结构，即它们普遍采用 CMOS 工艺，通常都能满足 CMOS 与 TTL 的兼容。该系列内的单片机都和 MCS-51 系列有着相同的指令系统，所有扩展功能的控制、并行扩展总线和串行总线 UART 都保持不变。系统的管理仍采用 SFR 模式，而增加的 SFR 不会和原有的 80C51 的 21 个 SFR 产生地址冲突。同时，最大限度地保持双列直插 DIP40 封装引脚不变，必须扩展引脚时一般在用户侧进行扩展，对单片机系统扩展内部总线均无影响。上述措施保证了新一代的 80C51 系列单片机有最佳的兼容性能。

在新一代的 80C51 系列单片机中，各公司也都把型号命名进一步规范成“8XCXXX”。其中，第一个“X”代表了程序存储器的配置。

“6”——无片内 ROM；

“3”——片内为掩膜 Mask ROM；

“7”——片内为 EPROM/OTPROM；

“9”——片内为 Flash ROM。

第 2～4 个“X”则代表了 80C51 系列内部资源的扩展或删减的型号。

2．80C51 系列内部资源的扩展

80C51 系列内部资源的扩展主要有运行速度的扩展、CPU 外围的扩展、基本功能单元的扩展和外围单元的扩展。

（1）大力提高运行速度

目前主要为扩展时钟频率。80C51 典型时钟频率上限是 12MHz，但目前许多型号单片机的时钟频率已扩展到 16MHz～24MHz，最高甚至达 40MHz。有些公司对 80C51 的 CPU 总线结构进行改进，降低机器周期来提高指令速度，如 Dallas 公司的 DS80C320，将 80C51 的机器周期降低到时钟频率的 4 分频，即在同样的 12MHz 时钟频率下单周期指令速度可达每秒 300 万条指令。

（2）CPU 外围的扩展

CPU 外围的扩展主要是不断提高存储器的容量。目前，片内程序存储器已扩展到 32KB、64KB，数据存储器已扩展到 1024B（如 89CE558）。而 8XC451 则把 I/O 端口扩展到了 7 个。

（3）基本功能单元的扩展

基本功能单元的扩展主要指在中断系统中相应增加中断源、设置高速 I/O 端口和增加定时器/计数器数量。

（4）外围单元的扩展

外围单元的扩展包括在片内实现 ADC、PWM 功能，设置 WDT，完善串行总线，增加 I^2C BUS 接口和扩展 CAN BUS 接口等。

3. 80C51 系列内部资源的删减

资源扩展的同时为了满足构成小型廉价应用系统的要求，80C51 将内部资源删减。主要是删减并行总线和部分功能单元，减少封装引脚。大多廉价 80C51 单片机引脚数在 20～28。同时增强某些功能，如模拟比较器、施密特输入接口或 I^2C 总线接口等。

4.2.3 STC 系列单片机

宏晶科技是新一代增强型 8051 单片机标准的制定者和领导厂商，现已成长为全球最大的 8051 单片机设计公司。此公司致力于提供满足中国市场需求的世界级高性能单片机技术。

STC89C51RC/RD+ 系列单片机是宏晶科技推出的新一代超强抗干扰/高速/低功耗的单片机，指令代码完全兼容传统 8051 单片机，12 时钟/机器周期和 6 时钟/机器周期可供选择，最新的 D 版本内部集成 MAX810 专用复位电路。STC89C51RC/RD+ 系列单片机选型表如表 4-2 所示，内部结构如图 4-2 所示。

表 4-2　STC89C51RC/RD+ 系列单片机造型一览表

型　号	最高时钟频率 Hz		Flash 程序存储器字节	RAM 数据存储器字节	降低 EMI	看门狗	双倍速	P4 口	ISP	IAP	EEP ROM 字节	数据指针	串口 UART	中断源	优先级	定时器	A/D
	5V	3V															
STC89C51　RC	0-80M		4K	512	√	√	√	√	√	√	2K+	2	1ch	8	4	3	
STC89C52　RC	0-80M		8K	512	√	√	√	√	√	√	2K+	2	1ch	8	4	3	
STC89C53　RC	0-80M		13K	512	√	√	√	√	√	√		2	1ch	8	4	3	
STC89C54　RC+	0-80M		16K	1280	√	√	√	√	√	√	16K+	2	1ch	8	4	3	
STC89C55　RC+	0-80M		20K	1280	√	√	√	√	√	√	16K+	2	1ch	8	4	3	
STC89C58　RC+	0-80M		32K	1280	√	√	√	√	√	√	16K+	2	1ch	8	4	3	
STC89C516　RC+	0-80M		63K	1280	√	√	√	√	√	√		2	1ch	8	4	3	
STC89LE51　RC		0-80M	4K	512	√	√	√	√	√	√	2K+	2	1ch	8	4	3	
STC89LE52　RC		0-80M	8K	512	√	√	√	√	√	√	2K+	2	1ch	8	4	3	
STC89LE53　RC		0-80M	13K	512	√	√	√	√	√	√		2	1ch	8	4	3	
STC89LE54　RD+		0-80M	16K	1280	√	√	√	√	√	√	16K+	2	1ch	8	4	3	
STC89LE58　RD+		0-80M	32K	1280	√	√	√	√	√	√	16K+	2	1ch	8	4	3	
STC89LE516 RD+		0-80M	63K	1280	√	√	√	√	√	√		2	1ch	8	4	3	
STC89LE516 AD		0-90M	64K	512	√	√	√	√	√	√		2	1ch	6	4	3	√
STC89LE516 X2		0-90M	64K	512	√	√	√	√	√	√		2	1ch	6	4	3	√

其特点如下。

（1）增强型 6 时钟/机器周期，12 时钟/机器周期 8051CPU。

（2）工作电压：5.5V～3.4V（5V 单片机）/3.8V～2.0V（3V 单片机）。

（3）工作频率范围：0MHz～40MHz，相当于普通 8051 的 0MHz～80MHz，实际工作频率可达 48MHz。

（4）用户应用程序空间为 4K/8K/13K/16K/20K/32K/64K 字节。

（5）片上集成 1280 字节/512 字节 RAM。

（6）通用 I/O 口（32/36 个），复位后为：P1/P2/P3/P4 是准双向口/弱上拉（普通 8051 传统 I/O 口）P0 口是开漏输出，作为总线扩展用时，不用加上拉电阻；作为 I/O 口用时，需要加上拉电阻。

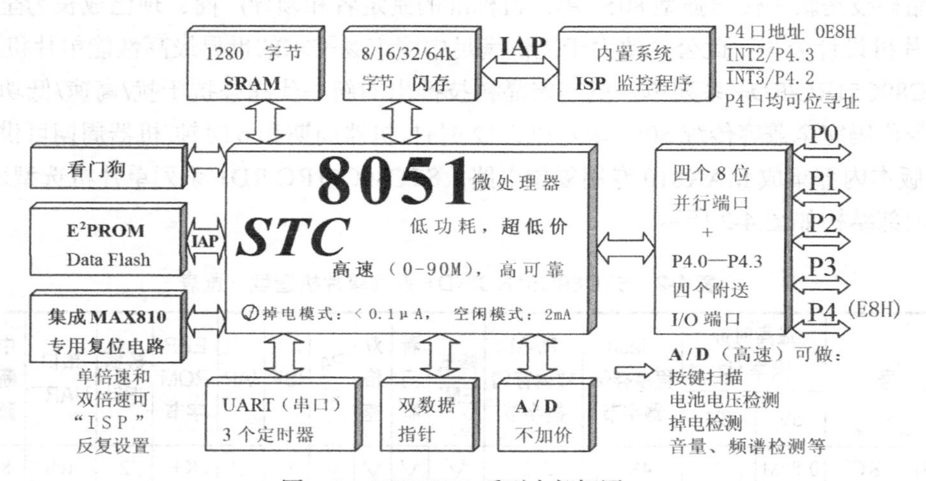

图 4-2 STC89C51 系列内部框图

（7）ISP（在系统可编程）/IAP（在应用可编程），无须专用编程器/仿真器可通过串口（P3.0/P3.1）直接下载用户程序，8K 程序 3 秒即可完成一片。

（8）E^2PROM 功能。

（9）看门狗。

（10）内部集成 MAX810 专用复位电路（D 版本才有），外部晶体 20M 以下时，可省外部复位电路。

（11）共 3 个 16 位定时器/计数器，其中定时器 0 还可以当成 2 个 8 位定时器使用。

（12）外部中断 4 路，下降沿中断或低电平触发中断，Power Down 模式可由外部中断低电平触发中断方式唤醒。

（13）通用异步串行口（UART），还可用定时器软件实现多个 UART。

（14）工作温度范围：0℃～75℃或 −40℃～+85℃。

（15）封装：LQFP-44，PDIP-40，PLCC-44 和 PQFP-44 4 种。

STC89C51RC/RD+ 系列单片机在系统可编程的使用：将用户代码下载进单片机内部，不用编程器。在线编程电路如图 4-3（a）、图 4-3（b）所示。

STC89 系列单片机大部分具有在线系统可编程（ISP）特性，ISP 的好处是：省去购买通用编程器，单片机在用户系统上即可下载/烧录用户程序，而无须将单片机从已生产好的产品上拆下，再用通用编程器将程序代码烧录进单片机内部。有些程序尚未定型的产品可以一边生产，一边完善，加快了产品进入市场的速度，降低了新产品由于软件缺陷带来的风险。由

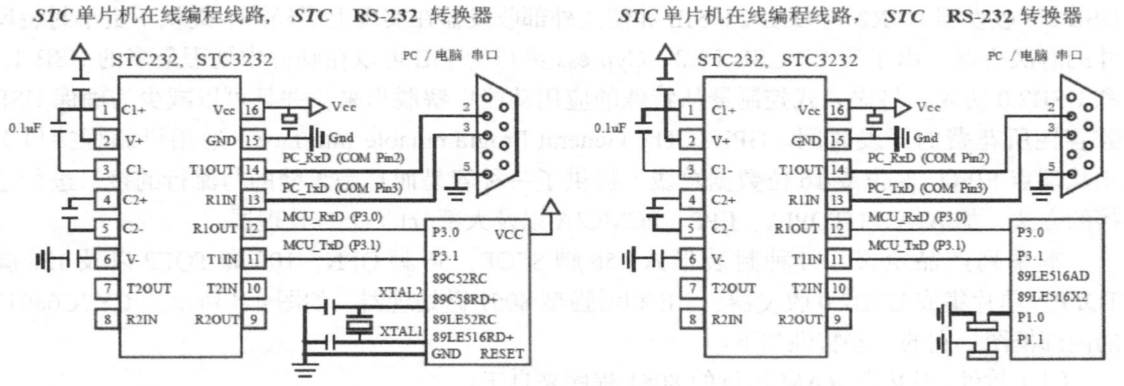

（a）　　　　（b）

图 4-3　STC 在线编程电路

于可以将程序直接下载进单片机看运行结果，故也可以不用仿真器。

大部分 STC89 系列单片机在销售给用户之前，已在单片机内部固化有 ISP 系统引导程序，配合 PC 端的控制程序即可将用户的程序代码下载进单片机内部，故无须编程器（速度比通用编程器快）。不要用通用编程器编程，否则有可能将单片机内部已固化的 ISP 系统引导程序擦除，造成无法使用 STC 提供的 ISP 软件下载用户的程序代码的后果。

获得及使用 STC 提供的 ISP 下载工具（STC-ISP.exe 软件）的操作步骤如下。

（1）获得 STC 提供的 ISP 下载工具（软件）。登录 www.stcisp.com 网站，从 STC 半导体专栏下载 PC（电脑）端的 ISP 程序，然后将其解压，再安装即可（执行 setup.exe），注意随时更新软件。

（2）使用 STC-ISP 下载工具（软件），请随时更新。目前已到 Ver 3.1 版本（2005/12/7），支持 *.Hex（Intel16 进制格式）文件，RC/RD+ 系列单片机的底层软件版本为 Ver 3.2C（旧版可更换）。请随时注意升级 PC（电脑）端的 ISP 程序，现在 Ver 3.1 欢迎用户测试。单片机底层软件版本为 Ver 3.2C 的单片机，PC（电脑）端的 ISP 程序应用 Ver 3.1 以上。

（3）已经固化有 ISP 引导码，并设置为上电复位进入 ISP，STC89C51RC/RD+ 系列单片机出厂时就已完全加密，需要单片机内部的电放光后上电复位（冷起动）才运行系统 ISP 程序。

（4）用户板上 P3.0/RxD，P3.1/Txd 除了接 RS-232 转换器外，还接了 RS-485 等电路，需要将其断开。用户系统接了 RS-485 电路的，推荐在选项中选择下次冷启动时需 P1.0/P1.1=0.0 才判断是否下载程序。

4.2.4　CY7C680XX 系列单片机

Cypress 的 EZ-USB FX2TM 是世界上第一款集成了 USB 2.0 接口的微控制器。通过集成 USB 2.0 收发器、SIE（Serial Interface Engine，串行接口引擎）、增强的 8051 微控制器以及可编程的外部接口于一个单片中，Cypress 为决策者获取产品快速上市利益建立了一个真正的高效解决方案。

虽然在小到 56 脚 SSOP 封装内仍然使用低成本的 8051 微控制器，但由于 FX2 独特的体系结构，使数据传输速率可以达到 USB 2.0 允许的最大带宽——每秒 56MB。因为组合了

USB 2.0 收发器，FX2 比 USB 2.0 SIE 和使用外部收发器在实现上更经济、提供了更小封装尺寸的解决方案。由于有 EZ-USB FX2、Cypress 灵巧的 SIE 可以在硬件中处理最多的 USB 1.1 和 USB2.0 协议，将嵌入式控制器从特殊的应用功能中解脱出来，并且可以减少为确保 USB 兼容性所花费的开发时间。GPIF（The General Programmable Interface，通用可编程接口）、主从端点 FIFO（8 位或 16 位数据总线）提供了一种容易而且是无缝的与流行的接口进行连接的方法，如 ATA、UTOPIA、EPP、PCMCIA 以及大部分的 DSP/处理器。

本系列产品定义了 4 种封装形式：56 脚 SSOP，56 脚 QFN，100 脚 TQFP 以及 128 脚 TQFP。单片集成 USB2.0 收发器、SIE 和增强型 8051 微处理器。如图 4-4 所示是 CY7C68013 的内部框图。它的一些特性如下。

（1）软件：从内部 RAM 运行的 8051 程序来自于：

——通过 USB 接口下载；

——从 E^2PROM 下载；

——外部储存器设备（仅对 128 脚配置）。

（2）4 个可编程的批量/中断/同步端点：

——缓冲器可选：双倍、3 倍和 4 倍。

（3）8 位或 16 位外部数据接口。

（4）GPIF：

——允许直接连接到大部分并行接口：8 位或 16 位；

——通过可编程的波形描述器和配置寄存器来定义波形；

——支持多就绪（RDY）和控制（CTL）输出；

——高达 48 MHz 的时钟速率；

——每指令周期 4 个时钟；

——两个 UARTS；

——3 个定时器/计数器；

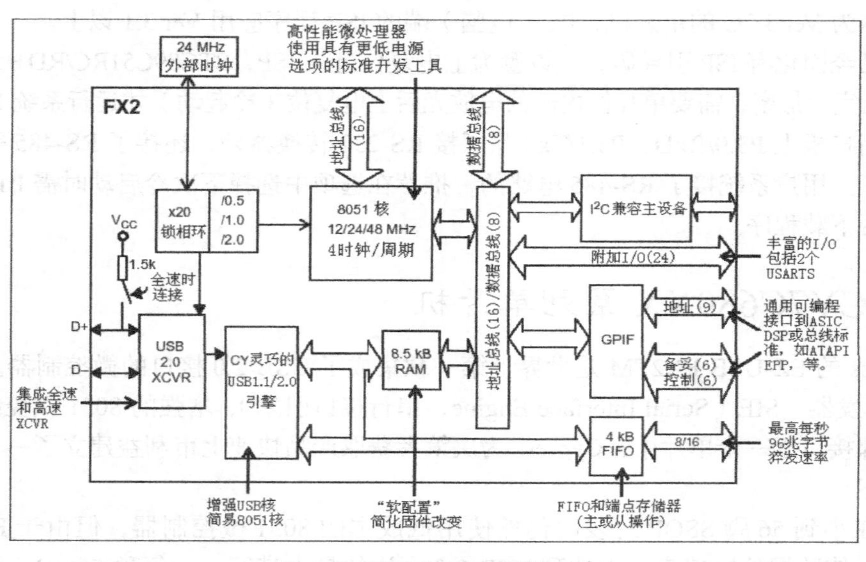

图 4-4　CY7C68013 内部框图

——扩展的中断系统；

——两个数据指针。

（5）通过枚举支持总线供电应用。

（6）3.3V 操作电压。

（7）灵巧的串行接口引擎。

（8）USB 中断向量。

（9）对控制传输的设置（SETUP）和数据（DATA）部分使用独立的数据缓冲器。

（10）集成的 I^2C 兼容控制器，运行速率为 100kHz 或 400kHz。

（11）8051 的时钟频率为 48MHz，24MHz 或 12MHz。

（12）4 个集成的 FIFO：

——以更低的系统开销组合 FIFO；

——自动转换到/自 16 位总线；

——支持主或从操作；

——FIFO 可以使用外部提供的时钟或异步选通；

——容易与 ASIC 和 DSP 芯片接口。

（13）对 FIFO 和 GPIF 接口的特殊自动中断向量。

（14）多达 40 个通用 I/O 接口。

（15）4 种封装可选：128 脚 TQFP，100 脚 TQFP，56 脚 QFN 和 56 脚 SSOP。

● SLAVE FIFO Mode

FX2 的从 FIFO 体系结构在端点 RAM 中有 8 个 512 字节的块，它们直接服务于 FIFO 存储器，并且受控于 FIFO 控制信号（如 IFCLK，SLCS#，SLRD，SLWR，SLOE，PKTEND 以及标志）。

操作时，8 个 RAM 块中的一些从 SIE 填充或清空，其他的块被连接到 I/O 传输逻辑，传输逻辑具有两种形式，供内部通用控制信号的 GPIF，或者供外部传输控制的从 FIFO 接口。

FX2 端点 FIFO 被实现成物理上截然不同的 8 个 256 x16 RAM 块，8051/SIE 可以在两个域之间任意切换 RAM 块，即 USB（SIE）域和 8051 I/O 单元域。切换事实上是瞬间完成的，给与 USB FIFOs 和从 FIFOs 之间本质上的 0 传输时间，因为它们在物理上是相同的存储器，缓冲器之间没有真正的字节传输。Slave FIFO 应用框图如图 4-5 所示。

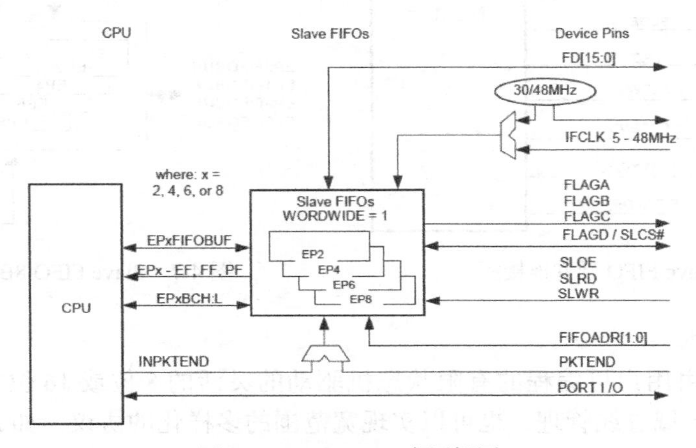

图 4-5　Slave FIFO 应用框图

在任何给定的时间内，一些 RAM 块使用在 SIE 控制之下的 USB 数据填充/清空，而另外一些块可用于 8051 和/或 I/O 控制单元。在 USB 域，RAM 块的操作是单口的，而在 8051 I/O 域是双口的。RAM 块可以配置成单倍、双倍、3 倍或 4 倍的缓冲器。

I/O 控制单元既可以实现内部的主接口（M 表示主），也可以实现外部的主接口（S 表示从）。

在主（M）模式，GPIF 内部控制 FIFOADR[1..0] 来选择 FIFO。RDY 引脚（在 56 脚封装中有 2 个，在 100 脚和 128 脚封装中有 6 个）如果需要的话可以用来标识来自外部 FIFO 或其他逻辑的输入。GPIF 可以运行在源于内部的或者由外部提供的时钟（IFCLK），数据传输的速率高达 96MB/S（48 MHz 时钟时）。

在从（S）模式下，FX2 接受源自内部的或者由外部提供的时钟（IFCLK，最大频率为 48MHz）以及来自外部逻辑的 SLCS#，SLRD，SLWR，SLOE 或 PKTEND 信号。每一个端点可以通过一个内部的配置位独立地选择为字节或字操作，从 FIFO 输出使能信号 SLOE 所选择宽度的数据。当写数据到从 FIFO 时外部逻辑必须确保输出使能信号无效。从口也可以异步操作，此时 SLRD 和 SLWR 直接扮演选通信号角色，相当于异步模式的时钟计数。信号 SLRD，SLWR，SLOE 和 PKTEND 由信号 SLCS# 进行门控。

- Slave FIFO 速率选择

8051 的一个寄存器比特用来选择内部提供的两个接口时钟 30MHz 和 48MHz 中的一个。作为选择，外部提供的送到 IFCLK 引脚的 5MHz～48MHz 的时钟信号也可以用作接口时钟。当 GPIF 和 FIFOs 使用内部时钟时引脚 IFCLK 可以配置作为输出时钟，如果需要的话，IFCONFIG 寄存器中的输出使能比特可以关闭时钟输出，IFCONFIG 寄存器中的另一个比特决定 IFCLK 信号是由内部还是外部时钟源提供。Slave FIFO 硬件连接图和 8Bit mode 连接图分别如图 4-6、图 4-7 所示。

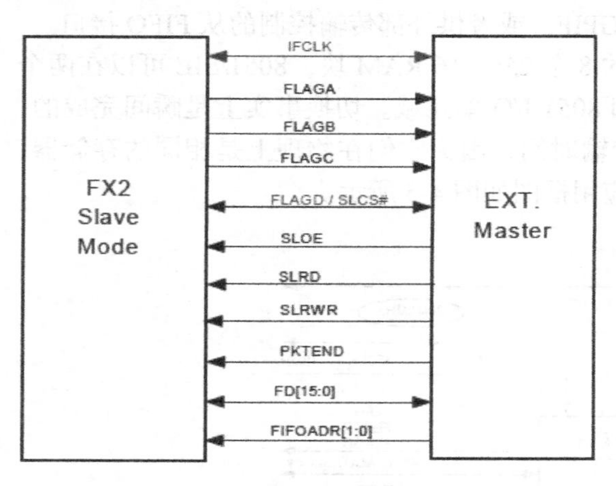

图 4-6　Slave FIFO 硬件连接图

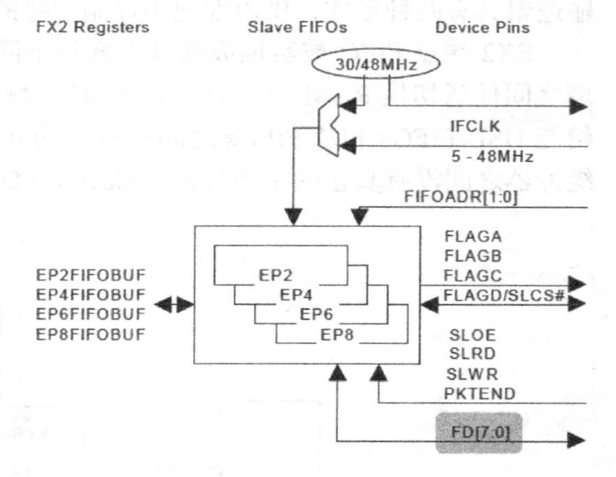

图 4-7　Slave FIFO 8Bit mode 连接图

- GPIF Mode

GPIF 是一个由用户可编程的有限状态机驱动的灵活的 8 位或 16 位并行接口，它允许 CY7C68013 提供局域总线管理，也可以实现宽范围的多样化的协议，如 ATA 接口、打印机并行接口和 Utopia 等。

GPIF 有 6 个可编程的控制输出（CTL），9 个地址输出（GPIFADx）以及 6 个通用备妥输入（RDY），数据总线宽度可以是 8 位或 16 位。每个 GPIF 向量定义控制输出的状态，并确定动作之前什么备妥输入（或多路输入）状态是必须的。每一个 GPIF 向量可以被编程为提前 FIFO 或提前地址等到下一个数据值。GPIF 向量序列可以拼凑一个单一波形，该波形将被执行以完成 CY7C68013 和外部设计之间希望的数据移动。GPIF 应用框图如图 4-8 所示。

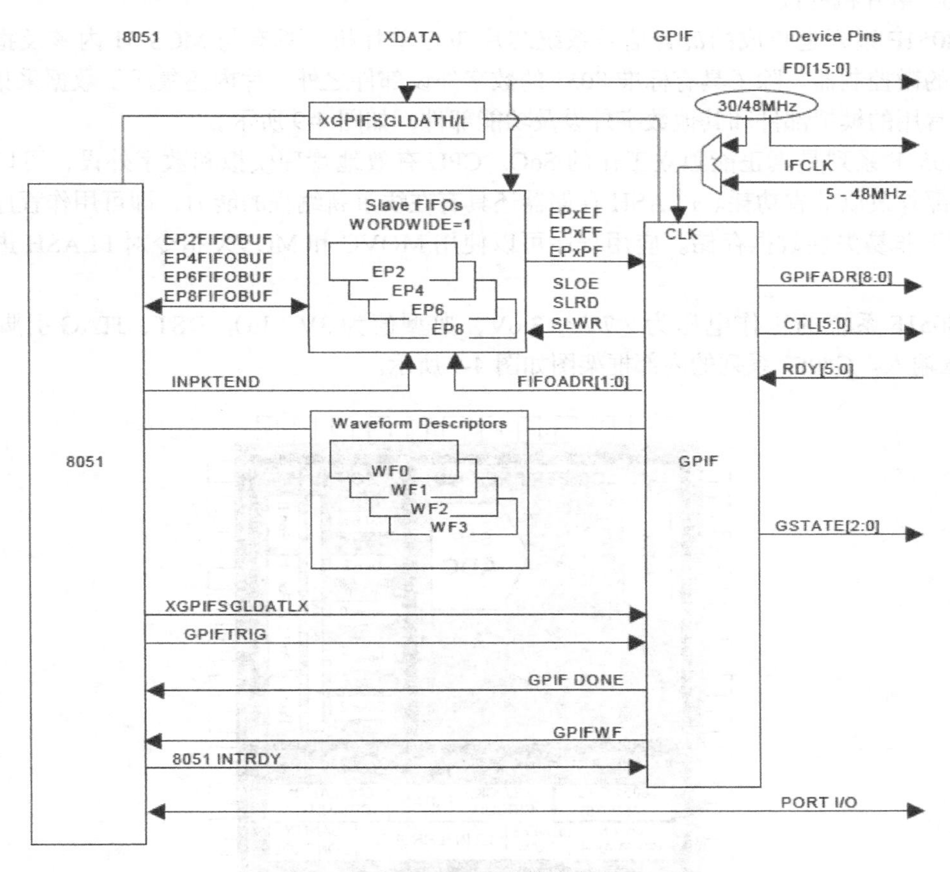

图 4-8　GPIF 应用框图

- 6 个控制输出信号

100 脚和 128 脚封装带有所有 6 个控制输出引脚（CTL0～CTL5），8051 编程 GPIF 单元来定义 CTL 波形。56 脚封装仅有 3 个：CTL0～CTL2。CTLx 波形的边沿可以编程使边沿每时钟一次（使用 48MHz 时 20.8 纳秒）。

- 6 个输入信号

100 脚和 128 脚封装带有所有 6 个输入引脚（RDY0～RDY5），8051 编程 GPIF 单元来测试 RDY 引脚以便 GPIF 分支。56 脚封装带有这些信号中的 2 个：RDY0，RDY1。

- 9 个 GPIF 地址输出信号

在 100 脚和 128 脚封装中，9 个 GPIF 地址线 GPIFADR[8..0] 是可用的，GPIF 地址线允许从头到尾标定一个 512 字节 RAM 块。如果需要更多的地址线，可以使用 I/O 口来模拟。

4.2.5 C8051 系列单片机

美国 Cygnal 公司专门从事混合信号系统芯片（SoC）单片机的设计与制造。公司更新了原 51 单片机结构，设计了具有自主知识产权的 CIP-51 内核，运行速度可高达每秒 25MIPS。现已设计并为市场提供了 29 种类型的 C8051F 系列 SoC 单片机，预计年内还将完成 20 多个新的 SoC 单片机的设计。

C8051F 系列是集成的混合信号系统芯片 SoC 单片机，具有与 MCS-51 内核及指令集完全兼容的微控制器。除了具有标准 8051 的数字外设部件之外，片内还集成了数据采集和控制系统中常用的模拟部件和其他数字外设及功能部件，如图 4-9 所示。

C8051F 系列是真正能独立工作的 SoC。CPU 有效地管理模拟和数字外设，可以关闭单个或全部外设以节省功耗。FLASH 存储器还具有在线重新编程的能力，即可用作程序存储器又可用于非易失性数据存储。应用程序可以使用 MOVC 和 MOVX 指令对 FLASH 进行读或改写。

C8051F 系统的工作电压为 2.7V～3.6V，典型值为 3V。I/O、RST、JTAG 引脚均允许 5V 电压输入。C8051 系列的内部框架图如图 4-9 所示。

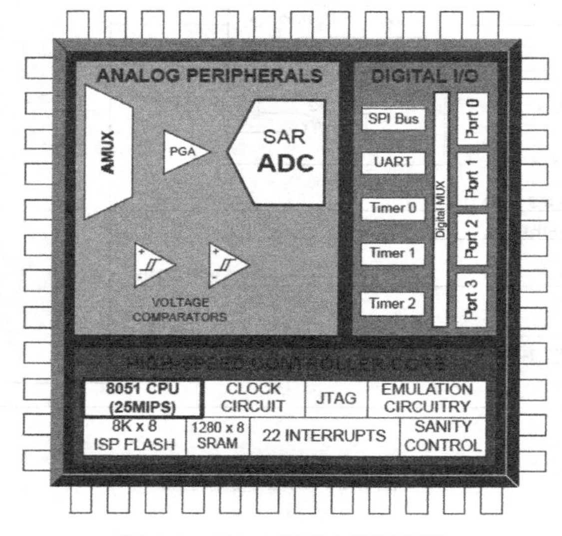

图 4-9　C8051 系列内部框架图

C8051F 系列中，CPU 与标准 8051 完全兼容。

C8051F 系列单片机采用 CIP-51 内核，与 MCS-51 指令系统完全兼容，可用标准的 ASM-51、KeilC 高级语言开发编译 C8051F 系列单片机的程序。C8051F 系列的内部框图如图 4-10 所示。

C8051F 系列具有高速的指令处理能力。标准的 8051 一个机器周期要占用 12 个系统时钟周期，执行一条指令最少要一个机器周期。C8051F 系列单片机指令处理采用流水线结构，机器周期由标准的 12 个系统时钟周期降为 1 个系统时钟周期，指令处理能力与 MCS-51 相比，有很大的提升。

CIP-51 内核 70% 的指令执行是在一个或两个系统时钟周期内完成的，只有 4 条指令的执行需 4 个以上时钟周期。CIP-51 指令与 MCS-51 指令系统全兼容，共有 111 条指令。

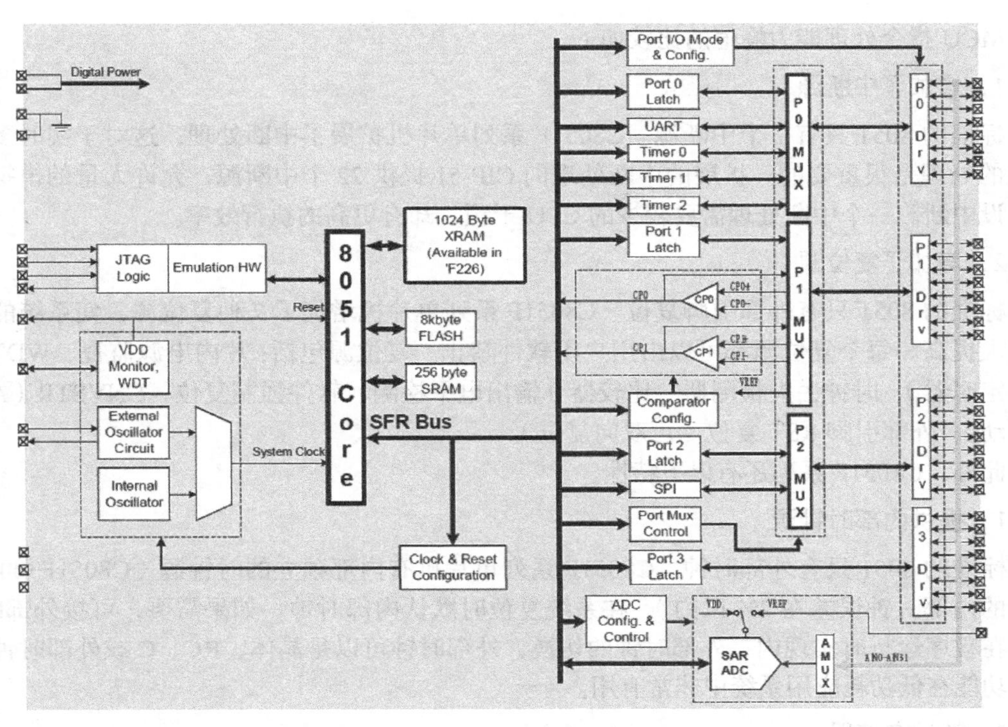

图 4-10　C8051F 系列的内部框图

CIP-51 共有 109 条指令，指令数对应于执行这些指令所需的系统时钟周期，如表 4-3 所示。

表 4-3　指令及其所需时钟

指 令 数	26	50	5	14	7	3	1	2	1
所需时钟	1	2	2/3	3	3/4	4	4/5	5	8

CIP-51 的最大系统时钟是 25MHz，其指令处理能力峰值可达到 25MIPS，如图 4-11 所示是几种不同的 8 位微控制器内核在其最大系统时钟情况下的指令处理能力峰值的比较。

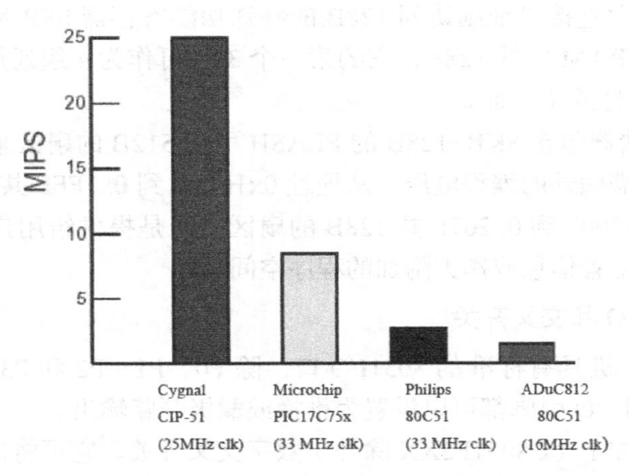

图 4-11　不同的 8 位微控制器内核在其最大系统时钟下指令处理能力峰值的比较

MCU 指令处理能力峰值的比较如下。

1．增加了中断源

标准的 8051 只有 7 个中断源。C8051F 系列单片机扩展了中断处理，这对于实时多任务系统的处理是很重要的。扩展的中断处理向 CIP-51 提供 22 个中断源，允许大量的模拟和数字外设中断。一个中断处理需要较少的 CPU 干预，却有更高的执行效率。

2．增加了复位源

标准的 8051 只有外部引脚复位。C8051F 系列单片机增加了 7 种复位源，使系统的可靠性大大提高。每个复位源都可以由用户用软件禁止。复位源包括：片内电源监视、WDT（看门狗定时器）、时钟丢失检测器、比较器 0 输出电平检测、软件强制复位、CNVSTR（AD 转换启动）、外部引脚 RST 复位（可双向复位）。

此外，C8051F 系列还有以下特性。

1．提供内部时钟源

标准的 8051 只有外部时钟。C8051F 系列单片机有内部独立的时钟源（C8051F300/F302 提供的内部时钟误差在 2% 以内），在系统复位时默认内部时钟。如果需要，可接外部时钟，并可在程序运行时实现内、外部时钟的切换，外部时钟可以是晶体、RC、C 或外部时钟。以上的功能在低功耗应用系统中非常有用。

2．数据存储器

CIP-51 具有标准 8051 的程序和数据地址配置。它包括 256B 的 RAM，其中，高 128B 用户只能用直接寻址方式访问 SFR 地址空间，低 128B 用户可用直接或间接寻址方式访问。前 32B 为 4 个通用工作寄存器区，接下来的 16B 既可以按字节寻址也可以按位寻址。

3．程序存储器

C8051F 系列单片机程序存储器为 8KB～64KB 的 Flash 存储器，该存储器可按 512B 为一扇区编程，可以在线编程，且不需片外提供编程电压。

CIP-51 具有标准 8051 的程序和数据地址配置。包括 256B 的数据 RAM，它高端的 128B 是双映像的。在 F206、F226 和 F236 上有一个可选的 1024B 的 XRAM。间接寻址访问通用 RAM 上层的 128B，而直接寻址则访问 128B 的特殊功能寄存器 SFR 地址空间。通过直接寻址或间接寻址可访问 RAM 的低 128B，它的第一个 32B 可作为 4 组通用寄存器的寻址，紧接着的 16B 能用于 B 寻址或位寻址。

MCU 的程序存储器包含 8KB+128B 的 FLASH 可用 512B 的扇区来对该存储器进行系统在线重复编程，且不需额外的编程电压。从地址 0x1E000 到 0x1FFF 共 512B 的空间为工厂使用而保留，从地址 0x2000 到 0x207F 共 128B 的扇区空间是提供给用户编程的，也可用于存储软件常量表固定的配置信息或作为附加的程序空间。

4．可编程数字 I/O 和交叉开关

C8051F 系列单片机具有标准的 8051I/O 口，除 P0、P1、P2 和 P3 之外还有更多扩展的 8 位 I/O 口。每个端口 I/O 引脚都可以设置为推挽或漏极开路输出。

最为独特的是增加了（C8051F2XX 除外）数字交叉开关。它可将内部数字系统资源定向到 P0、P1 和 P2 端口 I/O 引脚。定时器，串行总线、外部中断源、AD 输入转换以及比较器输出都可通过设置开关控制寄存器定向到 P0、P1、P2 的 I/O 口。

5．可编程计数器阵列

除了通用计数器/定时器之外，C8051F00x/01x/02x 还有一个片内可编程计数器/定时器阵列（PCA）。PCA 包括一个专用的 16 位计数器/定时器和 5 个可编程的捕捉/比较模块。时间基准可以是下面的 6 个时钟源之一：系统时钟/12、系统时钟/4、定时器 0 溢出、外部时钟输入（ECI）、系统时钟和外部振荡源频率/8。

6．模数/数模转换器 ADC

C8051F 系列内部都有一个 ADC 子系统（除 C8051F230/1/6 之外），由逐次逼近型 ADC、多通道模拟输入选择器和可编程增益放大器组成。ADC 工作在 100ksps 的最大采样速率时可提供真正的 8 位、10 位或 12 位精度。ADC 框图如图 4-12 所示。

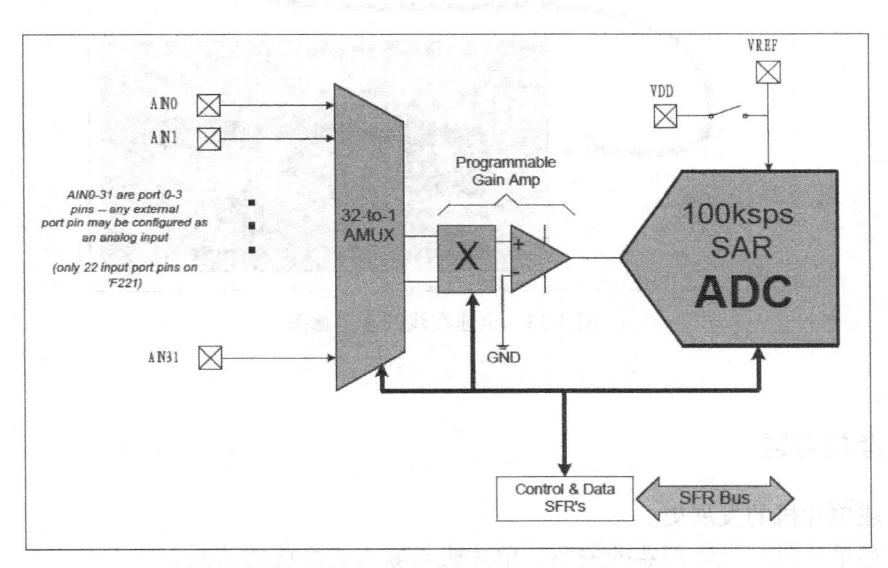

图 4-12　ADC 框图

除了 12 位的 ADC 子系统 ADC0 之外，C8051F02x 还有一个 8 位 ADC 子系统，即 ADC1，它有一个 8 通道输入多路选择器和可编程增益放大器。该 ADC 工作在 500ksps 的最大采样速率时可提供真正的 8 位精度。ADC1 的可编程增益放大器的增益可以设置为 0.5、1、2 或 4。ADC1 也有灵活的转换控制机制，允许用软件命令、定时器溢出或外部信号输入启动 ADC1 转换。用软件可以使 ADC1 与 ADC0 同步转换。

7．DAC 的特性

C8051F 系列内有两路 12 位 DAC，2 个电压比较器。CPU 通过 SFRS 控制数模转换和比较器。CPU 可以将任何一个 DAC 置于低功耗关断方式。DAC 为电压输出模式，与 ADC 共用参考电平。允许用软件命令、用定时器 2、定时器 3 及定时器 4 的溢出信号更新 DAC 输出。

8．全速的在线调试

C8051F 系列单片机设计有片内调试电路与 JTAG 口，可以实现非插入式的片上全速调试。Cygnal 提供基于 Windows 集成的在线开发调试环境，包括 IDE 软件与串口适配器 EC2、调试目标板，可实现存储器和寄存器校验和修改；设置断点、观察点、堆栈；程序可单步运行、全速运行、停止等。在调试时所有的数字和模拟外设都能正常工作，实时反映真实的情况。IDE 调试环境可做 Keil C 源程序级别的调试，全速在线调整示意图如图 4-13 所示。

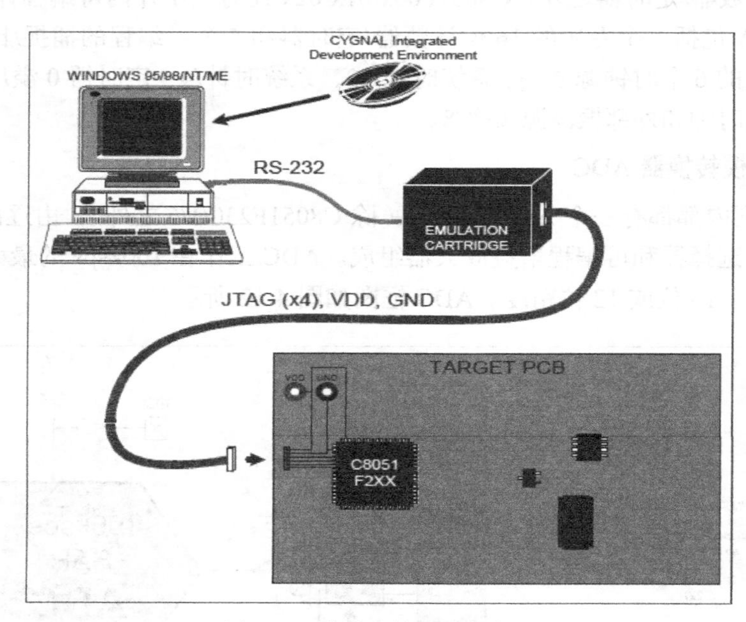

图 4-13　全速在线调速示意图

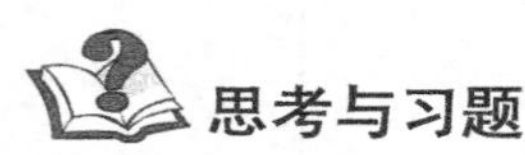

思考与习题

1．简述单片机的发展史。

2．简述单片机与微处理器的关系、单片机与嵌入式系统的关系。

3．概述单片机的组成，简要说明其各个部分的作用。

4．简述单片机的主要技术发展方向。

5．MCS-51 系列单片机有哪些主要类型?

6．8051 单片机有哪些特点?

7．比较 80C51 系列单片机、STC 系列单片机、CY7C680XX 系列单片机和 C8051 系列单片机之间的异同。

第 5 章　MCS-51 单片机结构和时序

学习第 4 章后，我们已经知道 Intel 公司的 MCS-51 系列单片机包括 8051、8751 和 8031 三个基本的产品，另外还包括了 8052、8752 和 8032 等改进型产品，它们的引脚和指令系统完全兼容。

而新一代的 80C51 系列单片机也都是以 8051 为基本内核，它们的引脚和指令系统都是完全兼容的。为此本章将详细介绍 MCS-51 系列中的 8051 的硬件结构及时序，并在需要的时候分别指出是 HMOS 型的 8051 还是 CMOS 型的 80C51。

5.1　MCS-51 单片机结构

5.1.1　MCS-51 单片机的结构

1. MCS-51 单片机的基本组成

图 5-1 所示为 MCS-51 单片机的组成框图。

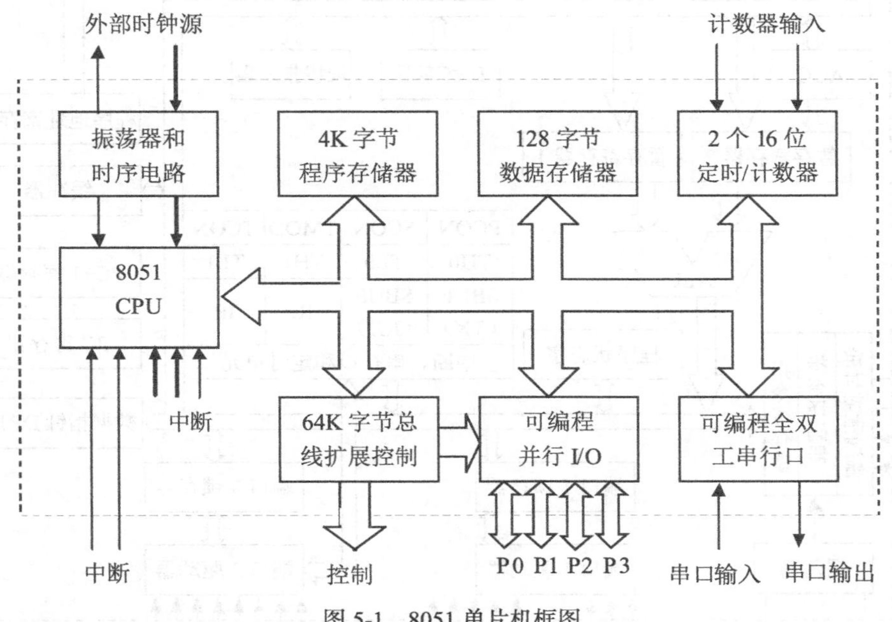

图 5-1　8051 单片机框图

8051 单片机包括下列几个部件。

（1）一个 8 位中央处理器 CPU。

（2）一个片内振荡器和时序电路。

（3）4K 字节程序存储器 ROM。

（4）128 字节数据存储器 RAM。

（5）两个 16 位可编程序定时器/计数器。

（6）一个可编程的全双工串行口。

（7）4 个 8 位可编程并行 I/O 端口：P0 口，P1 口，P2 口和 P3 口。

（8）64K 字节片外程序存储器 ROM 和 64K 字节片外数据存储器 RAM 的扩展控制电路。

（9）两个优先级嵌套中断结构，5 个中断源。

以上各部分通过内部总线相连接。

2. MCS-51 单片机内部结构

MCS-51 单片机内部结构如图 5-2 所示。作为一个完整的计算机，MCS-51 单片机由运算器及控制器所组成的中央处理单元 CPU、存储器（ROM 和 RAM）和输入/输出 I/O 接口组成。另外 MCS-51 还增加了特殊功能寄存器 SFR。

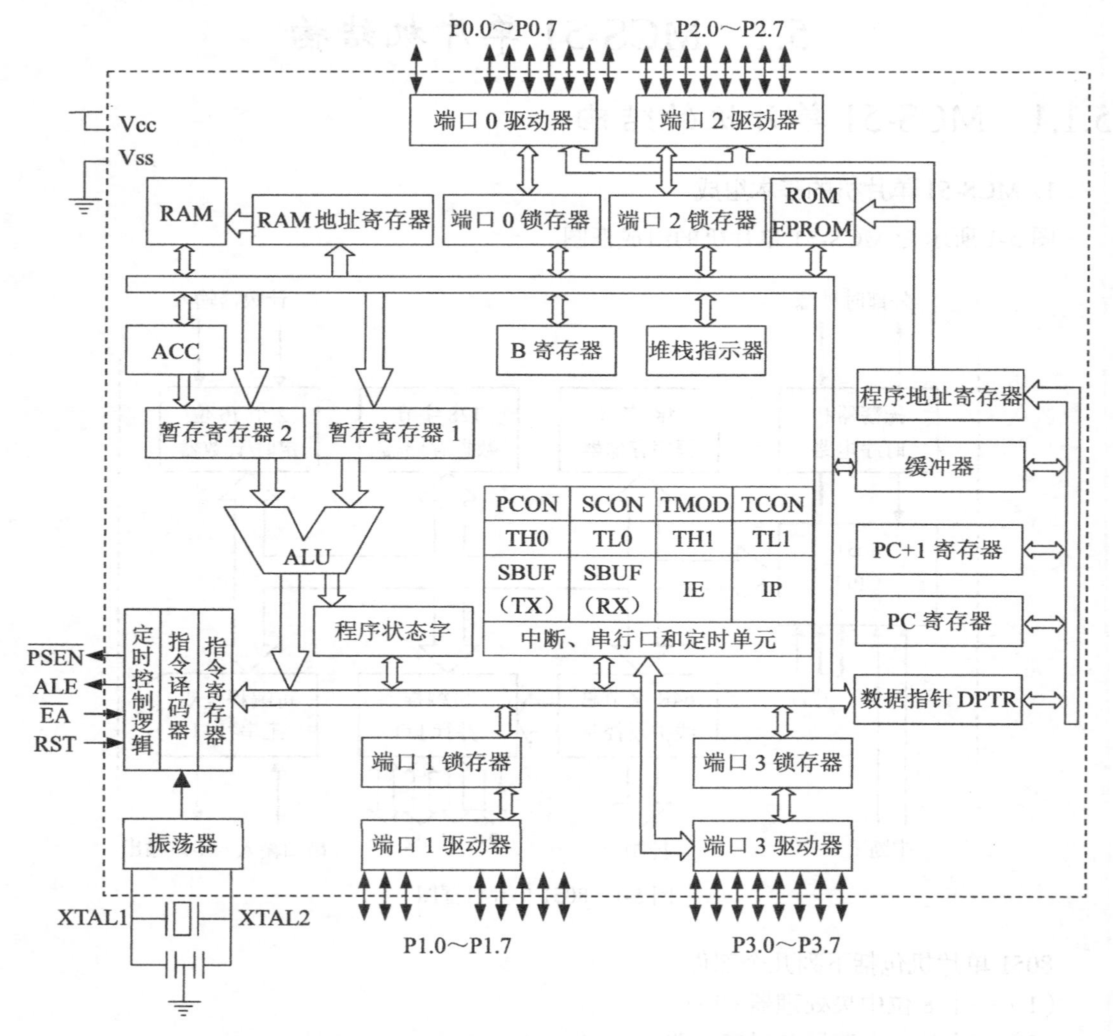

图 5-2　MCS-51 单片机处理器及内部结构框图

5.1.2 MCS-51 的封装与引脚

MCS-51 系列中的各种芯片引脚是相互兼容的，而且绝大多数都采用 40 引脚的双列直插封装方式。图 5-3（a）为引脚排列图，图 5-3（b）为逻辑符号图。

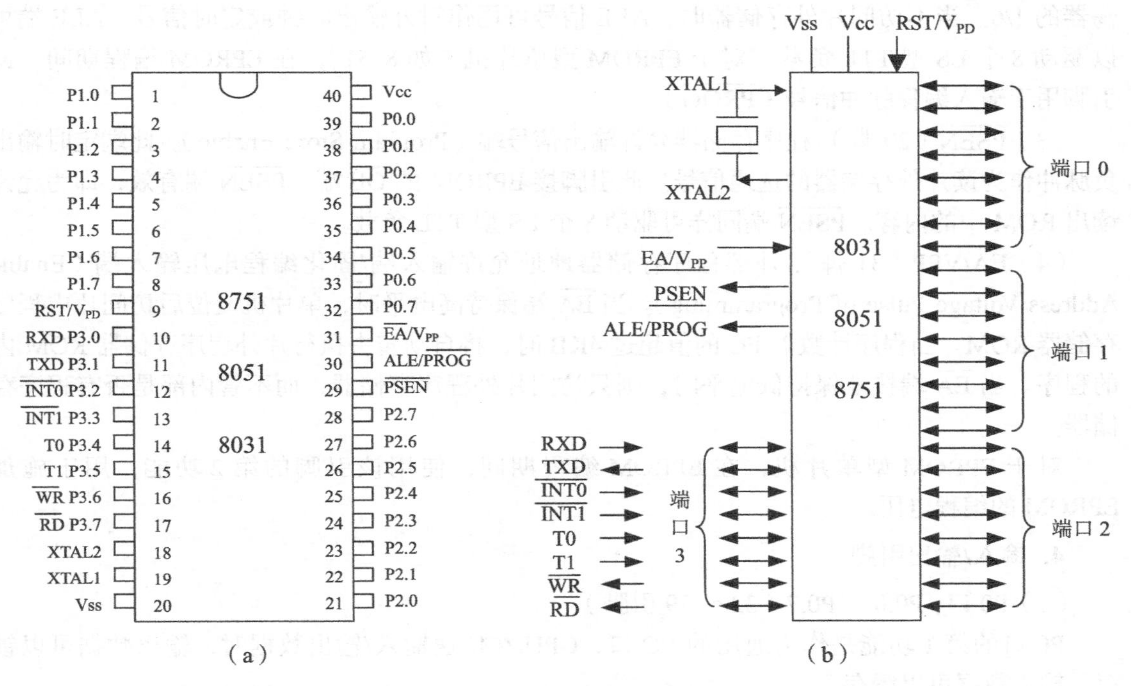

图 5-3　MCS-51 引脚图、逻辑符号图

各引脚功能简要说明如下。

1. 电源引脚 Vcc 和 Vss

（1）Vcc（40 脚）：电源端，接 +5V 电源。

（2）Vss（20 脚）：接地端。

2. 外接晶体引脚 XTAL1 和 XTAL2

（1）XTAL1（19 脚）：接外部晶体和微调电容的一端。在单片机内部，它是一个反相放大器的输入端，这个放大器构成了片内振荡器。当采用外部时钟电路时，对 HMOS 单片机（如 8051），此引脚应接地。对 CMOS 单片机（如 80C51），此引脚为振荡信号的输入端。

（2）XTAL2（18 脚）：接外部晶体和微调电容的另一端。在单片机内部，它是反相放大器的输出端，振荡电路的频率就是晶体的固有频率。当采用外部时钟电路时，对 HMOS 单片机，此引脚接收振荡器信号，即把振荡器信号直接送入内部时钟发生器的输入端。对 CMOS 单片机，此引脚应悬空。

3. 控制信号引脚 RST，ALE，$\overline{\text{PSEN}}$ 和 $\overline{\text{EA}}$

（1）RST/V_{PD}（9 脚）：RST 是复位信号输入端，高电平有效，在此引脚上出现两个机器周期以上的高电平将使单片机复位。RST 引脚的第 2 功能是备用电源 V_{PD} 的输入端。当主电源 Vcc 发生故障，降低到低电平的规定值时，此引脚可接备用电源，由 V_{PD} 向内部 RAM 提供备用电源，以保持片内 RAM 中的数据。

（2）ALE/$\overline{\text{PROG}}$（30 脚）：地址锁存允许信号端。当访问外部存储器时，地址锁存允许 ALE（Address Latch Enable）信号的输出用于锁存低 8 位地址的控制信号，此信号频率为振荡器的 1/6。当不访问片外存储器时，ALE 信号可用作对外输出时钟或定时信号。ALE 端可以驱动 8 个 LS 型 TTL 负载。对于 EPROM 型单片机（如 8751），在 EPROM 编程期间，此引脚用于输入编程脉冲信号（$\overline{\text{PROG}}$）。

（3）$\overline{\text{PSEN}}$（29 脚）：程序存储器允许输出信号端（Program Store Enable）。此端定时输出负脉冲作为读片外存储器的选通信号。此引脚接 EPROM 的 $\overline{\text{OE}}$ 端。$\overline{\text{PSEN}}$ 端有效，即为允许读出 ROM 中的内容。$\overline{\text{PSEN}}$ 端同样可驱动 8 个 LS 型 TTL 负载。

（4）$\overline{\text{EA}}$/VPP（31 脚）：外部程序存储器地址允许输入端/固化编程电压输入端（Enable Address/Voltage Pulse of Programming）。当 $\overline{\text{EA}}$ 端保持高电平时，单片机复位后访问片内程序存储器 ROM。当程序计数器 PC 的值超过 4KB 时，将自动转去执行片外程序存储器 ROM 内的程序。当 $\overline{\text{EA}}$ 端接地保持低电平时，则只访问片外程序存储器，而不管内部是否有程序存储器。

对于 EPROM 型单片机，在 EPROM 编程期间，使用该引脚的第 2 功能，用于施加 EPROM 的编程电压。

4. 输入/输出引脚

（1）P0 口：P0.0～P0.7（32～39 引脚）

P0 口的第 1 功能是作为通用的 I/O 口，CPU 在传送输入/输出数据时，输出数据可以锁存，输入数据可以缓存。

P0 口的第 2 功能是当 CPU 访问片外存储器时，P0 口是分时提供低 8 位地址和 8 位数据的复用总线。

（2）P1 口：P1.0～P1.7（1～8 引脚）

P1 口一般作为通用 I/O 口使用，用于传送用户的输入/输出数据。

P1 口的第 2 功能是在对片内 EPROM 编程或校验时输入片内 EPROM 的低 8 位地址。

（3）P2 口：P2.0～P2.7（21～28 引脚）

P2 口的第 1 功能是当不带片外存储器时，作为通用 I/O 口。

P2 口的第 2 功能是当 8051 带片外存储器时，与 P0 口配合，传送片外存储器的高 8 位地址，共同选中片外存储器单元。

（4）P3 口：P3.0～P3.7（10～17 引脚）

P3 口除了作通用的 I/O 口外，作为控制用的第 2 功能如表 5-1 所示。

表 5-1　P3 口各位的第 2 功能表

P3 口的位	第 2 功 能	注　释
P3.0	RXD	串行数据接收口
P3.1	TXD	串行数据发送口
P3.2	$\overline{\text{INT0}}$	外部中断 0 输入

续表

P3 口的位	第 2 功 能	注　释
P3.3	$\overline{\text{INT1}}$	外部中断 1 输入
P3.4	T0	定时器/计数器 0 外部输入
P3.5	T1	定时器/计数器 1 外部输入
P3.6	$\overline{\text{WR}}$	外部 RAM 写选通信号
P3.7	$\overline{\text{RD}}$	外部 RAM 读选通信号

5.1.3　CPU 的结构

中央处理器 CPU 主要包括控制器和运算器，它是单片机的核心部分。此外 CPU 还包括一部分专用的特殊功能寄存器。MCS-51 中 21 个特殊功能寄存器 SFR 将在数据存储器一节中专门介绍，属于 CPU 一部分的则在此详述。CPU 的时序电路将在 5.2 节进行介绍。

1. 中央控制器

单片机是程序控制式的计算机。指令是逐条地存放在程序存储器中，执行指令时首先将指令码送到指令寄存器中寄存，然后对该指令译码，转化成一系列的定时控制的微操作，用于控制单片机各部分的运行。

（1）程序计数器 PC

程序计数器 PC 是专门用来控制指令执行顺序的一个寄存器。在单片机上电或复位时，PC 自动装入 0000H，使程序从零单元开始执行。一般情况下单片机每取一次机器码，PC 就自动加 1，从而保证指令的顺序执行。PC 由两个 8 位的计数器 PCH 和 PCL 组成，共 16 位。因而 MCS-51 能对 64K 字节的程序存储器直接寻址。PC 实际上也即是指令机器码存放单元的地址指针，它的内容可以被指令强迫改写。当需要改变程序执行顺序时，只要改写 PC 的内容就可以了。

（2）指令寄存器 IR，指令译码器及定时控制逻辑

指令寄存器 IR 是用来存放指令操作码的专用寄存器，执行程序时首先进行程序存储器的读操作，也就是根据程序计数器给出的地址从程序存储器中取出指令，送到指令寄存器 IR。IR 的输出送到指令译码器，然后由指令译码器对该指令进行译码。译码结果送定时控制逻辑。其过程如图 5-4 所示。

（3）数据指针 DPTR

DPTR 是一个 16 位的专用地址指针寄存器，它主要用来存放 16 位地址，作为间址寄存器使用。

它的主要功能是：

① 作为片外数据存储器 RAM 寻址用的地址寄存器（间接寻址），故称为数据存储器地址指针。访问片外数据存储器的指令为：

```
MOVX  A，@DPTR        ；读
MOVX  @DPTR，A        ；写
```

此时 DPTR 的输出，即为片外数据存储器的地址。

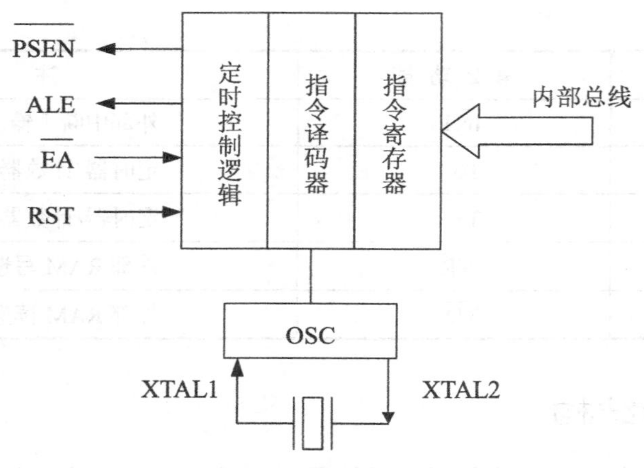

图 5-4 指令寄存、译码、定时控制逻辑

② DPTR 寄存器也可以作为访问程序存储器时的基址寄存器。

MOVC A, @ A+DPTR

变址 基址

JMP @ A+DPTR

变址 基址

③ DPTR 寄存器既可以作为一个 16 位寄存器处理，也可以作为两个 8 位寄存器处理，其高 8 位用 DPH 表示，低 8 位用 DPL 表示。如：

```
MOV    DPTR, #Addr16; #16 位地址
INC    DPTR
CJNE   A, DPL, $
CJNE   A, DPH, $
```

2. 运算器

运算器主要用来实现对操作数的算术逻辑运算和位操作之用。它包括一个可进行 8 位算术运算和逻辑运算的 ALU 单元、8 位的暂存器 1、暂存器 2、8 位的累加器 ACC（A）、B 寄存器和程序状态标志寄存器 PSW 等。其结构如图 5-5 所示。

（1）算术逻辑运算单元 ALU

ALU 即算术逻辑运算单元，能对数据进行加减乘除等算术运算及与、或、非、异或等逻辑运算。但 ALU 只能进行运算，不能寄存数据，数据事先应放到累加器 ACC 中或其他寄存器、存储单元中。运算时，数据先传送到暂存寄存器 TMP1 和 TMP2 中，再经 ALU 运算处理。运算后，运算的结果经内部总线送回累加器或其他寄存器、存储单元中。

（2）累加器 A（Accumulator）

累加器 A 是 CPU 中使用最频繁的一个寄存器，简称为 ACC 或 AC 寄存器。CPU 运算前两个操作数中的一个通常应放在累加器 A 中，经暂存器 TMP2 进入 ALU，与从暂存器 TMP1 进入的另一个操作数在 ALU 中进行运算，所得的结果往往通过内部总线再送入累加器 A 中。

（3）B 寄存器（B Register）

B 寄存器一般情况下可作为 8051 内部数据存储器 RAM 中的一个单元来使用。B 寄存器

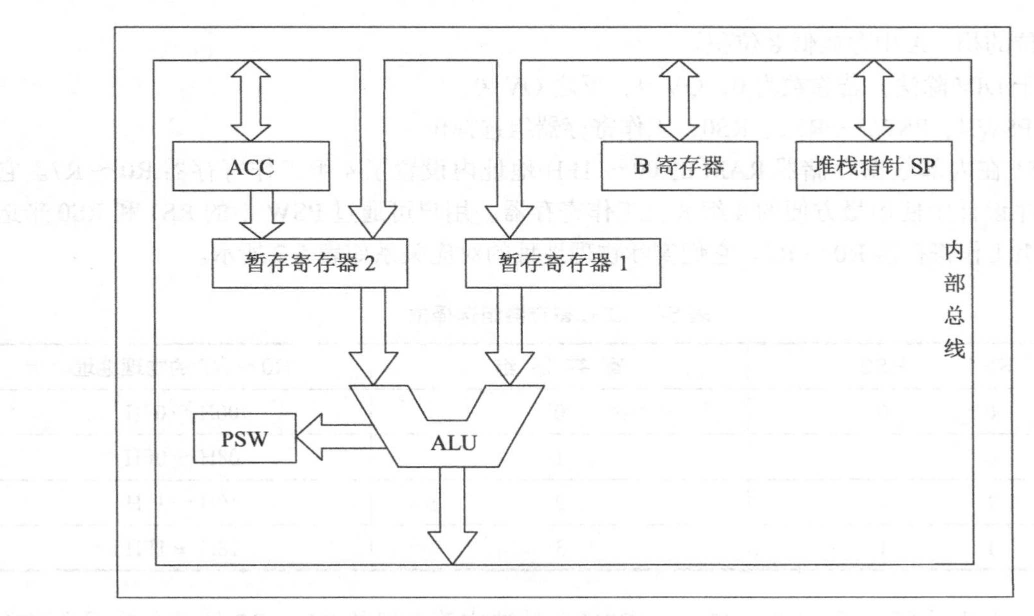

图 5-5　算术逻辑运算单元 ALU

可按位寻址。

在执行乘法运算时，ALU 的两个输入分别来自 A 和 B 寄存器。乘积的结果低 8 位在 A 中存放，高 8 位在 B 中存放。

在执行除法运算时，被除数取自 A，除数取自 B；商数存放于 A，余数存放于 B。

（4）程序状态字寄存器 PSW（Program Status Word Register）

为了反映数据经 ALU 处理之后的特性，8051 专门设有一个程序状态字寄存器，简称为 PSW。它是一个逐位定义的 8 位寄存器，可由程序按位访问。它的各标志位定义如下。

	PSW.7	PSW.6	PSW.5	PSW.4	PSW.3	PSW.2	PSW.1	PSW.0
位地址	D7H	D6H	D5H	D4H	D3H	D2H	D1H	D0H
	CY	AC	F0	RS1	RS0	OV	F1	P

① PSW.0—P，奇偶标志位

当累加器 A 中有奇数个“1”时，该位置 1，反之置 0。凡是改变累加器 A 中内容的指令均会影响 P 标志位。

此标志位对串行通信中的数据传输有重要的意义，串行通信中常采用奇偶校验的方法来校验数据传输的可靠性。

② PSW.1—F1，用户标志位

用户标志位 F1 为保留位。8051 中未使用，8052 中把 F1 作为用户标志位。

③ PSW.2—OV，溢出标志位（Overflow）

在进行带符号数的加减法运算时，当运算结果超出 8 位二进制所能容纳的范围（−128～+127），则 OV 位被自动置 1，否则被清零。

在 MCS-51 中，运算无符号数的乘法 MUL 时，当 A 和 B 中两个乘数的积超过 255 时，OV=1。此时积的高 8 位在 B 中，积的低 8 位在 A 中。反之当 OV=0，积没有超出 255，B 中无高 8 位的积，A 中存放低 8 位积。

对于 DIV 除法，若除数为 0，OV=1，反之 OV=0。

④ PSW.4、PSW.3—RS1、RS0，工作寄存器组选择位

8051 在内部数据存储器 RAM 的 00～1FH 地址内设置了 4 组工作寄存器 R0～R7。它们是程序设计中使用最方便的 4 组 8 位工作寄存器。用户可通过 PSW 中的 RS1 和 RS0 来选定哪一组工作寄存器 R0～R7。它们实际物理地址的对应关系如表 5-2 所示。

表 5-2　工作寄存器组选择位

RS1	RS0	寄 存 器 组	R0～R7 的物理地址
0	0	0	00H～07H
0	1	1	08H～0FH
1	0	2	10H～17H
1	1	3	18H～1FH

8051 上电或复位后，RS1RS0=00，CPU 自动选中第 0 组的 R0～R7 的 8 个单元为当前的工作寄存器。用户通过指令改变 RS1RS0 就可切换当前的工作寄存器组。

⑤ PSW.5—F0，用户标志位

用户标志位，由用户根据需要通过传送指令确定其置位和复位。可作为用户自行定义的一个状态标记。

⑥ PSW.6—AC，辅助进行标志位（Auxiliary Carry）

当进行加法或减法运算时，若低 4 位向高 4 位发生进位或借位时 AC=1。反之 AC=0，表示加减过程中 A3 位没有向 A4 位进位或借位。

⑦ PSW.7—CY，进位标志位

加法运算时，若累加器 A 最高位 A7 有进位，则 CY=1，否则 CY=0。减法运算时，若 A7 有借位，则 CY=1，否则 CY=0。移位操作中也会影响 CY 的值。在布尔处理机中 CY 作为位累加器。

（5）堆栈指针 SP（Stack Pointer）

MCS-51 在片内数据存储器 RAM 中专门开辟出一个称之为堆栈的区域。堆栈内的数据存取是以“后进先出”的结构方式进行的。目的是方便于处理中断，调用子程序时保护现场。

在使用堆栈之前，先给堆栈指针 SP 赋值，以规定堆栈的起始位置——称为栈底。当数据压入（PUSH）后，SP 自动加 1，即 RAM 中地址单元加 1 以指出当前栈顶的位置。当数据弹出（POP）时，SP 内容自动减值。栈顶即由堆栈指针 SP 自动管理。这些操作可用图 5-6 说明。

假设在某一 RAM 单元，其地址在单元右面列出，每次数据在压入或弹出后 SP 便自动调整以保持指示堆栈顶部的位置。

系统复位后，SP 的初始值为 07H，即指向 RAM 单元的 07H，但 08H～1FH 单元分属第 1～3 组工作寄存器组。若程序中要用到这些工作寄存器组，则可把 SP 初始值改为 1FH 或更大的值。

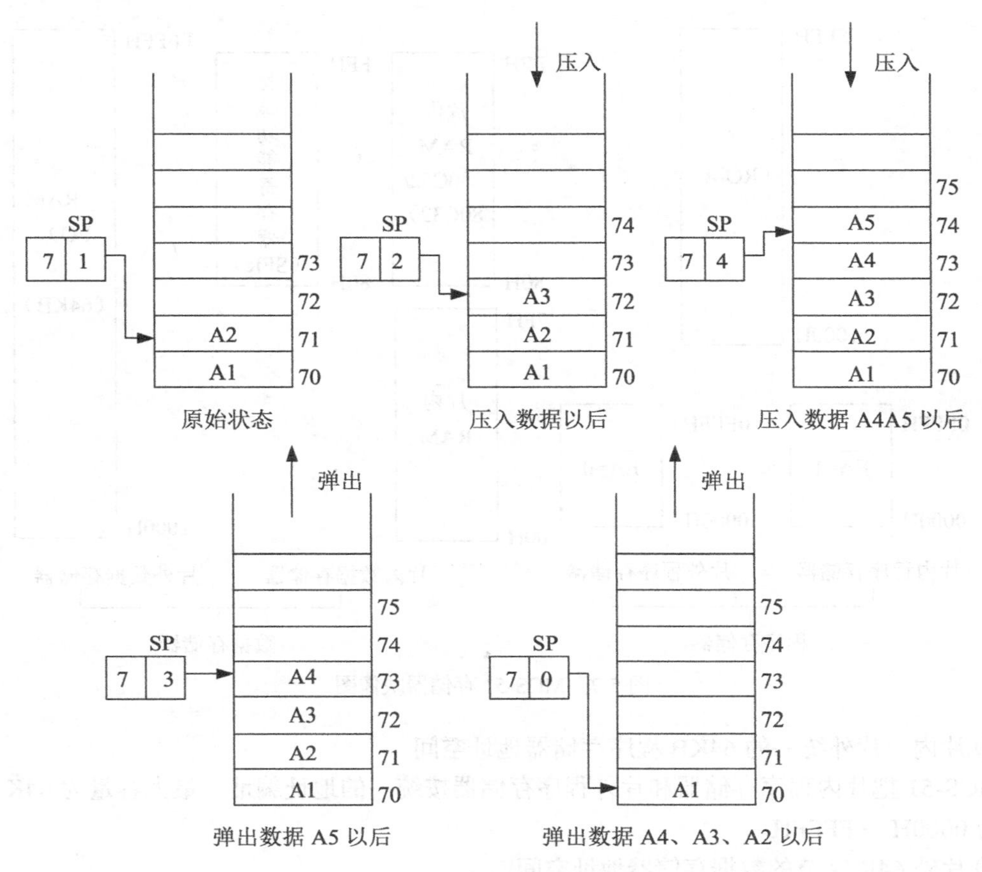

图 5-6　堆栈的压入与弹出

5.1.4　存储器结构

1. 存储器结构和地址空间

MCS-51 系列单片机存储器结构采用哈佛（Harvard）结构，即程序存储器与数据存储器严格分开。程序存储器 ROM 和数据存储器 RAM 各有自己的寻址空间、寻址方式和控制系统。而在数据存储器 RAM 内有通用的工作寄存器和特殊功能寄存器 SFR，它们是统一编址的。这是 MCS-51 与一般微机存储器结构两个显著不同的特点。图 5-7 为 MCS-51 存储器的映像图。

（1）4 种物理存储空间

从实际的存储介质上看，MCS-51 有 4 种物理存储空间，具体情况如下。

① 片内程序存储器：片内 ROM。

② 片外程序存储器：片外 ROM。

③ 片内数据存储器：片内 RAM。

④ 片外数据存储器：片外 RAM。

（2）3 种逻辑存储空间

在逻辑上 MCS-51 设有以下 3 种存储器地址空间。

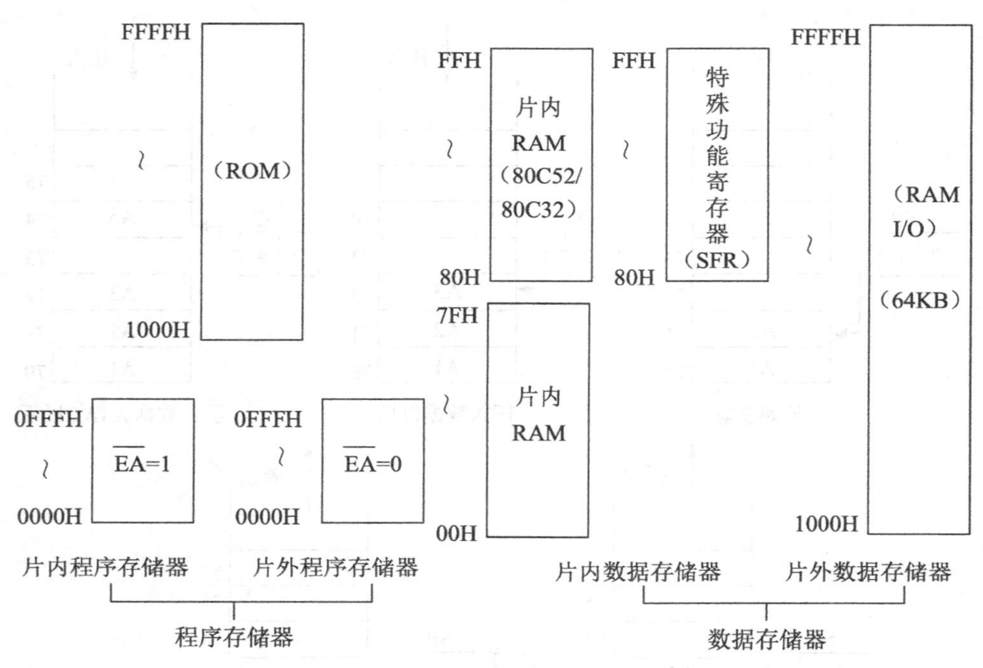

图 5-7　MCS-51 存储器映像图

① 片内、片外统一的 64KB 程序存储器地址空间

MCS-51 把片内程序存储器和片外程序存储器按统一的地址编址。最大容量为 64K 字节，地址为 0000H ～ FFFFH。

② 片外 64K 字节的数据存储器地址空间

MCS-51 的片外 RAM 与片内 RAM 是分开编址的，分别对应为 0000H ～ FFFFH（64K 字节）和 00H ～ FFH（256 字节）。访问片外 RAM 时 $\overline{\text{WR}}$ 或 $\overline{\text{RD}}$ 信号有效。

③ 片内 256 字节的数据存储器地址空间

片内 RAM 有最灵活的存储地址空间。它在物理上又分成两个独立的功能不同的空间。

片内数据 RAM 区：地址空间的低 128 字节，地址为 00H ～ 7FH。

片内特殊功能寄存器 SFR 区：地址空间的高 128 字节，地址为 80H ～ FFH。

2. 程序存储器 ROM

程序存储器是只读型的 ROM 存储器，专门用来存放经调试正确的应用程序和固定的表格及常数，MCS-51 把片内 ROM 和片外 ROM 按统一的地址编址。最大容量为 64K 字节。而且这 64K 字节地址空间是连续、统一的，即从 0000H ～ FFFFH。

（1）对于 8051，它的片内 ROM 地址为 0000H ～ 0FFFH（4K 字节），它的片外 ROM 最大容量可为 0000H ～ FFFFH。片内与片外 ROM 在低 4K 字节地址出现重叠，这种重叠的区分由 8051 的管脚 $\overline{\text{EA}}$ 进行控制：

当 $\overline{\text{EA}}$=1，内部 4K 字节 ROM 有效，外部 ROM 从 1000H 开始编址。当 PC 计数大于 0FFFH 时由 8051 控制自动转向外部的 ROM，而无须用户干预。

当 $\overline{\text{EA}}$=0，不论有无片内 ROM，内部的 4K 字节 ROM 失去作用，只有外接的低 4K 字节 ROM 有效。此时所有的指令都从片外 ROM 读入。

访问片内时，片外 ROM 的指令均为 MOVC。

（2）程序存储器的某些特定单元被保留用于特定的程序入口地址。这些保留的存储单元如表 5-3 所示。

表 5-3　保留的存储单元表

存储单元	保留目的
0000H ～ 0002H	复位后初始化引导程序
0003H ～ 000AH	外部中断 0
000BH ～ 0012H	定时器 0 溢出中断
0013H ～ 001AH	外部中断 1
001BH ～ 0022H	定时器 1 溢出中断
0023H ～ 002AH	串行端口中断
002BH ～ 0032H	8052 才有的定时器 2 中断

系统复位后的指令计数器 PC 地址为 0000H，故系统从 0000H 开始取指令并执行程序，也即它是系统的启动地址。一般在该单元设置一条绝对转移指令，使之转向用户的主程序。因此 0000H ～ 0002H 单元被保留用于初始化。从 0003H ～ 002AH 单元被均匀地分为 5 段；用于 5 个中断的服务程序入口。在程序设计时，通常在这些中断入口设置无条件转移指令，使之转向对应的中断服务程序段处执行。这些中断入口处称为中断矢量地址。中断矢量地址如表 5-4 所示。

表 5-4　中断矢量地址表

中断源	中断服务程序入口地址
外部中断 0（$\overline{INT0}$）	0003H
定时器/计数器 0 溢出	000BH
外部中断 1（$\overline{INT1}$）	0013H
定时器/计数器 1 溢出	001BH
串行口中断	0023H

3．数据存储器 RAM

数据存储器即由 RAM 构成，用来存放随机数据。RAM 在物理上和逻辑上都分为两个地址空间：一个是片内 256 字节的 RAM，另一个是片外最大可扩充至 64K 字节的 RAM。

（1）片外 RAM

片外 RAM 的地址最大可为从 0000H ～ FFFFH 的 64K 字节，其中 0000H ～ 00FFH 的低位地址部分与片内 RAM 重叠。这种重叠由不同的指令来区分，片内 RAM 使用 MOV 指令，而片外 64K 字节 RAM 使用 MOVX 指令。对片外 RAM 通常采用间接寻址方法，用 R0，R1 和 DPTR 作为间址寄存器。

当用 R1，R0 寻址时，由于 R0，R1 是 8 位寄存器，其最大寻址范围为 256 字节。

当用 16 位 DPTR 作间址寄存器时，其最大寻址范围可达 64K 字节。

（2）片内 RAM

片内 RAM 最大可寻址范围为 256 个单元，其在物理上又可分成两个独立的功能不同的区间。其配置如图 5-8 所示。

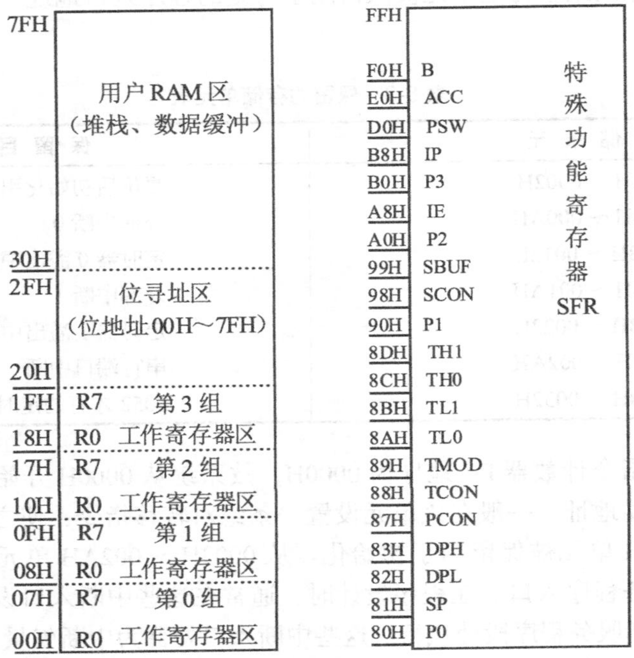

图 5-8 片内 RAM 地址空间

① 低 128 字节 RAM，地址从 00H～7FH，是真正的 RAM 区。

② 高 128 字节 RAM，地址为 80H～FFH，是特殊功能寄存器 SFR。

4. 片内低 128 字节 RAM

片内低 128 字节 RAM 是用户真正可存取随机数据的数据存储器，其地址为 00H～7FH。根据不同的寻址方式，低 128 字节的 RAM 又可划分为以下几个区域。

（1）工作寄存器区

其地址为 00H～1FH 共有 32 个单元，组成 4 组。通用的工作寄存器组，如表 5-5 所示。

表 5-5 工作寄存器地址表

组	RS1	RS0	R0	R1	R2	R3	R4	R5	R6	R7
0	0	0	00H	01H	02H	03H	04H	05H	06H	07H
1	0	1	08H	09H	0AH	0BH	0CH	0DH	0EH	0FH
2	1	0	10H	11H	12H	13H	14H	15H	16H	17H
3	1	1	18H	19H	1AH	1BH	1CH	1DH	1EH	1FH

每组工作寄存器包括 8 个工作寄存器，组内的编号为 R0～R7。通过对程序状态字 PSW 中的 RS1，RS0 的设置，每组寄存器均可选作 CPU 的当前工作寄存器组。CPU 复位后，自动选中第 0 组寄存器为当前的工作寄存器。若程序中不需要 4 组寄存器，其余可用作一般 RAM 区。

（2）位寻址区

片内数据 RAM 低 128 字节地址为 20H～2FH 的 16 个字节单元共包括 128 位，是可寻址的 RAM 区。这 16 个字节单元，既可进行字节寻址，又可实现位寻址。字节地址与位地址之间的关系如表 5-6 所示。这 16 个位寻址单元，再加上可位寻址的特殊功能寄存器 SFR 一起构成了布尔（位）处理器的数据存储器空间，在这一存储器空间所有的位都是可直接寻址的。

表 5-6　RAM 位寻址区位地址表

字节地址	MSB			位　地　址				LSB
2FH	7F	7E	7D	7C	7B	7A	79	78
2EH	77	76	75	74	73	72	71	70
2DH	6F	6E	6D	6C	6B	6A	69	68
2CH	67	66	65	64	63	62	61	60
2BH	5F	5E	5D	5C	5B	5A	59	58
2AH	57	56	55	54	53	52	51	50
29H	4F	4E	4D	4C	4B	4A	49	48
28H	47	46	45	44	43	42	41	40
27H	3F	3E	3D	3C	3B	3A	39	38
26H	37	36	35	34	33	32	31	30
25H	2F	2E	2D	2C	2B	2A	29	28
24H	27	26	25	24	23	22	21	20
23H	1F	1E	1D	1C	1B	1A	19	18
22H	17	16	15	14	13	12	11	10
21H	0F	0E	0D	0C	0B	0A	09	08
20H	07	06	05	04	03	02	01	00

（3）字节寻址区

片内数据 RAM 区的 30H～7FH 共有 80 个字节单元，是可以采用直接字节寻址的方法访问，供用户使用。

（4）堆栈区及堆栈指示区

堆栈是在片内 RAM 中数据先进后出或后进先出的一个存储区域。堆栈指针 SP 是存放当前堆栈栈顶所对应的存储单元地址的一个 8 位寄存器。系统复位后 SP 的初始值为 07H，如不重新定义，则以 07H 为栈底。压栈的内容从 08H 单元开始存放。通过软件对 SP 内容的重新定义，可使堆栈区设定在片内 RAM 中的某一区域内，但堆栈的深度以不超过片内 RAM 区空间为限。

5．片内高 128 字节 RAM——特殊功能寄存器 SFR 区

MCS-51 内高 128 字节的 RAM 内有 21 个特殊功能寄存器 SFR，它们离散地分布在

80H～FFH 的 RAM 空间中。访问特殊功能寄存器只允许使用直接寻址方式。这些 SFR 名称和地址如表 5-7 所示。在这 21 个 SFR 中有 11 个具有位寻址能力，它们的字节地址后 3 位为 000，正好能被 8 整除。其地址分布如表 5-8 所示。

表 5-7　MCS-51 系列单片机的特殊功能寄存器表

符　　号	名　　称	地　　址
* ACC	累加器	E0H
* B	B 寄存器	F0H
* PSW	程序状态字	D0H
SP	栈指针	81H
DPTR	数据指针（包括高 8 位 DPH 和低 8 位 DPL）	83H（高 8 位），82H（低 8 位）
* P0	P0 口锁存寄存器	80H
* P1	P1 口锁存寄存器	90H
* P2	P2 口锁存寄存器	A0H
* P3	P3 口锁存寄存器	B0H
* IP	中断优先级控制寄存器	B8H
* IE	中断允许控制寄存器	A8H
TMOD	定时器/计数器工作方式寄存器	89H
* TCON	定时器/计数器控制寄存器	88H
TH0	定时器/计数器 0（高字节）	8CH
TL0	定时器/计数器 0（低字节）	8AH
TH1	定时器/计数器 1（高字节）	8DH
TL1	定时器/计数器 1（低字节）	8BH
* SCON	串行口控制寄存器	98H
SBUF	串行数据缓冲器	99H
PCON	电源控制及波特率选择寄存器	87H

注：凡是标有“*”号的 SFR 既可按位寻址，也可直接字节寻址。

表 5-8　特殊功能寄存器地址表

SFR	MSB			位地址/位定义				LSB	字节地址
B	F7	F6	F5	F4	F3	F2	F1	F0	F0H
ACC	E7	E6	E5	E4	E3	E2	E1	E0	E0H
PSW	D7	D6	D5	D4	D3	D2	D1	D0	D0H
	CY	AC	F0	RS1	RS0	OV	F1	P	

续表

SFR	MSB			位地址/位定义				LSB	字节地址
IP	BF	BE	BD	BC	BB	BA	B9	B8	B8H
	/	/	/	PS	TP1	PX1	PT0	PX0	
P3	B7	B6	B5	B4	B3	B2	B1	B0	B0H
	P3.7	P3.6	P3.5	P3.4	P3.3	P3.2	P3.1	P3.0	
IE	AF	AE	AD	AC	AB	AA	A9	A8	A8H
	EA	/	/	ES	ET1	EX1	ET0	EX0	
P2	A7	A6	A5	A4	A3	A2	A1	A0	A0H
	P2.7	P2.6	P2.5	P2.4	P2.3	P2.2	P2.1	P2.0	
SBUF									99H
SCON	9F	9E	9D	9C	9B	9A	99	98	98H
	SM0	SM1	SM2	REN	TB8	RB8	TI	RI	
P1	97	96	95	94	93	92	91	90	90H
	P1.7	P1.6	P1.5	P1.4	P1.3	P1.2	P1.1	P1.0	
TH1									8DH
TH0									8CH
TL1									8BH
TL0									8AH
TMOD	GATE	C/T	M1	M0	GATE	C/T	M1	M0	89H
TCON	8F	8E	8D	8C	8B	8A	89	88	88H
	TF1	TR1	TF0	TR0	IE1	IT1	IE0	IT0	
PCON	SMOD	/	/	/	GF1	GF0	PD	IDL	87H
DPH									83H
DPL									82H
SP									81H
P0	87	86	85	84	83	82	81	80	80H
	P0.7	P0.6	P0.5	P0.4	P0.3	P0.2	P0.1	P0.0	

这些特殊功能寄存器 SFR 在高 128 字节 RAM 空间中的分布如表 5-9 所示。从表中可看出，在这 128 字节空间中有着大片的空白区，这为 80C51 系列功能的增加提供了可能。

（1）在这 21 个 SFR 中有 6 个寄存器是属于 CPU 范围的。它们分别是：累加器 ACC，寄存器 B，程序状态字 PSW，堆栈指针 SP 和数据指针 DPTR（包括 DPH 和 DPL）。

（2）在这 21 个 SFR 中有 15 个是属于接口范围的。它们分别是：

- P0 口～P3 口的锁存寄存器 P0～P3。
- 定时器/计数器 T0 和 T1 的控制寄存器 TMOD、TCON、TH0、TL0、TH1 和 TL1。

表 5-9 特殊功能寄存器（SFR）在空间中的分布表

低位地址 \ 高位地址	8	9	A	B	C	D	E	F
0	P0	P1	P2	P3		PSW	ACC	B
1	SP							
2	DPL							
3	DPH							
4								
5								
6								
7	PCON							
8	TCON	SCON	IE	IP	T2CON			
9	TMOD	SBUF						
A	TL0				RLDL			
B	TL1				RLDH			
C	TH0				TL2			
D	TH1				TH2			
E								
F								

- 串行口的控制寄存器 SCON、SBUF。
- 管理接口中断的控制寄存器 IP、IE。
- 电源控制及波特率选择控制寄存器 PCON。

需要指出的是 16 位程序计数器 PC，它是指向下一次要执行的指令的地址。它在物理上是独立的，因此无地址，并不计入 SFR 总数中。

5.1.5 输入/输出端口结构

输入/输出端口用于单片机对外部实现控制，具有信息交换过程中的速度匹配、隔离和增强负载的功能。

MCS-51 有 4 个并行 I/O 端口，分别为 P0、P1、P2 和 P3，各口的每一位均由锁存器、输出驱动器和输入缓冲器所组成。CPU 通过 4 个并行 I/O 端口的任何一个输出数据时，都可以被锁存，输入数据时可以得到缓冲。

MCS-51 还有一个全双工的可编程串行 I/O 端口。它可以把 CPU 的 8 位并行数据变成串行数据一位一位地从发送数据线 TXD 发送出去，也可以把接收线 RXD 串行接收到的数据变成 8 位并行数据送给 CPU。发送和接收可以同时也可以单独进行。

1. P0 口的结构及功能

（1）P0 口的结构

如图 5-9 所示是 P0 口某位的结构图，它由 1 个输出锁存器、2 个三态输入缓冲器、1 个输出驱动电路和 1 个输出控制电路组成。输出驱动电路由一对 FET（场效应管）组成，其工作状态受控制电路与门 4、反相器 3 和转换开关 MUX 控制。

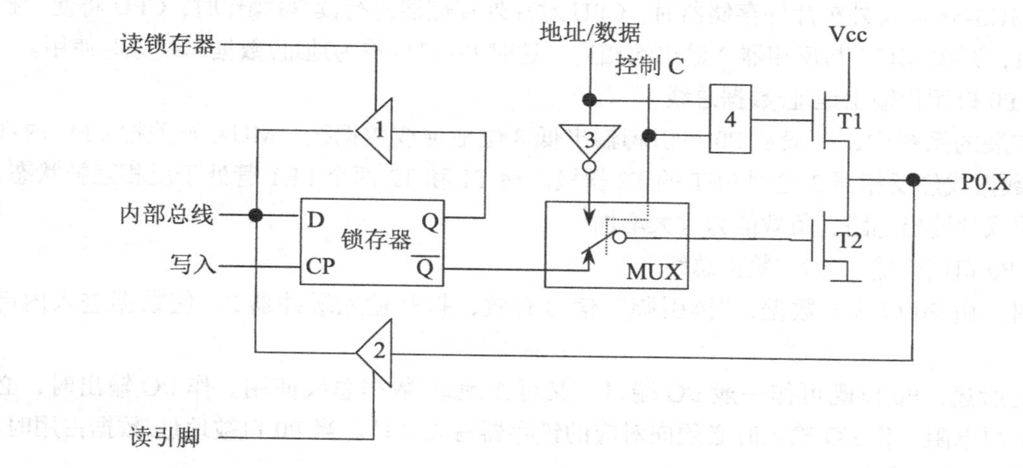

图 5-9　P0 口某位结构

（2）P0 口的功能

① P0 口作一般 I/O 口使用

当 CPU 对片内存储器的 I/O 读写时，CPU 发出控制信号，使控制 C=0，开关 MUX 处于图示位置，它将输出级 T2 与锁存器 $\overline{Q}$ 端接通。而与门 4 的封锁使 T1 截止，此时输出级是漏极开路的开漏电路。这时 P0 口作为一般的 I/O 使用。

● P0 口用作输出口

当 CPU 执行输出指令时，内部数据总线上的信号由写脉冲锁存至输出锁存器，经 $\overline{Q}$ 端输出，通过 MUX 再经输出级 FET（T2）反相，内部总线的数据即送至 P0 端口。输出驱动级是开漏电路，若要驱动 NMOS 或其他拉电流负载时，需外接上拉电阻。P0 口中的输出可以驱动 8 个 LSTTL 负载。

● P0 口用作输入口

P0 口中由两个三态输入缓冲器用于读操作。因而有两种读入法，即“读锁存器”和“读引脚”，并有相应的指令。

读引脚指令一般都是以 I/O 端口为源操作的指令。“读引脚”脉冲把三态缓冲器 2 打开，端口上的数据经缓冲器 2 读入到内部总线。

读锁存器指令一般以 I/O 端口为目的操作数，这些指令均为“读—修改—写”指令，如 ANL、ORL、XRL 等指令。“读锁存器”脉冲使三态缓冲器 1 开通，从锁存器中读取数据，进行处理后数据重新再写入锁存器中。

读操作时，先向端口输出锁存器写入“1”——置输入方式。

从图 5-9 中可看出，在读入端口数据时，由于输出驱动管 FET 并接在端口引脚上，如果

FET 导通，输出的低电平将把输入的高电平拉成低电平，造成误读。所以在端口进行输入操作前，应先向端口锁存器写成“1”，使 $\overline{Q}$=0，则输出级的 T1 和 T2 均截止，引脚处于悬空状态，变为高阻抗输入。P0 口输出级的结构有别于 P1、P2、P3 口输出级的结构。只有 P0 口才能真正实现高阻抗输入。从这个意义上理解，可以认为 P0 口是一个双向口。

② P0 作为地址/数据总线使用

当 MCS-51 需要外扩片外存储器时，CPU 对片外存储器进行读/写操作时，CPU 将使“控制 C”=1，开关 MUX 与反相器 3 输出端相连。这时 P0 口可作为地址/数据总线分时使用。

- P0 口用作输出地址/数据总线

在扩展的系统中，一般从 P0 口引脚输出低 8 位地址或数据线。MUX 开关把 CPU 内部的地址/数据线经反相器 3 送到 FET 的 T2 栅极。而 T1 和 T2 两个 FET 管处于反相互补状态，构成推拉式的输出电路，负载能力大大增加。

- P0 口用作输入地址/数据总线

此时，由 P0 口输入数据，“读引脚”信号有效，打开输入缓冲器 2，使数据进入内部总线。

综上所述，P0 口既可作一般 I/O 端口，又可作地址/数据总线使用。作 I/O 输出时，必须外接上拉电阻。作 I/O 输入时必须向对应的锁存器写入“1”。当 P0 口被地址/数据占用时，就不能再作 I/O 口使用了。

2．P1 口的结构及功能

（1）P1 口的结构

P1 口是一个准双向口，专门供用户使用，其结构如图 5-10 所示。P1 口在结构上没有多路开关 MUX 和控制电路部分；输出驱动电路只有一个 FET 场效应管，但内部有上拉负载电阻与电源相连。实质上该内部上拉电阻是由两个 FET 场效应管并在一起组成的。一个 FET 为负载管，其电阻固定。另一个 FET 可工作在导通或截止两种状态，使其总电阻变化近似为 0 或阻值很大两种情况。当阻值近似为 0 时，可将引脚快速上拉至高电平；当阻值很大时，P1 口为高阻输入状态。

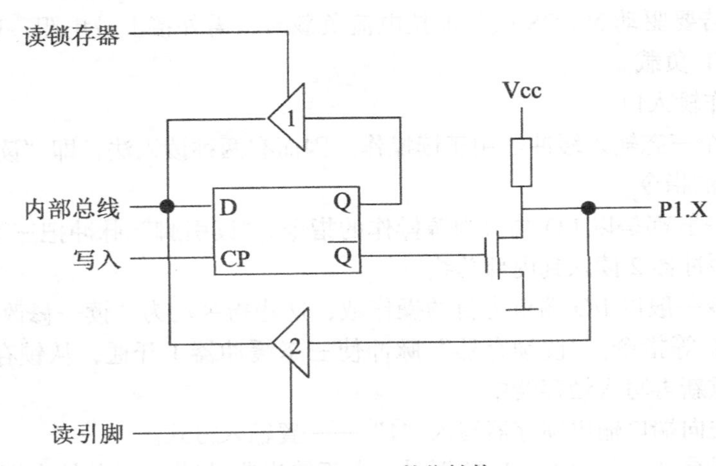

图 5-10　P1 口某位结构

（2）P1 口的功能

P1 口是一个专门供用户使用的通用双向 I/O 口，当 P1 口输出一个高电平时，能通过内部的上拉电阻向外部提供拉电流负载，因此不必再外接上拉电阻。

当 P1 口用作输入时，工作情况同 P0 口。为了避免误读，同样在执行读操作之前，先将端口锁存器置“1”，使 FET 截止，然后再读端口的引脚信号。

3. P2 口的结构及功能

（1）P2 口的结构

如图 5-11 所示是 P2 口某位的结构图。P2 口的位结构中上拉电阻结构与 P1 口相同，但比 P1 口多增加了一个多路开关 MUX。多路开关的切换由内部控制信号控制：一个是输出锁存器的输出端 Q（不同于 P1 口使用 $\overline{Q}$ 端）送入 MUX 的输入端；另一个是内部地址寄存器的高位输出端送至 MUX 的输入。MUX 的输出经反相器去控制输出 EFT。

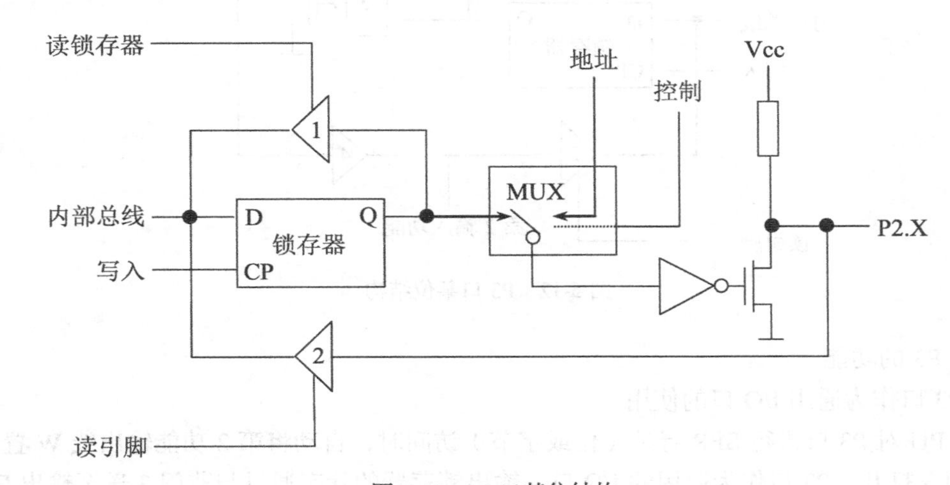

图 5-11　P2 口某位结构

（2）P2 口的功能

① P2 口作通用 I/O 口用

当 MUX 接通输出锁存器时，P2 口为一准双向口，功能与 P1 口一样。

② P2 口作高 8 位的地址输出

在 CPU 内部控制信号控制下，多路开关 MUX 接通地址寄存器的输出时，此时 P2 口可以输出片外 ROM 或片外 RAM 的高 8 位地址，与 P0 口输出的低 8 位地址一起构成 16 位地址线，从而可分别寻址 64KB 的片外 ROM 或片外 RAM。此时 P2 口无法再作通用的 I/O 使用。

当不需要接片外 ROM，而只扩展 256 字节的片外 RAM 时，此时只需低 8 位地址就可寻址，P2 口仍可作通用 I/O 口。

当扩展片外 RAM 超过 256 字节时，高 8 位地址线需从 P2 口输出。此时 P2 口锁存器仍然保持原来端口的数据。在访问片外 RAM 结束后，P2 锁存器的内部数据又会重现在端口上。这样，根据访问片外 RAM 的频繁程度，P2 口在一定的限度内仍可用作通用的 I/O 口。

4. P3 的结构及功能

（1）P3 口的结构

图 5-12 为 P3 口的位结构图。P3 口是一个多功能的端口。它与 P1 口的输出驱动部分及内部上拉电阻相同，但比 P1 口多了一个第 2 功能控制部分的逻辑电路，即与非门 3 和缓冲器 4。

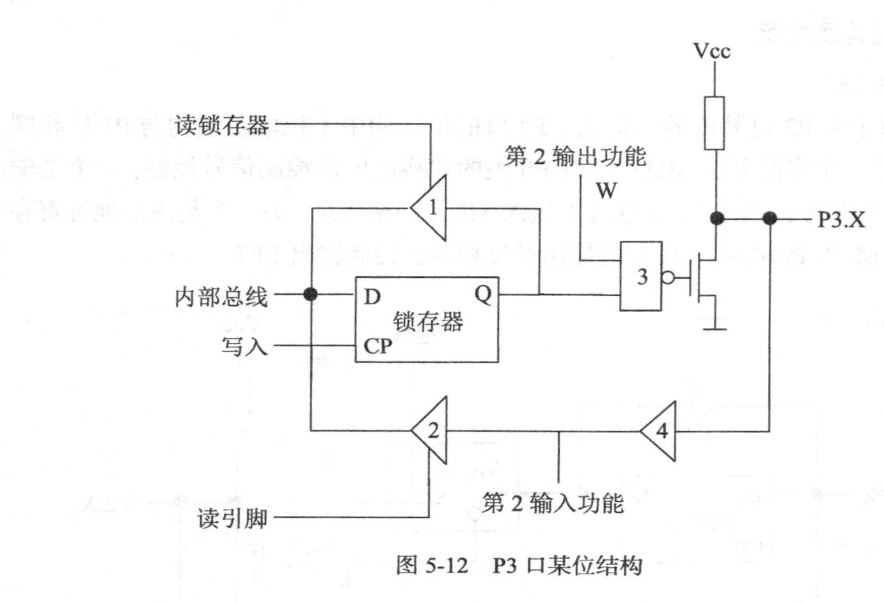

图 5-12　P3 口某位结构

（2）P3 的功能

① P3 口作为通用 I/O 口的使用

当 CPU 对 P3 口进行 SFR 寻址（位或字节）访问时，自动将第 2 功能输出线 W 置 1，此时与非门 3 打开，P3 口作为通用的 I/O 口。输出锁存器的状态通过与非门 3 送至输出 FET。

当 P3 口作为输入使用时，应预先对 P3 口置“1”使输出 FET 场效应管截止。P3 端口可作为高阻输入。输入信息经端口，缓冲器 4 送至缓冲器 2，在“读引脚”信号有效时，送内部总线。

② P3 口用作第 2 功能的使用

P3 口除了作通用 I/O 使用外，它的各位还具有第 2 功能，8 个引脚可按位独立定义。各功能详见表 5-1。

当 P3 口某一位用于第 2 功能作输出时，CPU 不对 P3 口进行 SFR 寻址，由内部硬件将该位锁存器置“1”，打开与非门 3，第 2 输出功能，如 TXD、$\overline{\text{WR}}$ 和 $\overline{\text{RD}}$ 经与非门 3，送至输出 FET 场效应管，再输出到引脚端口。

由于锁存器已置“1”，W 线不用作第 2 功能输出时也保持为 1，使输出 FET 截止，该位引脚为高阻。此时第 2 输入功能如 RXD、$\overline{\text{INT0}}$、$\overline{\text{INT1}}$，T0 和 T1 等信号经缓冲器 4，送至第 2 输入功能端（此时端口不作为通用 I/O 使用，无“读引脚”信号，三态缓冲器 2 不导通）。

5. I/O 端口的应用特性

综上所述，MCS-51 输入/输出端口具有以下应用特性。

（1）I/O 口的驱动特性：P0 口的每一位 I/O 端口输出可驱动 8 个 LSTTL 输入端，而 P1～P3 可驱动 3 个 LSTTL 输入端。CMOS 单片机 I/O 口通常只能提供几毫安的驱动电流，但在全 CMOS 应用系统中也足以满足许多 CMOS 电路输入驱动要求。

（2）P0 口作普通 I/O 口使用时，因为其输出级是开漏电路，所以必须外加上拉电阻。P1～P3 口的输出级内部有上拉负载电阻，使用时不必再加接上拉电阻。

（3）P0～P3 口作普通输入口使用时，应先将锁存器置 1，即先置输入方式，然后再读引脚。例如要将 P1 端口状态读入到累加器 A 中时，应执行以下两条指令：

```
MOV    P1 ,  #0FFH          ; P1 口置输入方式
MOV    A ,   P1             ; 读 P1 口引脚状态到 ACC 中
```

（4）端口的自动识别。无论是 P0、P2 口的总线复用，还是 P3 口的第 2 功能的使用，内部资源会自动选择，无须通过指令选择状态。

5.1.6　定时器/计数器

8051 内部有两个 16 位可编程的定时器/计数器 T0 和 T1。它们分别由高 8 位寄存器 TH0、低 8 位寄存器 TL0 和 TL1、TH1 拼装而成，这些寄存器均属于 SFR 特殊功能寄存器，可以通过指令对它们存取数据。

T0 和 T1 都有定时器和计数器两种工作模式，每种模式下又分 4 种工作方式。

在定时器工作模式下，T0 和 T1 的计数脉冲由单片机时钟脉冲经 12 分频后提供，定时时间与单片机时钟频率有关。在计数器工作模式下，T0 和 T1 的计数脉冲分别从 P3.4 和 P3.5 引脚输入。在特殊功能寄存器 SFR 中，TMOD 定时器方式选择寄存器用于确定定时器/计数器工作模式；TCON 定时器控制寄存器则决定定时器/计数器的启动、停止及中断控制。

5.1.7　中断系统

CPU 接受中断请求，暂停原程序的执行，转而执行中断服务程序，并在服务后回到断点，继续执行原程序，这一过程称为中断。产生中断请求信号的来源称为中断源。处理上述中断过程的电路称之为中断系统。

8051 可以对 5 个中断请求信号进行排队和控制，并响应其中优先级最高的中断请求。

外部中断源有两个，通常是外部设备，产生的中断请求信号，可以从 P3.2 和 P3.3（即 $\overline{\text{INT0}}$ 和 $\overline{\text{INT1}}$）引脚输入。内部中断源有 3 个：两个定时器/计数器 T0 和 T1 中断源，一个串行口中断源。

8051 的中断系统还包括 SFR 中的中断允许控制器 IE 和中断优先级控制器 IP。

5.2　时　　序

单片机是一个复杂的同步时序电路，为了保证同步工作方式的实现，它所有的工作都在唯一的时钟信号控制下严格地按时序进行。时序就是单片机内部以及内部与外部互联所必须遵守的约束。

5.2.1 振荡器和时钟电路

1. HMOS 型

HMOS 型 MCS-51 单片机内部有一个用于构成振荡器的高增益的反相放大器，引脚 XTAL1 和 XTAL2 分别是该放大器的输入端和输出端。这个放大器与作为反馈元件的片外石英晶体及电容一起构成一个自激振荡器。电容 C1 和 C2 通常取 30pF 左右，对振荡频率有微调作用。振荡频率 *f*osc 范围是 1.2MHz～12MHz。它的等效电路如图 5-13 所示。

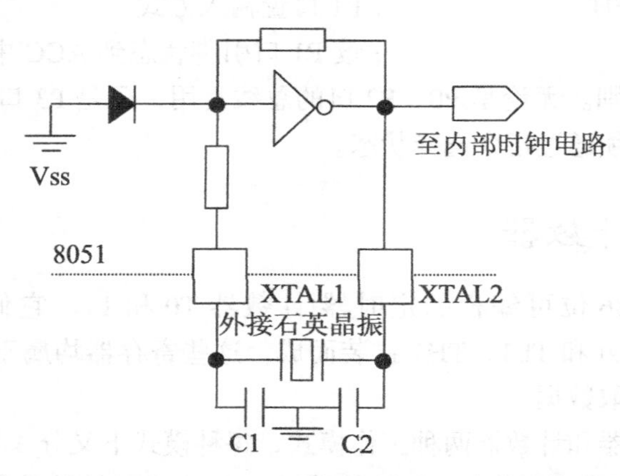

图 5-13 HMOS 型 MCS-51 单片机片内振荡器的等效电路

根据需要也可采用外部振荡器来产生时钟，如图 5-14 所示的是 HMOS 型单片机采用外部振荡器产生时钟的电路。由于 XTAL1 端的逻辑电平不是 TTL 电平，因此需外接一个上拉电阻。

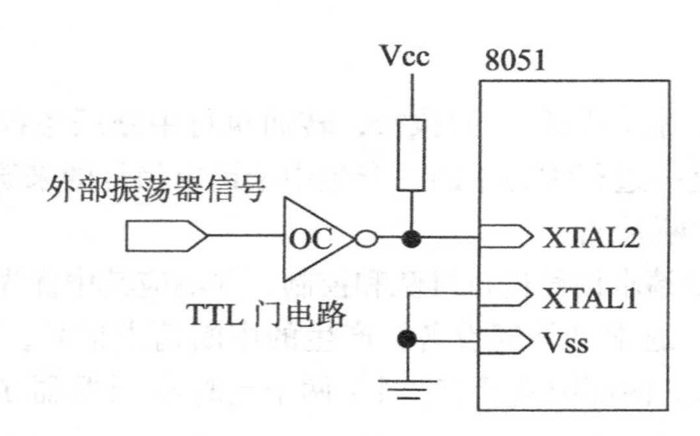

图 5-14 HMOS 型 MCS-51 单片机外部振荡器产生时钟电路

2. CMOS 型

如图 5-15 所示的是 CMOS 型 MCS-51 单片机内部振荡器的等效电路，该电路与 HMOS 型的电路相比有两点重要的区别：一是此振荡器的工作靠软件控制，即通过对特殊功能寄存器 PCON 的 PD 位写 1 的办法，可切断振荡器的工作，使系统进入低功耗工作状态。二是内部时钟发生器的输入信号取自反相放大器的输入端 XTAL1，而 HMOS 型电路则由 XTAL2 上的信号驱动。

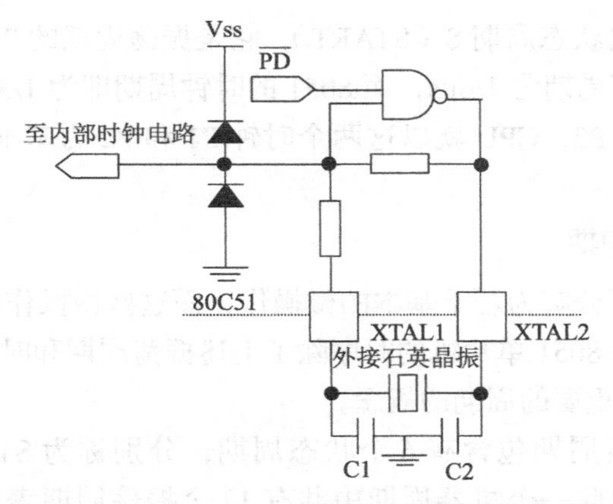

图 5-15　CMOS 型 MCS-51 单片机片内振荡器的等效电路

当采用外部振荡器产生时钟时，接线方式如图 5-16 所示。此时 XTAL2 引脚应悬空。

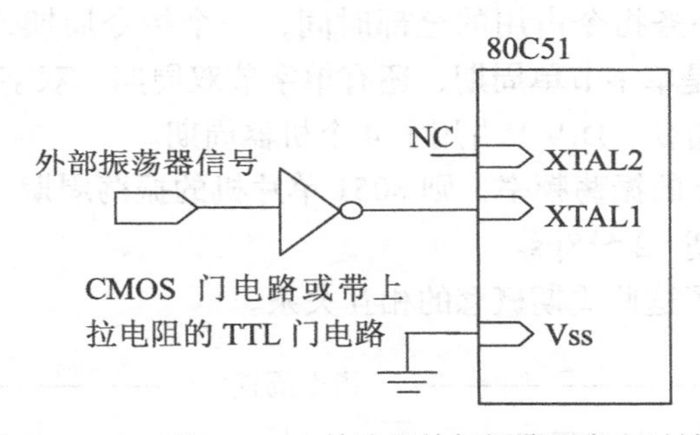

图 5-16　CMOS 型 MCS-51 单片机外部振荡器产生时钟电路

3. 时钟发生器

晶体振荡器的振荡信号输入到片内的时钟发生器上，如图 5-17 所示。时钟发生器是一个 2 分频触发电路。它将振荡器的信号频率 *f*osc 除以 2，向 CPU 提供两个时钟信号 P1 和 P2。

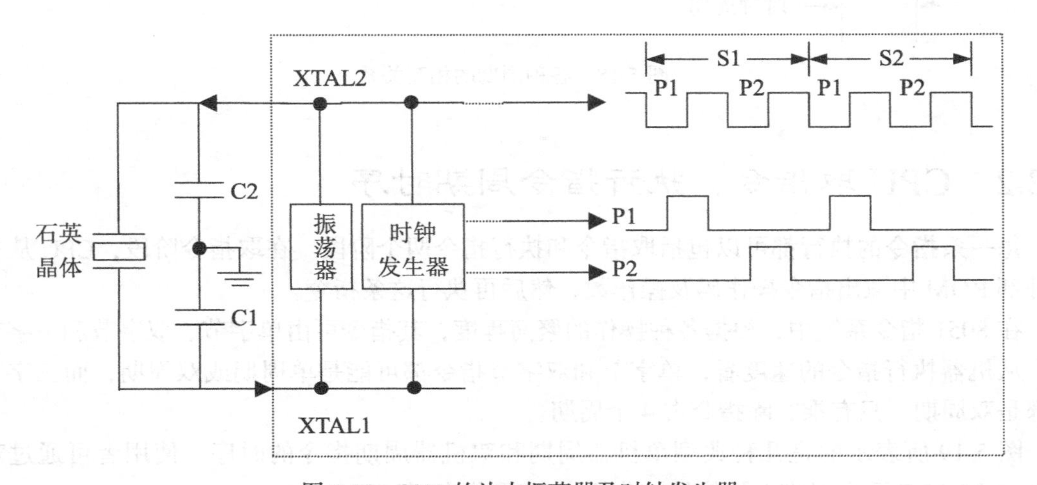

图 5-17　8051 的片内振荡器及时钟发生器

时钟信号的周期称为机器状态周期 S（START），它是振荡周期的 2 倍。若外接晶振为 6MHz 的振荡频率，则它的振荡周期为 1/6μs，而 8051 的时钟周期即为 1/3μs。每个时钟周期即状态周期 S 有两个节拍 P1 和 P2，CPU 就以这两个时钟 P1 和 P2 为基本节拍指挥 8051 各个部件协调地工作。

4. 机器周期和指令周期

单片机的一条指令可分解为若干基本的微操作，而这些微操作所对应的脉冲信号在时间上有严格的先后次序。对 8051 单片机的时序除了上述振荡周期和时钟周期（又称状态周期或 S 周期）之外，还有两个重要的周期的概念。

机器周期：一个机器周期包含有 6 个状态周期，分别称为 S1 ～ S6。每个状态又分为两拍，称为 P1 和 P2。因此一个机器周期中共有 12 个振荡周期表示为 S1P1，S1P2，S2P1，S2P2，…，S6P1，S6P2。可以用机器周期把一条指令划分成若干个阶段，每个机器周期完成某些规定的动作。

指令周期：指完成一条指令占用的全部时间，一个指令周期通常含 1 ～ 4 个机器周期。8051 单片机大多数指令是单字节单周期，还有单字节双周期，双字节双周期的指令。只有乘法指令（MUL）和除法指令（DIV）占用了 4 个机器周期。

若外接晶振为 6MHz 的振荡频率，则 8051 单片机的振荡周期 =1/6μs，时钟周期 =1/3μs，机器周期 =2μs，指令周期 =2 ～ 8μs。

如图 5-18 所示表明了这些周期概念的相互关系。

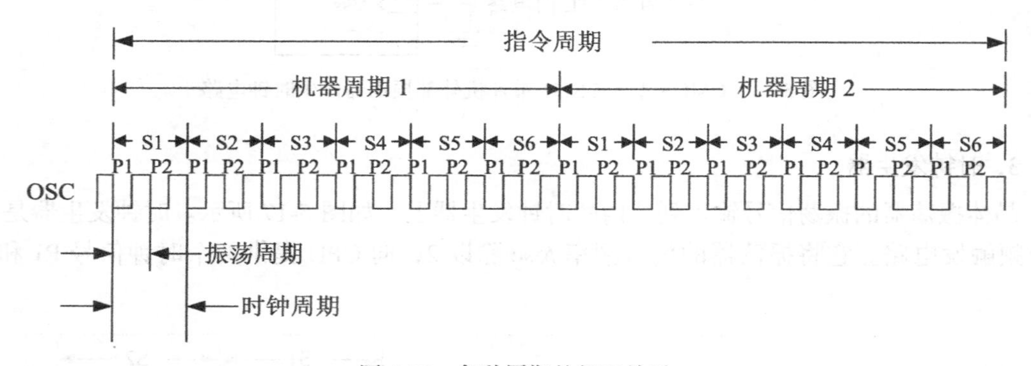

图 5-18 各种周期的相互关系

5.2.2 CPU 取指令，执行指令周期时序

每一条指令的执行都可以包括取指令和执行指令两个阶段。在取指令阶段，CPU 从内部或外部 ROM 中取出指令操作码及操作数，然后再执行这条指令。

在 8051 指令系统中，根据各种操作的繁简程度，其指令可由单字节、双字节和三字节组成。从机器执行指令的速度看，单字节和双字节指令都可能是单周期或双周期，而三字节指令都是双周期，只有乘、除指令占 4 个周期。

图 5-19 所表示的是几种典型单机器周期和双机器周期指令的时序。使用者可通过观察 XTAL2 和 ALE 两个引脚上的信号，分析 CPU 取指令时序。

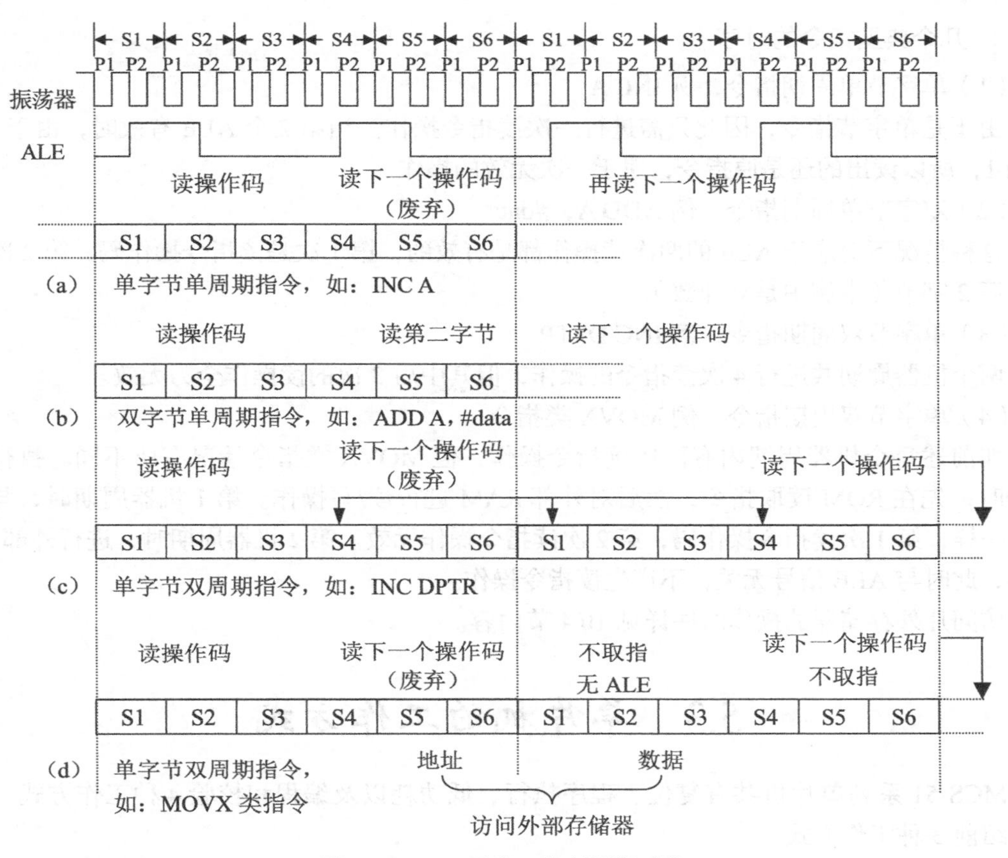

图 5-19　8051 取指、执行周期时序

1．单机器周期指令

如图 5-19（a）和图 5-19（b）所示，在每个机器周期内地址锁存信号 ALE 两次有效，第 1 次在 S1P2 和 S2P1 期间，第 2 次在 S4P2 和 S5P1 期间，有效宽度为一个状态。

单字节时，执行从 S1P2 开始，操作码被读入指令寄存器；在 S4P2 时仍有读操作，但被读入的字节（即下一操作码）被忽略，且此时 PC 并不加 1。

双字节时，执行从 S1P2 开始，操作码被读入指令寄存器，在 S4P2 时，再读入第 2 个字节。

以上两种情况均在 S6P2 时结束操作。

2．双机器周期指令

如图 5-19（c）和图 5-19（d）所示，单字节时，执行在 S1P2 开始，在整个两个机器周期中，共发生 4 次读操作，但是后 3 次操作都无效。

双字节时，执行在 S1P2 开始，操作码被读入指令寄存器；在 S4P2 时，再读入的字节被忽略。由 S5 开始送出外部数据存储器的地址，随后是读或写的操作。在读/写期间，ALE 不输出有效信号。在第 2 个机器周期，片外 RAM 也寻址和选通，但不产生取指操作。

一般地，算术/逻辑操作发生在节拍 1 期间，内部寄存器对寄存器的传送发生在节拍 2 期间。

3. 几个典型指令的时序

（1）单字节单周期指令，例 INC A

由于是单字节指令，因此只需进行一次读指令操作。当第 2 个 ALE 有效时，由于 PC 没有加 1，所以读出的还是原指令，属于一次无效的操作。

（2）双字节单周期指令，例 ADD A，#data

这种情况下对应于 ALE 的两次读操作都是有效的，第 1 次是读指令操作码，第 2 次是读指令第 2 字节（本例中是立即数）。

（3）单字节双周期指令，例 INC DPTR

两个机器周期共进行 4 次读指令的操作，但其中后 3 次的读操作全为无效。

（4）单字节双周期指令，例 MOVX 类指令

如前述每个机器周期内有两次读指令操作，但 MOVX 类指令情况有所不同。执行这类指令时，先在 ROM 读取指令，然后对外部 RAM 进行读/写操作。第 1 机器周期时，与其他指令一样，第 1 次读指令操作码，第 2 次读指令操作无效。第 2 机器周期时，进行外部 RAM 访问，此时与 ALE 信号无关，不产生读指令操作。

访问片外存储器的操作时序详见 10.4 节内容。

5.3 单片机的工作方式

MCS-51 系列单片机共有复位、程序执行、低功耗以及编程和校验 4 种工作方式。本节将介绍前 3 种工作方式。

5.3.1 复位操作

1. 复位操作

复位是单片机的初始化操作，其主要功能是把程序计数器 PC 内容初始化为 0000H，也就是使单片机从 0000H 单元开始执行程序，同时使 CPU 及其他的功能部件都从一个确定的初始状态开始工作。除了一上电需要系统进行正常的初始化外，当程序运行出错或操作错误使系统处于“死机”状态时都需要进行复位操作。单片机复位后，内部各寄存器状态如表 5-10 所示。

表 5-10 特殊功能寄存器的复位状态表

寄 存 器	复位时内容	寄 存 器	复位时内容
PC	0000H	TCOM	0X000000B
ACC	00H	TL0	00H
B	00H	TH0	00H
PSW	00H	TL1	00H
SP	07H	TH1	00H
DPTR	0000H	SCON	00H
P0～P3	FFH	SBUF	不定
TMOD	XX000000B	PCON	0XXX0000B

复位时把 ALE 和 $\overline{PSEN}$ 端设置为输入状态，即 ALE=1 和 $\overline{PSEN}$=1，而内部 RAM 中的数据将不受复位的影响。

2. 复位信号及其产生

RST 引脚是复位信号的输入端。在 RST 引脚出现高电平时实现复位和内部初始化。在振荡器运行的情况下，要实现复位操作必须使 RST 引脚至少保持两个机器周期（即 24 个振荡周期）的高电平。在 RST 端出现高电平的第 2 个机器周期，执行内部复位。

MCS-51 单片机内部的复位结构分为 HMOS 型单片机和 CMOS 型单片机两种形式。

（1）HMOS 型单片机复位结构

如图 5-20 所示的是 HMOS 型单片机的内部复位结构。复位引脚 RST/Vpd，通过一个施密特触发器与复位电路相连。施密特触发器用于抑制噪声，复位电路在每个机器周期的 S5P2 采样施密特触发器的输出，必须连续两次采样为高电平才形成一次完整的复位和初始化。在掉电方式下通过复位引脚 RST/Vpd 向内部 RAM 供电。

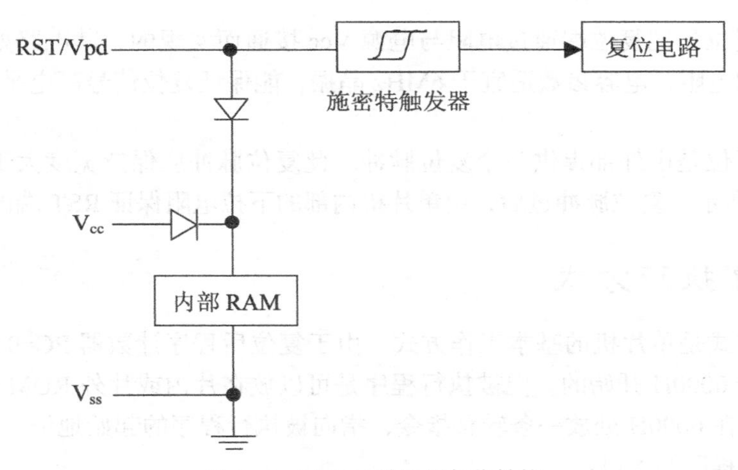

图 5-20　HMOS 单片机复位结构

（2）CMOS 型单片机复位结构

CMOS 型单片机内部复位结构如图 5-21 所示。CMOS 型的复位引脚仅起复位功能，并不向内部 RAM 供电。CMOS 型单片机的备用电源是由 Vcc 引脚提供的。

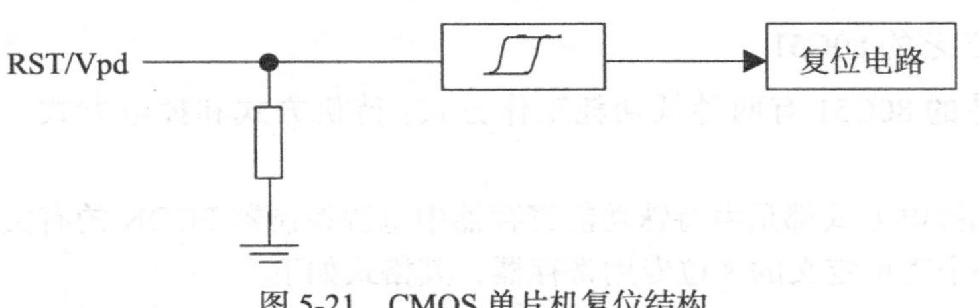

图 5-21　CMOS 单片机复位结构

（3）位电路

复位操作有上电自动复位、按键电平复位和外部脉冲复位 3 种方式，如图 5-22 所示。

上电自动复位是通过外部复位电路的电容充电来实现的，其电路如图 5-22（a）所示。

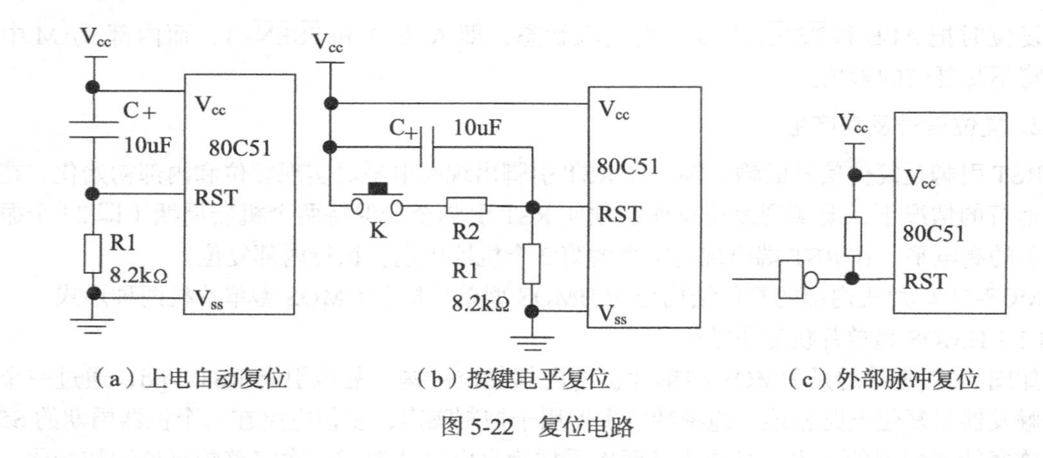

（a）上电自动复位　　（b）按键电平复位　　（c）外部脉冲复位

图 5-22　复位电路

在电源 Vcc 的上升时间不超过 1ms 就可以实现自动上电复位，即接通电源就完成了系统的复位初始化。

按键电平复位是把复位端通过电阻与电源 Vcc 接通而实现的，其电路如图 5-22（b）所示。电路图中的电阻，电容参数适宜于 6MHz 晶振，能保证复位信号高电平持续的时间大于 2 个机器周期。

外部脉冲复位是由外部提供一个复位脉冲。此复位脉冲应保持宽度大于 2 个机器周期，如图 5-22（c）所示。复位脉冲过后，由单片机内部的下拉电阻保证 RST 端的低电平。

5.3.2　程序执行方式

程序执行方式是单片机的基本工作方式。由于复位后程序计数器 PC=0000H，因此程序执行总是从地址 0000H 开始的。但被执行程序是可以放在片内或片外 ROM 的任何区域，因此 MCS-51 必须在 0000H 处放一条转移指令，指向被执行程序的起始地址，以便单片机复位后跳转到被执行程序的入口。

5.3.3　低功耗工作方式

在某些应用场合，功率消耗的高低是一个关键的因素。单片机有特有的低功耗工作方式。MCS-51 系列单片机中 CMOS 和 HMOS 工艺的产品各有自己的低功耗工作方式。

1. CMOS 工艺的 80C51

CMOS 工艺的 80C51 有两种低功耗工作方式：待机方式和掉电方式。它的硬件结构如图 5-23 所示。

待机方式和掉电方式都是由特殊功能寄存器中电源控制器 PCON 的有关位来控制的。

PCON 是一个逐位定义的 8 位专用寄存器，其格式如下。

MSB							LSB
SMOD	—	—	—	GF1	GF0	PD	IDL

其中：SMOD（PCON.7）：波特率倍增位，在串行通信时使用。

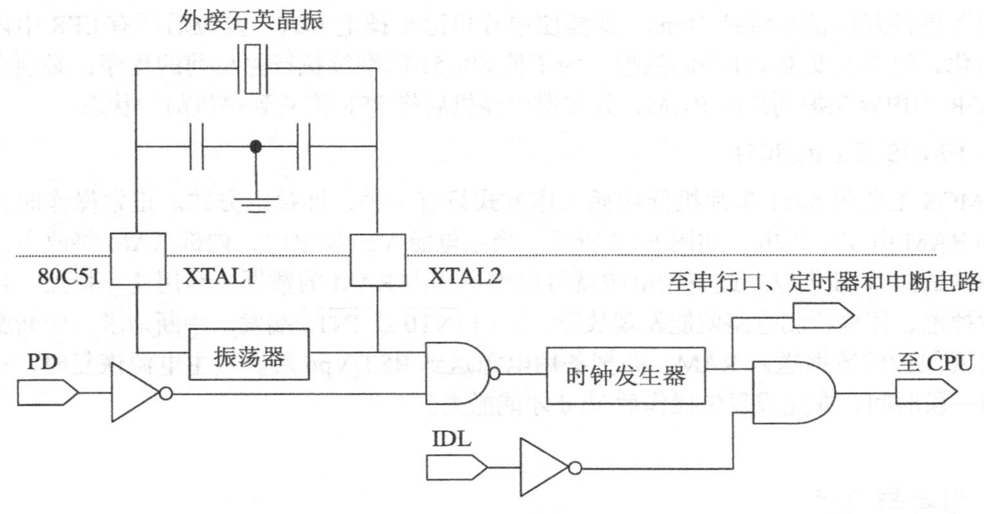

图 5-23　低功耗操作的硬件结构

SMOD（PCON.6）: 保留位。

SMOD（PCON.5）: 保留位。

SMOD（PCON.4）: 保留位。

GF1（PCON.3）: 通用标志位 1。

GF0（PCON.2）: 通用标志位 0。

PD（PCON.1）: 掉电方式控制位。PD=1 时，进入掉电方式。

IDL（PCON.0）: 待机方式控制位。IDL=1 时，进入待机方式。

要想使单片机进入待机或掉电方式，只要执行一条能使 IDL 或 PD 位为 1 的指令即可。

（1）待机方式

① 待机方式的进入: 使用指令使 PCON 寄存器中 IDL 位置 1，则 80C51 进入待机方式。此时振荡器仍然运行，并向中断逻辑、定时器和串行口提供时钟信号，但向 CPU 提供时钟的电路被阻断，因此 CPU 不能工作，而中断功能继续存在。与 CPU 有关的如 SP、PC、PSW、ACC 以及所有的工作寄存器的全部状态被保在原状态下。

② 待机方式的退出: 一是采用中断方式退出待机方式。在待机方式下，若引入一个外中断请求信号，则在单片机响应中断的同时，PCON.0 位（即 IDL 位）被硬件自动清零，从而结束待机方式而进入正常工作方式。在中断服务程序中只需安排一条 RETI 指令，就可使单片机返回断点继续执行程序。

退出待机的另一方法是靠硬件复位。待机方式下在 Vcc 上施加的电压仍为 5V，但消耗的电流可由正常的 24mA 降为 3mA。

（2）掉电方式

① 掉电方式的进入: 当单片机检测到电源故障时，除进行信息保护外，还应把 PCON.1 位（即 PD 位）置 1，使之进入掉电方式。在该方式下，片内振荡器停止工作。由于时钟被终结，一切功能都被禁止，只有片内 RAM 区和专用寄存器的内容被保存，而端口的输出状态值也都保存在对应的 SFR 中。

② 掉电方式的退出: CMOS 型的 80C51 单片机备用电源由 Vcc 端引入。当 Vcc 恢复正常

后，只要硬件复位信号维持 10ms，即能使单片机退出掉电方式。复位后所有 SFR 中内容将被初始化，但不改变 RAM 中的数据。为了使 80C51 能继续执行停机前的程序，必须在停机前把 SFR 中内容保护到片内 RAM，并在退出停机后将 SFR 恢复到停机前的状态。

2．HMOS 工艺的 8051

HMOS 工艺的 8051 单片机低功耗工作方式只有一种，即掉电方式。正常操作时，系统的内部 RAM 由 Vcc 供电，如图 5-20 所示。当主电源 Vcc 掉电时，内部 RAM 将改由接有备用电源的 RST/Vpd 供电。此备用电源就可以维持片内 RAM 的数据。利用这一特点一旦发现主电源掉电，掉电检测电路就能发现故障，并向 $\overline{\text{INT0}}$ 或 $\overline{\text{INT1}}$ 端发出中断请求，中断服务程序把需要保护的数据送入 RAM，并把备用电源送到 RST/Vpd 端。当主电源恢复时，Vpd 仍需维持一段时间，在完成复位操作后 Vpd 才能撤去。

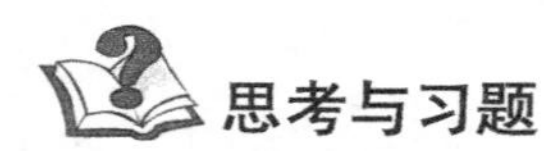

思考与习题

1．MCS-51 系列单片机的基本组成部分是什么？片内各个逻辑部件的最主要功能是什么？

2．MCS-51 系列单片机的哪些信号由它的引脚的第 2 功能提供？

3．程序计数器 PC 与数据指针 DPTR 有何不一样？各有哪些特点？

4．程序状态字寄存器 PSW 的作用是什么？常用标志有哪些位？它们的作用是什么？

5．当 PSW=10H，则通用寄存器组 RS1、RS0 的地址是什么？

6．堆栈的功能是什么？在程序设计时，为什么一般还要对 SP 重新赋值？

7．MCS-51 系列单片机的存储器分哪几个空间？如何区别不同空间的寻址？

8．为什么说 8051 具有很强的布尔（位）处理功能？共有多少单元可以位寻址？采用布尔处理有哪些优点？

9．位寻址 7DH 具体在片内 RAM 中什么位置？位寻址 7DH 与字节地址 7DH 如何区别？

10．MCS-51 单片机设有 4 个 8 位并行 I/O 口，在使用时有哪些特点和分工？简述各并行 I/O 口的结构。

11．MCS-51 单片机的时钟周期、机器周期、指令周期是如何设置的？当主频为 12MHz 时，一个机器周期等于多少微秒？执行一条最长的指令需多少微秒？

12．使单片机复位有几种方法？复位后机器的初始状态如何？各寄存器及 RAM 中的状态如何？

第 6 章　MCS-51 单片机指令系统

6.1　指令系统简介

6.1.1　指令概述

指令是计算机执行某种操作的命令，一台计算机所能执行的全部指令的集合称为指令系统。指令系统体现了计算机的性能，是应用计算机进行程序设计的基础。

指令的二进制形式称为指令的机器码，它用二进制编码表示每条指令，是计算机能直接识别和执行的一种语言，通常称为机器语言。为了便于书写和记忆，也可采用 16 进制形式。

指令的助记符形式又称为汇编语言指令。汇编语言是用助记符、符号和数字等来表示指令的程序语言，它与机器码指令是一一对应的。它用英文单词或缩写字母来表征指令功能，以便于人们识别、读写、记忆和交流，常用于程序设计。汇编语言的源程序用人工或机器的汇编程序翻译成机器码，再让计算机执行。

6.1.2　指令格式

大家都已经知道，计算机只能识别和执行机器语言指令，为了容易理解和记忆，用描述指令功能的汇编语言来分析 MCS-51 的指令系统。MCS-51 汇编语言指令格式如下。

[标号:]　操作码　[操作数]　[;注释]

第 1 部分为标号（可以没有），它是用户定义的符号。标号值代表这条指令所在地址，标号以字母开始，后跟 1～8 个字母或数字，并以“:”结尾。[] 表示可选项。

第 2 部分为操作码，它是由助记符表示的字符串，2～5 个字符组成的字符串规定了指令的操作功能。例如 MOV、ADD 和 INC 等。

第 3 部分为操作数，是指参加操作的数据或数据的地址。它与指令码之间必须有一个或几个空格分隔。根据指令的不同操作数可以有 3 个、2 个、1 个或 0 个，操作数之间以“,”分开。

第 4 部分为注释，是为该条指令做的说明，以便于阅读，它以“;”开始。

6.1.3　指令的分类

MCS-51 汇编语言有 42 种操作码助记符来描述 33 种操作功能。功能助记符与寻址方式组合得到 111 种指令。如果按指令字节数分类，则有 49 条单字节指令，45 条双字节指令和 17 条 3 字节指令。

若按指令执行时间分类，则有 64 条单周期指令，45 条双周期指令，2 条（乘法、除法）

4 个机器周期指令。

若按功能分类，则 MCS-51 指令系统可分为如下几种。

- 数据传送指令（28 条）;
- 算术运算指令（24 条）;
- 逻辑运算指令（25 条）;
- 控制转移指令（17 条）;
- 位操作指令（17 条）。

6.1.4 指令中的符号

指令中常用的一些符号说明如下。

（1）Rn（n=0～7）

当前选中的通用工作寄存器组 R0～R7。它在片内 RAM 中的地址由 PSW 中 RS1 和 RS0 确定。R0 和 R7 在第 0 组中的地址为 00H～07H，在第 1 组中为 08H～0FH，在第 2 组中为 10H～17H，在第 3 组中为 18H～1FH。而 RS1 和 RS0 确定了选中第几组工作寄存器。

（2）Ri（i=0,1）

当前选中的通用工作寄存器组 R0～R7 中只有 R0 和 R1 可作为地址指针，即间址寄存器（i=0,1）。它在片内 RAM 中地址由 RS1 和 RS0 确定，分别可为 01H、02H、08H、09H，10H、11H 和 18H、19H。

（3）#data

8 位立即数，即包含在指令中的 8 位常数。

（4）#data16

16 位立即数，即包含在指令中的 16 位常数。

（5）direct

8 位内部 RAM 的单元地址。它可以是片内 RAM 的单元地址 0～127。或特殊功能寄存器 SFR 的地址 128～225，如 I/O 端口、控制寄存器、状态寄存器的地址。

（6）addr11

11 位目的地址，用于 ACALL 和 AJMP 的指令中。目的地址必须存放在与下一条指令的第 1 个字节处于同一个 2K 字节程序存储器地址空间之内（即同一个页面内）。

（7）addr16

16 位目的地址，用于 LCALL 和 LJMP 的指令中。目的地址范围是 64K 字节的程序存储器地址空间。

（8）rel

8 位带字符的地址偏移量。用于 SJMP 和所有的条件转移指令中。以下一条指令的第 1 个字节地址为基值。地址偏移量在 −128～+127 范围内。

（9）DPTR

数据指针，可用作 16 位的地址寄存器。

（10）bit

片内 RAM 或 SFR 的直接寻址位地址。

（11）A

累加器 ACC。

（12）B

专用寄存器，用于 MUL 和 DIV 指令中。

（13）C

进位标志或进位位。在布尔处理器中作为累加器 C。

（14）@

间址寄存器或基址寄存器的前缀。如 @Ri，@A+PC，@A+DPTR。

（15）/

位操作指令中，表示对该位先取反再参与操作，但不影响该位原值。如/bit。

（16）(X)

某寄存器或某存储单元的内容。

（17）((X))

在直接寻址方式中，表示直接地址 X 中的内容，在间接寻址方式中，表示由间址寄存器 X 指出的地址单元中的内容。

（18）←

表示将箭头右边的内容传送至箭头左边的单元。

6.2 MCS-51 的寻址方式

寻址方式（Addressing Modes）就是告诉 CPU 如何找到操作数的方式。只有透彻理解了寻址方式，才能正确应用指令。MCS-51 指令系统有以下 7 种寻址方式。

6.2.1 立即寻址（Immediate Addressing）

采用立即寻址的指令一般是双字节，第 1 个字节是指令的操作码，第 2 个字节是立即数。立即数前面应加前缀“#”，以区别直接地址。因此指令中的操作数就是放在程序存储器里的常数——立即数。

例如：

MOV A,#70H　　　;（A）← 70H

将常数 70H 送入累加器 A 的执行过程如图 6-1 所示。MOV A,#70H 的机器码为 74H，70H，所以 PC 及 PC+1 的内容为 74H70H。

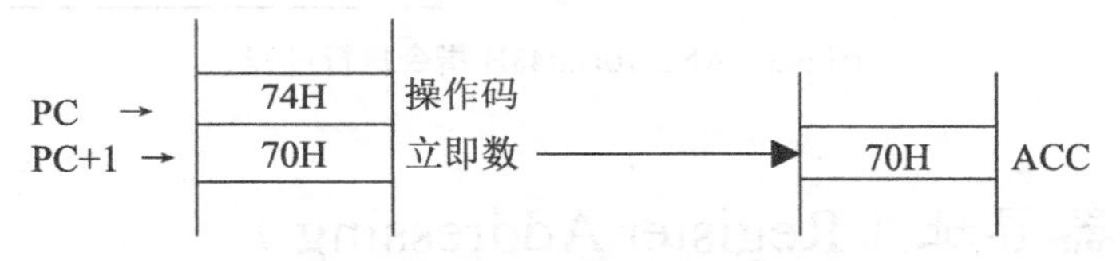

图 6-1　MOV A,#70H 指令执行过程

16 位的立即数汇编时高 8 位在前（即指令的第 2 字节位置），低 8 位在后（即指令的第 3 字节位置）。

例如：

MOV DPTR,#1828H　　　　;(DPTR) ← 1828H

该指令的机器码为 90H18H28H，执行过程如图 6-2 所示。

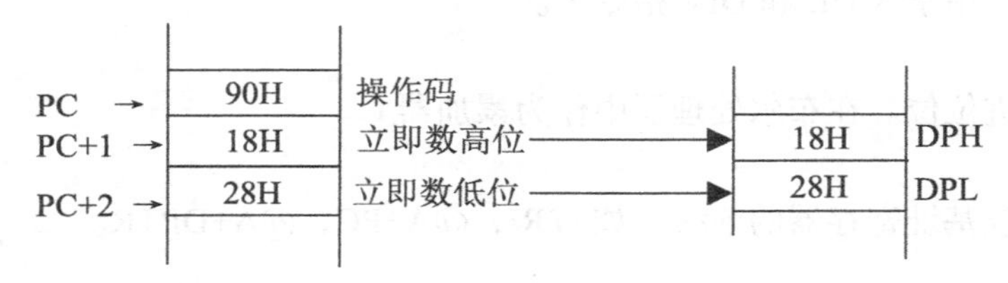

图 6-2　MOV DPTR,#1828H 指令执行过程

6.2.2　直接寻址（Direct Addressing）

直接寻址是指在指令中直接给出操作数单元的地址。一般是双字节或 3 字节指令。第 1 字节为操作码，第 2、3 字节为操作数的地址码。直接寻址方式访问以下 3 种编码空间。

（1）片内 RAM 低 128 字节。

（2）特殊功能寄存器 SFR。

（3）位地址空间。

其中特殊功能寄存器 SFR 和位地址空间只能用直接寻址方式来访问。

例如：

ANL　70H,#48H　　　　;(70H) ←（70H）∧ 48H

其执行过程如图 6-3 所示。操作数 1 为 70H 采用直接寻址方式，70H 是它的地址；操作数 2 为 #48H，采用的是立即寻址方式，48H 是立即的常数 48H。

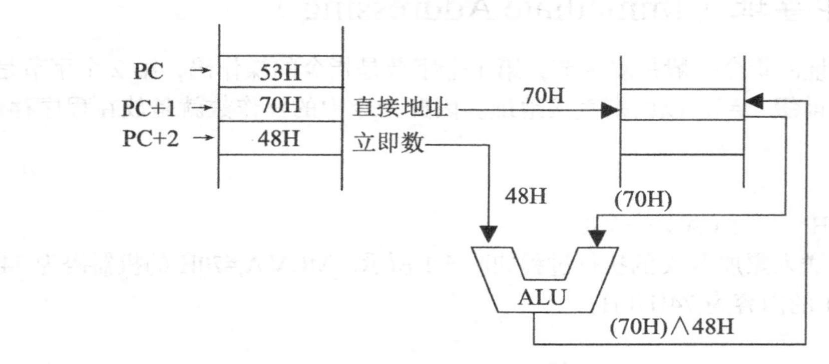

图 6-3　ANL 70H,#48H 指令执行过程

6.2.3　寄存器寻址（Register Addressing）

寄存器寻址方式指出以某个寄存器的内容为操作数，即指出寄存器组 R0～R7 中的某一个或其他寄存器（A，B，DPTR 和进位 CY 等）的内容为操作数。当寄存器为 Rn 时，操作码的低 3 位指明是 R0～R7 中的哪一个。4 个寄存器组共有 32 个通用工作寄存器，但在指令

中只能使用当前寄存器组。因此在使用前要通过指令 PSW 中的 RS1、RS0 以选择使用当前寄存器组。

例如：

INC R0　　　;(R0) ← (R0)+1

其执行过程如图 6-4 所示。

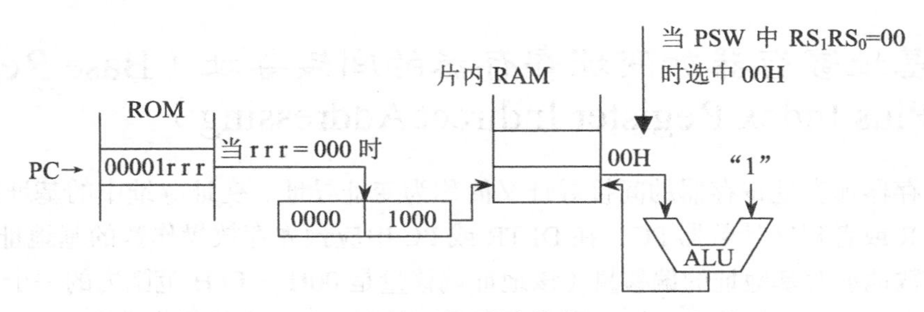

图 6-4　INC R0 指令执行过程

当 PSW 中 RS1RS0=00 时，R0 选中为片内 RAM 的 00H，若 PSW 中 RS1RS0=01 时，R0 选中片内 RAM 的 08H 单元。若 rrr=001 时则选中 R1。

而选中 A，B，DPTR，C 时，其寄存器名隐含在操作码之中。

6.2.4　寄存器间接寻址（Register Indirect Addressing）

寄存器间接寻址是指在指令中以寄存器的内容为指定的地址中去取操作数。在寄存器寻址方式中，寄存器存放的是操作数。而在寄存器间接寻址方式中，寄存器中存放的则是操作数的地址，也即指令的操作数是通过寄存器间接得到的，因此称为寄存器间接寻址。在寄存器间接寻址中，应在寄存器的名称前面加前缀"@"。

例如：

MOV A,@ R0　　　;(A) ← ((R0))

指令中寄存器 R0 的内容（R0）为操作数的地址，据此地址再找到所需要的操作数((R0))。操作数进入累加器 A，其执行过程如图 6-5 所示。

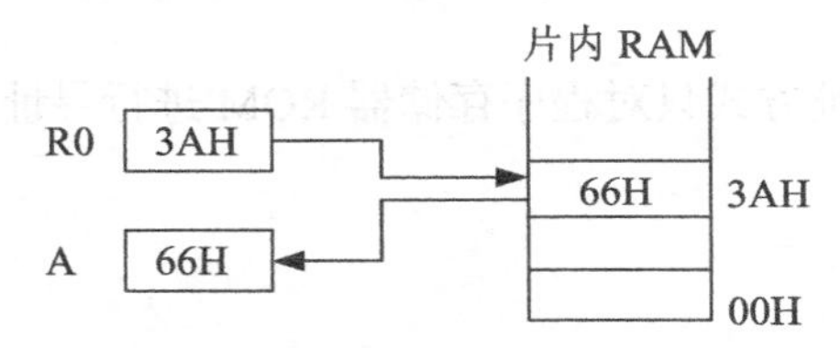

图 6-5　MOV A,@R0 指令执行过程

寄存器间接寻址的寻址范围如下。

（1）片内 RAM 的低 128 单元：此处只能使用 R0 或 R1 作间址寄存器，其形式为 @Ri (i=0,1)。

（2）片外 RAM 的低 256 单元：同样使用 R0 或 R1 作间址寄存器。例如：MOVX A,@R0，此时片外 RAM 地址的低 8 位由 Ri 中内容决定，高 8 位地址由 P2 口中内容决定。

（3）片外 RAM 的 64KB：此时使用 DPTR 作为间址寄存器，其形式为 @DPTR。例如：MOVX A,@DPTR，其功能是把 DPTR 的内容作为片外 RAM 单元的地址，将其送到累加器 A。DPTR 的寻址范围可以覆盖片外 RAM 的全部 64K 区域。

（4）堆栈操作指令 PUSH 和 POP 也是以堆栈指针（SP）作为间址寄存器的间接寻址方式。

6.2.5 基址寄存器加变址寄存器的间接寻址（Base Register Plus Index Register Indirect Addressing）

基址寄存器加变址寄存器的间接寻址又简称为变址寻址。变址寻址中的基址寄存器是数据指针 DPTR 或者程序计数器 PC，在 DPTR 或 PC 中应预先存放操作数的基地址；累加器 A 中存放操作数地址对基地址的偏移量（该地址偏移量是 00H～FFH 范围内的一个无符号数）。单片机把基地址和地址偏移量相加，形成在程序存储器 ROM 中的操作数地址。

例 6-1：编制程序，将片外 ROM 的 0303H 单元中的常数 X=1EH 取到累加器 A。

解：利用变址寻址指令 MOVC A，@A+DPTR，可以形成覆盖全部 64K 程序存储区域的操作数地址。取基地址为 0300H，地址偏移量为 03H，则相应程序为：

```
MOV     DPTR, #0300H        ;(DPTR) ← 0300H
MOV     A, #03H             ;(A)    ← 03H
MOVC    A,@A+DPTR           ;(A)    ← X=1EH
```

指令执行过程如图 6-6 所示。

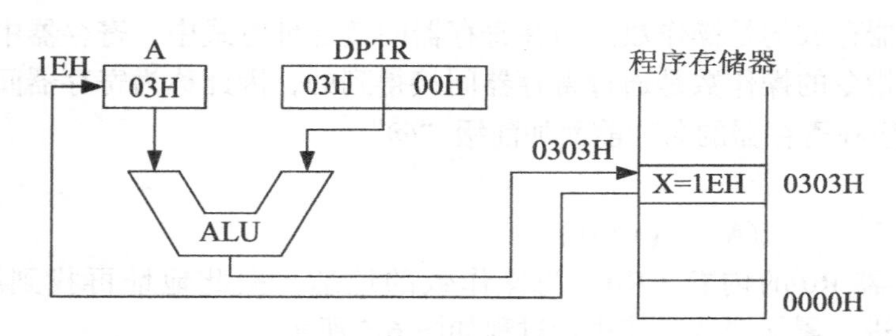

图 6-6　MOVC A,@A+DPTR 执行过程

MCS-51 系统中变址寻址方式只对程序存储器 ROM 进行寻址，一般用于查表操作。变址寻址指令只有以下 3 条。

```
MOVC    A, @A+DPTR
MOVC    A, @A+PC
JMP     @A+DPTR
```

其中前两条是程序存储器读指令，后一条是无条件转移指令。

6.2.6 相对寻址

相对寻址方式在相对转移指令中使用。相对转移指令执行时，是以当前的 PC 值加上指令中规定的偏移量 rel 而形成实际的转移地址。这里所说的 PC 的当前值是指执行完相对转移指令后的 PC 值。一般将相对转移指令操作码所在的地址称为源地址，转移后的地址称为目的地址。于是有：

目的地址 = 源地址 +2 或 3（相对转移指令字节数）+rel，rel 为补码形式的 8 位地址偏移量，在 −128 ～ +127 范围之内。

例如：

JC　80H　　　;C=1 时转移

设这条双字节指令存放在 1005H 和 1006H，则基地址是执行完这条指令后 PC 值 =1007H，而地址偏移量 rel=80H 是 −128 的补码，它们相加后得到当 C=1 时要执行指令的地址是 0F87H。指令执行过程如图 6-7 所示。

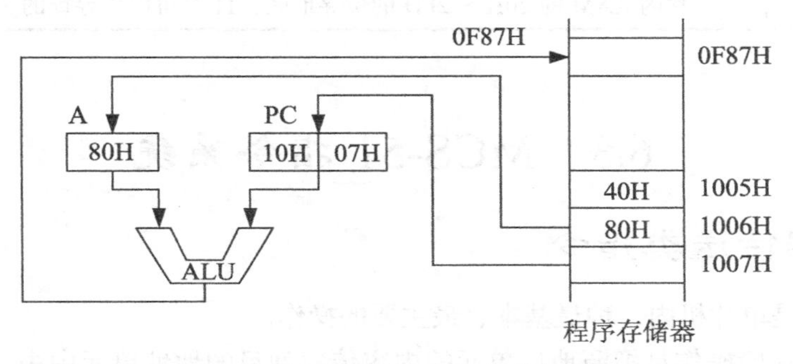

图 6-7　JC 80H（C=1 时）的执行过程

6.2.7　位寻址

位寻址是指对片内 RAM 的位寻址区（地址为 20H ～ 2FH，相应位地址为 00H ～ 7FH，共 16 个单元 128 位）和可以位寻址的特殊功能寄存器 SFR（共有 11 个 SFR，实有寻址位 83 位）进行位操作时的寻址方法。

为使程序设计方便可读，MCS-51 提供了以下 4 种位地址的表示方法。

（1）直接使用位寻址区中的位地址

例如：

MOV C，　7EH　　　;(CY) ← (7EH)

（2）采用第 n 个字节单元的第 n 位表示方法

上述位地址 7EH 可以表示为 2FH.6，相应指令为：

MOV C , 2FH.6　　　;(CY) ← (2FH.6)

（3）可以位寻址的 SFR 可以采用寄存器名加上位数的方法

例如累加器 A 中最低位可以表示为 ACC.O，把 ACC.O 位状态送到进位标志位 CY 的指令是：

MOV C，　ACC.O　　　;(CY) ← (ACC.O)

（4）可以位寻址的 SFR 中一些寻址位是有名称的

例如 PSW 寄存器第 5 位为 FO 标志位，则可直接使用 FO 表示该位。

MCS-51 的 7 种寻址方法中，每种寻址方法可涉及的存储器有关空间，如表 6-1 所示。

表 6-1　操作数寻址方式和有关空间

寻 址 方 式	寻 址 空 间
立即寻址	程序存储器 ROM
直接寻址	片内 RAM 低 128 字节，特殊功能寄存器 SFR
寄存器寻址	工作寄存器 R0～R7（共 4 组）
寄存器间接寻址	片内 RAM 低 128 字节（@R0,@R1,SP）；片外 RAM（@R0,@R1,@DPTR）
变址寻址	程序存储器（@A+DPTR,@A+PC）
相对寻址	程序存储器 256 字节（PC+ 偏移量）
位寻址	片内 RAM 的 20H～2FH 的位寻址区，11 个可以位寻址的 SFR

6.3　MCS-51 指令系统

6.3.1　数据传送类指令

数据的传送是单片机内一种最基本、最主要的操作。

这类指令的一般操作是把源地址单元的内容传送到目的地址单元中去，而源地址单元内容不变，或者源、目的单元内容互换。

数据传送指令一共 29 条，用到的助记符有如下 8 种：

MOV、MOVC、MOVX、XCH、XCHD、SWAP、PUSH、POP。

源操作数可以有：累加器 A，工作寄存器 Rn（n=0～7），直接地址 direct，间接寻址寄存器 @Ri（i=0,1）和立即数 #data。

目的操作数可以有：累加器 A，工作寄存器 Rn（n=0～7），直接地址 direct 和间接寻址寄存器 @Ri（i=0,1）。

1．内部 RAM 的数据传送指令

这类指令的源操作数和目的操作数地址都在单片机内部，它可以是片内 RAM 的地址，也可以用特殊功能寄存器 SFR 的符号。按照寻址方式来分，内部 RAM 的数据传送指令可以分为立即型、直接型、寄存器型和寄存器间址型等 4 类。

（1）立即型传送指令（共 5 条）

这类指令的源操作数是立即数。

```
MOV   A,# data          ;(A)  ← data
MOV   Rn,#data          ;(Rn)  ← data
MOV   @Ri,#data         ;((Ri))  ← data
MOV   direct,#data      ;(direct)  ← data
MOV   DPTR,#data16      ;(DPTR)  ← data16
```

例 6-2：将立即数 88H 传送至 A。

```
MOV   A ,#88H
```

例 6-3：将立即数 78H 传送至 R7。

```
MOV    R7,#78H
```

例 6-4：将立即数 28H 传送至 R1 指示的内存单元 30H 中。

```
MOV    R1,#30H
MOV    @R1,#28H
```

例 6-5：将立即数 38H 传送至 22H 单元中。

```
MOV    22H,#38H
```

例 6-6：将 16 位立即数 1945H 送入 DPTR，其中高 8 位送入 DPH，低 8 位送入 DPL；DPTR 是外部 RAM/ROM 的地址指针，专用于配合外部数据传送指令。

```
MOV     DPTR , #1945H
```

（2）直接型传送指令（共 5 条）

直接型传送指令中不论是源操作数还是目的操作数，其中至少有一个是直接地址。

```
MOV     A ,direct              ;(A)  ← (direct)
MOV     direct ,A              ;(direct) ← (A)
MOV     Rn,direct              ;(Rn)  ← (direct)
MOV     @Ri,direct             ;((Ri))  ← (direct)
MOV     direct2,direct1        ;(direct2)  ← (direct1)
```

例 6-7：将 37H 单元的内容传送至 A，37H 中的内容为 AAH。

```
MOV    A , 37H                 ;(A)  ← (37H)
```

执行后（A）=AAH。

例 6-8：将累加器 A 的内容送至 42H 单元中去。

```
MOV    42H , A
```

例 6-9：将 33H 单元中内容 BBH 送至 R6 寄存器。

```
MOV    R6 , 33H
```

执行后（R6）=BBH。

例 6-10：将 35H 单元中内容 CCH 送至 R1 指示的 RAM 单元 2OH 中。

```
MOV    R1 , #2OH
MOV    @R1 , 35H
```

执行后 (2OH)=CCH。

例 6-11：将 35H 单元中内容（35H）=CCH 传送至 P1 口。

```
MOV    P1 , 35H
```

执行后（P1）=CCH。

（3）寄存器寻址型传送指令（共 3 条）

```
MOV  A , Rn                ;A   ← (Rn)
MOV  Rn , A                ;Rn ← (A)
MOV  direct , Rn           ;direct  ← (Rn)
```

例 6-12：将 R7 的内容传送至 A。

```
MOV   A , R7
```

例 6-13： 将 A 的内容传送至 R3。

```
MOV   R3 , A
```

例 6-14： 将 R5 的内容传送至 30H 单元。

```
MOV   30H , R5              ;30H   ←(R5)
```

（4）寄存器间址型传送指令（共 3 条）

```
MOV   A ,@Ri                ;(A)   ←((Ri))
MOV   @Ri ,A                ;((Ri))  ←(A)
MOV   direct ,@Ri           ;(direct)   ←((Ri))
```

这 3 条指令中间址寄存器 Ri 中存放的不是操作数本身，而是操作数所在存储单元的地址。

例 6-15： 已知（R0）=30H，（30H）= DDH，执行下条指令：

```
MOV   A , @R0
```

执行后（A）= DDH。

例 6-16： 已知（A）= DDH，（R1）=42H，执行下条指令：

```
MOV   @R1,A
```

执行后（42H）= DDH。

例 6-17： 已知（R1）=42H，（42H）= DDH，执行下条指令：

```
MOV 44H , @R1
```

执行后（44H）= DDH。

例 6-18： 将 40H 开始的 10 个单元全部清 0。

```
MOV   A ,#00H               ;(A)   ← 00H
MOV   R0,#40H               ;(R0)   ← 40H,R0 作地址指针
MOV   R7,#0AH               ;R7 作计数
LP1:  MOV   @R0,A           ; 将 R0 指示的单元清 0
INC   R0
DJNZ  R7,LP1                ;(R7)   ←(R7)−1，R7 不为 0 则重复
```

2．片外 RAM 的数据传送指令

对片外 RAM 单元只能使用寄存器间接寻址的方法实现与累加器 A 之间的数据传送。片外 RAM 数据传送指令有 4 条。

```
MOVX   A ,@DPTR             ;(A)   ←((DPTR))
MOVX   @DPTR ,A             ;((DPTR))   ←(A)
MOVX   A ,@Ri               ;(A)   ←((Ri))
MOVX   @Ri , A              ;(Ri))   ←(A)
```

（1）上述 4 条指令采用了不同的间址寄存器，前两条采用 DPTR 作间址寄存器，因 DPTR 为 16 位地址指针，所以这两条指令可以寻址外部 RAM 的整个 64KB 空间。DPTR 所包含的 16 位地址信息由 P0 口传送低 8 位地址信息，P2 口传送高 8 位地址信息，该 16 地址所寻址的片外 RAM 单元的数据经过 P0 口输入到累加器 A，P0 口作分时复用的总线。

后两条采用 R0，R1 作 8 位地址指针，寻址范围只限于片外 RAM 的低于 256 个单元。

此时 P2 口仍可以用作通用 I/O 口。

（2）片外 RAM 数据传送指令的助记符采用 MOVX，与片内 RAM 数据传送指令 MOV 不一样。MCS-51 对片内 RAM 和片外 RAM 独立编址，因而采用不同的指令访问。

（3）片外 RAM 单元只能与累加器 A 之间进行数据传送，当片外 RAM 数据读入累加器时，P3.7 引脚上输出 $\overline{RD}$ 读选通信号。当累加器 A 数据传送至片外 RAM 时，P3.6 引脚上输出 $\overline{WR}$ 写选通信号。

（4）MCS-51 系统中没有设置访问外设的 I/O 指令，且片外扩展的 I/O 端口与片外 RAM 是统一编址的，因此对片外 I/O 端口的访问也使用此 4 条指令。

例 6-19：把片外 RAM 2400H 单元中的数取出，传送到 3800H 单元中去。用如下指令完成：

```
MOV     DPTR ,#2400H        ;(DPTR)  ← 2400H
MOVX    A , @DPTR           ;(A)   ← (2400H)
MOV     DPTR ,# 3800H       ;(DPTR)  ← 3800H
MOVX    @DPTR ,A            ;((3800H))  ← (A)
```

例 6-20：现有一输入设备口地址为 8000H，这个口中的的数据为 88H，现将此值存入片内 RAM 30H 单元中。

```
MOV     DPTR ,#8000H        ;(DPTR)  ← 8000H
MOVX    A, @DPTR            ;(A)   ← (8000H)
MOV     30H , A             ;(30H )  ← (A)
```

3．程序存储器 ROM 取数据指令

这组指令只有两条，完成从程序存储器 ROM 中读入数据，传送至累加器 A。这两条指令常用于查表操作，故又称之为查表指令。

```
MOVC    A , @A+DPTR         ;(A)   ← ((A)+(DPTR))
MOVC    A , @A+PC           ;(A)   ← ((A)+(PC))
```

（1）这两条指令都是一字节指令，采用了基址寄存器加变址寄存器间接寻址方式。

（2）对于第 1 条指令，由于采用 16 位 DPTR 作基址寄存器，DPTR 可任意赋值。因此这条指令的寻址范围是整个 ROM 的 64KB 空间。对于第 2 条指令，采用程序计数器 PC 作为基址寄存器，因此，只能读出以当前 MOVC 指令为起始的 256 个地址单元之内的某一单元。

（3）查表时，对于 MOVC A,@A+DPTR 指令，首先要将查表的第 n 项数据作为偏移量送累加器 A；然后将表首地址送 DPTR；最后执行该指令即可。

对于 MOVC　A,@A+PC 指令，首先将表中的 n 项作为变址值送累加器 A；然后将查表指令的下一条指令地址与表首地址之差和 A 中的内容相加作为偏移量；最后执行该指令即可。

例 6-21：在 ROM 中数据表格首地址为 8000H，数据表格为：

8010H:02H

8011H:04H

8012H:06H

8013H:08H

执行程序：

```
2004H:MOV    A,#10H          ;(A)  ← 10H
2006H:MOV    DPTR,#8000H     ;(DPTR)  ← 8000H
2009H:MOVC   A,@A+DPTR       ;(A)  ← (8000H+10H) = (8010H)
```

执行结果：A=02H。

例 6-22：在 ROM 中，存有 LED 显示 0～9 的字符段码为：

```
210AH:0C0H    0 字符的段码
210BH:0F9H    1 字符的段码
210CH:0A4H    2 字符的段码
210BH:0B0H    3 字符的段码
......
```

执行如下程序从字形表中取出 2 送 LED 显示：

```
2100H:MOV     A,#09H        ;(A)  ← 09H 偏移量
2102H:MOVC    A,@A+PC       ;(A)  ← (2103H+09H)=(210CH)
2103H:MOVX    @DPTR,A       ; 输出显示，DPTR= 端口地址
```

4．数据交换指令

数据交换指令共有 5 条，完成累加器 A 和内部 RAM 单元之间的字节或半字节交换。

XCH	A,Rn	;(A) ↔ R_n
XCH	A,@Ri	;(A) ↔ ((R_i))
XCH	A,direct	;(A) ↔ (direct)
XCHD	A,@Ri	;(A_{3-0}) ↔ ((R_{i3-0}))
SWAP	A	;(A_{3-0}) ↔ (A_{7-4})

（1）这组指令的前 3 条为全字节交换指令，其功能是将 A 的内容与源操作数所指出的单元中的数据互相交换。

（2）第 4 条指令是半字节交换指令，将 A 内容的低 4 位与 Ri 所指示的片内 RAM 单元中内容的低 4 位数据互相交换，各自的高 4 位不变。

（3）SWAP　A 指令是将 A 中内容的高、低 4 位数据互相交换。

例 6-23：将 30H 单元的内容与 A 中的内容互换，然后将 A 的高 4 位存入 Ri 所指出的 RAM 单元中的低 4 位，A 的低 4 位存入该单元高 4 位。

XCH	A,30H	;(A) ↔ (30H)
SWAP	A	;(A_{7-4}) ↔ (A_{3-0})
MOV	@Ri,A	;((R_i)) ↔ (A)

例 6-24：已知 60H 中有一个数，其值范围为 0～9，将其变成相应的 ASC Ⅱ码。程序如下：

```
MOV     R0,#60H       ;(R0)  ← 60H
MOV     A ,#30H       ;(A)   ← 30H
XCHD    A ,@R0        ; 中形成相应 ASC Ⅱ码 30H ～ 39H
MOV     @R0, A        ;ASC Ⅱ码送回 60H 单元
```

因为 0～9 的 ASC Ⅱ码为 30～39H，所以利用半字节交换指令把 0～9 的数值装配成相应的 ASC Ⅱ码。

5．堆栈操作指令

堆栈操作指令共 2 条，所以是压栈指令和弹出指令：

```
PUSH    direct        ;(SP) ←(SP)+1 , ((SP)) ←(direct)
POP     direct        ;(direct) ←((SP)), (SP) ←(SP)−1
```

（1）PUSH 指令的功能是先将堆栈指针 SP 的内容加 1，然后将直接寻址单元中的数压入到 SP 所指示的单元中去。

（2）POP 指令的功能是先将堆栈指针 SP 所指示的单元的内容弹出传送到直接寻址之中去，然后将 SP 的内容减 1，仍指向栈顶。

（3）使用堆栈时，一般需重新设定 SP 的初始值。系统上电或复位时，SP 的初始值为 07H，而 07H～1FH 正好是 CPU 工作寄存器区，程序中需要使用堆栈时，先应给 SP 设置另一初始值。一般 SP 的值可设在 1FH 或再大一些的片内 RAM 单元中，但应注意不要超出堆栈的深度。

例 6-25：设 X=（50H），Y=（60H），利用堆栈作为缓冲存储，交换 50H 和 60H 单元中的内容。程序如下：

```
MOV     SP,#70H       ; 设 SP 的初值为 70H
PUSH    50H           ;(SP) ←(SP)+1, (71H) ←X
PUSH    60H           ;(SP) ←(SP)+1, (72H) ←Y
POP     50H           ;(50H) ←Y, (SP) ←(SP)−1
POP     60H           ;(60H) ←X, (SP) ←(SP)−1
```

数据传送类指令表如表 6-2 所示。

表 6-2　数据传送类指令表

指　令	功 能 简 述	字 节 数	周 期 数
MOV A ,R_n	寄存器送累加器	1	1
MOV Rn ,A	累加器送寄存器	1	1
MOV A ,@Ri	内部 RAM 单元送累加器	1	1
MOV @Ri,A	累加器送内部 RAM 单元	1	1
MOV A ,#data	立即数送累加器	2	1
MOV A,direct	直接寻址单元送累加器	2	1
MOV direct,A	累加器送直接寻址单元	2	1
MOV Rn ,#data	立即数送寄存器	2	1
MOV direct,#data	立即数送直接寻址单元	3	2
MOV @Ri,#data	立即数送内部 RAM 单元	2	1
MOV direct,Rn	寄存器送直接寻址单元	2	2
MOV Rn,direct	直接寻址单元送寄存器	2	2
MOV direct,@Ri	内部 RAM 单元送直接寻址单元	2	2
MOV @Ri,direct	直接寻址单元送内部 RAM 单元	2	2

续表

指　令	功能简述	字节数	周期数
MOV direct2,direct1	直接寻址单元送直接寻址单元	3	2
MOV DPTR,#data16	16位立即数送数据指针	3	2
MOVX A ,@Ri	外部RAM单元送累加器（8位地址）	1	2
MOVX @Ri,A	累加器送外部RAM单元（8位地址）	1	2
MOVX A ,@DPTR	外部RAM单元送累加器（16位地址）	1	2
MOVX @DPTR,A	累加器送外部RAM单元（16位地址）	1	2
MOVX A ,@A+DPTR	查表数据送累加器（DPTR为基址）	1	2
MOVX A ,@A+PC	查表数据送累加器（PC为基址）	1	2
XCH　A ,Rn	累加器与寄存器交换	1	1
XCH　A ,@Ri	累加器与内部RAM单元交换	1	1
XCHD A,direct	累加器与直接寻址单元交换	2	1
XCHD A ,@Ri	累加器与内部RAM单元低4位交换	1	1
SWAP A	累加器高4位与低4位交换	1	1
POP direct	栈顶弹出指向直接寻址单元	2	2
PUSH direct	直接寻址单元压入栈顶	2	2

6.3.2　算术运算类指令

MCS-51的算术运算指令共有24条，8种助记符，包括了加、减、乘、除等各种运算。全部指令都是8位数运算。算术运算类指令用到的助记符为：ADD、ADDC、SUBB、INC、DEC、DA、MUL和DIV 8种。

1．加法指令

加法指令共有4条，其被加数都是累加器A，相加结果也存放在累加器A中。

```
ADD    A ,Rn              ;(A)  ← (A)+(Rn)
ADD    A ,direct          ;(A)  ← (A)+(direct)
ADD    A ,@Ri             ;(A)  ← (A)+((Ri))
ADD    A ,#data           ;(A)  ← (A)+data
```

这4条指令使得累加器A可以和内部RAM的任何一个单元内容进行相加，也可以和一个8位立即数相加，相加的结果存放在A中，无论是哪一条加法指令，参加运算的都是两个8位二进制数。对使用者而言，这些8位二进制数可以当作无符号数（0～255），也可以当作带符号数，即补码形式（−128～+127）。例对一个二进制数11010011，用户可将它认为是无符号数211（10），也可以认为是带符号数（−45）（10）。单片机在做加法运算时，按以下规则进行。

（1）两数相加后位7有进位输出，则程序状态寄存器PSW中进位标志位CY置1，否则清零。

（2）两数相加后位 3 向位 4 有进位输出，则 PSW 中辅助进位标志位（半进位标志位）AC 置 1，否则清零。

（3）两数相加后，如果位 7 有进位输出而位 6 没有，或者位 6 有进位输出而位 7 没有，则 PSW 中溢出标志位 OV 置 1，否则清零。溢出的表达式 OV=D6CYμ ⊕ D7CY；D6CY 为位 6 向位 7 的进位，D7CY 为位 7 向 CY 的进位。

（4）两数相加后，累加器 A 中有奇数个 1，则 PSW 中奇偶校验标志位 P 置 1，否则清零。

（5）两数相加时，操作数直接相加，无须任何变换。例 (A)=11010011，(R1)=11101000，执行指令 ADD　A, R1 结果如下：

```
  1101 0011
+ 1110 1000
-----------
1 1011 1011
```

即相加后的和为 10 111 011，存入 A 累加器，(A)=10 111 011，若认为是无符号数相加，则 (A)=(187)(10)，若认为是带符号数相加，则 (A)=(−69)(10)。但带符号数相加的结果只有当 PSW 中溢出标志位 OV=0 时，结果才是正确的。

例 6-26：执行如下指令：

```
MOV   A,#19H
ADD   A,#66H
```

执行后：

```
  0001 1001
+ 0110 0110
-----------
  0111 1111
```

则 (A)=7FH，此时 (CY)=0，(AC)=0，(OV)=0，(P)=1。

这里将运算看作是两个无符号数相加，结果是正确的；如果将运算看作是两个带符号数相加，因为 OV=0，结果也是正确的。

例 6-27：执行如下指令：

```
MOV   A ,#0C3H
MOV   R0,#0AAH
ADD   A ,R0
```

则得：

```
  1100 0011
+ 1010 1010
-----------
1 0110 1101
```

则 (A)=6DH，而 PSW 中 (CY)=1，(AC)=O，(OV)=1，(P)=1，此时若将运算看成是两个带符号数相加，因 OV=1，可认为结果是错误的，因为两个负数相加，结果不可能是正的。

2．带进位加法指令

带进位加法指令也共有 4 条，其被加数都是累加器 A，相加结果也要存放在累加器 A 中。

```
ADDC   A , Rn          ;(A)  ← (A)+(Rn)+(CY)
ADDC   A , direct      ;(A)  ← (A)+(direct)+(CY)
```

```
ADDC  A,@Ri          ;(A) ← (A)+((Ri))+(CY)
ADDC  A,#data        ;(A) ← (A)+data+(CY)
```

带进位的4条加法指令的操作，除了指令中所规定的两个操作数相加之外，还要加上进位标志位CY的值。这里所指的CY的值是指令开始执行前的进位标志值，而不是相加过程中产生的进位标志值。运算结果对PSW中相关位的影响和上述的4条不带进位的加法指令相同。带进位加法指令主要用于多字节二进制数的加法运算中。

例6-28：设(A)= 0C3H，(R0)= 0AAH，(CY)=1，执行指令：ADDC A，R0

执行结果为：

```
   1100 0011
 + 0000 0001
 -----------
   1100 0100
 + 1010 1010
 -----------
 1 0110 1110
```

则(A)=6EH，此时(CY)=1，(OV)=1，(AC)=1，(P)=1。

3．加1指令

加1指令共5条，是对指定单元的内容加1的操作。

```
INC   A              ;(A) ← (A)+1
INC   Rn             ;(Rn) ← (Rn)+1
INC   direct         ;(direct) ← (direct)+1
INC   @Ri            ;(Ri) ← ((Ri))+1
INC   DPTR           ;(DPTR) ← (DPTR)+1
```

加1指令又称为增量（Increase）指令。前4条指令是对一字节单元的内容加1，最后一条指令是给16位DPTR寄存器内容加1。第一条指令的操作将影响PSW中奇偶标志位P，其余4条指令均不影响各标志位。

例6-29：如果A=OFFH，若执行INC A后A=OOH，不影响PSW标志；若执行ADD A,#01H 则A=OOH，但CY=1。

4．减法指令

带借位的减法指令有4条，与带进位加法指令类似，其被减数和结果都存放在累加器A中。

```
SUBB  A,Rn           ;A ← (A)-(Rn)-(CY)
SUBB  A,direct       ;A ← (A)-(direct)-(CY)
SUBB  A,#data        ;A ← (A)-data-(CY)
SUBB  A,@Ri          ;A ← A-((Ri))-(CY)
```

带借位的减法指令是累加器A中的操作数减去源地址所指示的操作数和指令执行前的CY值，并把结果保留在累加器A中。单片机在做减法运算时按以下规则进行。

（1）两数相减，若位7在减法时有借位，则CY置1，否则CY为0。

（2）两数相减，若位3向位4有借位，则PSW中AC置1，否则AC为0。

（3）两数相减，若位7有借位而位6无借位，或者位7无借位而位6有借位，则PSW

中 OV 置 1，否则清零。

（4）两数相减，若结果 A 中有奇数个 1，则 PSW 中 P 置 1，否则 P 为 0。

（5）两数相减，操作数直接相减，并取得借位 CY 的值。同样可以把减法运算看作是无符号数（0～255）相减，也可以看作是带符号数（补码形式 −128～+127）的相减，但带符号数相减的结果只有当溢出标出 OV=0 时才能保证结果是正确的。

（6）减法指令只有一组带借位的减法指令，而没有不带借位的减法指令。需要时可在减法之前先用指令使 CY=0，然后再相减。

例 6-30：若 (A)=52H，(R0)=0B4H，(CY)=0，执行指令，SUBB　A,R0 的过程为：

```
  0101 0010
 -1011 0100
-----------
  1001 1110
```

结果为 (A)= 9EH，PSW 中 (CY)=1，(AC)=1，(0V)=1，(P)=1。

例 6-31：若 (A)=DBH，(R4)=73H，(CY)=1，执行指令，SUBB　A,R4 的过程为：

```
   1101 1011
   0111 0011
 -         1
------------
   0110 0111
```

结果为 (A)=67H，(CY)=0，(AC)=0，(OV)=1，(P)=1。

上述运算作为两个无符号数相减，其结果是正确的，若是看作两个有符号数的相减，则因 OV=1，结果是错误的。

5．减 1 指令

减 1 指令共有 4 条，完成对指定单元内容减 1 的操作。

```
DEC   A              ;(A)  ←(A)−1
DEC   Rn             ;(Rn)  ←(Rn)−1
DEC   direct         ;(direct)  ←(direct)−1
DEC   @Ri            ;((Ri))  ←((Ri))−1
```

与加 1 指令一样，减 1 指令不影响程序状态字 PSW 各位的状态，但累加器 A 减 1 可以影响奇偶检验 P 标志。

6．乘法指令

乘法指令只有 1 条，完成 2 个 8 位无符号整数的乘法。乘法指令是一字节指令，但执行时需 4 个机器周期。

```
MUL  AB   ;
```

$\left.\begin{matrix} A_{7\sim0} \\ B_{15\sim8} \end{matrix}\right\} \leftarrow (A) \times (B)$

参加乘法运算的两个操作数分别存放在累加器 A 和寄存器 B 中，两个 8 位无符号数相乘结果为 16 位无符号数，它的高 8 位存放于寄存器 B 中，而它的低 8 位存放在累加器 A 中。指令执行后将对 PSW 中 CY，OV 和 P 3 个标志产生影响：CY 一定被清除，CY=0；P 仍由累加器 A 中 1 的奇偶性确定；OV 标志用来表示积的大小，若相乘后有效积为 8 位，则 B 中高 8 位积为0，此时OV=0，若相乘后积超过255，此时积的高8位存放在寄存器B中，此时OV=1。

例6-32： 若(A)=4EH，(B)=5DH，执行指令MUL　AB，结果为(B)=1CH，(A)=56H，表示积为(B)(A)=1C56H，此时(CY)=0，(OV)=1。

7．除法指令

除法指令也只有1条，也是一字节指令，执行时需4个机器周期。

```
DIV   AB          ;A  ← A/B的商
                   B  ← A/B的余数
```

参加除法运算的两个操作数也是无符号数，被除数置于累加器A中，除数置于寄存器B中。相除之后，商数存放在累加器A中，余数存放在寄存器B中。除法指令也影响PSW中CY，OV和P标志。相除之后CY一定为0，溢出标志OV也为0，只有当除数为0时，A和B中的内容为不确定值，此时OV=1，说明除法溢出，无意义，奇偶标志P仍按一般规则确定。

例6-33： 若(A)=5DH，(B)=4EH，执行指令DIV　AB，结果为 (A)=01H，(B)=0FH，标志位(CY)=0，(OV)=0。

例6-34： 两个8位无符号数分别存放在30H和31H单元中，编制程序令它们相乘，并把积的低8位存放在32单元，积的高8位存放在33H单元中。

```
MOV    R0 , #30H        ;(R0)  ←第1个乘数的地址
MOV    A , @R0          ;(A)  ←第1个乘数
INC    R0               ; 修改乘数的地址
MOV    B , @R0          ;(B)  ←第2个乘数
MUL    AB               ;(B)(A)= (A)* (B)
INC    R0               ; 修改目标单元地址
MOV    @R0 ,A           ;(32H)  ←积的低8位
INC    R0               ; 修改目标单元地址
MOV    @R0 ,B           ;(33H)  ←积的高8位
```

8．十进制调整指令

在计算机中十进制数字0～9一般可用压缩型BCD码表示，但两个压缩型的BCD码按二进制规则相加运算后，必须经十进制调整指令调整后，才能得到压缩型BCD码的和的正确值。十进制调整指令只有一条。

DA　A　　;若(AC)=1或$(A_{3-0})>9$，则(A)　←（A）+ 06H

若(CY)=1或$(A_{7-4})>9$，则(A)　← (A)+60H。

将两个压缩型BCD码按二进制运算规则相加和存放于累加器A中，本指令即跟在ADD或ADDC指令后，将相加后存放在累加器A中的结果进行十进制调整，才能正确完成十进制加法运算功能。该指令的操作规则为：

若累加器A中的低4位数值大于9或者第3位向第4位产生进位（即辅助进位标志AC=1），则需将A中低4位内容加6以作调整，产生低4位正确的BCD码。

若累加器A中的高4位数值大于9或进位CY=1，则高4位需加6以作调整，产生高4位正确的BCD码。

执行 DA　A 指令后，CPU 根据累加器 A 的原始数值和 PSW 的状态，由硬件自动对累加器 A 进行加 06H、60H 或 66H 的操作。

例 6-35：若 (A)=01010110B=(56)BCD，(R3)=01100111B=(67)BCD，(CY)=1，执行下列指令：

```
ADDC    A,R3
DA      A
```

第一条指令执行带进位的二进制数相加：

```
       A : 0101 0110    BCD:56
      R3 : 0110 0111         67
   + CY: 0000 0001           01
-----------------------------------
      和  1011  1110
   +调整  0110  0110
-----------------------------------
   1      0010 0100         124
```

相加后 A 中的和为 1011 1110B=OBEH，且 (CY)=0，(AC)=0，显然这个和不是 BCD 码，执行 DA　A 十进制调整指令后方可。因为高 4 位数值为 11，大于 9；低 4 位为 14，也大于 9，所以 DA　A 指令将 A 内容再相加 66H，结果和 (A)=00100100，且 (CY)=1。相当于 BCD 码 124。

二进制加法和十进制调整过程如下：

```
         A =56     0101 0110
        R3 =67     0110 0111
   +    CY= 1      0000 0001
-------------------------------
                   1011 1110
   +               0000 0110    低 4 位>9，加 06H 调整
-------------------------------
                   1100 0100
   +               0110 0000    高 4 位>9，加 60H 调整
-------------------------------
                 1 0010 0100
```

MCS-51 中没有十进制减法调整指令，为了使两个 BCD 数相减后的结果也是 BCD 数，必须将 BCD 数的减法化为 BCD 数的加法运算，再进行十进制调整。也即将减数化为十进制数的补码，然后进行加法运算。具体操作如下。

- 求出减数的补码（9AH− 减数）。
- 被减数与减数的补码相加。
- 运行十进制加法调整指令。

例 6-36：被减数和减数分别存放在 M1 和 M2 单元中，编制程序求出差并存入 M3 单元中。程序如下：

```
CLR     C           ;(CY)  ←0
MOV     A,#9AH      ;(A)  ←BCD 的模
SUBB    A,M2        ;(A)  ←BCD 减数的补码
ADD     A,M1        ;(A)  ←被减数加上减数的补码
DA      A           ; 对 A 进行十进制调整
MOV     M3,A        ;(M3) ←差的 BCD 码
```

算术运算类指令表如表 6-3 所示。

表 6-3　算术运算类指令表

指　　令	功 能 简 述	字 节 数	周 期 数
ADD A ,R_n	累加器加寄存器	1	1
ADD A ,@Ri	累加器加内部 RAM 单元	1	1
ADD A,direct	累加器加直接寻址单元	2	1
ADD A ,#data	累加器加立即数	2	1
ADDC A ,Rn	累加器加寄存器和进位标志	1	1
ADDC A ,@Ri	累加器加内部 RAM 单元和进位标志	1	1
ADDC A,direct	累加器加直接寻址单元和进位标志	2	1
ADDC A ,#data	累加器加立即数和进位标志	2	1
INC A	累加器加 1	1	1
INC Rn	寄存器加 1	1	1
INC direct	直接寻址单元加 1	2	1
INC @Ri	内部 RAM 单元加 1	1	1
INC DPTR	数据指针加 1	1	2
DA　A	十进制调整	1	1
SUBB A ,Rn	累加器减寄存器和进位标志	1	1
SUBB A ,@Ri	累加器减内部 RAM 单元和进位标志	1	1
SUBB A ,direct	累加器减直接寻址单元和进位标志	2	1
SUBB A ,#data	累加器减立即数和进位标志	2	1
DEC A	累加器减 1	1	1
DEC Rn	寄存器减 1	1	1
DEC direct	直接寻址单元减 1	1	1
DEC @Ri	内部 RAM 单元减 1	2	1
MUL AB	累加器乘寄存器 B	1	4
DIV AB	累加器除以寄存器 B	1	4

6.3.3　逻辑运算类指令

MCS-51 共有 24 条逻辑运算类指令，完成与、或、异或、取反以及移位等操作，逻辑运算都是按位进行的。这些指令执行时一般不影响程序状态寄存器 PSW 中各位状态，仅当目的操作数为 A 时，会对奇偶标志位 P 有影响，带进位的移位指令也会影响 CY 位。逻辑运算类指令用到的 9 种助记符为 ANL、ORL、XRL、RL、RLC、RR、RRC、CLR 和 CPL。

1．逻辑“与”运算

逻辑“与”指令共有 6 条：

```
ANL   A,Rn              ;(A)  ←(A) ∧ (Rn)
ANL   A,direct          ;(A)  ←(A) ∧ (direct)
ANL   A,@Ri             ;(A)  ←(A) ∧ ((Ri))
ANL   A,#data           ;(A)  ←(A) ∧ data
ANL   direct,A          ;(direct)  ←(direct) ∧ (A)
ANL   direct,#data      ;(direct)  ←(direct) ∧ data
```

前 4 条指令以累加器 A 为目的操作数，后两条以直接地址单元为目的操作数，这样可对内部 RAM 的任一单元及各个特殊功能寄存器 SFR 内容按需进行变换。如将某一个字节中某几个变为 0，而其余位不变。

例 6-37：已知 (A)=1FH，(40H)=88H，

执行　ANL A,40H

```
      0001 1111
  ∧   1000 1000
  -------------
      0000 1000
```

结果为 (A)=08H，(40H)=88H。

例 6-38：将内部 30H 单元的低 4 位保持不变，高 4 位清零。(30H)=87H，

执行　ANL 30H，#0FH

```
      1000 0111
  ∧   0000 1111
  -------------
      0000 1111
```

结果为 (30H)=0FH。

2．逻辑“或”运算

共有 6 条逻辑“或”运算指令：

```
ORL   A,Rn              ;(A)  ←(A) ∨ (Rn)
ORL   A,direct          ;(A)  ←(A) ∨ (direct)
ORL   A,@Ri             ;(A)  ←(A) ∨ ((Ri))
ORL   A,#data           ;(A)  ←(A) ∨ data
ORL   direct,A          ;(direct)  ←(direct) ∨ (A)
ORL   direct,#data      ;(direct)  ←(direct) ∨ (data)
```

与、或运算结合在一起，将更便于对 RAM 单元，特别是对 SFR 内容进行变换。

例 6-39：已知 (A)=D2H，(50H)=77H，

执行指令：ORL　A,#50H

```
      1101 0010
  ∨   0111 0111
  -------------
      1111 0111
```

结果为 (A)=F7H，(50H)=77H。

例 6-40：已知 TMOD 的各位均为 0，现将 TMOD 的 D6、D3、D2 和 D0 位置 1。

执行指令 ORL　TMOD,4DH　;TMOD 是定时器工作方式寄存器。

```
      0000 0000
 ∨    0100 1101
 ──────────────
      0100 1101
```

结果为 (TMOD) =4DH。

3．逻辑“异或”运算

有 6 条“异或”指令：

```
XRL  A,Rn            ;(A)  ← (A) ⊕ (Rn)
XRL  A,direct        ;(A)  ← (A) ⊕ (direct)
XRL  A,@Ri           ;(A)  ← (A) ⊕ ((Ri))
XRL  A,#data         ;(A)  ← (A) ⊕ data
XRL  direct,A        ;(direct)  ← (direct) ⊕ (A)
XRL  direct,#data    ;(direct)  ← (direct) ⊕ data
```

逻辑“异或”运算过程：当两个操作数不一致时结果为 1，两个操作数一致时结果为 0，用数据 0FFH 异或一个寄存器的值，就能实现对该寄存器取反的功能。

例 6-41：已知 (A)=87H，(60H)=76H，

执行 XRL　A,60H 指令

```
      1000 0111
 ⊕    0111 0110
 ──────────────
      1111 0001
```

结果为 (A)=0F1H，(60H)=76H。

例 6-42：已知 (30H)=45H，

执行 XRL　30H,#0FFH

```
      0100 0101
 ⊕    1111 1111
 ──────────────
      1011 1010
```

结果为 (30H)=0BAH，30H 单元中内容已全部取反。

4．累加器清零和取反指令

累加器清零和取反指令两条：

CLR　A　　　;(A)　← 0

CPL　A　　　;(A)　← $\overline{A}$

这两种指令都是单字节单周期指令，比用数据传送或者异或指令对累加器 A 清零或取反更为快捷、直观。

5．移位指令

移位指令共有 4 条：

RL　A　;循环左移　[A_7 ← A_0，A_7 移入 A_0]

RR　A　;循环右移 [A7→A0 循环右移]

RLC　A ;带进位循环左移 [CY←A7←A0 循环]

RRC　A ;带进位循环右移 [CY→A7→A0 循环]

例 6-43：从 P1 口输入一个数据，将其高 4 位变成 0，然后存入 RAM 的 40 单元中：

```
MOV     A,P1        ;(A)  ←(P1)
ANL     A,#OFH      ;(A)  ←(A) ∧ OFH
MOV     40H,A       ;(40H)  ←(A)
```

例 6-44：利用移位指令实现累加器 A 的内容乘 6，二进制数左移一次即扩大 2 倍，利用移位指令可实现乘 2。

```
CLR     C           ;(C)  ←0
RLC     A           ;A 中内容乘 2，低位补 0
MOV     R0,A        ;A 中内容暂存于 R0
CLR     C           ;CY 再次清零
RLC     A           ;A 中内容已乘 4
ADD     A,R0        ;实现 A 的内容乘 6
```

例 6-45：一个双字节数 R3 中为高字节，R4 为低字节。将双字节数左移一位，最低位补零，最高位存放于 CY 中。

```
CLR     C           ;CY 清零
MOV     A,R4        ;低字节进入 A
RLC     A           ;低字节左移一位，高位进入 CY，低位补 0
MOV     R4,A        ;左移后的低字节仍进入 R4
MOV     A,R3        ;高字节进入 A
RLC     A           ;高字节左移一位，原低字节高位进入最低位，而最高位进入 CY
MOV     R3,A        ;左移后的高字节仍进入 R3
```

逻辑运算类指令如表 6-4 所示。

表 6-4　逻辑运算类指令表

指　令	功 能 简 述	字 节 数	周 期 数
ANL A ,R_n	累加器“与”寄存器	1	1
ANL A ,@Ri	累加器“与”内部 RAM 单元	1	1
ANL A,direct	累加器“与”直接寻址单元	2	1
ANL direct,A	直接寻址单元“与”累加器	2	1
ANL A ,#data	累加器“与”立即数	2	1
ANL direct,#data	直接寻址单元“与”立即数	3	1
ORL A ,Rn	累加器“或”寄存器	1	1
ORL A ,@Ri	累加器“或”内部 RAM 单元	1	1

续表

指　　令	功能简述	字　节　数	周　期　数
ORL A,direct	累加器“或”直接寻址单元	2	1
ORL direct,A	直接寻址单元“或”累加器	2	1
ORL A ,#data	累加器“或”立即数	2	1
ORL direct,#data	直接寻址单元“或”立即数	3	1
XRL A ,Rn	累加器“异或”寄存器	1	1
XRL A ,@Ri	累加器“异或”内部 RAM 单元	1	1
XRL A,direct	累加器“异或”直接寻址单元	2	1
XPL direct,A	直接寻址单元“异或”累加器	2	1
XRL A ,#data	累加器“异或”立即数	2	1
XRL direct,#data	直接寻址单元“异或”立即数	3	2
RL　A	累加器左循环移位	1	1
RLC A	累加器连进位标志左循环移位	1	1
RR　A	累加器右循环移位	1	1
RRC A	累加器连进位标志右循环移位	1	1
CPL A	累加器取反	1	1
CLR A	累加器清零	1	1

6.3.4 控制转移类指令

MCS-51 指令系统的控制转移类指令共有 17 条，主要功能是控制程序转移到新的 PC 地址上。这类指令用到的助记符有 10 种：ACALL、AJMP、LCALL、LJMP、SJMP、JMP、JZ、JNZ、CJNE 和 DJNZ。

1．无条件转移指令

这类指令是当程序执行到该指令时，无条件转移到该指令所提供的地址，指令执行后均不影响标志位。

（1）长转移指令

LJMP addr16　　　　　;(PC)　← addr16

这条指令把 16 位地址传送给程序计数器 PC，实现程序的无条件的转移。因为操作码提供了 16 位地址，所以可在 64K 字节程序存储器范围内跳转。该指令为 3 字节指令，第二、三字节地址码分别装入 PC 的高 8 位和低 8 位。

例 6-46： 8051 开机上电，PC 初始值 PC=0000H，用户程序初始地址为 0A070H，开机后，为使程序自动转到 0A070H 处执行，则在 0000H 单元，执行如下指令：

0000H: LJMP 0A070H　　　;(PC)　← 0A070H

（2）绝对转移指令

AJMP　addr11　　;(PC) ← (PC)+2, (PC10 ～ 0) ← addr11

本指令是双字节双周期指令。执行这条指令后，先将 PC 的内容加 2，使 PC 指向本绝对转移指令的下一条指令，然后将 addr11 送入 PC 的低 11 位，PC 的高 5 位保持不变，从而形成新的 PC 值，实现程序的转移。本指令的转移范围为与本指令下一条指令地址位于同一个 2KB 页面，也即转移的目标地址高 5 位地址 PC15 ～ PC11 是不允许发生变化的。

新的转移地址形成示意图如图 6-8 所示。

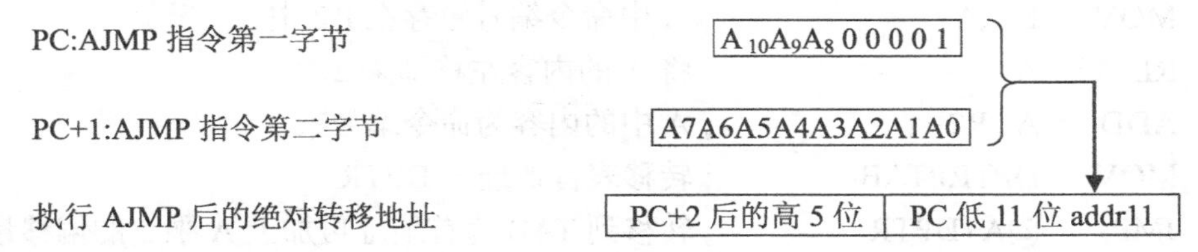

图 6-8　AJMP 转移地址形成示意图

例 6-47： 执行 AJMP 0397H，addr11=0397H=0000001110010111B，现在 PC=1880H，则该指令的操作码：0110000110010111B=61H97H。

执行该指令时 PC=1880H，PC+2=1882H 为下一条指令的地址，则转移的目标地址为：0001101110010111B=1B97H，即程序将转移到 1B97H 地址继续执行。

例 6-48： 在地址 PC=1FFEH 处有一条绝对转移指令 AJMP 17AH，则 PC+2=1FFEH+2 = 2000H，然后将 11 位地址 17AH 送入 PC 的低 11 位，则转移目的地址 PC=217AH。

（3）相对转移指令（短转移指令）

SJMP rel　　; (PC) ← (PC)+2, (PC) ← (PC)+rel

该指令为双字节，指令中的相对地址 rel 是一个带符号位的 8 位地址偏移量，以下一条指令第 1 字节的地址 PC+2 为基值，地址偏移量范围为 −128 ～ +127。负数表示反向转移，正数表示正向转移。

例 6-49： PC=0100H 处指令为 SJMP rel，当 rel=66H（正数）时，程序转移地址 =PC+2+rel= 0100H+0002H+0066H=0168H，当 rel=F6H（负数）时，程序反向转移地址 =PC+2+rel=0100H+ 0002H+FFF6H=00F8H。

在用汇编语言编程时 rel 可以是一个转移目的地址的标号，由汇编程序在汇编时自动计算偏移量，并填入指令代码，手工汇编时，偏移地址 rel= 转移到目的地址 − 转移指令所在源地址。

例 6-50： 若 PC=0100H，指令为：SJMP REDR。若 REDR 地址值为 0123H，则 rel=0123H−(0100H+2)=21H，指令为 SJMP 021H。

例 6-51： 若指令地址标号为 ABC，有下述指令。

ABC:SJMP ABC

这是一条无限循环的指令，其目的地址 =PC+2−2=PC，rel=PC−(PC+2)=−2。它的补码形式为 rel=FFFEH，取 8 位为 FEH，即原处循环的指令为 SJMP 0FEH。

（4）变址寻址转移指令

JMP　@A+DPTR　　;(PC) ← (A)+(DPTR)

该指令也是一条无条件转移指令。转移地址是以 16 位数据指针 DPTR 为基地址，以累加器 A 中内容作地址的偏移量两者进行无符号数相加，形成目标转移地址送入程序计数器 PC，实现程序的分支转移。这条指令可代替众多的判别跳转指令，具有散转功能，又称之为散转指令。

通常基地址是一张转移指令表的起始地址，累加器 A 中数值为偏移量。

例 6-52：累加器 A 中存放待处理命令编号（0～4），程序存储器中存放着转移指令表，首地址的标号为 TAB，执行下面的程序，将根据 A 中命令编号转向相应的命令处理程序。

```
EX:  MOV    R2 ,A          ; A 中命令编号暂存在 R2 中
     RL     A              ; 将 A 的内容左移即乘 2
     ADD    A , R2         ; A 中的内容为命令编号乘 3
     MOV    DPTP,#TAB      ; 转移表首地址→ DPTR
     JMP    @A+DPTR        ; 转移到 TAB 为首地址再加上 A 乘 3 的偏移量
TAB: LJMP   PM0            ; 转向命令 0 处理入口
     LJMP   PM1            ; 转向命令 1 处理入口
     LJMP   PM2            ; 转向命令 2 处理入口
     LJMP   PM3            ; 转向命令 3 处理入口
     LJMP   PM4            ; 转向命令 4 处理入口
```

程序中 PM0～PM4 分别为各处理程序的入口地址。

2．条件转移指令

条件转移指令共有 8 条，它是指当某种条件满足时，转移才进行，否则程序将顺序执行。MCS-51 中的所有条件转移指令都只采用相对寻址方式来指示转移的目的地址。目的地址在以下一条指令的起始地址范围为中心的 −128～+127 共 256 个字节。

（1）累加器判零条件转移指令

```
JZ   rel      ;(A)=0, (PC)  ← (PC)+2+rel
              ;(A) ≠ 0, (PC)  ← (PC)+2
JNZ rel       ;(A) ≠ 0, (PC)  ← (PC)+2+rel
              ;(A)=0, (PC)  ← (PC)+2
```

JZ 和 JNZ 指令分别对累加器 A 的内容为全零和不为全零进行检测并转移，当不满足各自的条件时，程序按顺序执行。当各自的条件满足时，则程序转向指定的目标地址。目标地址是以下一条指令第一个字节的地址为基础，加上指令的第二个字节中的相对偏移量。相对偏移量为一个带符号的 8 位数，偏移范围为 −128～127 共 256 个字节。

（2）比较条件转移指令

比较条件转移指令共有 4 条，它们的功能是把两个操作数相比较，若两者不相等则转移，否则按顺序执行。

```
CJNE   A,#data,rel              ;(PC)  ← (PC)+3
若 (A)> data, 则 (PC)  ← (PC)+rel, 且 (CY)  ← 0;
若 (A)< data, 则 (PC)  ← (PC)+rel, 且 (CY)  ← 1;
若 (A)= data, 则顺序执行程序 , 且 (CY)  ← 0。
```

CJNE　A,direct, rel　　　　　　　;(PC)　← (PC)+3

若 (A)>(direct), 则 (PC)　← (PC)+rel, 且 (CY)　← 0;

若 (A)<(direct), 则 (PC)　← (PC)+rel, 且 (CY)　← 1;

若 (A)=(direct), 则顺序执行程序 , 且 (CY)　← 0。

CJNE　Rn,#data,rel　　　　　　　;(PC)　← (PC)+3

若 (Rn)>data, 则 (PC)　← (PC)+rel, 且 (CY)　← 0;

若 (Rn)<data, 则 (PC)　← (PC)+rel, 且 (CY)　← 1;

若 (Rn)=data, 则顺序执行程序 , 且 (CY)　← 0。

CJNE　@Ri,#data,rel　　　　　　;(PC)　← (PC)+3

若 ((Ri))>data, 则 (PC)　← (PC)+rel, 且 (CY)　← 0;

若 ((Ri))<data, 则 (PC)　← (PC)+rel, 且 (CY)　← 1;

若 ((Ri))=data, 则 (PC)　← (PC)+rel, 且 (CY)　← 0。

这组指令的功能是比较两个操作数的大小，如果它们的值不相等则转移。由于这是一组 3 字节指令，先把 PC 值加 3 修正到下一条指令第一字节的起始地址，然后把这组指令第三个字节带有符号位的相对偏移量 rel 加到当前的 PC 值中，并计算出转移地址。由于这时 PC 的当前值已是 (PC)+3，因此程序的转移范围应为从 (PC)+3 为起始地址的 +127 ～ −128 共 256 个字节单元地址。如果第一个操作数小于第二个操作数的值（均为无符号的整数）则进位标志 CY 置位，否则 CY 清零。

例 6-53：根据 A 的内容大于 70H、等于 70H、小于 70H 3 种情况分别做出不同的处理程序。

```
        CJNE A,#80H,NEQ        ;比较转移
EQ:......                      ;(A)=80H，按顺序执行此条指令
NEQ:JC LOW                     ;(A)<80H，则转到 LOW 处执行
......                         ;(A)>80H 时顺序执行指令
......
LOW:......                     ;(A)<80H，则执行此条指令
```

（3）减 1 条件转移指令

减 1 条件转移指令共有两条，它们分别是 2 字节指令和 3 字节指令。

DJNZ　Rn, rel　　　　;(PC)　← (PC)+2,(Rn)　← (Rn)−1

若 (Rn) ≠ 0, 则 (PC)　← (PC)+rel;

若 (Rn)=0, 则程序向下按顺序执行。

DJNZ　direct,rel　　;(PC)　← (PC)+3, (direct)　← (direct)−1

若 (direct) ≠ 0, 则 (PC)　← (PC)+rel;

若 (direct)=0, 则程序向下按顺序执行。

这组指令的操作是先将源操作数减 1，并将结果送回源操作数中保存。若减 1 以后操作数不为 0，则转移到指定地址单元运行，若减 1 以后结果为 0，程序向下按顺序运行。

这组指令对构成循环程序十分有用，可以指定给任何一个工作寄存器或者内部 RAM 单元为计数器，事先对计数器赋以初值以后，就可以利用上述指令，若对计数器减 1 后不为 0

就循环操作，由此构成循环程序。

例 6-54：将 RAM 中从 DATA 单元开始的 10 个数相加（无符号数）；结果送至 SUN 单元。

```
        MOV R0,#DATA      ; 数据块首地址 DATA 送 R0
        MOV R3,#0AH       ; 计数器初值 =0AH 送 R3
        CLR A             ; 累加器 A 清零
LOOP:   ADD A,@R0         ; 累加一次
        INC R0            ; 地址指针 R0 加 1，指向下一个数
        DJNZ R3,LOOP      ; 计数器 (R3)−1 判为 0 的条件是否满足，不满足继续累加
        MOV SUM,A         ; 累加十次结果和送入 SUN 单元
```

3．子程序调用及返回指令

在程序设计中通常把具有一定功能的公用程序段编制成子程序。当主程序需要转至子程序运行时，就使用调用子程序的指令。而在子程序的最后结束处安排一条返回指令，使子程序执行完后能返回到主程序处继续执行。为了保证正确的返回，每次调用子程序时，自动地将下一条指令的地址——断点地址保存到堆栈，返回时再将这条地址从堆栈弹出到程序计数器 PC。

主程序和子程序也是相对的，一个子程序可以作为另一个程序的主程序，称之为子程序的嵌套。图 6-9 表示一个两级嵌套的子程序调用和返回以及堆栈中存放断点地址的情况。

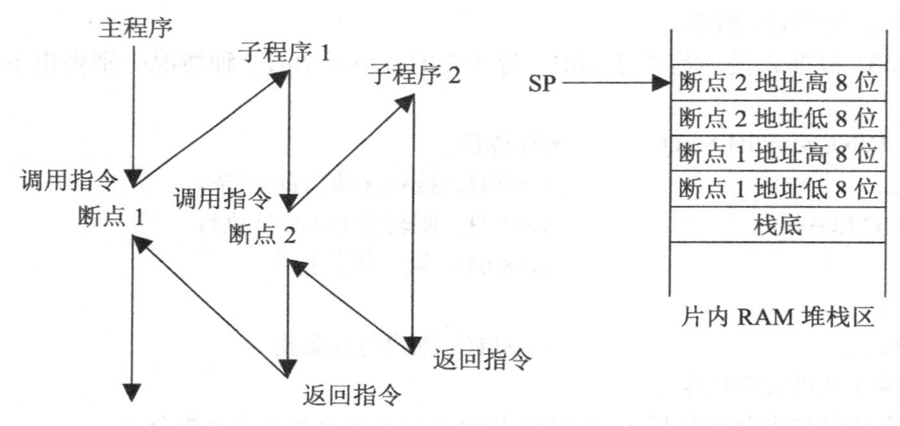

图 6-9　两级子程序嵌套及断点地址存放

（1）子程序调用指令

① 长调用指令

LCALL　addr16　　；（1）(PC)　← (PC)+3, PC 内容加 3（本指令长度）。

（2）PC 内容压入堆栈：

(SP)　← (SP)+1, ((SP))　← (PC7 ～ 0)

(SP)　← (SP)+1, ((SP))　← (PC15 ～ 8)

（3）PC　← addr16，将调用的 16 位子程序地址送入 PC。

LCALL 指令指示了 16 位目标地址，以调用 64KB 范围内所指定的子程序。执行该指令时，首先（PC）+ 3 送回 PC，它是下一条指令，即断点的地址。然后把这断点地址分两次压

入堆栈；先压入 PC7～0 低位字节，后压入 PC15～8 高位字节。堆栈指针 SP 每次加 1，共 2 次 SP+2 指向栈顶。接着将 16 位目标地址 addr16 送入 PC，使程序转向目标地址 addr16 去执行被调用的子程序。

例 6-55：执行如下指令：AB 标号地址 =0123H。

MOV　SP, #70H　　;(SP)　← 70H

AB:LCALL 8051H

执行该指令先为 (PC)=(AB)+3=0123H+3=0126H，接着将此 PC 内容压入堆栈，在 (SP)+1=70H+1=71H 中压入 26H，再向 (SP)+1=71H+1=72H 中压入 01H，最后将 8051H 送入 PC，即 (PC)=8051H，程序转向以 8051H 为首地址的子程序执行。此时的断点地址为 0126H，(SP)=72H。

② 绝对调用指令

本指令为双字节指令，也称之为短调用指令，提供 11 位的目标地址。

ACALL　addr11　　;（1）(PC)　← (PC)+2,PC 内容加 2（本指令长度）。
（2）PC 内容压入堆栈：
(SP)　← (SP)+1, ((SP))　← (PC7～0)
(SP)　← (SP)+1, ((SP))　← (PC15～8)
（3）(PC10～0) ← addr11，将 11 位目标地址 addr11 送入 PC 的低 11 位，而 PC15～11 位不变，形成新的目标地址。

ACALL 指令执行时，PC 内容先加上 2（因为本指令长度为两字节），指向下一条指令，即断点的地址。然后把这断点地址分两次压入堆栈保护起来，先压入 PC0～7 低位字节，再压入 PC8～15 高位字节，期间 SP 也分两次加 1，最后是指向栈顶。该指令调用子程序的目的地址为高 5 位 PC15～11，即取自 PC 的高 5 位不变（也即断点地址的高 5 位），而目的地址的低 11 位地址由该指令第一字节的高 3 位与第三字节的 8 位有序地组合。显然被调用子程序的首地址与 ACALL 指令的下一条指令位于同一个 2KB 页面范围内，也即它们 PC 的高 5 位 PC15～11 是不允许改变的，不能笼统地说调用范围为 2KB，只能说它们处于同一个页面范围内，而一个页面最大也就是 2K 字节。

例 6-56：指令 ACALL MM 存放地址在 1FFEH，(SP)=70H，则执行指令 ACALL MM 后堆栈及程序存储器中数据示意图如图 6-10 所示。

断点地址为 1FFEH+2=2000H，被调用的子程序始地址高 5 位就是断点地址的高 5 位，addr11 变化范围为 0000H～07FFH；也即 MM 在程序存储器范围是 2000H～27FFH。

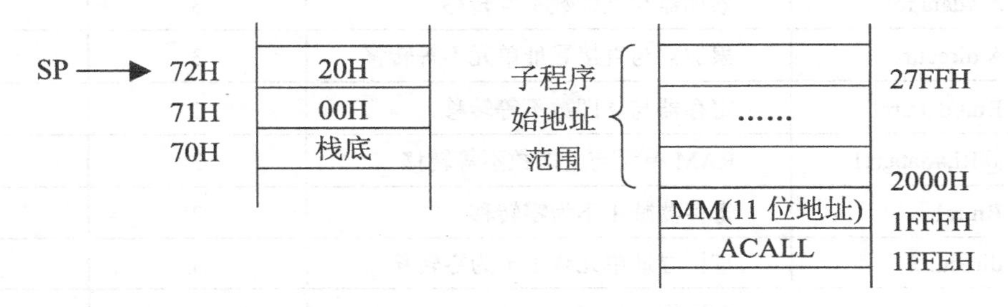

图 6-10　数据示意图

显然，如果 ACALL MM 存放地址为 1FFDH，则断点地址为 1FFDH+2=1FFFH，被调用的子程序始地址范围只能在 1F00H～1FFFH，而不能向高地址调用了。

（2）返回指令

返回指令共两条：

子程序返回指令 RET；(PC15～8) ←((SP)), (SP) ←(SP)−1

(PC7～0) ←((SP)), (SP) ←(SP)−1

中断返回指令 RETI；(PC15～8) ←((SP)), (SP) ←(SP)−1

(PC7～0) ←((SP)), (SP) ←(SP)−1

这两条指令都放在子程序或中断服务程序的最后一条，功能都是从堆栈中取出以前压入的 16 位断点地址送回 PC，从而完成了程序的返回。而 RETI 指令除此之外，还要清除中断响应时被置位的优先状态触发器，开放较低级中断和恢复中断逻辑。

4．空操作指令

NOP ;(PC) ←(PC)+1

空操作指令是单字节指令，CPU 不作任何操作，可产生一个机器周期的延时，程序设计中也可作备用。

控制转移类指令表如表 6-5 所示。

表 6-5 控制转移类指令表

指　令	功 能 简 述	字 节 数	周 期 数
ACALL addr11	2KB 页面内绝对调用	2	2
AJMP addr11	2KB 页面内绝对转移	2	2
LCALL addr16	64KB 范围内长调用	3	2
LJMP addr16	64KB 范围内长转移	3	2
SJMP rel	相对短转移	2	2
JMP @A+DPTR	相对长转移	1	2
RET	子程序返回	1	2
RETI	中断返回	1	2
JZ rel	累加器零转移	2	2
JNZ rel	累加器非零转移	2	2
CJNZ A,#data,rel	累加器与立即数不等转移	3	2
CJNZ A,direct,rel	累加器与直接寻址单元不等转移	3	2
CJNZ Rn,#data,rel	寄存器与立即数不等转移	3	2
CJNZ @Ri,#data,rel	RAM 单元与立即数不等转移	3	2
DJNZ Rn,rel	寄存器减 1 不为零转移	2	2
DJNZ direct,rel	直接寻址单元减 1 不为零转移	3	2
NOP	空操作	1	1

6.3.5　布尔变量操作类指令

布尔变量就是开关变量，它以“位”作为单位进行运算和操作。对位的操作指令是 MCS-51 单片机的一个重要特色。

MCS-51 具有较强的布尔变量处理能力，它在硬件上设置了一个独立的位处理机（即布尔处理器），它把 PSW 中进位标志位 CY 作为位处理机相应的累加器 C。而内部 RAM 单元中可位寻址区中的各位和特殊功能寄存器 SFR 中可位寻址的寄存器中的各位是位处理机的存储空间。

位操作的指令共有 17 条，所用的助记符有 MOV、CLR、CPL、SETB、ANL、ORL、JC、JNC、JB、JNB 和 JBC 共 11 种。

1．位传送指令

位传送指令有两条：

```
MOV C,bit          ;(CY)  ← (bit)
MOV bit, C         ;(bit)  ← (CY)
```

为便于书写，指令中 CY 直接写作 C。两个可寻址位之间没有直接的传送指令，要完成这种传送，则以通过 CY 作为中间媒介来进行。

例 6-57： 把 P1.0 的状态送到 P1.5。

```
MOV C,P1.0         ;(C)  ← (P1.0)
MOV P1.5,C         ;(P1.5)  ← C
```

例 6-58： 将位地址 2AH 内容传送到位地址 2BH。

```
MOV F0,C           ; 暂存 CY 内容到 F0（PSW 的第 5 位）
MOV C,2AH          ;(CY)  ← (2AH)
MOV 2BH, C         ;(2BH)  ← (CY)
MOV C, F0          ; 恢复原 CY 的内容
```

2．位置位/复位指令

位置位/复位指令共有 4 条，它对位地址所指定的各位和进位标志 CY 进行置位或复位的操作。

（1）位置位指令

```
SETB C             ;(CY)  ← 1
SETB bit           ;(bit)  ← 1
```

（2）位复位指令

```
CLR C              ;(CY)  ← 0
CLR bit            ;(bit)  ← 0
```

3．位运算指令

位的运算都是逻辑运算，有“与”“或”“非”3 种运算。进行“与”“或”运算时，以位累加器 CY 为目的操作数，位地址的内容为源操作数，逻辑运算的结果送回 CY。“非”运算对每个位地址内容取反。位运算指令共有 6 条：

```
ANL C,bit              ;(CY)  ← (CY) ∧ (bit)
```

```
ANL C,/bit        ;(CY) ←(CY) ∧ (/bit)
ORL C,bit         ;(CY) ←(CY) ∨ (bit)
ORL C,/bit        ;(CY) ←(CY) ∨ (/bit)
CPL C             ;(CY) ←(/CY)
CPL bit           ;(bit) ←(/bit)
```

例 6-59：用位操作指令对 40H、41H 中内容进行异或，结果存入 42H。

异或运算 $Y=A \oplus B=\overline{A}B+A\overline{B}$，按此公式计算指令为：

```
MOV C, 41H        ;(CY) ←(41H)
ANL C,/40H        ;(CY) ←(/40H) ∧ (41H)
MOV 42H, C        ;暂存中间结果
MOV C, 40H        ;(CY) ←(40H)
ANL C, /41H       ;CY) ←(40H) ∧ (/41H)
ORL C, 42H        ;(CY) ←(/40H) ∧ (41H)+(40H) ∧ (/41H)
MOV 42H, C        ;异或结果存入 42H
```

4．位控制转移指令

位控制转移共 5 条，它们都是条件转移指令，它们以 CY 或位地址 bit 的内容作为转移的判断条件。

（1）以 CY 内容为条件的转移指令

```
JC rel       ; CY=1，则 (PC) ←(PC)+2+rel
               CY=0，则 (PC) ←(PC)+2
JNC rel      ; CY=0，则 (PC) ←(PC)+2+rel
               CY=1，则 (PC) ←(PC)+2
```

（2）以位地址内容为条件的转移指令

```
JB bit,rel   ; (bit)=1，则 (PC) ←(PC)+3+ rel
               (bit) =0，则 (PC) ←(PC)+3
JNB bit,rel  ; (bit)=0，则 (PC) ←(PC)+3+ rel
               (bit) =1，则 (PC) ←(PC)+3
JBC bit,rel  ; (bit)=1，则 (PC) ←(PC)+3+ rel 且 (bit) ←0
               (bit) =0，则 (PC) ←(PC)+3
```

JBC 指令与 JB 指令类似，在转移条件满足时，JBC 指令还将 bit 位地址内容清零。

例 6-60：比较 50H 和 60H 中两个无符号数的大小，大数存入 70H，小数存入 71H。若两数相等，使 77 位地址内容置 1。

```
MOV      A, 50H          ;A ←(50H)
CJNE     A, 60H, M1      ; 两数不相等则转至 M1 执行
SETB     77              ; 两数相等，77 位置 1
RET
M1:JC    M2              ; 当 (50H)<(60H) 时，C=1，转 M2
MOV      70H,A           ; 当 (50H)>(60H) 时，70H ←(50H)
```

```
MOV        71H, 60H          ; 小数存入 71H 中
RET
M2:MOV     70H,60H           ; 大数（60H）存入 70H 中
MOV        71H,50H           ; 小数（50H）存入 71H 中
RET
```

例 6-61：测试 P1 口的 P1.7 位，若该位为 1，将 70H 单元内容送至 P2 口，否则读入 P1 口内容存入 60H 单元。

```
JB         P1.7 ,MM1         ;P1.7 位为 1，则转 MM1
MOV        60H,P1            ;P1.7 位为 0，P1 内容存入 60H
...
MM1:MOV    P2,70H            ;P2  ←(70H)
```

布尔操作类指令表如表 6-6 所示。

表 6-6　布尔操作类指令表

指　令	功能简述	字节数	周期数
MOV C,bit	直接寻址位送 C	2	1
MOV bit,C	C 送直接寻址位	2	1
CLR C	C 清零	1	1
CLR bit	直接寻址位清零	2	1
CPL C	C 取反	1	1
CPL bit	直接寻址位取反	2	1
SETB C	C 置位	1	1
SETB bit	直接寻址位置位	2	1
ANL C,bit	C 逻辑“与”直接寻址位	2	2
ANL C,/bit	C 逻辑“与”直接寻址位的“非”	2	2
ORL C,bit	C 逻辑“或”直接寻址位	2	2
ORL C,/bit	C 逻辑“或”直接寻址位的“非”	2	2
JC rel	C 为 1 转移	2	2
JNC rel	C 为 0 转移	2	2
JB bit,rel	直接寻址位为 1 转移	3	2
JNB bit,rel	直接寻址位为 0 转移	3	2
JBC bit,rel	直接寻址位为 1 转移并清除该位	3	2

思考与习题

1. 简述 MCS-51 系列单片机的寻址方式和所涉及的寻址空间。
2. 访问外部数据存储器和程序存储器可用哪些指令来实现？

3．访问特殊功能寄存器和片外数据存储器，应采用哪些寻址方式？

4．8051 的片内 RAM 中，已知 (30H)=38H，(38H)=40H，(40H)=48H，(48H)=90H。分析下面各条指令，说明源操作数的寻址方式，按顺序执行各条指令后的结果。

```
MOV    A,40H
MOV    R0,A
MOV    P1,#0F0H
MOV    @R0,30H
MOV    DPTR,#3848H
MOV    40H,38H
MOV    R0,30H
MOV    D0H,R0
MOV    18H,#30H
MOV    A, @R0
MOV    P2,P1
```

5．MCS-51 的两条查表指令是什么？用 PC 和 DPTR 作基址寄存器查表各有何优缺点？

6．已知 SP=25H，PC=2345H，(24H)=12H，(25H)=34H，(26H)=56H。试问此时执行 RET 指令以后，SP 和 PC 内容各为多少？

7．把片外数据存储器 8000H 单元中的数据读到累加器中，应执行哪几种指令？

8．要使 B 寄存器的内容取反，应执行一条什么指令？

9．要使 P1 口的低 4 位输出 0，而高 4 位不变，应执行一条什么指令？

10．要使 P2 口的高 4 位输出 1，而低 4 位不变，应执行一条什么指令？

11．试用 3 种方法将累加器 A 中无符号数乘以 2。

12．已知 PC=1010H，试用两种方法将程序存储器 10FFH 中的常数送入累加器 A。

13．已知累加器 A 中存放两位 BCD 码数，试编写程序实现十进制数减 1。

第 7 章　汇编语言程序设计

单片机应用程序的编制一般采用汇编语言。汇编语言是一种面向机器的语言，其显著特点是：程序结构紧凑、占用存储空间少；实时性强、执行的速度快；能直接管理和控制存储器及硬件接口，充分发挥硬件的作用。因此特别适合于编制程序容量不大但要求实时测控、软硬件关系密切的单片机应用程序。与面向过程的高级语言相比较，汇编语言编程也有缺点，如不够方便，不易移植到其他机器中。

7.1　汇编语言语句的格式

用助记符表示指令系统的语言称为汇编语言，用汇编语言编写的程序称为汇编语言程序。为了使汇编语言程序清晰、明了、易读和易懂，对其语句格式作了严格的规定。

汇编语言指令语句的格式为：

标号:操作码　　操作数　　;注释

其中，只有操作码是不可缺少的。标号和操作码之间用":"作分隔符，也可再加上若干空格。操作码和操作数之间用空格作分隔符，各操作数之间用","作分隔符，注释之前用";"作分隔符。

1．标号

在指令语句中，标号位于一个语句的开头位置，由字母和字符组成，字母打头，冒号":"结束。在 8051 汇编语言中，标号字符个数一般不超过 8 个。若超过 8 个，则以前面的 8 个字符为有效字符。标号是语句地址的标志符号，如果有其他语句访问该语句，该语句就需要加上标号。汇编时把该语句中操作码第一个字节在程序存储器中的地址赋值给该标号，在其他指令的操作数中，标号就可作为一个确定的数值来使用，以便于程序的调用，转移指令的转入等。

2．操作码

操作码指指令的助记符或定义符。它用来表示指令的性质，规定这个指令语句的操作类型。

3．操作数

操作数给出的是参与运算或进行其他操作的数据或这些数据的地址。操作数与操作码之间用空格分隔。

对于操作数中出现的常数，十六进制的需加后缀 H；若以字母 A、B、C、D、E、F 开头，其前面需加一个 0 进行引导说明，如 0A5H；二进制的加后缀 B；十进制的加后缀 D 或者不加。

操作数可以是工作寄存器或特殊功能寄存器 SFR 的代号，也可以是已定义的标号地址，或是带加减运算符的表达式。在需要程序用转移指令原地踏步时，用 $ 表示当前指令地址。

4．注释

注释由分号“;”引导开始，是说明语句的功能、性质以及执行后果的文字。仅供人们阅读程序时使用，对机器不起作用。

7.2 伪 指 令

为了便于编程和对汇编语言程序进行汇编，各种汇编语言都会定义若干种伪指令，用于对汇编过程进行某种控制，或者对符号、标号赋值。由伪指令确定的操作称为伪操作。在汇编过程中，伪指令不产生可执行的目标代码，仅指明在汇编时执行哪一些特殊的操作。例如，为程序指定一个存储区，将一些数据、表格常数存放在指定的存储单元，说明源程序结束等。下面介绍一些常用的伪指令。

7.2.1 汇编起始指令（ORG）

ORG 的功能是规定下面的目标程序的起始地址。

格式：

```
        ORG     16位地址
```

例如：

```
        ORG     1000H
START:  MOV     A,#31H
        ...
```

上述例子中规定了标号 START 所在的地址为 1000H，第一条指令就从 1000H 开始存放。

一般在一个汇编语言源程序的开始，都用一条 ORG 伪指令来规定程序存放的起始位置，故称为汇编起始指令。但在一个源程序中，可以多次使用 ORG 指令，以规定不同的程序段的起始位置，但不同的程序段之间不能有重叠。在 8051 单片机中，一个源程序若不用 ORG 指令开始，则从 0000H 开始存放机器码。

7.2.2 汇编结束命令（END）

END 是汇编语言源程序的结束标志，在 END 以后所写的指令，汇编程序都不予处理。一个源程序只能有一个 END 命令。在同时包含有主程序和子程序的系统中，也只能有一个 END 命令，并放在所有指令的最后，否则就有部分指令不能被汇编。

格式：

标号： END

7.2.3 赋值命令（EQU）

EQU 的功能是将一个数据或特定的汇编符号赋予规定的名称字符。

格式：

名称字符 EQU 数据或汇编符

赋值伪指令的功能是将其右边的数据或汇编符赋给左边的名称字符。名称字符必须先赋值后使用，通常将赋值语句放在源程序的开头。名称字符被赋值后在程序中就可以作为一个 8 位或 16 位的数据或地址来使用。

例如：

```
READ   EQU   P1
MOV    A,READ
```

这里将 READ 赋值为汇编符号 P1，在指令中 READ 就可以代替 P1 来使用。

7.2.4　数据地址赋值命令（DATA）

DATA 的功能是将数据地址或代码地址赋予规定的字符名称。

格式：

字符名称　DATA　表达式

DATA 的功能和 EQU 有些相似，它们的差别主要有 3 点：第一，EQU 定义的符号必须先定义后使用，而 DATA 的符号可以先使用后定义；第二，DATA 可将一个表达式的值赋给一个名称字符，所定义的名称字符也可以出现在表达式中，而用 EQU 定义的字符不能这样使用；最后，EQU 可把一个汇编符号赋给一个名称字符，而 DATA 则不能。

7.2.5　定义字节指令（DB）

DB 的功能是从指定的地址单元开始定义若干个 8 位内存单元的内容。

格式：

DB　8 位二进制数表

DB 用于在程序存储器中将某一部分存入一组规定好的 8 位二进制数，或者是将一个数据表格存入程序存储器。8 位二进制数可采用二进制、十进制、十六进制和 ASCII 码等多种表示形式。

例如：

```
TAB1: DB   3FH,55,‘8’,‘C’
TAB2: DB   10100B
```

假设 TAB1 的对应地址为 2000H，则经汇编后，将对 2000H 开始的若干内存单元进行如下赋值：

(2000H)=3FH

(2001H)=37H　　（十进制 55 等于 37H）

(2002H)=38H　　（8 的 ASCII 码为 38H）

(2003H)=43H　　（C 的 ASCII 码为 43H）

(2004H)=14H　　（二进制的 10100B 等于 14H）

7.2.6　定义字命令（DW）

DW 的功能是从指定地址开始，定义若干个 16 位数据。

格式：

DW　16 位数据

DW 的功能与 DB 相似，但 DW 定义的是一个字（两个字节），主要用于定义 16 位地址。高 8 位的字节先存入寄存器的低地址字节中，而低 8 位的字节则后存入寄存器的高地址字节中。

例如：

```
ORG     1000H
DW      3964H,6H,20
```

经汇编后，相关寄存器的内容为：

(1000H)=39H

(1001H)=64H

(1002H)=00H

(1003H)=06H

(1004H)=00H

(1005H)=14H

7.2.7　定义空间命令（DS）

DS 的功能是从指令的地址开始，保留若干字节的内存空间备用。

格式：

DS　表达式

预留内存单元的个数由表达式的值决定。在 8051 系统中预留 ROM 单元并无实际的意义。

7.2.8　位地址符号命令（BIT）

BIT 的功能是将位地址赋予所规定的字符名称。

格式：

字符名称　BIT　位地址

例如：

```
RECORD    BIT    P2.2
PLAY      BIT    P2.3
```

这样就可以把位地址 P2.2 和 P2.3 分别赋予变量 RECORD 和 PLAY。

7.3　汇编语言源程序的编程和汇编

单片机应用程序的设计通常是借助于微型计算机来实现的。一般在微型计算机上使用编辑软件编写源程序，然后使用分支汇编程序对源程序进行汇编，最后采用串行通信方法把汇编得到的目标程序传送到单片机内，并进行调试和运行。其过程如图 7-1 所示。

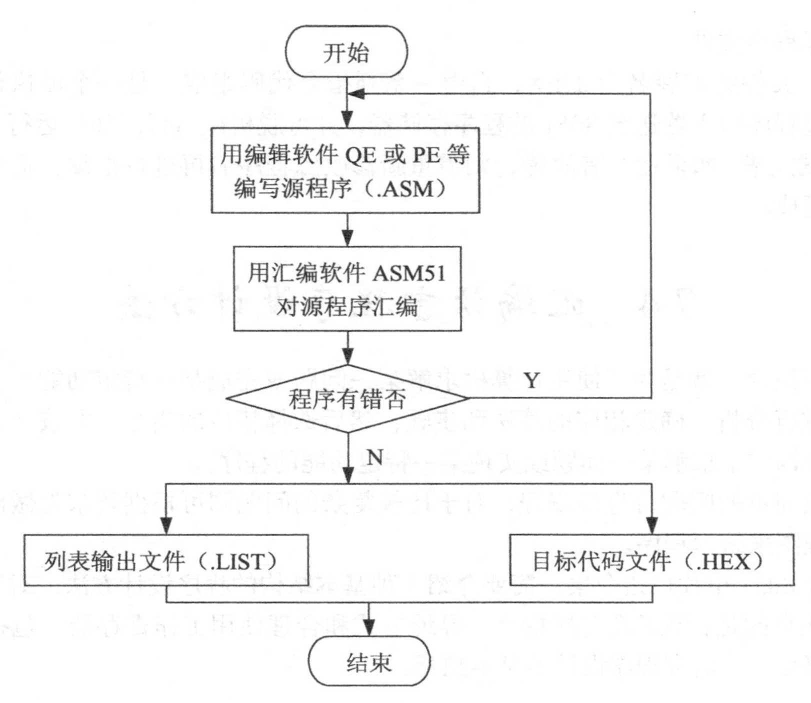

图 7-1　汇编软件设计程序过程

7.3.1　源程序编辑

在设计程序时应先完成源程序的编写。源程序通常采用 QE 或 PE 等软件进行编写。编写源程序时即采用汇编语言的指令语句和伪指令语句。源程序的文件扩展名为 .ASM。

7.3.2　源程序汇编

计算机不能直接识别源程序中出现的助记符、字母、数字和符号等，所以需要先将其转换为用二进制代码表示的机器语言程序，然后才能识别和执行。通常，把这一转换工作称为汇编。8051 中对源程序进行汇编的软件工具为 MASM-51。

1．程序的错误检查

在编写源程序时，经常会出现语句错误。因此在编写完源程序后要进行汇编操作。如果出现源程序的语法错误，如助记符写错、资源冲突、格式出错或数据类型出错等，汇编程序会列出出错个数及错误语句所在行。这时，应返回编辑状态，修改源程序。修改完后再进行汇编操作。如此反复，直至没有错误出现，通过汇编为止。

2．列表程序文件和目标程序文件

源程序在汇编通过后，会产生两个新的文件，即列表程序文件和目标程序文件。

（1）列表程序文件

列表程序文件的扩展名为 .LST，其内容是汇编后的程序清单，用作程序文档。

（2）目标程序文件

目标程序文件的扩展名为.HEX，它由一系列指令代码组成，是一个可执行文件。目标程序文件通过程序写入器送至8051的程序存储器，并可脱机试运行。如果运行良好，则系统程序设计调试完毕；如果运行有故障，则需重新修改源程序后再进行汇编，输出目标程序文件调试，直至成功。

7.4 汇编语言程序设计方法

所谓程序设计，就是为了使用计算机求解某一问题或完成某一特定功能。为此先对问题或特定功能进行分析，确定相应的算法和步骤，然后选择相应的指令，并按一定的顺序排列起来，这样就构成了求解某一问题或实现某一特定功能的程序。

对于比较简单的问题可直接编程，对于比较复杂的问题则可根据要求先做出流程图，然后再根据流程图来编写程序。

本节结合8051单片机指令集，简要介绍5种基本结构的程序设计方法。对于用汇编语言编程特别要注意的是：要正确选择指令、寻址方式和合理使用工作寄存器，包括数据存储器单元等。这都是汇编语言程序设计的基本技巧。

7.4.1 简单程序

简单程序是指一种无分支的直接程序，即从第一条指令开始依次执行每一条指令，直到最后一条。它往往也是构成复杂程序的基础。

例7-1：在初始化或某段程序的开头，需要对工作寄存器或某些数据单元设置初值。现对R0～R3工作寄存器清零，R4、R5置成全“1”，对P1口清零，片内RAM中30H、40H清零。则程序如下：

```
        ORG   1000H
START： MOV   R0,#00H       ;(R0) ← 0
        MOV   R1,#00H       ;(R1) ← 0
        MOV   R2,#00H       ;(R2) ← 0
        MOV   R3,#00H       ;(R3) ← 0
        MOV   P1,#00H       ;(P1) ← 0
        MOV   R4,#0FFH      ;(R4) ← 0FFH
        MOV   R5,#0FFH      ;(R5) ← 0FFH
        MOV   30H,#00H      ;(30H) ← 0
        MOV   40H,#00H      ;(40H) ← 0
        END
```

例7-2：数据交换时一般利用中间单元（或寄存器），以保证双方的数据不被破坏。例如，将R3与R5内容互换，R4与35H单元内容互换时，程序如下：

```
XCHR：     XCH    A,R3
           XCH    A,R5
```

```
        XCH     A,R3            ;R3 与 R5 内容互换
        XCH     A,R4
        XCH     A,35H
        XCH     A,R4            ;R4 与 35H 单元内容互换
```

例 7-3：将一个字节内的两个 BCD 十进制数拆开并变成相应的 ASCII 码，并存入两个 RAM 中。

数字 0～9 的 ASCII 码为 30H～39H，完成拆字转移只需将一个字节内的两个 BCD 数拆开放到另两个单元的低 4 位，并在其高 4 位赋以 0011 即可。若两个 BCD 数存放在 20H 单元，拆开变换后的 ASCII 码存放到 21H 和 22H 单元，则程序为：

```
    MOV     R0,#22H         ;(R0) ← 22H
    MOV     @R0,#00H        ;22H 清零
    MOV     A,20H           ; 两个 BCD 码放 A
    XCHD    A,@R0           ; 低位 BCD 数送 22H 单元
    ORL     22H,#30H        ; 完成低位 ASCII 码转换
    SWAP    A               ; 高位 BCD 数交换到低 4 位
    ORL     A,#30H          ; 完成高位的转换
    MOV     21H,A           ; 高位数存入到 21H 单元中
```

7.4.2 分支程序

分支程序具有判断和选择能力，能够根据不同的条件执行不同的程序段。

无条件分支程序中含有无条件转移指令，比较简单。条件分支程序中含有条件转移指令，相对比较复杂。MCS-51 的分支程序设计主要就是正确运用累加器 A 判 0 条件转移、比较条件转移、减 1 条件转移和位控制条件转移等指令进行编程。

1．单分支程序

当程序的判别仅有两个出口，即两者选一时，称之为单分支程序。它通常采用条件判别指令来选择并转移，一般有以下 3 种典型的形式（如图 7-2 所示）。如图 7-2（a）所示，当条件满足时执行分支程序 1，否则执行分支程序 2；如图 7-2（b）所示，当条件满足时跳过程序段 1，从程序段 2 开始继续顺序执行；如图 7-2（c）所示，当条件满足时程序执行程序段 2，否则重复执行程序段 1，直至条件满足。

2．多分支程序

当程序的判别部分有两个以上的出口流向时称之为多分支程序。多分支程序的结构形式如图 7-3 所示。

例 7-4：128 分支程序。根据 R3 的值（00H～7FH），分支到 128 个不同的分支入口。程序如下：

```
    MOV     A, R3               ; 分支序列号 R3 的值送 A
    RL      A                   ; 分支序列号乘 2
    MOV     DPTR,#BRTAB         ; 转移指向表地址
    JMP     @A+DPTR
```

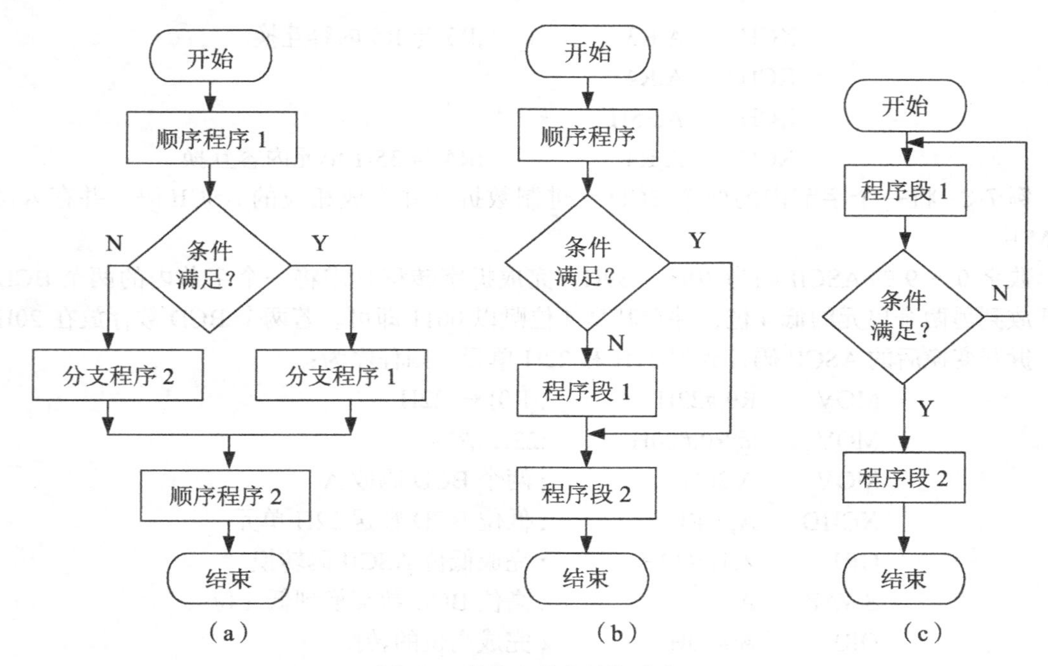

图 7-2　单分支程序结构形式

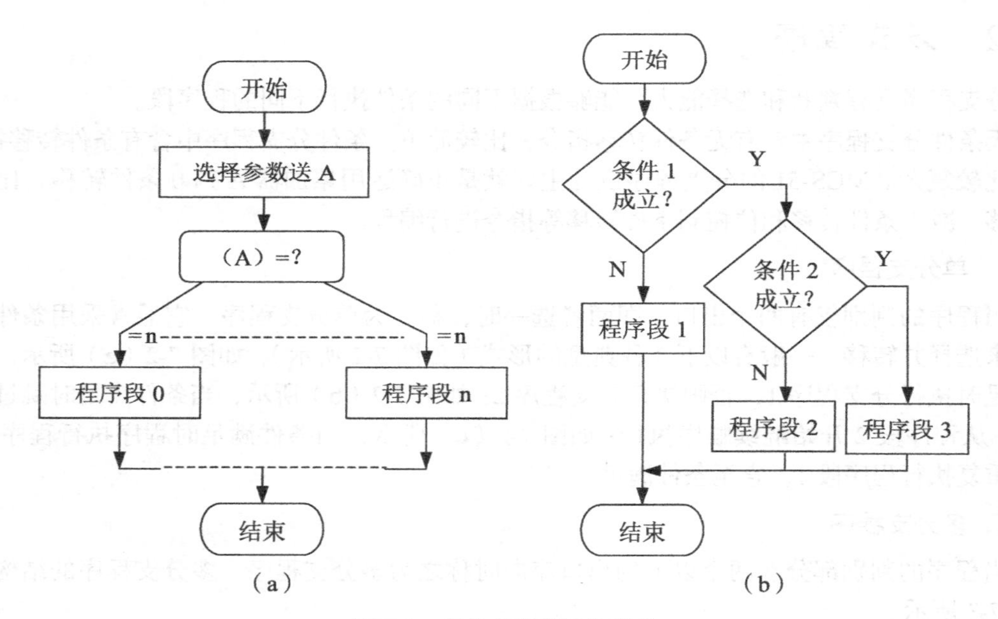

图 7-3　多分支程序结构形式

```
BRTAB:    AJMP    ROUT 0          ; 转分支程序 0
          AJMP    ROUT 1          ; 转分支程序 1
          ...
          AJMP    ROUT 127        ; 转分支程序 127
```

由于 AJMP 是双字节指令，因此提前使偏移量 A 乘以 2，以转向正确的位置。从 BRTAB

开始不是存放入口地址表，而是存放一系列 AJMP 指令。程序的工作是两次转移：先根据 R3 的值，把 JMP 指令转移到 BATAB 开始的某一条 AJMP 指令，然后再把这条 AJMP 指令转移到相应的分支入口 ROUT nn。

例 7-5：将两个带符号数分别存于 DATA1 和 DATA2 单元。并比较它们的大小，将较大者存入 DATA3 单元。

两个带符号数比较可将两个数相减后的正负和溢出标志 OV 结合在一起判断，其流程如图 7-4 所示。

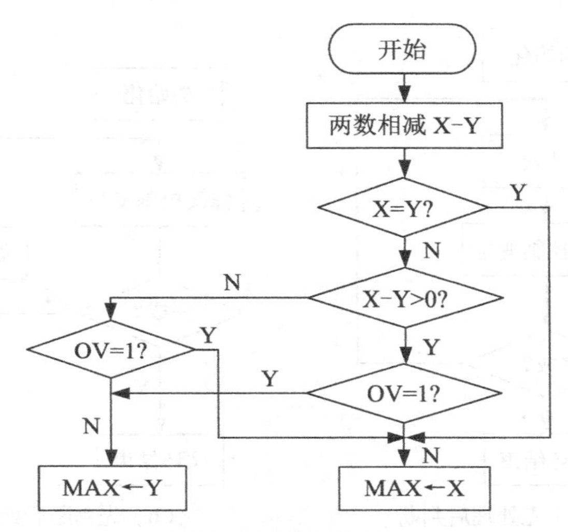

图 7-4　两符号数比较

```
        CLR     C
        MOV     A, DATA1        ;取 X 到 A
        SUBB    A, DATA2        ;X−Y
        JZ      MAX1            ;X=Y，转至 MAX1
        JB      OV, MAX2        ;X−Y<0   OV=1 Y>X
        SJMP    MAX1            ;X−Y>0   OV=0 X>Y
        JB      OV, MAX1        ;X−Y<0   OV=1 Y>X
MAX2:   MOV     A,DATA2         ;Y>X
        SJMP    MAX3
MAX1:   MOV     A,DATA1         ;X>Y
MAX3:   MOV     DATA3, A        ;送较大的值至 DATA3
DATA1   DATA    30H
DATA2   DATA    31H
DATA3   DATA    32H
```

7.4.3　循环程序

循环程序是多次重复执行某一程序段，直至满足结束条件再向下顺序执行。循环程序使程序紧凑、节省程序存储单元。循环结构通常由 4 部分组成：

（1）初始化：设置循环控制计算器、数据指针、各工作寄存器及其他变量的初值。

（2）循环处理：重复执行需要的操作，是循环结构的核心。

（3）循环控制：包括修改循环计算器、数据指针和判断循环结束条件是否满足。包括用计数方法控制循环和用条件判断控制循环两种方式。

（4）循环结束：处理存放循环程序的执行结果及恢复各工作单元的初值。

循环程序一般有两种编程方法（如图 7-5 所示）。

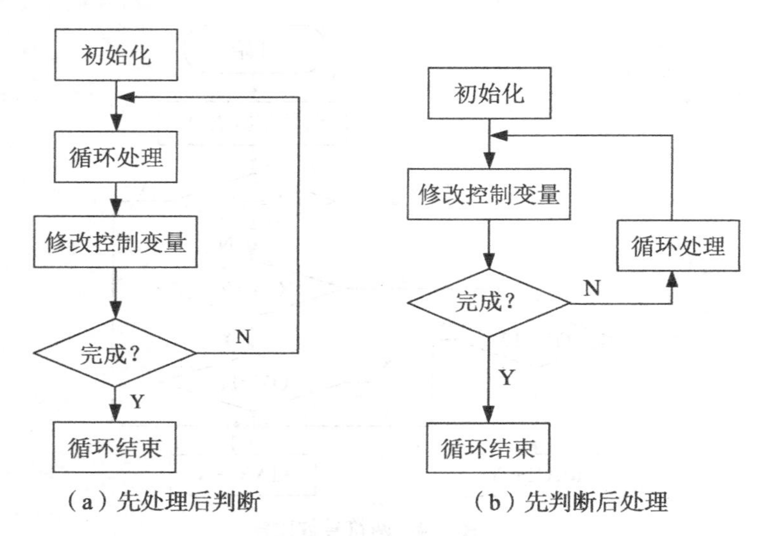

图 7-5　循环程序结构的两种类型

例 7-6： 采用循环程序进行软件延时。

```
DELAY 0:   MOV    R2, #data        ; 预置循环控制常数
DELAY 1:   DJNZ   R2, DELAY1       ; 当 (R2) ≠ 0 转向自身
        RET
```

根据 R2 的初值不同，可实现 3 ～ 513 个周期的延时。

例 7-7： 多字节无符号数加法程序。

假设被加数低字节地址存放于 R0 中，加数的低字节地址存放于 R1 中，字节数存放于 R3 中。相加的结果依次存放于原被加数单元。其流程如图 7-6 所示，加法程序段如下：

```
START:   MOV    A, R0          ; 保存被加数首地址
         MOV    R5, A
         MOV    A, R3          ; 保存字节数
         MOV    R7, A
         CLR    C
ADDA:    MOV    A, @R0
         ADDC   A, @R1         ; 做加法
         MOV    @R0, A         ; 和存入对应的被加数单元
         INC    R0             ; 指向下一个字节单元
```

```
        INC     R1
        DJNZ    R7, ADDA        ;若 (R7)−1 ≠ 0，继续做加法
        JNC     ADDB            ;若高位字节相加无进位则转 ADDB
        INC     R3              ;若有进位，字节数加 1
        MOV     @R0,#01H        ;高位进位位存入被加数下一单元
ADDB:   MOV     A,R5            ;为读取和数做准备
        MOV     R0, A
        END
```

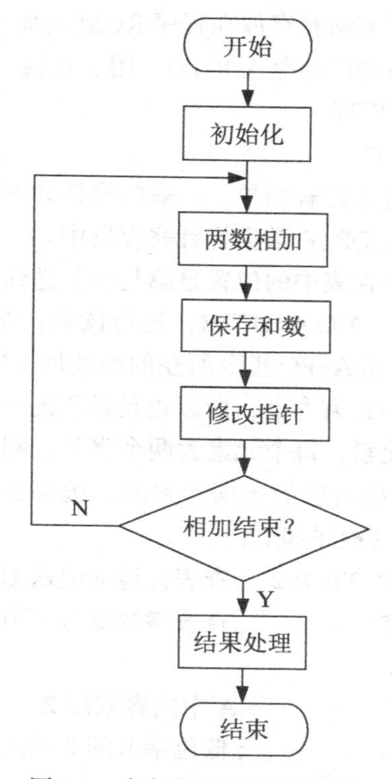

图 7-6　多字节加法程序流程图

例 7-8： 内存中以 STRING 开始的区域有若干个字符和数字，最末一个字符为“$”，统计这些字符的数目，结果存入 NUM 单元。

本例要在统计字符串长度时寻找一个关键的字符“$”，当找到关键字符时，循环结束，统计完成。关键字符“$”的 ASCII 码为 24H。采用 CJNE 指令，将字符与关键字符 24H 相比较。

相应程序如下：

```
        CLR     A               ;A 作计数器，先清零
        MOV     R0, #STRING     ;首地址送 R0
LAB:    CJNE    @R0, #24, LAB2  ;与“$”比较，不等转移
        SJMP    LAB3            ;找到“$”，循环结束
LAB2:   INC     A               ;计数器加 1
```

```
        INC     R0                  ; 修改地址指针
        SJMP    LAB                 ; 循环
LAB3:   INC     A                   ; 再计入 "$" 这个字符数目
        MOV     MUN, A              ; 存入结果
```

7.4.4 查表程序

查表就是根据变量 X，在表格中查找对应的 Y 值，使 Y=f(X)，Y 与 X 的对应关系可有各种形式，而表格也可有各种结构。

在 MCS-51 中查表时的数据表格是存放在程序 ROM 内而不是数据 RAM 中。在编程时可很方便地通过 DB 伪指令把表格的内容存入 ROM。用于查表的指令有两条：

```
MOVC    A, @A+DPTR
MOVC    A, @A+PC
```

使用 DPTR 作为基地址时查表比较简单，一般的操作如下。

（1）所查表格的首地址存入 DPTR 数据指针寄存器中。

（2）将所查表的偏移量（即在表中的位置是第几项）送到累加器 A。

（3）执行查标指令 MOVC　A,@A+DPTR，进行读数，结果送入 A。使用 PC 作为基地址，则 PC 中的值由 MOVC　A,@A+PC 指令所在的地址加 1 以后的值确定。确定 PC 的值稍微有点麻烦，但可以不占用 DPTR 寄存器，所以也是常用的一种查表方法。

例 7-9：设表中有 1024 个元素，每个元素为两个字节，则表格总长度为 2048 个字节。现按 R4 和 R5 的内容从表格中查出对应的数据元素值，送存 R4 和 R5 中。查表号的低位字节在 R5 中，高位字节在 R4 中。其程序如下：

```
TBDP1:  MOV     DPTR, TBDP2     ; 查表首地址值送 DPTR
        MOV     A, R5           ; 查表参数低位字节送 A
        CLR     C
        RLC     A               ;A 中内容乘以 2
        XCH     A, R4           ; 低位字节的 2 倍送入 R4，高位字节送入 A
        CLR     C
        RLC     A
        XCH     A, R4           ; 低位字节的 2 倍送入 A，高位字节的 2 倍送入 R4
        ADD     A, DPL          ;DPL+ 查表参数低位字节
        MOV     DPL, A          ; 相加和存 DPL
        MOV     A, DPH          ;DPH 送入 A
        ADDC    A,   R4         ;DPH+ 查表参数高位字节
        MOV     DPH, A          ; 相加和存 DPH
        CLR     A
        MOVC    A, @A+DPTR      ; 查表读第一字节
        MOV     R4, A           ; 第一字节存入 R4
        CLR     A
```

```
        INC     DPTR
        MOVC    A, @A+DPTR    ; 查表读第二字节
        MOV     R5, A         ; 第二字节存入 R5
        RET                   ; 返回
        TBDP2:  DW    ...     ; 数据表
        DW      ...
        ...
```

7.4.5　子程序

在实际的程序设计中，需将多次应用的、完全相同的某种基本运算或操作的程序段从整个程序中独立出来，单独编制成一个程序段，并存放于某一存储区域。在需要的时候通过指令调用即可执行，这种程序段称为子程序。

1．专用的调用指令和返回指令

（1）绝对调用指令 ACALL addr11

绝对调用指令提供低 11 位调用目标地址（高 5 位地址保持不变），即被调用的子程序首地址距调用指令的距离在 2KB 范围内。

（2）长调用指令 LCALL addr16

长调用指令提供了 16 位目标地址，因此子程序可设置在 64KB 的任何存储器区域。该调用指令自动将断点地址（当前 PC 值）压入堆栈保存，以便子程序执行完毕后能正确返回到主程序的断点处继续执行。

（3）返回指令 RET

返回指令一般设置在子程序结束处，表示子程序已执行完毕。它的功能是自动将断点地址从堆栈中弹出并送回 PC。

2．子程序的调用及返回过程

子程序的调用及返回过程如图 7-7 所示。

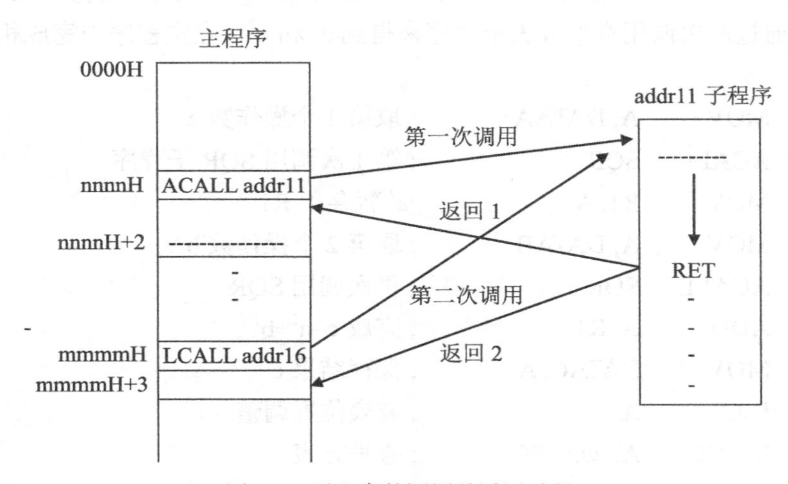

图 7-7　子程序的调用及返回过程

设主程序的入口地址为 addr1，以 RET 指令返回。当主程序执行到 ACALL addr11 指令时，将 nnnnH+2 断点地址从 PC 中进栈保护，而将 addr11 送入 PC（addr11 高 5 位保持不变）。这样程序就转向以 addr1 为入口的子程序去执行。当子程序执行到 RET 返回指令时，自动将 nnnnH+2 断点地址弹出送 PC，从而实现程序返回原断点处继续往下执行。

当主程序执行到第二条调用指令 ACALL addr16 时，自动将 PC 中的 mmmmH+3 断点地址进栈保护，然后将 addr16 送 PC 程序转向以 addr1 为入口的子程序处执行。当返回执行 RET 时，自动将断点地址 mmmmH+3 弹出送 PC，程序返回原断点继续往下执行。

3．主程序和子程序之间的参数传递

调用子程序时，主程序应把参与子程序运算或操作的有关参数（入口参数）存放在约定的地方，让子程序取得参数运行。而子程序在运行结束前，也应把运算结果（出口参数）送到约定的位置，返回后主程序即可从这些地方取得需要的结果。

（1）用工作寄存器或累加器传递参数

在调用子程序之前应把数据送入工作寄存器或累加器，调用以后就用这些寄存器或累加器中的数据来进行操作。程序执行以后，结果仍由寄存器或累加器送回。

（2）用寄存器指针传递参数

用指针来指示数据存放在存储器中的位置以节省传递数据的工作量。参数在内部 RAM 中，可用 R0，R1 作指针；参数在外部 RAM 或 ROM 中，可用 DPTR 作指针。

（3）用堆栈传递数据

主程序用 PUSH 指令把参数压入堆栈，子程序即可按堆栈指令来间接访问堆栈中的参数，结果参数也可放回堆栈中。返回主程序后，可用 POP 指令得到这些结果参数。但要注意，在调用子程序时，不能把断点地址传送出去。在返回主程序时，要把堆栈指针指向断点地址，以能正确返回。

（4）用位地址传送参数

位地址同样可传送入口参数和出口参数。

例 7-10： a、b、c 数据存放于 DATAA、DATAB 和 DATAC 中，试计算 $c=a^2+b^2$。

该程序可通过两次调用查平方表子程序来得到 a^2 和 b^2，在主程序中完成相加得到 c 并存放于 DATAC。

```
         MOV     A, DATAA       ; 取第 1 个操作数 a
         ACALL   SQR            ; 第 1 次调用 SQR 子程序
         MOV     R1, A          ;a² 暂存于 R1
         MOV     A, DATAB       ; 取第 2 个操作数 b
         ACALL   SQR            ; 再次调用 SQR
         ADD     A, R1          ; 完成 c=a²+b²
         MOV     DATAC, A       ; 保存结果 c
SQR:     INC     A              ; 查表位置调整
         MOVC    A, @A+PC       ; 查平方表
         RET
```

```
TAB:    DB      0,1,4,9,16,
        DB      25,36,49,64,81
        END
```

例 7-11：在 HEX 单元存有两个十六进制数，试将它们分别转换成 ASC Ⅱ码，存入 ASC 和 ASC+1 单元。

两次转换 ASC Ⅱ码可以用子程序来实现，参数传递用堆栈来完成。

```
        PUSH    HEX         ; 第 1 个十六进制数入栈
        ACALL   SUB         ; 调用转换子程序
        POP     ASC         ; 出口参数返回送入 ASC 单元
        MOV     A,HEX
        SWAP    A           ; 第 2 个十六进制数送入
        PUSH    ACC         ; 第 2 个十六进制数入栈
        ACALL   SUB         ; 再次调用 SUB 子程序
        POP     ASC+1       ; 第 2 个 ASCA Ⅱ码送入 ASC+1
        END
SUB:    DEC     SP
        DEC     SP          ; 修改 SP 到参数位置
        POP     ACC         ; 弹出送入的入口参数
        ANL     A,#0FH
        ADD     A,#7        ; 准备查表
        MOVC    A,@A+PC     ; 查表
        PUSH    ACC         ; 出口参数进栈
        INC     SP
        INC     SP          ; 修改 SP 到返回地址
        RET
TAB:    DB      '0,1,2,3,4,5,6,7'
        DB      '8,9,A,B,C,D,E,F'
```

SUB 子程序中两条 DEC 指令和两条 INC 指令，这是为了将 SP 的位置调整到合适的位置，以免将返回地址作为参数弹出或返回到错误的位置。

7.5　综合编程举例

7.5.1　算术运算类程序

1．无符号数的加减运算

例 7-12：双字节十进制加法运算子程序：把常数 2568 与寄存器 R3、R4 的内容相加（R3、R4 内保存 4 个 BCD 数），并存入 R3 和 R4 内。

```
BCDADD:    MOV     A, R3
           ADD     A,#68H        ; 个位、十位数与 R3 中 BCD 数相加
           DA      A             ; 和的十进制调整
           MOV     R3, A         ; 和存回 R3 中
           MOV     A, R4
           ADDC    A, #25H       ; 百位、千位数与 R4 中 BCD 数带进位相加
           DA      A             ; 和的十进制调整
           MOV     R4, A         ; 和存回 R4 中
           RET
```

例 7-13：多字节无符号数减法子程序 SUB1：

被减数低字节地址→ R0

减数低字节地址→ R1

字节数→ R2

差数低位字节地址→ R0

```
SUB1:      CLR     C             ; 进位清零
SUB2:      MOV     A,@R0
           SUBB    A, @R1        ; 从低位字节开始进行两数相减
           MOV     @R0, A        ; 差数存入 R0 指向的地址
           INC     R0            ; 修改地址指针
           INC     R1
           DJNZ    R2, SUB2      ; 相减字节数未到则需循环
           JC      OK            ; 相减字节数到判有无借位
           RET                   ; 无借位，返回
           ...
OK:        DEC     R0            ; 不够减处理
           RET
```

2．字节十进制数（BCD 码）的加法运算

例 7-14：有 4 个字节压缩的 BCD 码 46532510 存在 33H ～ 30H 单元中，12345678 存在 43H ～ 40H 单元中。求它们的和并将结果存于 33H ～ 30H 单元中。

被加数最低字节地址 30H → R0

加数最低字节地址 40H → R1

字节数→ R2

```
BCD:       CLR     C             ; 进位清零
BCD1:      MOV     A, @R0        ; 取一个数
           ADDC    A, @R1        ; 计算一个字节的和
           DA      A             ;BCD 调整
           MOV     @R0, A        ; 存和
           INC     R0
```

```
        INC     R1
        DJNZ    R2, BCD1
RET
```

3．无符号数的乘法运算

例 7-15：用 MUL 和 DIV 指令实现 BCD 数的乘法子程序：

压缩 BCD 数→ A

积→ A

```
MULBCD: MOV     B, #10H
        DIV     AB          ; A 中的 BCD 数除 10H=16，以分成两个 BCD 数，
                              高字节在 A 中，低字节在 B 中
        MUL     AB          ; 两个 BCD 数相乘，积在 A 中
        MOV     B, #0AH     ; 10 送入 B 中
        DIV     AB          ; 积除 10，A 中为十位数，B 中为个位数
        SWAP    A           ; 十位数放 A 的高 4 位中
        ORL     A, B        ; 数位组合，A 中高 4 位为积的十位数，低 4 位
                              为个位数
        RET
```

4．无符号数的除法运算

例 7-16：双字节无符号数除法子程序 DIV1。其程序框图如图 7-8 所示。

本程序的算法是部分余数左移 1 位后减去除数，够减则上商，共进行 16 次。在四舍五入时，先判断余数最高位是否为 1，若为 1，说明余数大于 1/2 除数，则商加 1；当不为 1 时，余数还有可能大于 1/2 除数，在对余数乘以 2 以后，减除数，若够减，则商加 1。

入口：R7R6 ←被除数，R5R4 ←除数

出口：R7R6= 商数，A= 除法溢出标记

A=FF 为溢出

R3R2= 部分余数，R1= 计数器，R0= 差数暂存器

```
DIV1:   MOV     A, R5       ;R5 ←除数高字节
        JNZ     BEGIN       ;A 不为 0 时转
        MOV     A, R4       ;R4 ←除数低字节
        JZ      OVER        ;A=0 时转
BEGIN:  CLR     A
        MOV     R3, A
        MOV     R2, A
        MOV     R1, #10H    ;R1 除法运算次数的计数
DIV0:   ACALL   RLC4        ; 调 32 位数左移 1 位子程序（被除数连同
                              部分余数左移一位）
        MOV     A, R2
        SUBB    A, R4
```

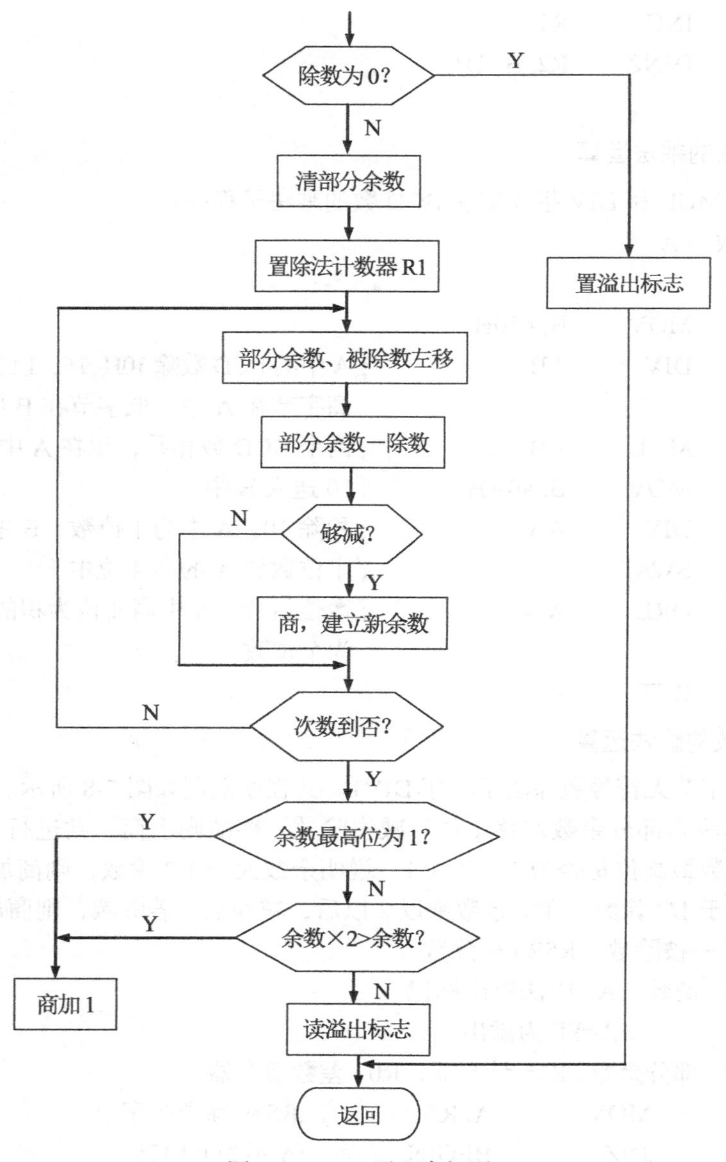

图 7-8 DIV1 子程序框图

```
            MOV     R0, A
            MOV     A, R3
            SUBB    A, R5
            JC      NEXT        ；够减，商加 1
            INC     R6
            MOV     R3, A
            MOV     A, R0
            MOV     R2, A
NEXT:       DJNZ    R1, DIV0    ；未除完，循环
```

```
         MOV     A,  R3        ; 四舍五入
         RLC     A
         JC      ROVND
         MOV     A, R2         ; 余数 >1/2 除数，商加 1
         RLC     A
         MOV     R2, A
         MOV     A, R3
         RLC     A
         SUBB    A,R5
         JC      DONE
         JNZ     ROVND
         MOV     A,R2
         SUBB    A, R5
         JC      DONE
ROVND:   ACALL   ADD1          ; 调 16 位加法子程序
DONE:    CLR     A
         RET
OVER:    MOV     A, #0FFH
         RET
RLC4:    CLR     C
         MOV     A, R6
         RLC     A
         MOV     R6, A
         MOV     A, R7
         RLC     A
         MOV     R7, A
         MOV     A, R2
         RLC     A
         MOV     R2, A
         MOV     A,R3
         RLC     A
         MOV     R3, A
         RET
ADD1:    MOV     A, R6
         ADD     A, #01H
         MOV     R6,A
         MOV     A, R7
         ADDC    A, #00H
         MOV     R7, A
         RET
```

5．混合运算

例 7-17：求 16 个数的算术平均值 $\sum_{i=1}^{16} X_i/10H$。在此运算中有加法和除法运算。通过右移 1 位相当于除以 2，右移两位相当于除以 4，右移 3 位、4 位相当于除以 8、16，可避免复杂的除法运算子程序。

若设从 P1 口采集 16 次，每次 8 位的数据，计算这 16 个数据的平均值，其程序如下：

```
AD1:  MOV   R7, #10H    ; 设累加求和次数
      MOV   R3, #00H    ; 累加和高字节清零
      MOV   R2, #00H    ; 累加和低字节清零
      MOV   A, #0FFH    ;P1 口置输入方式
      MOV   P1, A
AD2:  MOV   A, P1       ; 读入 P1 口的数据
      ADD   A, R2       ; 累加和低字节的计算
      JNC   AD3         ; 相加无进位则转移
      INC   R3          ; 有进位累加和高字节加 1
AD3:  MOV   R2, A       ; 存累加和低字节
      DJNZ  R7, AD2     ; 累加次数未满，则转移
      MOV   R7, #04H    ; 累加已满 16 次，求平均值，右移 4 次，相当于除以 16
DV0:  CLR   C           ; 进位清零
      MOV   A, R3       ; 高字节累加和右移
      RRC   A           ; 带进位右移
      MOV   R3, A       ; 保存移位后结果
      MOV   A, R2       ; 低字节和右移
      RRC   A
      MOV   R2, A       ; 保存移位后结果
      DJNZ  R7,DV0      ;4 次移位未到则转移
      RET               ; 已 4 次移位返回
```

7.5.2 代码转换类程序

日常生活中，人们习惯用十进制数进行各种运算，但是在计算机内部却只能用二进制数进行运算和数据处理。因此，数据转换、代码转换在使用计算机时是必不可少的。

例 7-18：8 位二进制数转换为 BCD 码的子程序 BINBCD1。

功能：将 0～0FFH 范围内的二进制数转换为 BCD 码 0～255。

入口：A ←二进制数

出口：R0= 十位和个位数地址

```
BIN BCD1:  MOV   B, #100
           DIV   AB       ;A= 百位数，B= 余数
           MOV   @R0, A   ; 百位数存入 RAM 中
```

```
        INC     R0
        MOV     A, #10
        XCH     A, B
        DIV     AB              ;A= 十位数，B= 个位数
        SWAP    A
        ADD     A, B            ; 数组合到 A
        MOV     @R0, A          ; 存入 RAM
        RET
```

例 7-19： 多字节二进制数转换为 BCD 码的子程序 BINBCD2。

把二进制数转换为 BCD 码的一般方法是把十进制数除 1000、100、10 等 10 的各次幂，所得的商即为千位数、百位数、十位数，余数为个位数。但当转换的数较大时，需要进行多字节除法运算，运算速度慢，程序通用性差，此时可采用 BINBCD2 转换算法，流程图如图 7-9 所示。

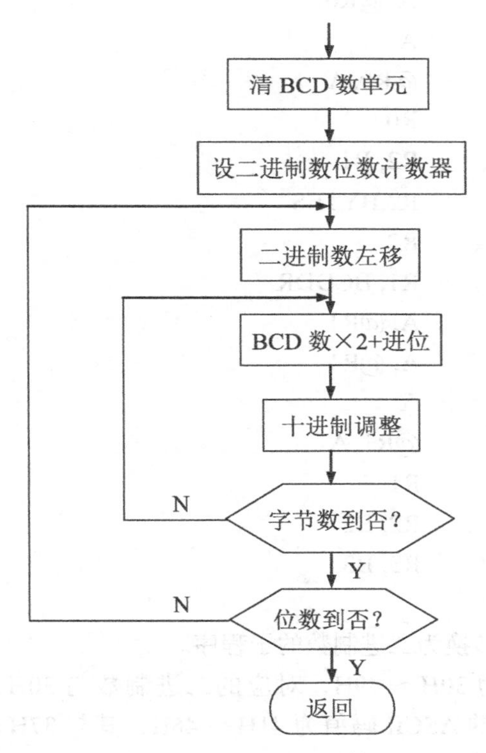

图 7-9　BINBCD2 转换算法

功能：多字节二进制数转换为 BCD 数

入口：BINDR= 二进制数低字节地址指针

　　　BCDDR=BCD 个位数地址指针

　　　BYTES= 二进制字节数

```
BIN BCD2:   MOV         R1, BCDDR
```

```
        MOV     R2, BYTES
        INC     R2
        CLR     A
B0:     MOV     @R1, A          ;BCD 单元清零
        INC     R1
        DJNZ    R2, B0
        MOV     A, BYTES        ; 计算二进制数位数
        MOV     B, #08H
        MUL     AB
        MOV     R3, A
B3:     MOV     R0, BINDR
        MOV     R2, BYTES
        CLR     C
B1:     MOV     A, @R0
        RLC     A
        MOV     @R0, A
        INC     R0
        DJNZ    R2, B1
        MOV     R2,BYTES
        INC     R2
        MOV     R1, BCDDR
B2:     MOV     A, @R1
        ADDC    A, @R1
        DA      A
        MOV     @R1, A
        INC     R1
        DJNZ    R2, B2
        DJNZ    R3, B3
        RET
```

例 7-20：将 ASCII 码转换为二进制数的子程序。

0～9 的 ASCII 码值为 30H～39H，对应的二进制数与 30H 的差恰为 0H～9H，结果均小于 0AH；字符 A～F 的 ASCII 码值为 41H～46H，其与 37H 的差都大于 0AH，分别为 0AH～0FH。转换程序如下。

入口：R0←0～F 的 ASCII 码值存储单元首地址

　　　R1←转换结果存储的首地址

　　　R7←转换字节数

```
ASCII:      MOV     A, @R0          ; 待转的 ASCII 码送入 A
            CLR     C
            SUBB    A, #30H         ; 减去 30H
```

```
        CJNE    A, #0AH,NEXT
NEXT:   JC      NEQ             ; 小于 0AH 为 00 ～ 09 数字转 NEQ
        SUBB    A, #07H         ; 大于 0AH 为字符 A ～ F，需再减去 07H
NEQ:    MOV     @R1, A          ; 存转换后的结果
        INC     R0
        INC     R1
        DJNZ    R7,ASCII        ; 判断是否所有转换都结束
        RET                     ; 转换都结束返回
```

例 7-21：二进制数转换为 ASCII 码的子程序。

0 ～ 9 范围内的二进制数加上 30H 为其 ASCII 码，A ～ F 范围内的二进制数加上 37H 为其 ASCII 码。

入口：R0 ←二进制数的单元首地址

　　R1 ←转换后的结果存放首地址

　　R7 ←需要转换的字节数

```
EXBCD:  MOV     A, @R0          ; 取待转换的数
        CLR     C
        CJNE    A, #0AH,NEXT
NEXT:   JC      EQU             ; 小于 0AH 为 0 ～ 9 的数字，转至 EQU 执行
        ADD     A, #37H         ; 大于 0AH 为 A ～ F 的字符，则加上 37H
        SJMP    EXIT
EQU:    ADD     A, #30H         ; 是 0 ～ 9 的数字则加上 30H
EXIT:   MOV     @R1, A          ; 存转换后的结果
        INC     R0
        INC     R1
        DJNZ    R7, EXBCD       ; 为转换完，转至 EXBCD 执行
        RET                     ; 全部转换完，返回
```

7.5.3　查表程序

单片机应用系统中，查表程序是一种常用程序，广泛应用于 LED 显示器控制。打印机打印及数据补偿、计算、转换等功能程序，具有程序简单、执行速度快等优点。查表也即根据变量 X 在表格中的位置查找对应的 Y，使 Y=f（X）。

例 7-22：一般应用程序往往把大型多维矩阵式表格、非线性校正参数等以线性一维向量的形式存放在程序存储器中。要查该表中某项数据，必须把矩阵的下标变量转换成所查项的存储地址。对于一个起始地址为 BASE 的 m×n 矩阵来说，下标行变量为 INDEXI，列变量为 INDEXJ 的元素存储地址可由下式求得：

$$元素地址 =BASE+(n\times INDEXI)+INDEXJ$$

现在程序存储器中有一个 11×21 的表格。现要把下标行变量为 INDEXI、列变量为 INDEXJ 的元素读入到累加器 A 中。

程序如下：

```
MATXI:  MOV     A, INDEXI        ; 取下标行变量
        MOV     B, #21           ; 每行有 21 列个元素
        MUL     AB               ; 得 21×INDEXI
        ADD     A, INDEXJ        ; 得 21×INDEXI+INDEXJ
        INC     A                ; 调整与表格首地址的差距
        MOVC    A, @A+PC         ; 查表得数据送入 A
        RET                      ; 返回
BASE:   DB   1,2                 ; 元素（0，0）和（0，1）的值
        DB   3,4                 ; 元素（0，2）和（0，3）的值
        ...
        DB   21,22               ; 元素（0，20）和（1，0）的值
        ...
        DB   231                 ; 元素（10，20）的值
```

例 7-23： 上例中表格元素不多于 255 项。若有一大型表格有 m 行 n 列，首地址为 BASE1，其低 8 位为 LOW，高 8 位为 HIGH，其元素地址也为下式：

$$元素地址 =BASE1+(n\times INDEXI)+INDEXJ$$

由于此时元素超过 256 个，用 DPTR 作基地址寄存器查表，则对表格的长度及其在存储器中的位置几乎没有限制。

```
MATRX2: MOV     A, INDEXI        ; 取行坐标值
        MOV     B, #n            ; 每行有 n 个元素，其值送 B
        MUL     AB               ; 得 n×INDEXI
        ADD     A, #LOW
        MOV     DPL, A           ; 得 DPTR 低地址
        MOV     A, B
        ADDC    A, #HIGH
        MOV     DPH, A           ; 得 DPTR 高地址
        ADD     A, INDEXJ        ; 得 n×INDEXI+INDEXJ
        MOVC    A, @A+DPTR
        RET
BASE1:  DB   ××H ...             ; 元素（0，0）～（m-1，n-1）的值
```

7.5.4 软件看门狗

看门狗（WATCHDOG）的作用是强迫微控制器（单片机）进入复位状态，使之从硬件或软件故障中解脱出来。即当单片机的程序进入了错误状态后，在一个指定的时间内，使单片机溢出，产生一高优先级中断，从而跳出死循环，使系统复位。

当单片机应用系统中硬件电路设计未采用看门狗（WATCHDOG）时，可采用软件 WATCHDOG 补救措施，但这样可靠性稍差。一般用一个定时器来做 WATCHDOG，将它的溢出中断设定为高优先级中断，而系统的其他中断均设定为低优先级中断。若用 T0 作

WATCHDOG，定时为 16ms，在程序初始化时按下列方式建立软件看门狗：

```
        MOV     TMOD, #01H      ; 设置 T0 为 16 位定时器
        SETB    ETO             ; 允许 T0 中断
        SETB    PT0
        MOV     TH0, # 0B1H     ; 设置 T0 为高级中断
        MOV     TL0, #0E0H      ; 设置定时器定时时间约 16ms
        SETB    TR0             ; 启动 T0
        SETB    EA              ; 开中断
```

WATCHDOG 启动以后，系统会每间隔一段时间将 DOG 喂饱一次，即执行一条 MOV TH0，#0E0H 指令，使 T0 重装一次。间隔时间不得大于 16ms。程序工作正常时，TH0 运行相安无事。一旦程序出错陷入死循环时，则在 16ms 之内可引起一次 T0 溢出，产生高优先级中断。T0 中断可直接转向出错处理程序，由出错处理程序来完成各种善后工作，并用软件方法使系统复位。

例 7-24：本例为一完整的看门狗程序。它包括模拟主程序 MAIN、喂狗程序 DOG 和出错处理程序 TOP。

```
        ORG     0000H
        AJMP    MAIN
        ORG     000BH
        LJMP    TOP
MAIN:   MOV     SP, #60H        ; 主程序开始模拟硬件复位等
        MOV     PSW, #00H
        MOV     SCON, 00H
        ...
        MOV     IE, #00H
        MOV     IP, #00H
        MOV     TMOD, #01H      ; 设置 T0 为 16 位定时器
        LCALL   DOG             ; 调用 DOG 程序，其时间间隔应小于定时器
                                  T0 的定时时间
        ...
DOG:    MOV     TH0,#0B1H
        MOV     TL0,#0E0H
        SETB    TR0
        RET
TOP:    POP     ACC             ; 空弹断点地址
        POP     ACC
        CLR     A
        PUSH    ACC             ; 将返回低地址换成 0000H，实现软件复位
        PUSH    ACC
        RETI
```

一旦程序出错，不能在设定的时间内喂狗，定时器 T0 便会溢出，产生高优先级中断，其中断矢量地址 000BH 的指令为 LJMP TOP，从而进入 TOP。当执行完 TOP 程序后就会将 0000H 送入 PC，从而实现软件复位。

7.5.5 数字滤波程序

一般微机的应用系统前置通道中，输入信号均会含有各种噪声和干扰，它们来自被测信号源、传感器或外界干扰等。为了能进行正确的测量和控制，必须消除被测信号中的噪音和干扰。对于随机的干扰可采用数字滤波方法予以削弱或滤除。所谓的数字滤波就是通过程序计算或判断来减少干扰在有用信号中的比重，实际上也就是一种程序滤波。中值滤波、去极值平均滤波就是对采样信号进行数字滤波的常用方法。

1．中值滤波

中值滤波是对某一参数连续采样 n 次（n 一般为奇数），然后把这 n 次的采样值按从小到大或从大到小的顺序排列，再取中间值作为本次采样值。

例 7-25：中值滤波程序，以 3 次采样为例，3 次采样值分别存放在 R2、R3 和 R4 中，程序运行之后，将 3 个数据从小到大的顺序排列，仍然存放于 R2、R3 和 R4 中，中值在 R3 中。

```
FILT1:    MOV    A, R2        ;判断 R2 是否小于 R3
          CLR    C
          SUBB   A, R3
          JC     FILT11       ;若 R2<R3 则转移到 FILT11
          MOV    A, R2        ;若 R2>R3 则交换 R2、R3
          XCH    A, R3
          MOV    R2, A
FILT11:   MOV    A, R3        ;判断 R3<R4 是否成立
          CLR    C
          SUBB   A, R4
          JC     FILT12       ;若 R3<R4，排序结束
          MOV    A, R4        ;若 R3>R4，则交换 R3、R4
          XCH    A, R3
          XCH    A,R4
          CLR    C
          SUBB   A, R2        ;判断 R3>R2 是否成立
          JNC    FILT12       ;若 R3>R2，则排序结束
          MOV    A,R3         ;若 R3<R2，则以 R2 为中值
          XCH    A, R2
          MOV    R3, A
FILT12:   RET
```

中值滤波对于去掉偶然因素引起的波动或采样器不稳定而造成的脉动干扰比较有效。若变量变化比较缓慢，采用中值滤波则效果比较好。但是对于快速变化过程的参数，则不宜采用此法。

2．去极值平均滤波

算术平均法不能将明显的干扰消除，只是将其影响削弱。而明显的干扰脉冲使采样值远离真实值，因此可容易地将其剔除，不参加平均值计算，从而使平均滤波的输出更接近真实值。

去极值平均滤波法的思想是：连续采样 n 次后累加求和，同时找出其中的最大值与最小值，再从累加之中减去最大值和最小值，再按 n−2 个采样值求平均值，即得有效的采样值。一般（n−2）应为 2、4、6、8、16 等，故 n 常取 4、6、8、10、18 等。

对于快变的参数，可先连续采样 n 次，然后再处理。但要在 RAM 区中开辟出 n 个数据的暂存区；对于慢变参数，则可一边采样一边处理。

例 7-26：去极值平均滤波程序设计。

下面以 n=4 为例，即连续进行 4 次数据采样，去掉其中最大值和最小值，然后剩下两个数据求其平均值。R2R3 存放最大值，R4R5 存放最小值，R6R7 存放累加和及最后结果。对 n 可任意设定，只需改变其在 R0 中的数值。程序流程图如图 7-10 所示。

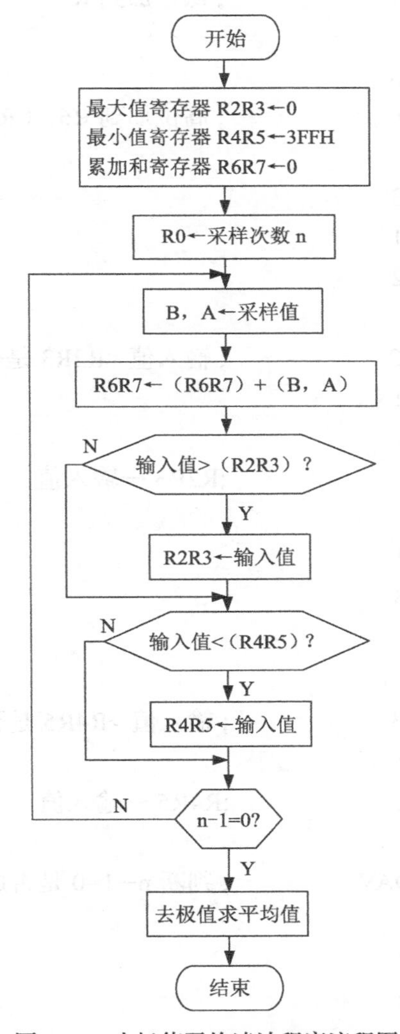

图 7-10　去极值平均滤波程序流程图

程序清单如下：

```
FILT2:  CLR     A
        MOV     R2, A           ; 最大值寄存器 R2R3 ← 0
        MOV     R3, A
        MOV     R6, A           ; 累加和寄存器 R6R7 ← 0
        MOV     R7, A
        MOV     R4, #3FH        ; 最小值寄存器 R4R5 ← 3FFFH
        MOV     R5, #0FFH
        MOV     R0, #4H         ; 采样次数寄存器 R0 ← n=4
DAV1:   LCALL   RDXP            ; 调采样子程序（B，A）←采样值
        MOV     R1, A           ; 采样值低位在 R1，高位在 B
        ADD     A, R7
        MOV     R7, A           ; 低位加到 R7
        MOV     A, B
        ADDC    A, R6
        MOV     R6, A           ; 高位加到 R6，（R6R7）←（R6R7）+（B，A）
        CLR     C
        MOV     A, R3
        SUBB    A, R1
        MOV     A, R2
        SUBB    A, B
        JNC     DAV2            ; 输入值 <R2R3 是否成立
        MOV     A, R1
        MOV     R3, A
        MOV     R2,B            ;R2R3 ←输入值
DAV2:   CLR     C
        MOV     A, R1
        SUBB    A, R5
        MOV     A, B
        SUBB    A,R4
        JNC     DAV3            ; 输入值 >R4R5 是否成立
        MOV     A, R1
        MOV     R5, A           ;R4R5 ←输入值
        MOV     R4,B
DAV3:   DJNZ    R0, DAV1        ; 判断 n−1=0 是否成立
        CLR     C
        MOV     A, R7
        SUBB    A, R3
        MOV     R7, A
```

```
MOV     A, R6
SUBB    A, R2           ;n 个采样值的累加和减去最大值和最小值，n=4
MOV     R6, A
MOV     A, R7
SUBB    A, R5
MOV     R7, A
MOV     A, R6
SUBB    A, R4
CLR     C
RRC     A
MOV     R6, A           ; 对剩下的数据求平均值（除以 2）
MOV     A, R7
RRC     A
MOV     R7, A
RET
```

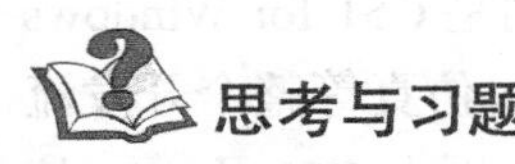

思考与习题

1. 简述下列基本概念：指令、程序、程序设计、机器语言、汇编语言、高级语言。

2. 何谓查表程序？ MCS-51 有哪些查表指令？它们有什么本质的区别？

3. 何谓子程序？一般在什么情况下采用子程序方式？它的结构特点是什么？

4. 何谓循环结构子程序？ MCS-51 的循环转移指令有何特点？

5. 利用查表法编写一个程序，将 1 个十六进制数制转换成 ASC Ⅱ码。

6. 试编写一查表程序，从首地址为 2000H、长度为 1000H 的数据表中，查出 A 的 ASCII 码，将其个数存入 2010H 和 2011H 单元中。

7. 在 2000H～2004H 单元中存有 5 个压缩的 BCD 码，试编程将它们转换成 ASC Ⅱ码，并存入 2005H 开始的连续单元中。

8. 试编写程序，将内部 RAM 30H～7FH 单元的单字节二进制数转换为 BCD 码，并将结果依次存入外部 RAM，从 DATA1 单元开始。

9. 设 8051 的主频为 6MHz，试编写延时 1 秒、1 分钟的延时子程序。

10. 试用程序段传送参数的方法编写程序，将字符串 "MCS-51 Contorller" 存入外部 RAM 2000H 开始的区域。

11. 下列程序段汇编后，从 2000H 单元开始的存储器单元的内容是什么？

```
        ORG     2000H
TAB1:   EQU     3234H
TAB2:   EQU     4000H
        DB      "START"
        DW      TAB1，TAB2，9000H
```

第 8 章　嵌入式单片机高级 C51 程序设计

8.1　嵌入式高级 C 语言编程概述

Keil C51 是美国 Keil Software 公司出品的 51 系列兼容单片机 C 语言的软件开发系统，与汇编语言相比，C 语言在功能上、结构性、可读性以及可维护性上有明显的优势，因而易学易用。用过汇编语言后再使用 C 语言来开发，体会更加深刻。

Keil C51 软件提供丰富的库函数和功能强大的集成开发调试工具，全 Windows 界面。另外重要的一点，只要看一下编译后生成的汇编代码，就能体会到 Keil C51 生成的目标代码效率非常高，多数语句生成的汇编代码很紧凑，容易理解。在开发大型软件时更能体现高级语言的优势。

C51 工具包的整体结构，如图 8-1 所示，其中 μVision3 与 Ishell 分别是 C51 for Windows 和 for Dos 的集成开发环境（IDE），可以完成编辑、编译、连接、调试、仿真等整个开发流程。开发人员可用 IDE 本身或其他编辑器编辑 C 或汇编源文件。然后分别由 C51 及 A51 编译器编译生成目标文件（.OBJ）。目标文件可由 LIB51 创建生成库文件，也可以与库文件一起经 L51 连接定位生成绝对目标文件（.ABS）。ABS 文件由 OH51 转换成标准的 Hex 文件，以供调试器 dScope51 或 tScope51 使用进行源代码级调试，也可由仿真器直接对目标板进行调试，也可以直接写入程序存储器，如 EPROM 中。

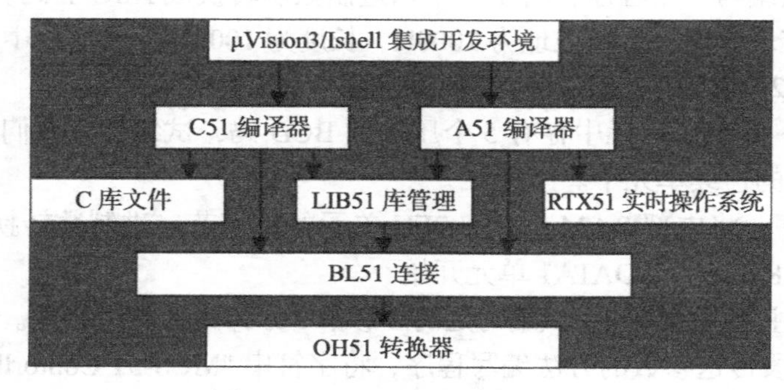

图 8-1　C51 工具包整体结构图

8.2　嵌入式 C 语言编译环境介绍

Keil 软件公司的产品包括 C 编译器、宏汇编器、实时内核、调试器、模拟器、集成开发环境以及 8051、251、ARM7/ARM9/Cortex-M3 和 XC16x/C16x/ST10 系列微控制器仿真开发装置。

Keil ULINK USB 接口仿真器，是一款多功能 ARM 调试工具，可以通过 JTAG 或 CODS 接口连接到目标系统仿真或下载程序，目前已经成为国内主流的 ARM 开发工具。

Keil ULINK 的软件环境为 Keil μVision3。Keil 系列软件具有良好的调试界面，优秀的编译效果，丰富的使用资料，这使其深受国内嵌入式开发工程师的喜爱。

Keil 的 μVision3 开发环境工具和 C51 第 8 版优化编译器，用于典型及扩展的 8051 微处理器的开发。这两款产品将带给开发者丰富的使用功能，并提供一个为广泛的 8051 微处理器类型而优化的综合开发环境。

新的 μVision3 开发环境整合了最新的 C51 第 8 版编译器，并具有源代码概述、功能导航、模版编辑和附加搜索功能。它还包括了一个配置向导功能，加速了启动代码和配置文件的生成。

嵌入式的微处理器模拟器可以模拟被支持的微处理器设备，包括指令集、片上外设、外部激发信号。应用程序的变化可以用 μVision3 逻辑分析器显示，可以看到微处理器 pin 码的变化状态和外设随着程序变化的状况。

最新的 μVision3 版本提供对多种在过去 9 个月中新开发的 8051 微处理器类型的支持，它们包括 Analog Devices 的 ADuC83x、ADuC84x 以及 Infineon XC866。

新的 μVision3 开发环境和 C51 第 8 版优化编译器将使 8051 解决方案的开发变得更加快速简单。

8.2.1　Keil C 集成开发环境介绍

Keil C 集成开发环境的安装比较简单，其安装步骤如下。

（1）双击 Keil C 安装文件图标，弹出如图 8-2 所示的 Keil C 程序安装界面。

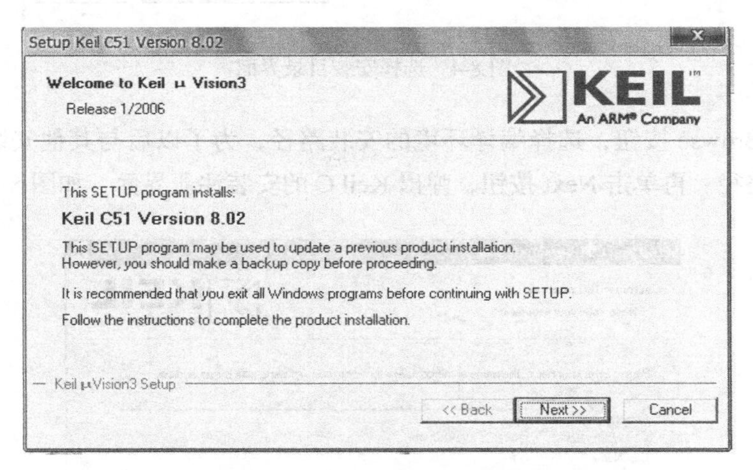

图 8-2　Keil C 程序安装界面

（2）单击 Next 按钮，弹出如图 8-3 所示的 Keil C 的安装初始界面。

（3）选中 I agree to all the terms of the preceding License Agreement 复选框，然后单击 Next 按钮弹出 Keil C 安装目录选择界面，如图 8-4 所示。

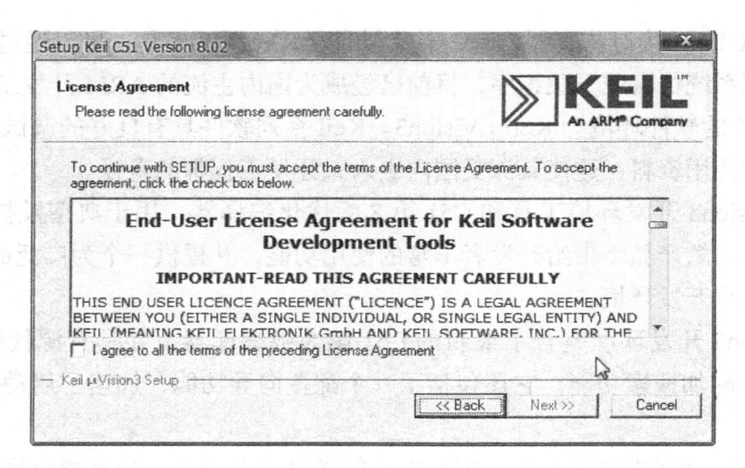

图 8-3　KEIL C 安装初始界面

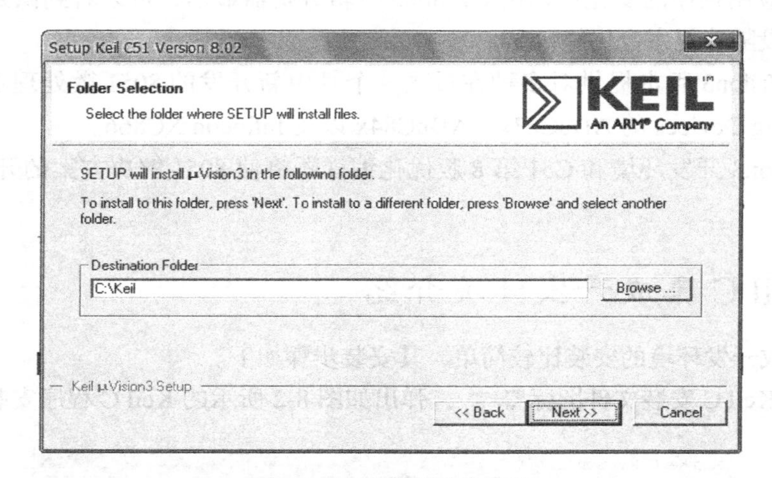

图 8-4　选择安装目录界面

（4）单击 Browse 按钮，选择编译环境的安装路径，为了以后与其他安装软件配套使用这里选择默认路径。再单击 Next 按钮，弹出 Keil C 的安装注册界面，如图 8-5 所示。

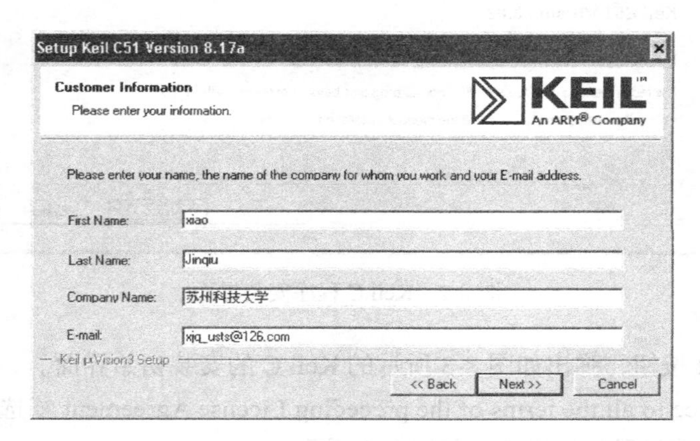

图 8-5　Keil C 安装注册界面

（5）将自己的信息填写在各个选项中后，单击 Next 按钮进行安装，安装完成后出现如图 8-6 所示的安装完成界面。

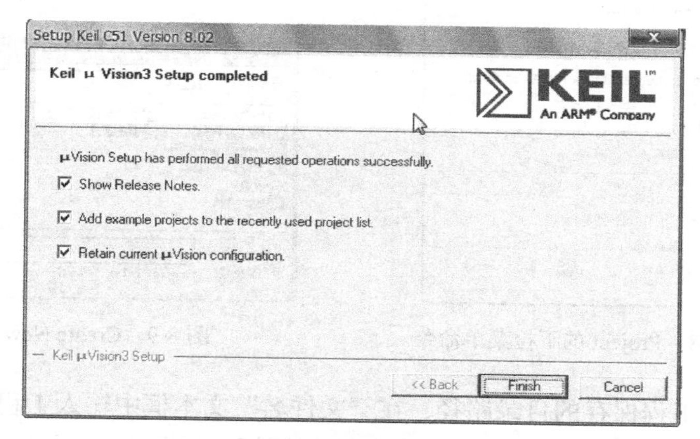

图 8-6　Keil C 安装完成

（6）单击 Finish 按钮，完成安装。

8.2.2　Keil C 工程的建立与设置

在安装完 Keil C 软件后，就可以进行 Keil C 工程的建立与设置了，具体的操作步骤如下。

（1）在桌面上双击图标，弹出 Keil C 工程建立与设置界面，如图 8-7 所示。

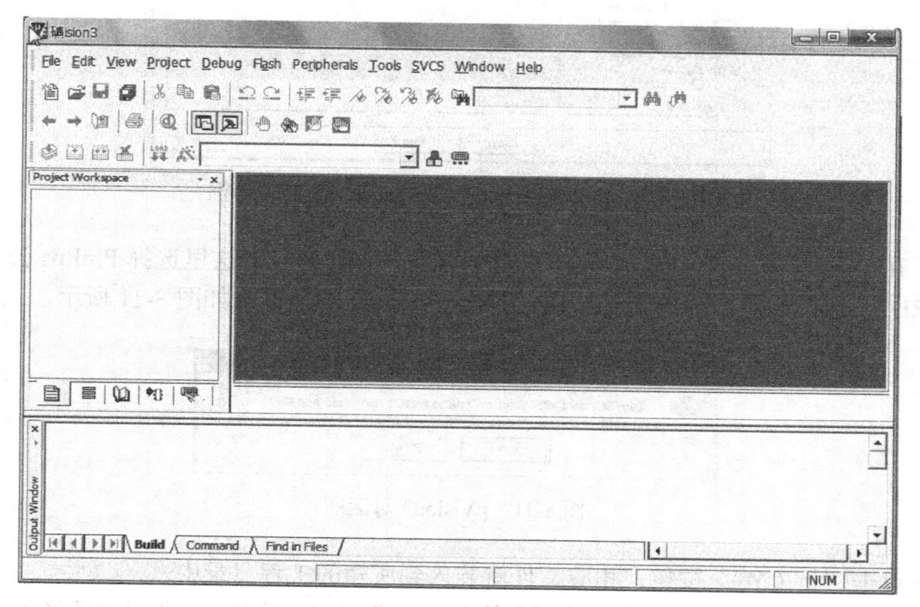

图 8-7　Keil C 工程建立与设置界面

（2）单击 Project 选项，弹出如图 8-8 所示的下拉菜单命令。

（3）选择 New Project 命令后弹出 Create New Project 对话框，如图 8-9 所示。

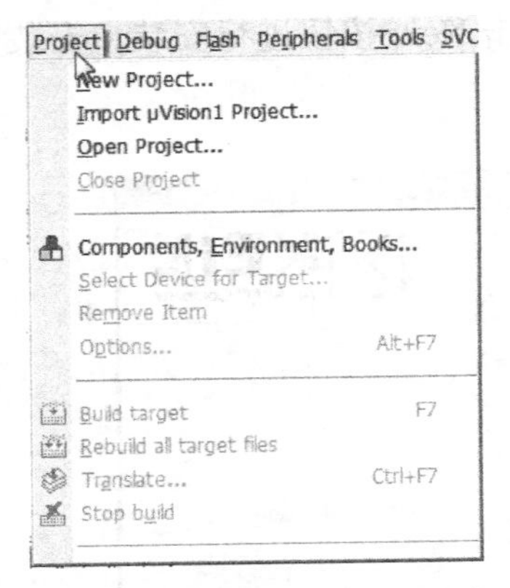

图 8-8 Project 的下拉菜单命令

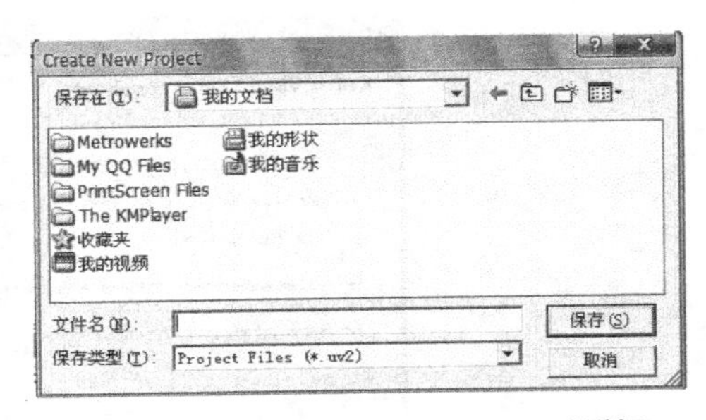

图 8-9 Create New Project 对话框

（4）选择所建工程保存的目录路径，在“文件名”文本框中输入工程的名字，单击“保存”按钮，弹出 Select Device for Target 'Target 1' 对话框，如图 8-10 所示。

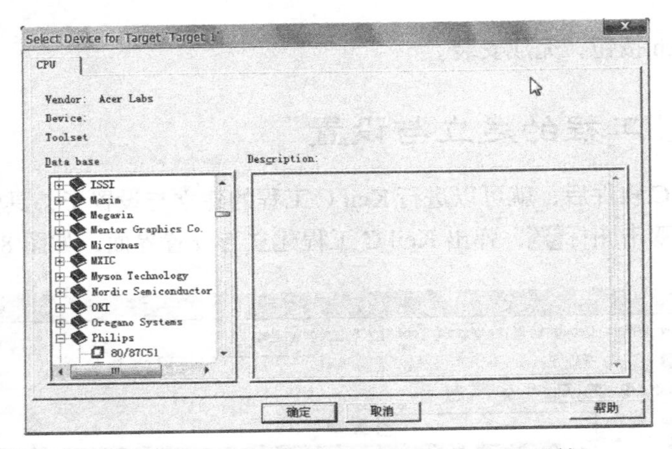

图 8-10 Select Device for Target 'Target 1' 对话框

（5）在 Data base 一栏中选择所使用芯片的制造商和型号，这里选择 Philips 公司生产的 P89V51RD2，选择后单击“确定”按钮，弹出 μVision3 对话框，如图 8-11 所示。

图 8-11 μVision3 对话框

（6）单击“是（Y）”按钮，相应文件就装入到所建的工程目录中。

（7）在 Keil C 工程建立与设置界面中单击左上角图标或在 file 选项中选择 New 命令创建新文件，如图 8-12 所示。

（8）单击保存图标将文件保存到相应的文件夹中，一般情况下将文件保存到所建工程的文件夹中。

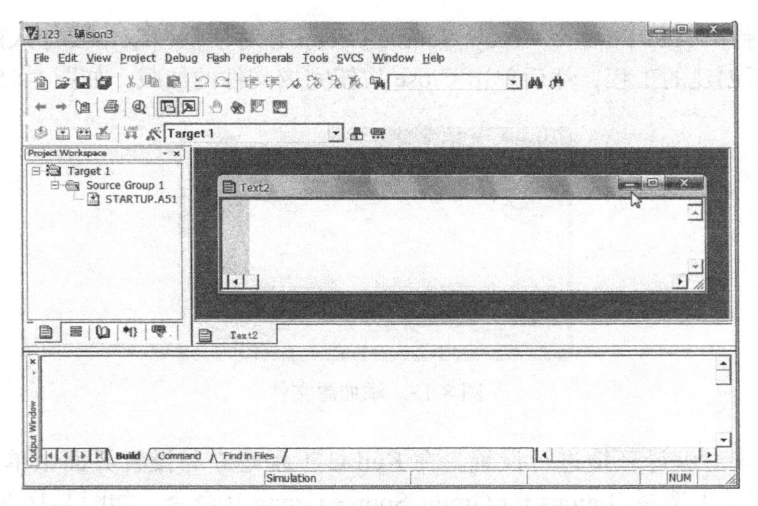

图 8-12　在 Keil C 工程建立与设置界面创建新文件

（9）在弹出的 Save As 对话框中的“文件名”文本框中以 XXX.c 的形式输入要编写文件的名称，然后单击“保存”按钮，如图 8-13 所示。

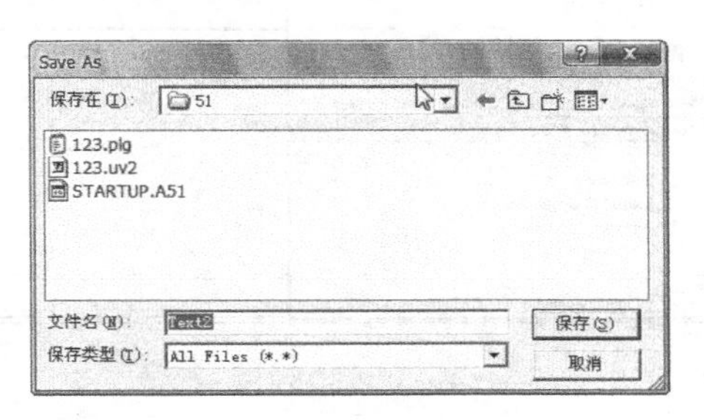

图 8-13　Save As 对话框

（10）如图 8-14 所示，右键单击左侧 Source Group 1 按钮，在弹出的命令菜单中选择 Add Files to Group 'Source Group 1' 命令，添加文件到 Source Group 1 中。

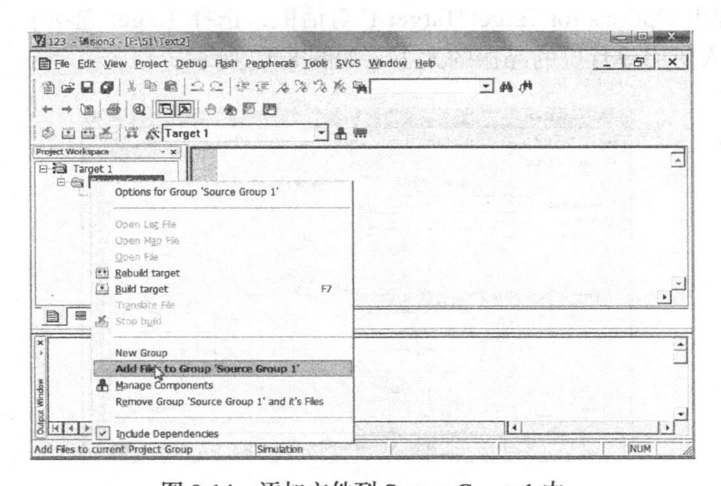

图 8-14　添加文件到 Source Group 1 中

（11）此时弹出 Add Files to Group 'Source Group 1' 对话框，双击要加入的源文件后，源文件已经加入所创建的工程，然后单击 Close 按钮完成文件的加载，如图 8-15 所示。

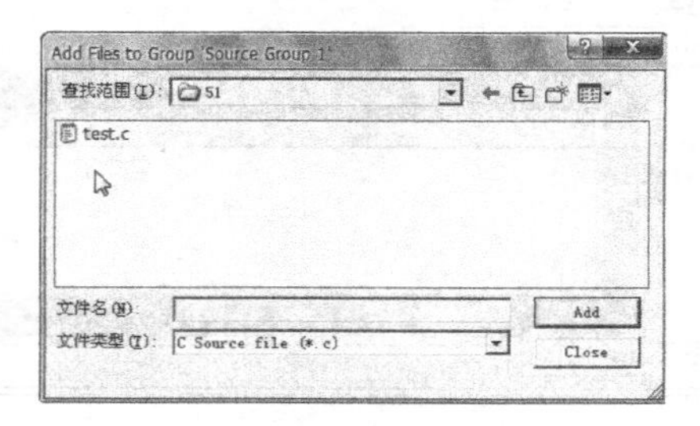

图 8-15　添加源文件

（12）接下来对编译环境进行设置。在 Keil C 工程建立与设置界面中单击 Project 选项，在弹出的下拉菜单中选择 Options for Group 'Source Group 1' 命令，如图 8-16 所示。

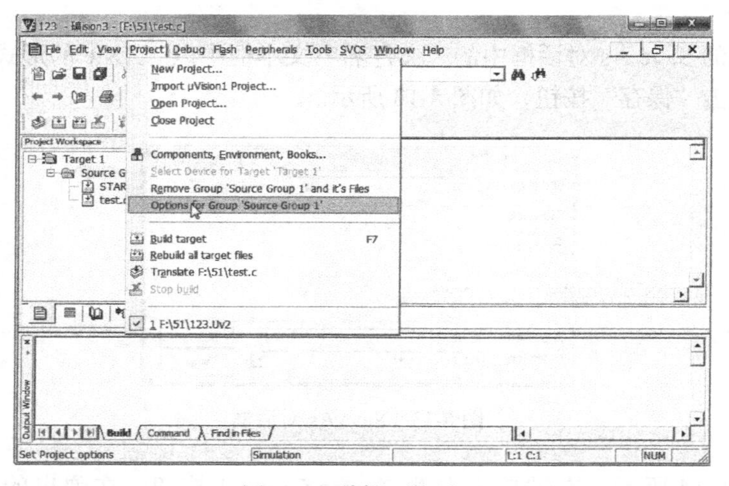

图 8-16　编译环境设置

（13）此时弹出 Options for Target 'Target 1' 对话框，选择 Target 选项卡，在 Xtal (MHz) 后面的文本框中输入所用单片机的晶振的大小，如图 8-17 所示。

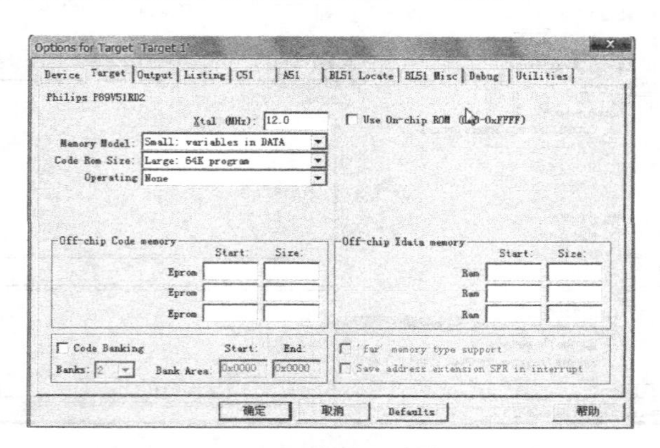

图 8-17　设置单片机的晶振大小

（14）选择 Output 选项卡，然后选中 Create HEX File 复选框，如图 8-18 所示。

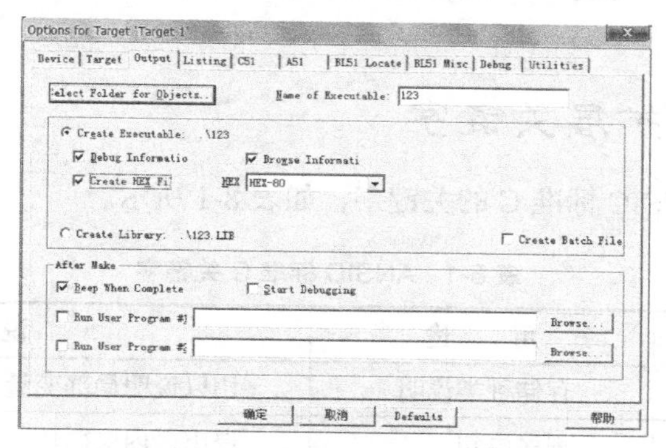

图 8-18 对 Output 相关选项进行设置

（15）选择 C51 选项卡，在 Define 后面的文本框中输入 monitor51，如图 8-19 所示。

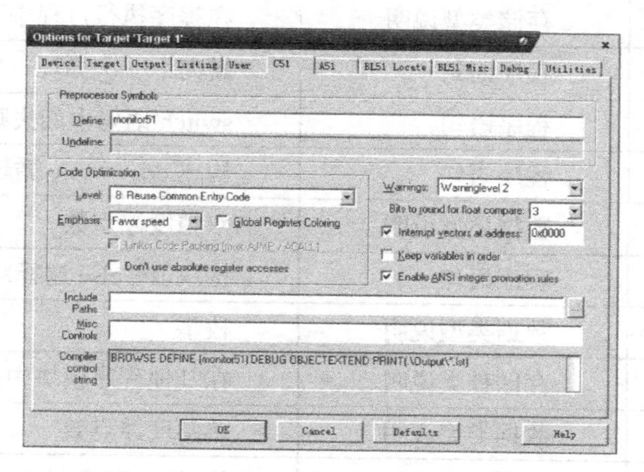

图 8-19 对 C51 相关选项进行设置

（16）单击 OK 按钮，然后在编辑栏中编辑程序，完成后单击保存图标，然后单击图标开始编译，当 Output Window 窗口出现 0 Error(s),0 Warning(s). 的提示则说明编译成功，如图 8-20 所示。

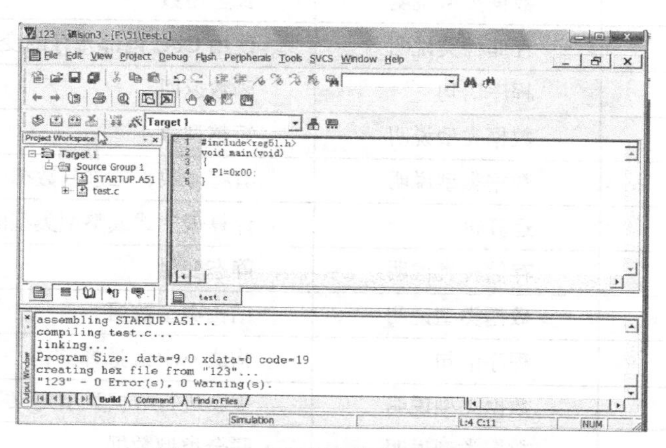

图 8-20 编辑源程序并进行编译

8.3 Keil C51 与标准 C

8.3.1 Keil C51 扩展关键字

C51 编译器支持 ANSIC 标准 C 的关键字，如表 8-1 所示。

表 8-1 ANSIC 标准 C 关键字

关 键 字	用 途	说 明
auto	存储种类说明	用以说明局部变量
break	程序语句	退出最内层循环
case Switch	程序语句	语句中的选择项
char	数据类型说明	单字节整型数或字符型数据
const	存储类型说明	在程序执行过程中不可更改的常量值
continue	程序语句	转向下一次循环
default	程序语句	switch 语句中的失败选择项
do	程序语句	构成 do…while 循环结构
double	数据类型说明	双精度浮点数
else	程序语句	构成 if…else 选择结构
enum	数据类型说明	枚举
extern	存储种类说明	在其他程序模块中说明了的全局变量
float	数据类型说明	单精度浮点数
for	程序语句	构成 for 循环结构
goto	程序语句	构成 goto 转移结构
if	程序语句	构成 if…else 选择结构
int	数据类型说明	基本整型数
long	数据类型说明	长整型数
register	存储种类说明	使用 CPU 内部寄存的变量
return	程序语句	函数返回
short	数据类型说明	短整型数
signed	数据类型说明	有符号数，二进制数据的最高位为符号位
sizeof	运算符	计算表达式或整型类型的字节数
static	存储种类说明	静态变量
struct	数据类型说明	结构类型数据
switch	程序语句	构成 switch 选择结构
typedef	数据类型说明	重新进行数据类型定义
union	数据类型说明	联合类型数据

续表

关　键　字	用　途	说　明
unsigned	数据类型说明	无符号数数据
void	数据类型说明	无类型数据
volatile	数据类型说明	该变量在程序执行中可被隐含地改变
while	程序语句	构成 while 和 do…while 循环结构

为了利用 8051 的许多特性，C51 编译器除了支持 ANSIC 标准 C 的关键字外，还扩展了许多新的关键字，表 8-2 列出一些常用的 C51 扩展关键字。

表 8-2　C51 扩展关键字

关　键　字	用　途	说　明
bit	位标量声明	声明一个位标量或位类型的函数
sbit	位标量声明	声明一个可位寻址变量
sfr	特殊功能寄存器声明	声明一个特殊功能寄存器
sfr16	特殊功能寄存器声明	声明一个 16 位的特殊功能寄存器
data	存储器类型说明	直接寻址的内部数据存储器
bdata	存储器类型说明	可位寻址的内部数据存储器
idata	存储器类型说明	间接寻址的内部数据存储器
pdata	存储器类型说明	分页寻址的外部数据存储器
xdata	存储器类型说明	外部数据存储器
code	存储器类型说明	程序存储器
interrupt	中断函数说明	定义一个中断函数
reentrant	再入函数说明	定义一个再入函数
using	寄存器组定义	定义芯片的工作寄存器

8.3.2　内存区域（Memory Areas）

根据 8051 内部存储器和扩展外部存储器的结构，在 C51 编译器中可用 code 存储区类型标识符来访问指定的存储区，内部数据区可以分成三个不同的存储类型：data、idata 和 bdata，外部数据区可分为 xdata 和 pdata 两种类型，如表 8-3 所示。

表 8-3　存储类型及其余存储空间的对应关系

存 储 类 型	与存储空间的对应关系
code	程序存储区 64K 字节用 MOVC @A+DPTR 访问
data	直接寻址内部数据区访问变量速度最快 128 字节
idata	间接寻址内部数据区可访问全部内部地址空间 256 字节

续表

存储类型	与存储空间的对应关系
bdata	位寻址内部数据区支持位和字节混合访问16字节
xdata	外部数据区64K字节由MOVX @DPTR访问
pdata	分页256字节外部数据区由MOVX @Rn访问

8.3.3 特殊功能寄存器SFR

8051系列微处理器提供一个特别的存储区作为特殊功能寄存器SFR。用在程序中的SFR可控制计时器、计数器、串口、并口和外围设备。SFR的地址从0x80到0xFF，可以以位、字节和字访问。在8051系列中SFR的数量是不同的，C51编译器没有预定义SFR名称，但是在包含文件中有SFR的声明。

8.3.4 存储类型标示符的声明

在变量声明中包含一个存储类型标识符可以指定变量的存放区域。可用的存储类型标识符如表8-4所示。

表8-4 存储类型及其说明

存储类型	说明
data	存储类型标识符通常指低128字节的内部数据区存储的变量直接寻址
idata	存储类型标识符指内部的256个字节的存储区，但是只能间接寻址，速度比直接寻址慢
bdata	存储类型标识符指内部可位寻址的16字节存储区20H到2FH，可以在本区域声明可位寻址的数据类型
xdata	存储类型标识符指外部数据区64K字节内的任何地址
pdata	存储类型标识符仅指一页或256字节的外部数据区

访问内部数据区比访问外部数据区快得多。因此，把频繁使用的变量放在内部数据区，把较大的较少使用的变量放在外部存储区。

例如：

```
char data var1;
char code text[] = "ENTER PARAMETER:";
unsigned long xdata array[100];
float idata x,y,z;
unsigned int pdata dimension;
unsigned char xdata vector[10][4][4];
char bdata flags;
```

8.3.5　存储模式

存储模式定义缺省的存储类型用在函数参数自动变量和没有直接声明存储类型的变量上，在 C51 编译器命令行中用 SMALL COMPACT 和 LARGE 控制命令指定存储模式，用明确的存储类型标识符声明一个变量，可以重载缺省的存储模式指定的存储类型。

（1）SMALL 模式

在该模式中，所有的变量缺省的情况下，位于 8051 系统的内部数据区。这和用 data 存储类型标识符明确声明的一样。在该模式中变量访问非常有效，然而所有的东西包括堆栈必须放在内部 RAM 中，堆栈大小是不确定的，它取决于函数嵌套的深度。

（2）COMPACT 模式

在 COMPACT 模式中，所有变量缺省的，都放在外部数据区的一页中（这就像用 pdata 声明的一样）。此存储模式可提供最多 256 字节的变量。限制是由于用了寻址计划，它通过寄存器 R0 和 R1，用 @R0 和 @R1 间接寻址。该存储模式不如 SMALL 模式有效，因此，变量访问不是很快。然而 COMPACT 模式比 LARGE 模式快。

当用 COMPACT 模式时，C51 编译器用以 @R0 和 @R1 为操作数的指令访问外部存储区。R0 和 R1 是字节寄存器，只提供地址的低字节。

（3）LARGE 模式

在 LARGE 模式中，所有变量缺省的，放在外部数据存储区可到 64K 字节。这和用 xdata 存储类型标识符明确声明的一样。数据指针 DPTR 用作寻址。通过这指针访问存储区是低效的，特别是对两个或多个字节的变量。这种访问机制比 SMALL 或 COMPACT 模式产生更多的代码。

8.3.6　数据类型

C51 编译器提供一些基本的数据类型用在 C 程序中，C51 编译器支持标准 C 数据类型和 8051 平台独特的数据类型。表 8-5 列出了可用的数据类型。

表 8-5　数据类型

数据类型	位　数	字　节	值范围
bit	1		0～1
signed char	8	1	−128～+127
unsigned char	8	1	0～125
enum	8/16	1 或 2	−128～+127 或 −32768～+32767
signed short	16	2	−32768～+32767
unsigned short	16	2	065535
signed int	16	2	−32768+32767
unsigned int	16	2	0～65535
signed long	32	4	2147483648～+2147483647

续表

数据类型	位　数	字　节	值范围
unsigned long	32	4	0～4294967295
float	32	4	±1.175494E−38～±3.402823E+38
sbit	1		0～1
sfr	8	1	0～255
sfr16	16	2	0～65535

bit、sbit、sfr 和 sfr16 数据类型在 ANSI C 中没有，是 C51 编译器中独有的数据类型。

（1）bit 类型

C51 编译器提供一个 bit 数据类型，可能在变量声明、参数列表和函数返回值中有用一个 bit 变量。和其他 C 数据类型的声明相似，例如：

```
static bit done_flag = 0; /* bit variable */
bit testfunc ( /* bit function */bit flag1, /* bit arguments */bit flag2)
{... ...
return (0); /* bit return value */
}
```

所有的 bit 变量放在 8051 内部存储区的位段，因为这区域只有 16 字节长，所以在某个范围内最多只能声明 128 个位变量。存储类型应包含在一个 bit 变量的声明中，但是因为 bit 变量存储在 8051 的内部数据区，只能用 data 和 idata 存储类型，其他存储类型不能用。

bit 变量和 bit 声明的限制如下。

- 禁止中断的函数和用明确的寄存器组（using n）声明的函数，不能返回一个位值。这样使用时，编译过程将返回一个 bit 类型错误信息。
- 一个位不能被声明为一个指针。例如：bit *ptr; /* invalid */。
- 不能用一个 bit 类型的数组。例如：bit ware[5]; /* invalid */。

（2）sbit 类型

用 sbit 关键词声明新的变量可访问用 bdata 声明的变量的位。例如：

```
sbit mybit0 = ibase^0; /* bit o of ibase */
sbit mybit15 = ibase^15; /* bit 15 of ibase */
sbit Ary07 = bary[0]^7; /* bit 7 of bary[0] */
sbit Ary37 = bary[3]^7; /* bit 7 of bary[3] */
```

上面的例子只是声明，并不分配上面声明的 ibase 和 bary 变量的位。例子中“^”符号后的表达式指定位的位置。此表达式必须是常数。范围由声明中的基变量决定。

- char 和 unsigned char 的范围是 0～7。
- int unsigned int short 和 unsigned short 的范围是 0～15。
- long 和 unsigned long 的范围是 0～31。

在其他的模块中应该对 sbit 类型提供外部变量声明，例如：

```
extern bit mybit0; /* bit 0 of ibase */
```

```
extern bit mybit15; /* bit 15 of ibase */
extern bit Ary07; /* bit 7 of bary[0] */
extern bit Ary37; /* bit 7 of bary[3] */
```

声明中包含 sbit 类型，要求基目标用存储类型 bdata 声明。唯一的例外是特殊功能位变量。

除了对数量类型用 sbit 声明变量，也可对结构体和共用体用 sbit 声明变量。

例如：

```
union lft
{
   float mf;
   long ml;
};
bdata struct bad
{
   char ml;
   union lft u;
}tcp;
```

不能对 float 指定 bit 变量。然而，在一个 union 中可以包含 float 和 long。因此，可以声明 bit 变量来访问 long 类型中的位。

例如：

```
sbit tcpf31 = tcp.u.ml^31; /* bit 31 of float */
```

（3）sfr 类型

sfr 和其他的 C 变量一样声明。唯一不同的是数据类型。

例如：

```
sfr P0 = 0x80; /* port-0,address 80h */
sfr P1 = 0x90; /* port-1,address 90h */
sfr P2 = 0xA0; /* port-2,address 0A0h */
sfr P3 = 0xB0; /* port-3,address 0B0h */
```

P0、P1、P2、和 P3 是声明的 sfr 名。sfr 变量的名称和别的 C 变量一样定义。

在等号“=”后指定的地址必须是一个常数值。不允许是带操作数的表达式。传统的 8051 系列支持 sfr 地址范围是从 0x80 ～ 0xFF。

（4）sfr16 类型

许多新的 8051 派生系列用两个连续地址的 SFR 来指定 16 位值。例如，8052 用地址 0xCC 和 0xCD 表示计时器/计数器 2 的低和高字节。

（5）sbit 类型

在典型的 8051 应用中，访问 SFR 的位是必须的。C51 编译器用 sbit 数据类型使这变为可能，它可访问可位寻址的 SFR 和其他的位可寻址的目标。

例如：

```
sbit EA = 0xAF;
```

声明定义 EA 为地址 0xAF 的 SFR 位。在 8051 中，这是中断使能寄存器中的全部使能位。

8.3.7 位变量与声明

位变量是可作为字或位寻址的变量。只有占用 8051 内部存储区可位寻址的数据目标符合条件。C51 编译器在这位可寻址区域用 bdata 存储类型声明变量。而且，用 bdata 存储类型声明的变量必须是全局的。

位变量声明举例：

int bdata ibase; /* Bit-addressable int */

char bdata bary[4]; /* Bit-addressable array */

变量 ibase 和 bary 是位可寻址的。因此，这些变量的每个位是可直接访问和修改的。

bdata 存储类型和 data 存储类型一样处理，除了用 bdata 声明的变量位于内部数据区的位寻址区外。注意，这个区域的总的大小不超过 16 个字节。

8.3.8 Keil C51 指针

C51 编译器用“*”字符支持变量指针的声明。C51 编译器提供两个类型的指针：通用指针和指定存储区指针，如表 8-6 所示。

表 8-6 通用指针及指定存储区指针

通用指针	存储类型标识符指定指针存储区的通用指针	指定存储区指针	存储类型标识符指定指针存储区的指定存储区指针
char *s;	char * xdata strptr; /* generic ptr stored in xdata */	char data *str; /* ptr to string in data */	char data * xdata str; /* ptr in xdata to data char */
int *numptr;	int * data numptr; /* generic ptr stored in data */	int xdata *numtab; /* ptr to int(s) in xdata */	int xdata * data numtab; /* ptr in data to xdata int */
long * state;	long * idata varptr; /* generic ptr stored in idata */	long code *powtab; /* ptr to long(s) in code */	long code * idata powtab; /* ptr in idata to code long */

（1）通用指针

通用指针和标准 C 指针的声明相同。例如：

char *s; /* string ptr */

通用指针用 3 个字节保存。第一个字节是存储类型；第二个字节是偏移的高字节；第三个字节是偏移的低字节。通过这些通用指针，函数可以访问存储区中的所有数据。通用指针产生的代码，比指定存储区指针的要慢。因为存储区在运行前是未知的，编译器不能优化存储区访问，必须产生可以访问任何存储区的通用代码。如果优先考虑执行速度应该尽可能地用指定存储类型的指针而不是通用指针。

在上面的例子中，通用指针存储在 8051 的内部数据存储区中。但是应该用一个存储类型标识符指定一个通用指针的存储区。

例如：

```
char * xdata s; /* generic ptr stored in xdata */
```

指针可以指向保存在任何存储区中的变量，但是指针分别保存在 xdata、data 和 idata 中。

（2）指定存储区的指针

指定存储区的指针在指针的声明中经常包含一个存储类型标识符，指向一个确定的存储区。例如：

```
char data *str; /* ptr to string in data */
```

因为存储类型在编译时是确定的，通用指针所需的存储类型字节在指定存储区的指针是不需要的。指定存储区指针只能用一个字节（idata、data、bdata 和 pdata）指针或两字节（code 和 xdata）指针。

一个指定存储区指针产生的代码比一个通用指针产生的代码运行速度快。这是因为存储区在编译时而非运行时就知道。编译器可以用这些信息优化存储区访问。如果运行速度优先，就应尽可能地用指定存储区指针。

和通用指针一样，可以指定一个指定存储区指针的保存存储区。在指针声明前加一个存储类型标识符。例如：

```
char data * xdata str; /* ptr in xdata to data char */
```

指定存储区指针只用来访问声明在 8051 存储区的变量。指定存储区指针提供更有效的方法访问数据目标，但代价是损失灵活性。

8.3.9　Keil C51 函数

1．函数声明

C51 编译器扩展了标准 C 函数声明，其扩展如下。

- 指定一个函数作为一个中断函数；
- 选择所用的寄存器组；
- 选择存储模式；
- 指定重入；
- 指定 ALIEN PL/M51 函数。

在函数声明中可以包含这些扩展或属性。下面是标准格式声明 Cx51 函数。

```
[return_type]funcname([args])   [{small|compact|large}]   [reentrant][interrupt n][using n]
```

其中：

return_type 函数返回值的类型如果不指定默认是 int；

funcname 表示函数名；

args 表示函数的参数列表；

small、compact 或 large 表示函数的存储模式；

reentrant 表示函数是递归的或可重入的；

interrupt 表示是一个中断函数；

using 指定函数所用的寄存器组。

2．函数的参数和堆栈

在传统的 8051 中堆栈指针只能访问内部数据区。C51 编译器把堆栈定位在内部数据区的所有变量的后面。堆栈指针间接访问内部存储区，可以使用 0xFF 前的所有内部数据区。

传统 8051 的总的堆栈空间是受限的，最多只有 256 字节。

除了用堆栈传递函数参数外，C51 编译器对每个函数参数分配一个特定地址。当函数被调用时，调用者在传递控制权前必须复制参数到分配好的存储区。函数就可从固定的存储区提取参数。在这个过程中只有返回地址保存在堆栈中。中断函数要求更多的堆栈空间，因为必须切换寄存器组，需要保存一些寄存器值在堆栈中。

（1）用寄存器传递参数

默认地，C51 编译器可以最多用寄存器传递 3 个参数，这可以提高运行速度。如果没有寄存器可用来传递参数，固定存储区将被使用。

表 8-7 列出了不同参数位置和数据类型所用的寄存器。

表 8-7　参数位置和数据类型所用的寄存器

参 数 数 目	char 1 字节指针	int 2 字节指针	long float	通 用 指 针
1	R7	R6&R7	R4～R7	R1～R3
2	R5	R4&R5	R4～R7	R1～R3
3	R3	R2&R3		R1～R3

（2）函数返回值

CPU 寄存器经常用来返回函数值。

表 8-8 列出了返回类型和所用的寄存器。

表 8-8　返回类型及所用的寄存器

返 回 类 型	寄 存 器	说 明
bit	CF	
char unsigned char1 字节指针	R7	
int unsigned int 2 字节指针	R6&R7	MSB 在 R6　LSB 在 R7
long unsigned long	R4～R7	MSB 在 R4　LSB 在 R7
float	R4～R7	32 位 IEEE 格式
通用指针	R1～R3	存储类型在 R3 MSB R2 LSB R1

注意： 如果函数的第一个参数是一个 bit 类型，那么别的参数不能用寄存器传递。这是因为寄存器传递参数不符合表 8-7 的相关规定。因此，bit 参数应该在参数的最后声明。

3．中断函数

（1）中断函数的声明

8051 和派生系列提供许多硬件中断，可用来计数、计时、检测外部事件以及发送和接收串口数据。另外，C51 编译器自动产生中断矢量。

8051 的标准中断如表 8-9 所示。

表 8-9　中断号及其说明

中　断　号	中 断 说 明	地　　址
0	外部中断 0	0003h
1	计时/计数器 0	000Bh
2	外部中断 1	0013h
3	计时/计数器 1	001Bh
4	串口	0023h

interrupt 函数属性，当包含在一个声明中，指定函数为一个中断函数。

例如：

```
void timer0 (void) interrupt 1 using 2
```

其中，using 用来选择和非中断程序不同的寄存器组。

中断函数适用的规则：

- 中断函数没有函数参数。如果中断函数声明中带参数，编译器就产生错误信息。
- 中断函数声明不能包含返回值，必须声明为 void。如果定义了一个返回值，编译器就产生一个错误。暗含的 int 返回值，被编译器忽略。
- 编译器不允许直接对中断函数进行调用。对中断函数的直接调用是无意义的，因为退出程序指令 RETI 影响 8051 的硬件中断系统。因为没有硬件存在中断请求，本指令的结果是不确定的，这通常是致命的。不要通过一个函数指针间接调用一个中断函数。
- 编译器对每个中断函数产生一个中断矢量。矢量的代码是跳转到中断函数的起始。
- C51 编译器的中断号为 0～31。参考具体的派生的 8051 文件决定可用的中断。
- 从一个中断程序中调用函数，必须和中断使用相同的寄存器组。当函数假定的和实际所选的寄存器组不同时，将产生不可预知的结果。

（2）using 指定一个函数的寄存器组

所有 8051 系列的最低 32 个字节分成 4 组 8 位寄存器组。作为寄存器 R0 到 R7 访问。寄存器组由 PSW 的两位选择。在处理中断或使用一个实时操作系统时寄存器组非常有用。不用保存 8 个寄存器，在中断中，CPU 可以切换到一个不同的寄存器组。

using 函数属性用来指定一个函数所用的寄存器组。

例如：

```
void rb_function(void) using 3
{...}
```

using 属性为一个 0 到 3 的整常数。带操作数的表达式是不允许的。using 属性在函数原型中不允许。

using 属性影响如下的函数的目标代码：

- 在函数入口保存当前选择的寄存器组在堆栈中；
- 设置指定的寄存器组；
- 在函数出口恢复前面的寄存器组。

using 属性不能用在用寄存器返回一个值的函数中，必须确保寄存器组切换在可控范围内，否则可能产生错误。即使使用相同的寄存器组，用 using 声明函数不能返回一个 bit 值。

using 属性在 interrupt 函数中最有用。通常对每个中断优先级指定一个不同的寄存器组。因此，可以分配一个寄存器组对所有非中断代码，另一个寄存器组为高级中断，第三个寄存器组为低级中断。

8.4 C51 语言的程序流程控制

C51 程序的流程控制语句的用法跟标准 C 的用法相同。

8.4.1 条件语句（if）

（1）条件语句的常用形式

```
if( 表达式 )
{ 语句 ;}
```

语句执行时，首先对表达式的值求解，如果表达式的值为非 0，则执行花括号“{...}”内的语句；若表达式的值为 0，则跳过花括号“{...}”内的语句，继续执行下面的程序。

（2）条件语句的一般形式

```
if( 表达式 1)
{ 语句 1;}
else
{ 语句 2;}
```

上述结构的程序表示：如果表达式 1 的值为非 0 即真，则执行语句 1，执行完语句 1 后，跳过语句 2 继续执行下面的程序；如果表达式 1 的值为 0，则跳过语句 1，从语句 2 开始执行。

（3）嵌套的条件语句的一般形式

```
if( 表达式 1)
{ 语句 1;}
else if( 表达式 2)
{ 语句 2;}
else if( 表达式 3)
{ 语句 3;}
...
else if( 表达式 n−1)
{ 语句 n−1;}
else
{ 语句 n;}
```

上述 if 语句的嵌套结构是从上到下逐个条件判断，一旦发现非 0 的表达式就执行与其相关的语句，并跳过其他剩余的表达式和语句，继续执行下面的程序；如果没有一个条件满足的，则执行最后一个 else 的语句 n。

8.4.2　循环语句

C51 提供 3 种基本的循环语句：for 语句、while 语句和 do…while 语句。下面将一一进行介绍。

1．for 语句

for 语句的一般形式为：

for(表达式 1; 表达式 2; 表达式 3) 语句

它的执行过程如下。

（1）先求解表达式 1。

（2）求解表达式 2，若其值为真（非 0），则执行 for 语句中指定的内嵌语句，然后执行下面第（3）步；若其值为假（0），则结束循环，转到第（5）步。

（3）求解表达式 3。

（4）转回上面第（2）步继续执行。

（5）循环结束，执行 for 语句下面的一个语句。

for 语句最简单的应用形式也是最容易理解的形式如下：

for(循环变量赋初值 ; 循环条件 ; 循环变量增量) 语句

循环变量赋初值总是一个赋值语句，它用来给循环控制变量赋初值；循环条件是一个关系表达式，它决定什么时候退出循环；循环变量增量，定义循环控制变量每循环一次后按什么方式变化。这 3 个部分之间用“;”分开。

例如：

```
for(i=1; i<=100; i++)sum=sum+i;
```

先给 i 赋初值 1，判断 i 是否小于等于 100，若是则执行语句，之后值增加 1。再重新判断，直到条件为假，即 i>100 时，结束循环。

2．while 语句

while 语句的一般形式为：

while(表达式) 语句

其中表达式是循环条件，语句为循环体。

while 语句的语义是：计算表达式的值，当值为真（非 0）时，执行循环体语句。

对于 for 循环中语句的一般形式，也可以用如下的 while 循环形式实现。

```
表达式 1;
while( 表达式 2)
{ 语句
表达式 3;
}
```

例如：

```
for(i=1;;i++)sum=sum+i;
```

相当于：

```
i=1;
```

```
while(1)
{sum=sum+i;
i++;}
```

3．do...while 语句

do…while 语句的一般形式为：

```
do
语句
while( 表达式 );
```

这个循环与 while 循环的不同在于：它先执行循环中的语句，然后再判断表达式是否为真，如果为真则继续循环；如果为假，则终止循环。因此，do...while 循环至少要执行一次循环语句。

8.4.3 break 语句、continue 语句和 goto 语句

1．break 语句

break 语句通常用在循环语句和 switch 语句中。当 break 用于 switch 语句中时，可使程序跳出 switch 而执行 switch 以后的语句；若没有 break 语句，则是一个死循环，无法退出。break 在 switch 中的用法将在介绍 switch 语句时进行介绍。

当 break 语句用于 for、while、do...while 循环语句中时，可使程序终止循环而执行循环后面的语句。通常 break 语句总是与 if 语句连在一起，即满足条件时便跳出循环。

```
while( 表达式 1)
{ ...
if( 表达式 2)break;
...
}
```

注意：（1）break 语句对 if...else 的条件语句不起作用。

（2）在多层循环中，一个 break 语句只向外跳一层。

2．continue 语句

continue 语句的作用是跳过循环体中剩余的语句而强行执行下一次循环。continue 语句只用在 for、while、do...while 等循环体中，常与 if 条件语句一起使用，用来加速循环。

```
while( 表达式 1)
{ ...
if( 表达式 2)continue;
...
}
```

3．goto 语句

goto 语句是一种无条件转移语句。

goto 语句的使用格式为：

goto 语句标号；

其中标号是一个有效的标识符，这个标识符加上一个“:”一起出现在函数内某处，执行 goto 语句后，程序将跳转到该标号处并执行其后面的语句。另外标号必须与 goto 语句同处于一个函数中，但可以不在一个循环层中。通常 goto 语句与 if 条件语句连用，当满足某一条件时，程序跳到标号处执行。

goto 语句通常不用，主要因为它使程序层次不清，且不易读，但在多层嵌套退出时，用 goto 语句则比较合理。

8.4.4　选择语句（switch）

switch 语句用于多分支的选择结构。由于 if 语句只能够选择两个分支，当遇到分支较多的问题时，嵌套的 if 语句层数过多，编写的程序可读性差，且容易出错。C51 支持 switch 语句用于处理多分支的选择。

（1）switch 语句的一般形式

```
switch( 表达式 )
{case 常量表达式 1: 语句 1
 case 常量表达式 2: 语句 2
 case 常量表达式 3: 语句 3

 ...
 case 常量表达式 n−1: 语句 n−1
default: 语句 n}
```

switch 语句执行时，将 switch 后的表达式与 case 后的常量表达式进行比较。如果与其中一个 case 的常量表达式相等，则将该 case 后的常量表达式作为入口，开始执行语句，不再进行比较。例如：假设 switch 表达式与常量表达式 2 相等，则程序从语句 2 开始执行，然后执行语句 3，直到执行完语句 n 后结束 switch 语句。如果没有 case 的常量表达式与 switch 的表达式相等，则执行 default 后的语句 n，执行完后，结束 switch 语句。

（2）switch 语句的常用形式

由于 switch 语句是以 case 为入口顺序执行的，需要与 break 语句配合使用，来实现分支选择结构。

```
switch( 表达式 )
{case 常量表达式 1:{ 语句 1;break;}
 case 常量表达式 2:{ 语句 2;break;}
 case 常量表达式 3: 语句 3;break;


 ...
 case 常量表达式 n−1: 语句 n−1
default: 语句 n}
```

上述结构执行时，将switch后的表达式与case后的表达式比较，当遇到相等的表达式时，执行该case后的语句，当执行到该case后最后一条语句break时，跳出switch语句，不再执行下面case后的语句。

注意： case常量表达式后的语句，可以用花括号“{...}”括起来，也可以不使用花括号。因为程序会自动执行case后的所有语句。

思考与习题

1. 嵌入式系统使用C语言编程有什么优点？请举例说明。
2. Keil C如何新建一个工程，如何做一些基本设置？
3. Keil C 8051单片机开发软件的核心C51编译器的作用是什么？
4. Keil C51在标准C的基础上，扩展关键字的目的是什么？
5. Keil C51扩展的关键字中，哪些涉及把变量定义在8051指定的存储区？它们分别对应8051单片机存储区的哪部分空间？
6. Keil C51扩展的关键字中，哪些是用于定义数据类型的？在8051单片机存储区中哪部分空间能够使用这些关键字？
7. 在8051中断系统的编程中，结合8051单片机中断服务程序的响应过程，对比Keil C51语言与8051汇编语言的代码在形式上的不同之处。
8. 试用8051汇编语言改写Keil C51中的程序流程控制语句，例如：if语句，for语句，do...while语句等。在结构化程序设计中，体会使用C语言编程比使用汇编语言编程的优势。

第 9 章 基于 Proteus ISIS 的现代嵌入式系统仿真技术

9.1 Proteus ISIS 仿真系统介绍

9.1.1 Proteus ISIS 简介

Proteus ISIS 是英国 Labcenter 公司开发的电路分析与实物仿真软件。它运行于 Windows 操作系统上，可以仿真、分析（SPICE）各种模拟器件和集成电路，该软件的特点如下。

（1）实现了单片机仿真和 SPICE 电路仿真相结合。具有模拟电路仿真、数字电路仿真、单片机及其外围电路组成的系统的仿真、RS232 动态仿真、$\mathrm{I^2C}$ 调试器、SPI 调试器、键盘和 LCD 系统仿真的功能；有各种虚拟仪器，如示波器、逻辑分析仪以及信号发生器等。

（2）支持主流单片机系统的仿真。目前支持的单片机类型有：68000 系列、8051 系列、AVR 系列、PIC12 系列、PIC16 系列、PIC18 系列、Z80 系列、HC11 系列以及各种外围芯片。

（3）提供软件调试功能。在硬件仿真系统中具有全速、单步、设置断点等调试功能，同时可以观察各个变量、寄存器等的当前状态，因此在该软件仿真系统中，也必须具有这些功能；同时支持第三方的软件编译和调试环境，如 Keil C51 μVision3 等软件。

（4）具有强大的原理图绘制功能。

总之，该软件是一款集单片机和 SPICE 分析于一身的仿真软件，功能极其强大。本章将介绍 Proteus ISIS 软件的工作环境和一些基本操作。

9.1.2 Proteus ISIS 操作界面介绍

1．启动 Proteus ISIS 软件系统

双击桌面上的 ISIS 6 Professional 图标或者选择屏幕左下方的“开始”→“程序”→“Proteus 6 Professional”→“ISIS 6 Professional”命令，出现如图 9-1 所示的屏幕界面，表明进入 Proteus ISIS 集成环境。

图 9-1 启动时的 Proteus ISIS 软件界面

2．工作界面介绍

Proteus ISIS 的工作界面是一种标准的 Windows 界面，如图 9-2 所示。包括标题栏、主菜单、标准工具栏、绘图工具栏、状态栏、对象选择按钮、预览对象方位控制按钮、仿真进程控制按钮、预览窗口、对象选择器窗口和图形编辑区域。

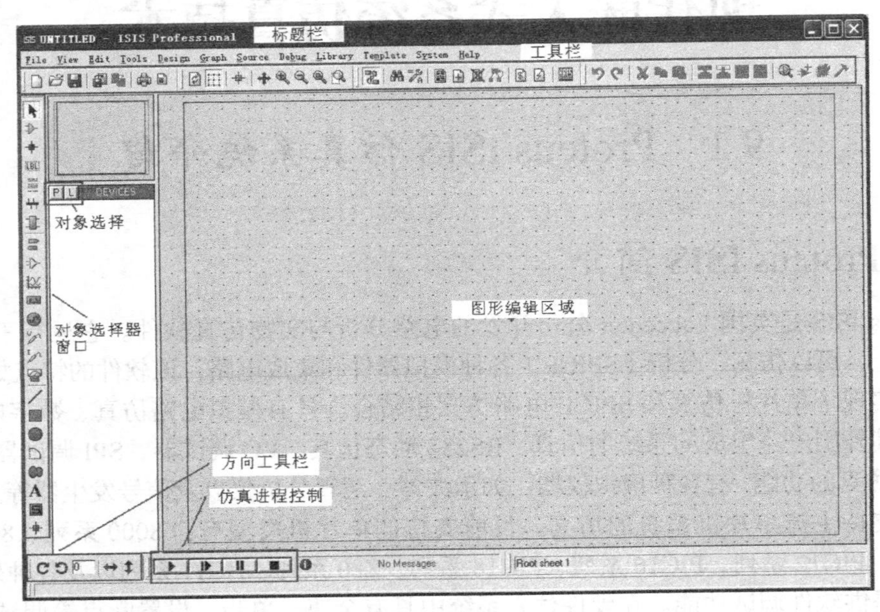

图 9-2　Proteus ISIS 的工作界面

下面简单介绍各部分的功能。

（1）原理图编辑窗口（The Editing Window）：用来绘制原理图。蓝色方框内为可编辑区，元件要放到它里面。注意，这个窗口是没有滚动条的，但是可以用预览窗口来改变原理图的可视范围。

（2）预览窗口（The Overview Window）：它可显示两个内容，一个是当在元件列表中选择一个元件时，它会显示该元件的预览图；另一个是当鼠标焦点落在原理图编辑窗口时（即放置元件到原理图编辑窗口后或在原理图编辑窗口中单击鼠标后），它会显示整张原理图的缩略图，并会显示一个绿色的方框，绿色方框里面的内容就是当前原理图窗口中显示的内容，因此，可用鼠标在它上面单击来改变绿色方框的位置，从而改变原理图的可视范围。

（3）模型选择工具栏（Mode Selector Toolbar）

● 主要模型（Main Modes）

① 选择元件（components）（默认选择的）。

② 放置连接点。

③ 放置标签（用总线时会用到）。

④ 放置文本。

⑤ 用于绘制总线。

⑥ 用于放置子电路。

⑦ 用于即时编辑元件参数（先单击该图标再单击要修改的元件）。

- 配件（Gadgets）

①终端接口（terminals）：有 Vcc、地、输出和输入等接口。

②器件引脚：用于绘制各种引脚。

③仿真图表（graph）：用于各种分析，如 Noise Analysis。

④录音机。

⑤信号发生器（generators）。

⑥电压探针：使用仿真图表时要用到。

⑦电流探针：使用仿真图表时要用到。

⑧虚拟仪表：有示波器等。

- 2D 图形（2D Graphics）

①画各种直线。

②画各种方框。

③画各种圆。

④画各种圆弧。

⑤画各种多边形。

⑥画各种文本。

⑦画符号。

⑧画原点等。

（4）元件列表（The Object Selector）

用于挑选元件（components）、终端接口（terminals）、信号发生器（generators）、仿真图表（graph）等。例如，当选择"元件（components）"，单击 P 按钮会打开挑选元件对话框，选择了一个元件后（单击 OK 按钮后），该元件会在元件列表中显示，以后要用到该元件时，只需在元件列表中选择即可。

（5）方向工具栏（Orientation Toolbar）

旋转：旋转角度只能是 90° 的整数倍。

翻转：完成水平翻转和垂直翻转。

使用方法：先右键单击元件，再单击相应的旋转图标即可。

（6）仿真工具栏

仿真控制按钮：

1* 运行。

2* 单步运行。

3* 暂停。

4* 停止。

3．标题栏（主菜单）

以下分别列出主窗口和 4 个输出窗口的全部菜单项。对于主窗口，在菜单项旁边同时列出工具条中对应的快捷鼠标按钮。

（1）File（文件）

①New（新建）　　新建一个电路文件。

②Open（打开）　　打开一个已有电路文件。

③ Save（保存） 将电路图和全部参数保存在打开的电路文件中。
④ Save As（另存为） 将电路图和全部参数另存在一个电路文件中。
⑤ Print（打印） 打印当前窗口显示的电路图。
⑥ Page Setup（页面设置） 设置打印页面。
⑦ Exit（退出） 退出 Proteus ISIS。

（2）Edit（编辑）
① Rotate（旋转） 旋转一个欲添加或选中的元件。
② Mirror（镜像） 对一个欲添加或选中的元件镜像。
③ Cut（剪切） 将选中的元件、连线或块剪切入裁剪板。
④ Copy（复制） 将选中的元件、连线或块复制入裁剪板。
⑤ Paste（粘贴） 将裁切板中的内容粘贴到电路图中。
⑥ Delete（删除） 删除元件、连线或块。
⑦ Undelete（恢复） 恢复上一次删除的内容。
⑧ Select All（全选） 选中电路图中全部的连线和元件。

（3）View（查看）
① Redraw（重画） 重画电路。
② Zoom In（放大） 放大电路到原来的两倍。
③ Zoom Out（缩小） 缩小电路到原来的 1/2。
④ Full Screen（全屏） 全屏显示电路。
⑤ Default View（默认） 恢复最初状态大小的电路显示。
⑥ Simulation Message（仿真信息） 显示/隐藏分析进度信息显示窗口。
⑦ Common Toolbar（常用工具栏） 显示/隐藏一般操作工具条。
⑧ Operating Toolbar（操作工具栏） 显示/隐藏电路操作工具条。
⑨ Element Palette（元件栏） 显示/隐藏电路元件工具箱。
⑩ Status Bar（状态信息条） 显示/隐藏状态条。

（4）Place（放置）
① Wire（连线） 添加连线。
② Element（元件） 添加元件。
a. Lumped（集总元件） 添加各个集总参数元件。
b. Microstrip（微带元件） 添加各个微带元件。
c. S Parameter（S 参数元件） 添加各个 S 参数元件。
d. Device（有源器件） 添加各个三极管、FET 等元件。
③ Done（结束） 结束添加连线、元件。

（5）Parameters（参数）
① Unit（单位） 打开单位定义窗口。
② Variable（变量） 打开变量定义窗口。
③ Substrate（基片） 打开基片参数定义窗口。
④ Frequency（频率） 打开频率分析范围定义窗口。
⑤ Output（输出） 打开输出变量定义窗口。

⑥ Opt/Yield Goal（优化/成品率目标）　打开优化/成品率目标定义窗口。
⑦ Misc（杂项）　打开其他参数定义窗口。
（6）Simulate（仿真）
① Analysis（分析）　执行电路分析。
② Optimization（优化）　执行电路优化。
③ Yield Analysis（成品率分析）　执行成品率分析。
④ Yield Optimization（成品率优化）　执行成品率优化。
⑤ Update Variables（更新参数）　更新优化变量值。
⑥ Stop（终止仿真）　强行终止仿真。
（7）Result（结果）
① Table（表格）　打开一个表格输出窗口。
② Grid（直角坐标）　打开一个直角坐标输出窗口。
③ Smith（圆图）　打开一个 Smith 圆图输出窗口。
④ Histogram（直方图）　打开一个直方图输出窗口。
⑤ Close All Charts（关闭所有结果显示）　关闭全部输出窗口。
⑥ Load Result（调出已存结果）　调出并显示输出文件。
⑦ Save Result（保存仿真结果）　将仿真结果保存到输出文件。
（8）Tools（工具）
① Input File Viewer（查看输入文件）　启动文本显示程序显示仿真输入文件。
② Output File Viewer（查看输出文件）　启动文本显示程序显示仿真输出文件。
③ Options（选项）　更改设置。
（9）Help（帮助）
① Content（内容）　查看帮助内容。
② Elements（元件）　查看元件帮助。
③ About（关于）　看软件版本信息。

4．图形编辑窗口

在图形编辑窗口内完成电路原理图的编辑和绘制。为了方便作图，坐标系统(CO-ORDINATE SYSTEM）ISIS 中坐标系统的基本单位是 10nm，主要为了与 Proteus ARES 保持一致。但坐标系统的识别（read-out）单位被限制在 1th。坐标原点默认在图形编辑区的中间，图形的坐标值能够显示在屏幕的右下角的状态栏中。

5．预览窗口（The Overview Window）

该窗口通常显示整个电路图的缩略图。在预览窗口上单击，将会有一个矩形蓝绿框标示出在编辑窗口中显示的区域。其他情况下，预览窗口显示将要放置的对象的预览。这种 Place Preview 特性在下列情况下将被激活。

- 当一个对象在选择器中被选中时；
- 当使用旋转或镜像按钮时；
- 当为一个可以设定朝向的对象选择类型图标时（例如：Component icon、Device Pin-icon 等）；

- 当放置对象或者执行其他非以上操作时，place preview 会自动消除；
- 对象选择器（Object Selector）根据由图标决定的当前状态显示不同的内容。显示对象的类型包括设备、终端、管脚、图形符号、标注和图形；
- 在某些状态下，对象选择器有一个 Pick 切换按钮，单击该按钮可以弹出库元件选取窗体。通过该窗体可以选择元件并置入对象选择器，在以后绘图时使用。

6．对象选择器窗口

通过对象选择按钮，从元件库中选择对象，并置入对象选择器窗口，供今后绘图时使用。显示对象的类型包括设备、终端、管脚、图形符号、标注和图形。

9.2　原理图绘制的方法和步骤

9.2.1　基本操作

1．点状栅格（The Dot Grid）

编辑区域的点状栅格，是用来定位元器件的。可以通过 View 菜单的 Grid 命令在打开和关闭间切换。点与点之间的间距由当前捕捉的设置决定。或者按快捷键 G 来实现。鼠标移动的过程中，在编辑区的下面将出现栅格的坐标值，即坐标指示器，它显示横向的坐标值。

因为坐标的原点在编辑区的中间，有的地方的坐标值比较大，不利于进行比较。此时可通过选择菜单命令 View 下的 Origin 命令，也可以单击工具栏的按钮 View 或者按快捷键 O 来自己定位新的坐标原点。View 的下拉菜单命令如图 9-3 所示。

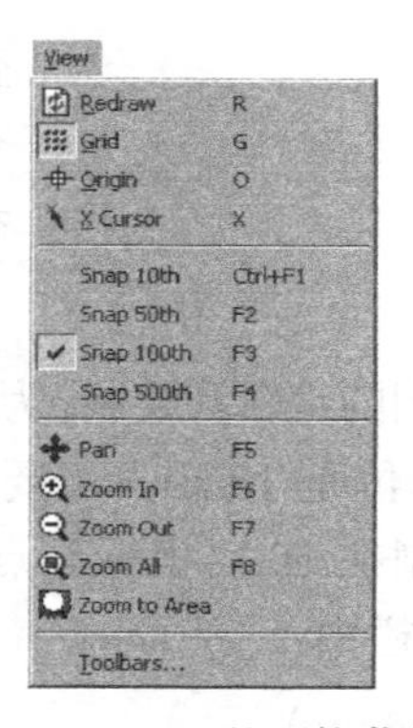

图 9-3　View 的下拉菜单

2．捕捉

鼠标指针在编辑区域移动时，移动的步长就是栅格的尺度，称为 Snap（捕捉）。这个功能可使元件依据栅格对齐。如果想要确切地看到捕捉位置，可以使用 View 菜单的 X-Cursor 命令，选中后将会在捕捉点显示一个小的或大的交叉十字。

捕捉的尺度可以由 View 菜单的 Snap 命令设置，或者直接使用快捷键 F4、F3、F2 或按组合键 Ctrl+F1，如图 9-3 所示。若要将 Snap 命令设置为 100th，则可以直接按 F3 键或者通过选择 View 菜单中的 Snap 100th 来实现。

3．实时捕捉（Real Time Snap）

当鼠标指针指向管脚末端或者导线时，鼠标指针将可以捕捉到这些物体，这种功能被称为实时捕捉，该功能可以方便地实现导线和管脚的连接。可以通过 Tools 菜单的 Real Time Snap 命令或者按组合键 Ctrl+S 切换该功能。

4．Redraw 命令来刷新显示内容

当编辑窗口显示正在编辑的电路原理图时，可以通过执行菜单命令 View 下的 Redraw 命令来刷新显示内容，也可以单击工具栏的刷新命令按钮或者按快捷键 R 来刷新，与此同时预览窗口中的内容也将被刷新。当执行一些命令导致显示错乱时，可以使用该命令恢复正常显示。

5．视图的缩放与移动

视图的缩放与移动可以通过如下几种方式来实现。

- 单击预览窗口中想要显示的位置，此时，编辑窗口显示以鼠标单击处为中心的内容。
- 在编辑窗口内移动鼠标时，按下 Shift 键，用鼠标“撞击”边框，会使显示平移。通常把这称为 Shift-Pan。
- 用鼠标指向编辑窗口并按缩放键或者滑动鼠标滚轮，编辑窗口将以鼠标指针位置为中心重新显示。

6．编辑区域的缩放

Proteus 的缩放操作多种多样，常见的几种方式有：完全显示（或者按 F8 键）、放大按钮（或者按 F6 键）和缩小按钮（或者按 F7 键），拖放、取景、找中心（或者按 F5 键）。

9.2.2　创建新的设计文件

创建新的设计文件的操作步骤如下。

（1）选择 File 下拉菜单里面的 New Design 命令，弹出下拉菜单，如图 9-4 所示。

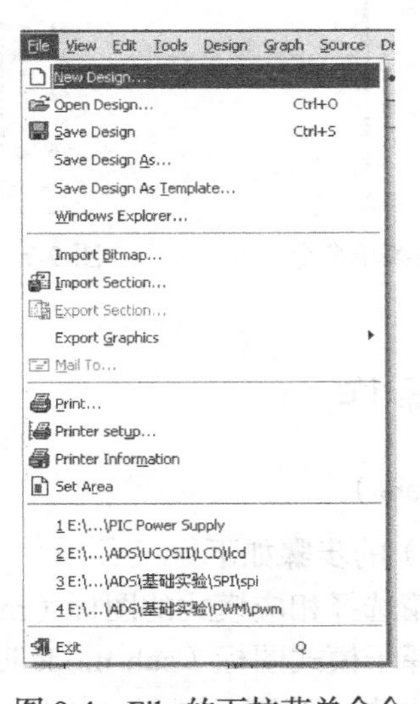

图 9-4　File 的下拉菜单命令

（2）在打开的 Create New Design 对话框中，根据需要选择适当的图纸大小，如图 9-5 所示。

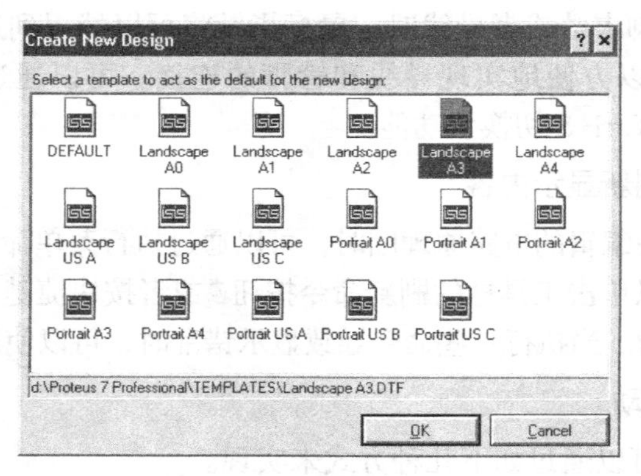

图 9-5　选择图纸大小

9.2.3　设置图纸类型

图纸大小设置完后，将对图纸类型进行设置，其具体的操作步骤如下。

（1）选择 System 下拉菜单下的 Set Sheet Sizes 命令，如图 9-6 所示。

（2）在弹出的 Sheet Size Configuration 对话框中，选择需要的图纸大小，单击 OK 按钮，如图 9-7 所示。

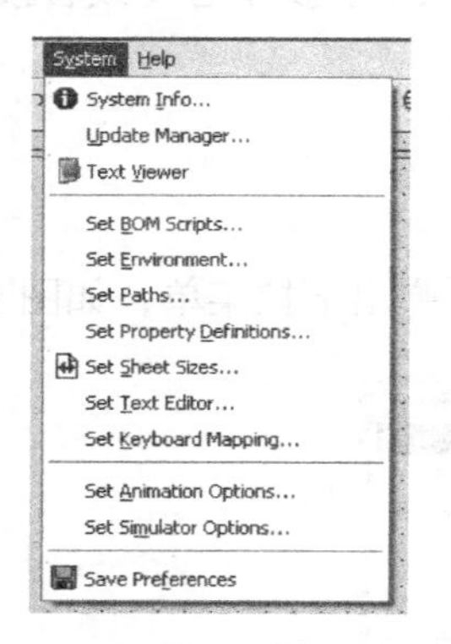

图 9-6　System 的下拉菜单命令

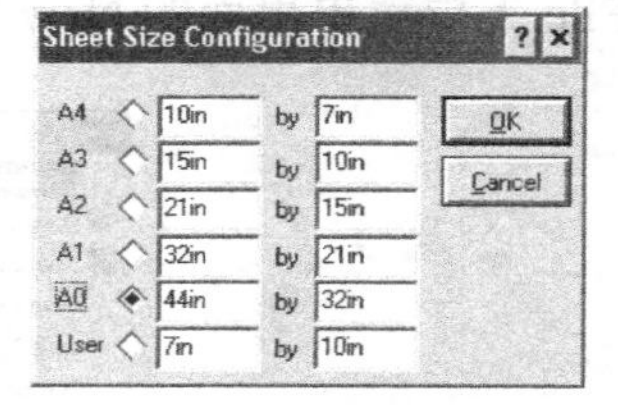

图 9-7　选择需要的图纸大小

9.2.4　图形编辑基本操作

1．对象放置（Object Placement）

放置对象（To place an object）的步骤如下。

（1）根据对象的类别在工具箱选择相应模式的图标（mode icon）。

（2）根据对象的具体类型选择子模式图标（sub-mode icon）。

（3）如果对象类型是元件、端点、管脚、图形、符号或标记，从选择器里（selector）选择想要的对象的名字。对于元件、端点、管脚和符号，需要先从库中调出。

（4）最后，指向编辑窗口并单击鼠标放置对象。

2．选中对象（Tagging an Object）

用鼠标指向对象并单击右键可以选中该对象。该操作实现选中对象并使其高亮显示，然后可以对其进行编辑。

选中对象时该对象上的所有连线同时被选中。

要选中一组对象，可以通过依次在每个对象右击选中每个对象的方式，也可以通过右键拖出一个选择框的方式，但只有完全位于选择框内的对象才可以被选中。

在空白处单击鼠标右键可以取消所有对象的选择。

3．删除对象（Deleting an Object）

用鼠标指向选中的对象并单击右键可以删除该对象，同时删除该对象的所有连线。

4．拖动对象（Dragging an Object）

用鼠标指向选中的对象并按左键拖曳可以拖动该对象。该方式不仅对整个对象有效，而且对对象中单独的 labels 也有效。

如果 Wire Auto Router 功能被使能的话，被拖动对象上所有的连线将会重新排布或者 fixed up。这将花费一定的时间（10 秒左右），尤其在对象有很多连线的情况下，这时鼠标指针将显示为一个“沙漏”形状。

如果误拖动一个对象，所有的连线都变成了一团糟，可以使用 Undo 命令撤销操作恢复原来的状态。

5．拖动对象标签（Dragging an Object Label）

许多类型的对象有一个或多个属性标签附着。例如，每个元件有一个 reference 标签和一个 value 标签，可以移动这些标签使电路图看起来更美观。

移动标签（To move a label）的步骤如下。

（1）选中对象。

（2）将鼠标指向标签，按下鼠标左键。

（3）拖动标签到需要的位置。如果想要定位得更精确的话，可以在拖动时改变捕捉的精度（使用 F4、F3、F2、Ctrl+F1 键）。

（4）释放鼠标。

6．调整对象大小（Resizing an Object）

子电路（Sub-circuits）、图表、线、框和圆可以调整大小。当选中这些对象时，对象周围会出现黑色小方块，叫作“手柄”，可以通过拖动这些“手柄”来调整对象的大小。

调整对象大小（To resize an object）的步骤如下。

（1）选中对象。

（2）如果对象可以调整大小，对象周围会出现叫作“手柄”的黑色小方块。

（3）按下鼠标左键拖动这些“手柄”到新的位置，可以改变对象的大小。在拖动的过程中手柄会消失以便不和对象的显示混叠。

7．调整对象的朝向（Reorienting an Object）

许多类型的对象可以调整朝向为0，90，270，360或通过x轴y轴镜像。当该类型对象被选中后，Rotation and Mirror图标会从蓝色变为红色，然后就可以来改变对象的朝向。

调整对象朝向（To reorient an object）的步骤如下。

（1）选中对象。

（2）单击Rotation图标可以使对象逆时针旋转，右击Rotation图标可以使对象顺时针旋转。

（3）单击Mirror图标可以使对象按x轴镜像，右击Mirror图标可以使对象按y轴镜像。毫无疑问当Rotation and Mirror图标是红色时，操作它们将会改变某个对象，即便当前没有看到它，实际上，这种颜色的指示在对将要放置的新对象操作时是格外有用的。当图标是红色时，首先取消对象的选择，此时图标会变成蓝色，说明现在可以“安全”调整新对象了。

8．编辑对象（Editing an Object）

许多对象具有图形或文本属性，这些属性可以通过一个对话框进行编辑，这是一种很常见的操作，有多种实现方式。

编辑单个对象（To edit a single object using the mouse）的步骤如下。

（1）选中对象。

（2）单击对象。

连续编辑多个对象（To edit a succession of objects using the mouse）的步骤如下。

（1）选择Main Mode图标，再选择Instant Edit图标。

（2）依次单击各个对象。

以特定的编辑模式编辑对象（To edit an object and access special edit modes）的步骤如下。

（1）指向对象。

（2）使用组合键Ctrl+E。

对于文本脚本来说，这样操作将启动外部的文本编辑器。如果鼠标没有指向任何对象的话，该命令将对当前的图形进行编辑。

通过元件的名称编辑元件（To edit a component by name）的步骤如下。

（1）输入E。

（2）在弹出的对话框中输入元件的名称（part ID）。

确定后将会弹出该项目中任何元件的编辑对话框，并非只限于当前sheet的元件。编辑完后，画面将会以该元件为中心重新显示。当前操作者可以通过该方式来定位一个元件，即便不想对其进行编辑。

9．编辑对象标签（Editing An Object Label）

元件、端点、线和总线标签都可以像元件一样进行编辑。

编辑单个对象标签（To edit a single object label using the mouse）的步骤如下。

（1）选中对象标签。

（2）单击对象。

连续编辑多个对象标签（To edit a succession of object labels using the mouse）的步骤如下。

（1）选择Main Mode图标，再选择Instant Edit图标。

（2）依次单击各个标签。

任何一种方式，都将弹出一个带有 Label and Style 栏的对话框。

10．复制所有选中的对象（Copying all Tagged Objects）

复制一整块电路（To copy a section of circuitry）的步骤如下。

（1）选中需要的对象，具体的步骤参照上文的 Tagging an Object 部分。

（2）单击 Copy 图标。

（3）将复制的轮廓拖到需要的位置，单击放置。

（4）重复步骤（3）。

（5）右击结束旋转复制。

当一组元件被复制后，它们的标注自动重置为随机态，为下一步的自动标注做准备，防止出现重复的元件标注。

11．移动所有选中的对象（Moving all Tagged Objects）

移动一组对象（To move a set of objects）的步骤如下。

（1）选中需要的对象，具体的步骤参照上文的 Tagging an Object 部分。

（2）将轮廓拖到需要的位置，单击放置。

可以使用块移动的方式来移动一组导线，而不会移动任何对象。

12．删除所有选中的对象（Deleting all Tagged Objects）

删除一组对象（To delete a group of objects）的步骤如下。

（1）选中需要的对象，具体的步骤参照上文的 Tagging an Object 部分。

（2）单击 Delete 图标。

如果错误删除了对象，可以使用 Undo 命令来恢复原状。

9.2.5　将所需元器件加入对象选择器

将所需元器件加入对象选择器的操作步骤如下。

（1）将所需元器件加入到对象选择器窗口（Picking Components into the Schematic）。单击对象选择器按钮 P，如图 9-8 所示。

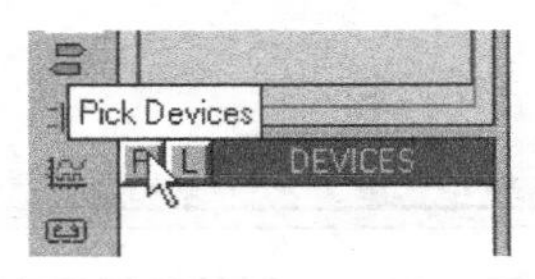

图 9-8　单击“对象选择器”按钮

（2）在弹出 Pick Devices 窗口中的 Keywords 文本框中输入 AT89C51，系统将在对象库中进行搜索查找，并将搜索结果显示在 Results 栏中，如图 9-9 所示。

（3）在 Results 栏中的列表项中，双击 AT89C51，则可将 AT89C51 添加至对象选择器窗口。

（4）在 Keywords 文本框中重新输入 7SEG，如图 9-10 所示。在 Results 列表项中双击 7SEG-MPX6-CA-BLUE，则可将 7SEG-MPX6-CA-BLUE（6 位 7 段共阳极 ED 显示器）添加至对象选择器窗口。

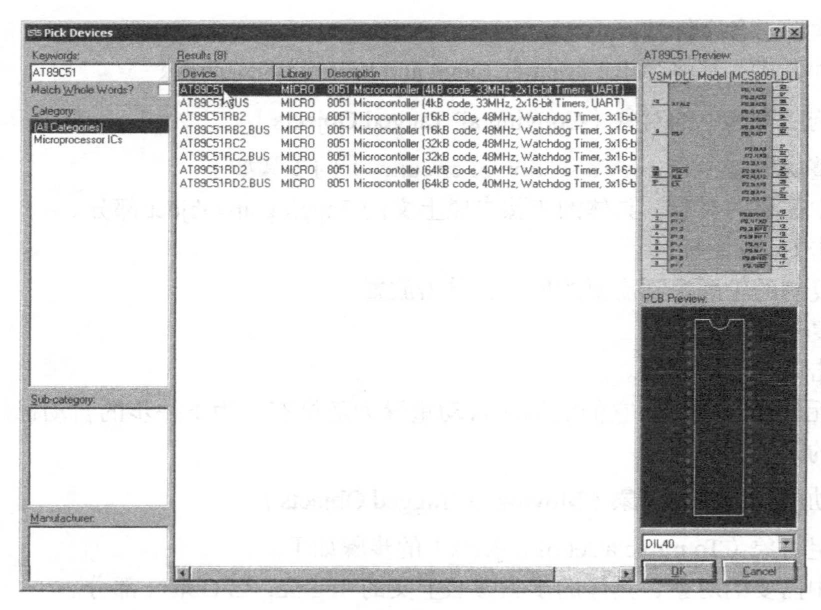

图 9-9 Pick Devices 窗口

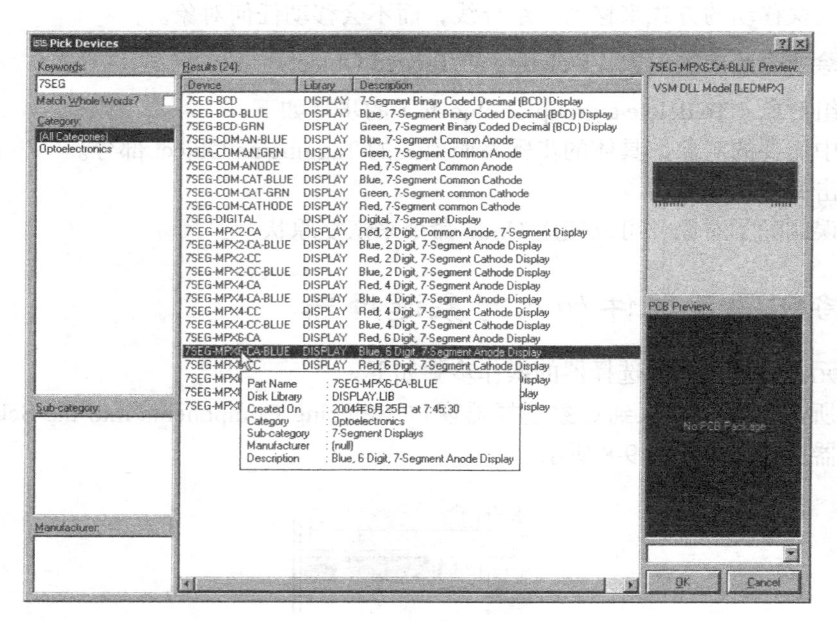

图 9-10 元器件选择界面

（5）在 Keywords 文本框中重新输入 RES，选中 Match Whole Words 复选框，如图 9-11 所示。在 Results 栏中获得与 RES 完全匹配的搜索结果。双击 RES，则可将 RES（电阻）添加至对象选择器窗口。单击 OK 按钮，结束对象选择。

经过以上几步操作，在对象选择器窗口中，已有了 7SEG-MPX6-CA-BLUE、AT89C51 和 RES 三个元器件对象，单击 AT89C51，在预览窗口中，可以看到 AT89C51 的实物图，如图 9-12 所示；若单击 RES 或 7SEG-MPX6-CA-BLUE，在预览窗口中，可以看到 RES 和 7SEG-

MPX6-CA-BLUE 的实物图，如图 9-12 所示。此时，绘图工具栏中的元器件按钮是处于选中状态的。

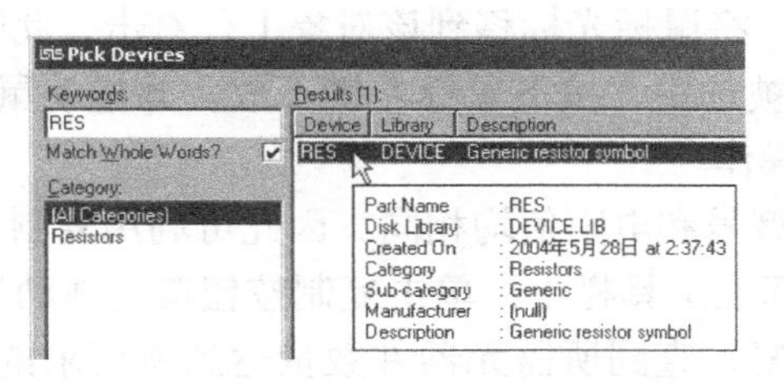

图 9-11　元器件选择界面

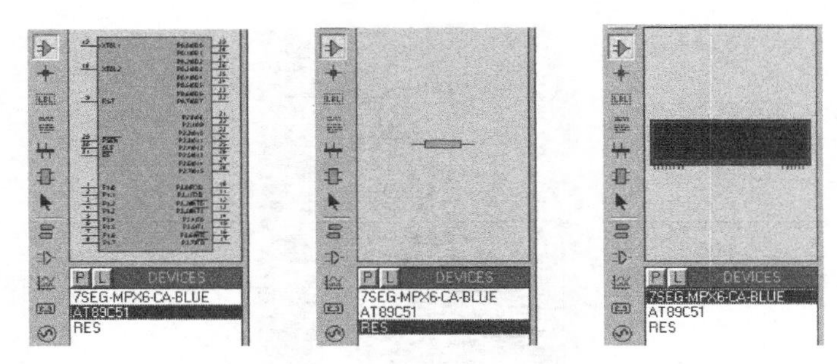

图 9-12　元器件对应的实物图

9.2.6　放置元器件

元器件放置在图形编辑窗口，如图 9-13 所示。

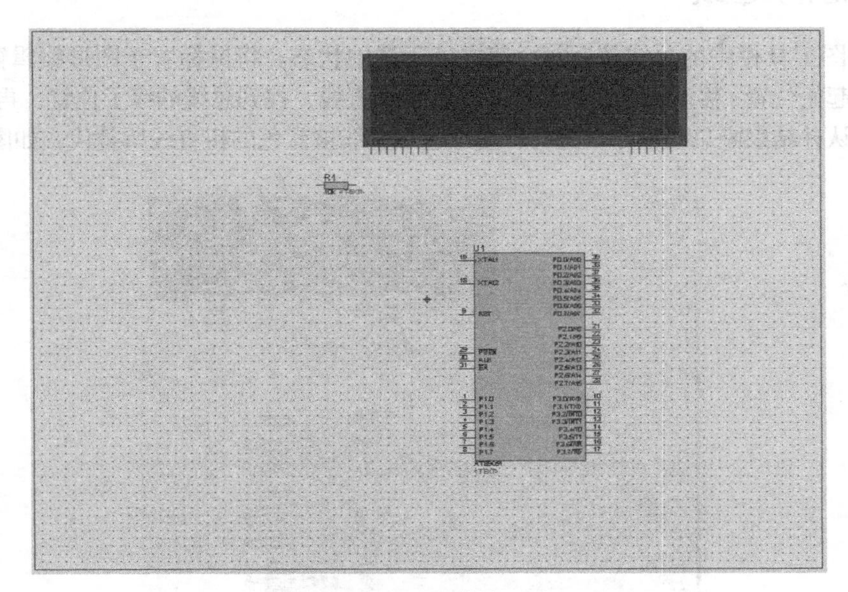

图 9-13　元器件放置图

在对象选择器窗口中，选中 7SEG-MPX6-CA-BLUE 元器件，将鼠标光标置于图形编辑窗口该对象将被放置的位置，单击，放置该对象。同理，将 AT89C51 和 RES 放置到图形编辑窗口中，如图 9-13 所示。

若对象位置需要移动，将鼠标光标移到该对象上，右击，此时注意到，该对象的颜色已变至红色，表明该对象已被选中，按下鼠标左键不放，并拖动鼠标，将对象移至新位置后，释放鼠标左键，完成移动操作。

由于电阻 R1～R8 的型号和电阻值均相同，因此可利用复制功能作图。将鼠标光标移到 R1 处，右击选中 R1，在标准工具栏中，单击复制按钮，拖动鼠标，按下鼠标左键，将对象复制到新位置，如此反复，直到所需元器件数量达到所要求的数量后，右击，结束复制。此时电阻名的标识，系统自动加以区分，如图 9-14 所示。

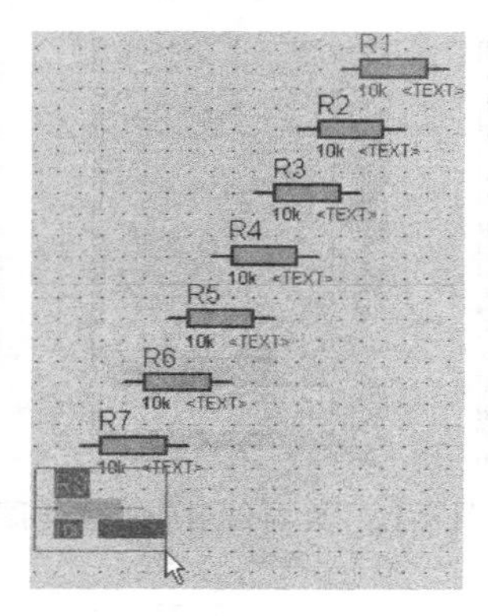

图 9-14　元件复制放置示意图

9.2.7　绘制总线

单击绘图工具栏中的总线按钮，使之处于选中状态。将鼠标置于图形编辑窗口，单击，确定总线的起始位置；移动鼠标，屏幕出现粉红色细直线，找到总线的终了位置，再次单击，然后右击，确认并结束画总线操作。此时，粉红色细直线被蓝色的粗直线所替代，如图 9-15 所示。

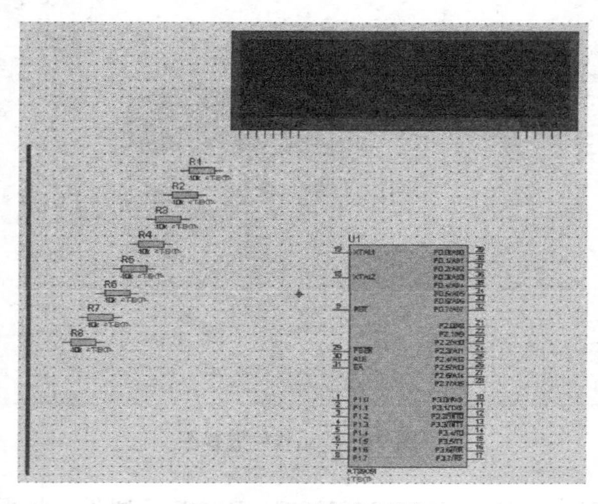

图 9-15　总线的放置图

9.2.8 元件间导线连接（Wiring Up Components on the Schematic）

Proteus 的智能化可以在需要画线的时候进行自动检测。下面将电阻 R1 的右端连接到 LED 显示器的 A 端。当鼠标的指针靠近 R1 右端的连接点时，跟着鼠标的指针就会出现一个“×”号，表明找到了 R1 的连接点，单击它，移动鼠标（不用按下鼠标左键），当鼠标的指针靠近 LED 显示器的 A 端的连接点时，跟着鼠标的指针就会出现一个“×”号，表明找到了 LED 显示器的连接点，同时屏幕上出现了粉红色的连接，单击它，粉红色的连接线变成了深绿色，同时，线形由直线自动变成了 90º 的折线，这是因为选中了线路自动路径功能。

Proteus 具有线路自动路径功能（简称 WAR），当选中两个连接点后，WAR 将选择一个合适的路径连线。WAR 可通过使用标准工具栏里的 WAR 命令按钮来关闭或打开，也可以在菜单栏的 Tools 下找到这个图标。

同理，可以完成其他连线。在此过程的任何时刻，都可以按 Esc 键或者右击来放弃画线，如图 9-16 所示。

画总线的时候为了和一般的导线区分，一般用画斜线来表示分支线。此时需要当前操作者决定走线路径，只需在需设拐点处单击鼠标左键即可，如图 9-17 所示。

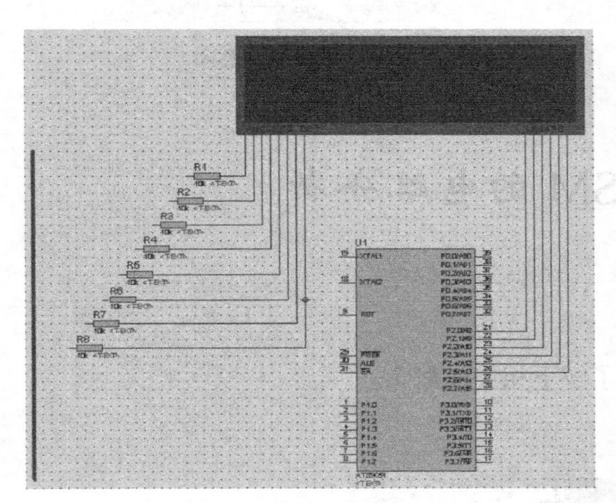

图 9-16　元器件之间的连线

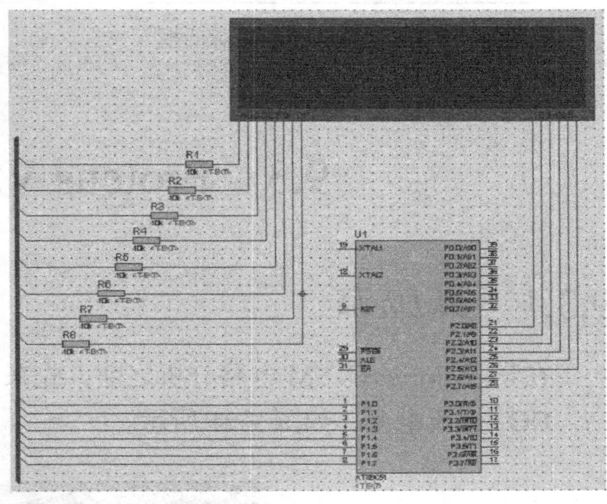

图 9-17　元器件与总线的连线示意图

9.2.9 导线标注（Part Labels）

单击绘图工具栏中的导线标签按钮，使之处于选中状态。将鼠标置于图形编辑窗口的欲标标签的导线上，跟着鼠标的指针就会出现一个“×”号，如图 9-18 所示。

图 9-18　导线可标注示意图

此时表明找到了可以标注的导线，单击鼠标左键，弹出 Edit Wire Label 对话框，如图 9-19 所示。

在 String 后面文本框中，输入标签名称（如 a），单击 OK 按钮，结束对该导线的标签标定。同理，可以标注其他导线的标签，如图 9-19 所示。注意，在标定导线标签的过程中，相互接通的导线必须标注相同的标签名。

至此，便完成了整个电路图的绘制，如图 9-20 所示。

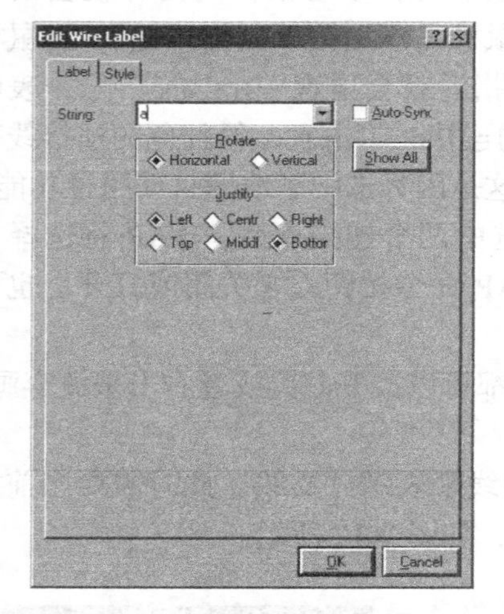

图 9-19　Edit Wire Label 对话框

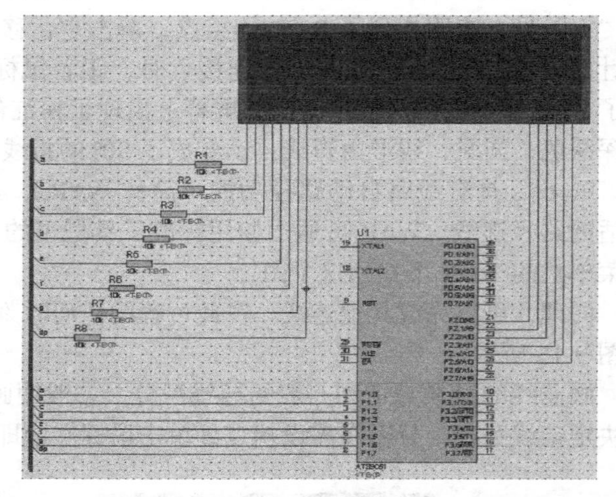

图 9-20　导线标注完毕的示意图

9.3　Proteus VSM 的电路分析

9.3.1　激励源

在学习 Proteus VSM 电路分析之前，先来了解下相关的概念。

DC：直流电源，如图 9-21 所示。

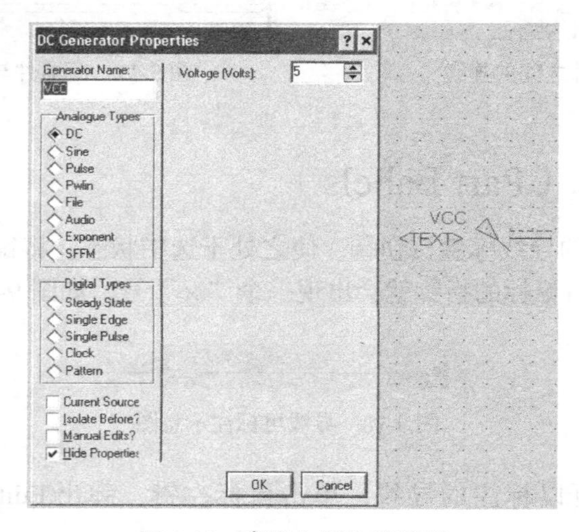

图 9-21　直流电源选择界面

Sine：幅值、频率、相位可控的正弦波发生器。

Pulse：幅值、周期和上升/下降沿时间可控的模拟脉冲发生器，如图 9-22 所示。

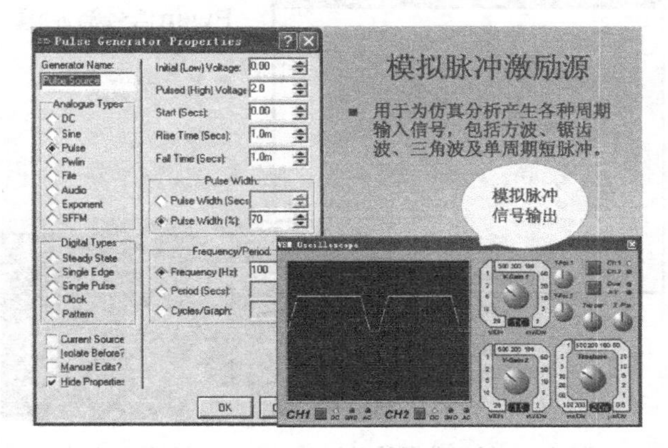

图 9-22　幅值、周期、上升/下降沿可控的模拟脉冲发生器示意图

Exponent：指数脉冲发生器，如图 9-23 所示。

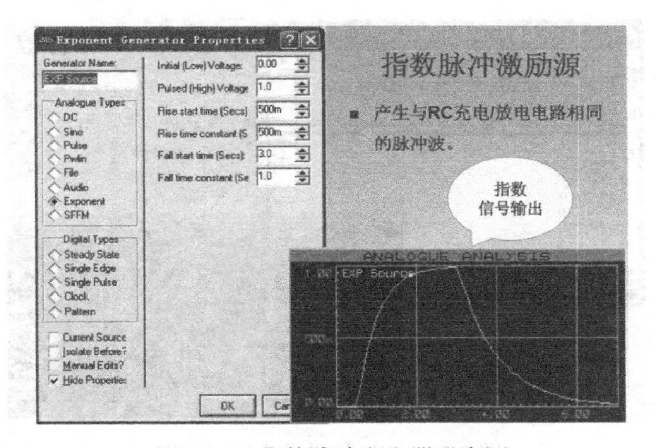

图 9-23　指数脉冲发生器示意图

SFFM：单频率调频波信号发生器，如图 9-24 所示。

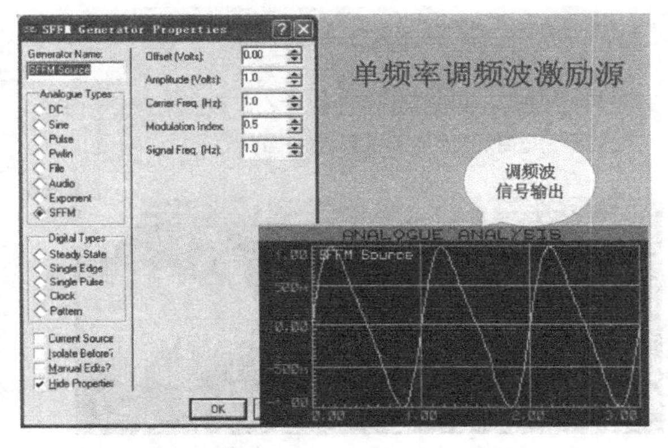

图 9-24　单频率调频波信号发生器示意图

Pwlin：任意分段线性脉冲、信号发生器，如图 9-25 所示。

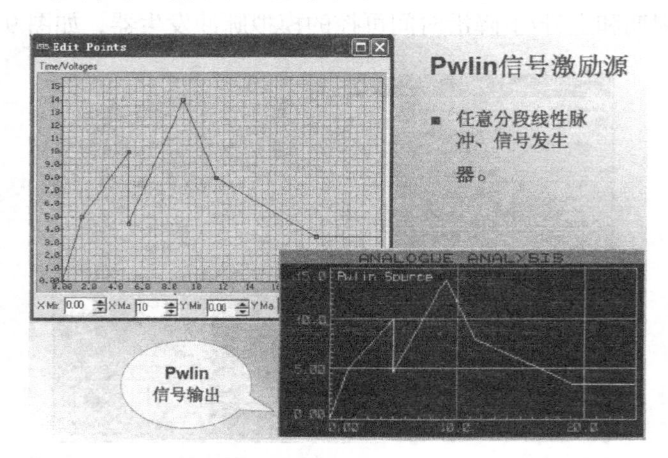

图 9-25　任意分段线性脉冲、信号发生器示意图

File：File 信号发生器。数据来源于 ASCII 文件，如图 9-26 所示。

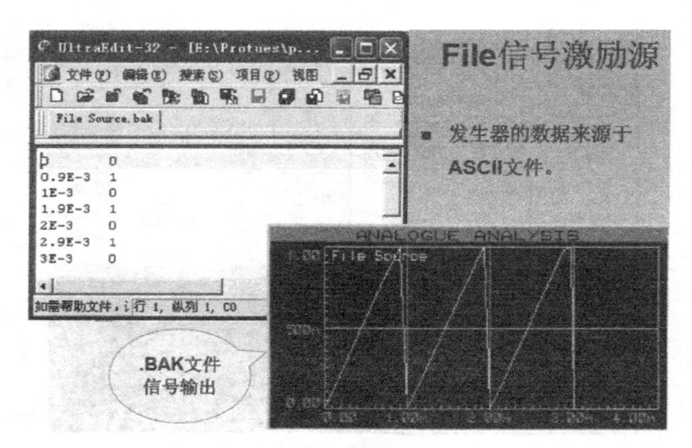

图 9-26　File 信号发生器示意图

Audio：音频信号发生器，如图 9-27 所示。

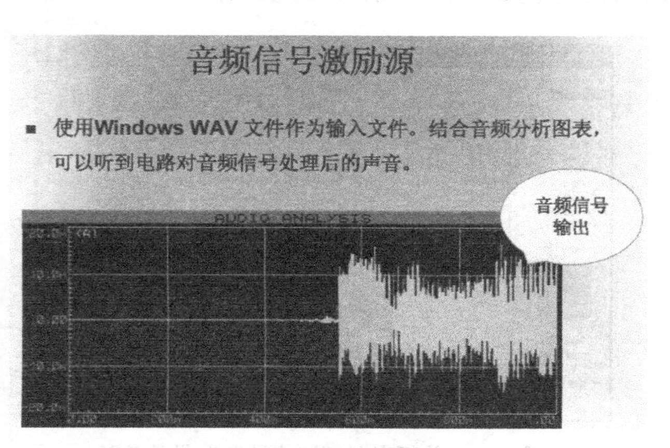

图 9-27　音频信号发生器示意图

DState：稳态逻辑电平发生器。

DEdge：单边沿信号发生器。

DPulse：单周期数字脉冲发生器，如图 9-28 所示。

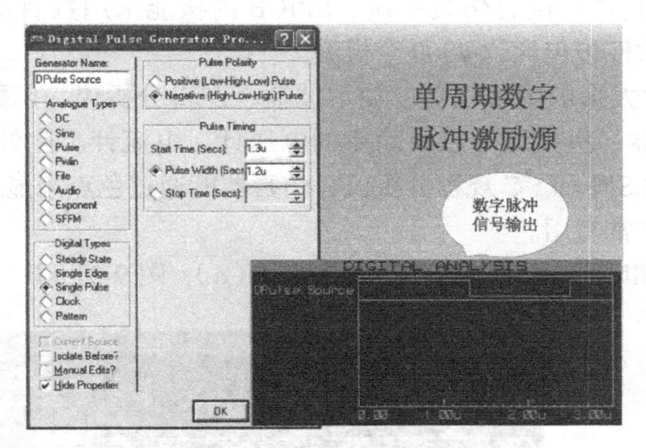

图 9-28　单周期数字脉冲发生器示意图

DClock：数字时钟信号发生器，如图 9-29 所示。

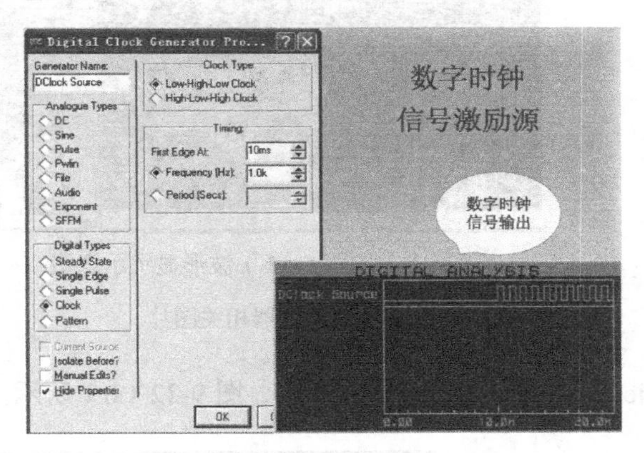

图 9-29　数字时钟信号发生器示意图

DPattern：模式信号发生器，如图 9-30 所示。

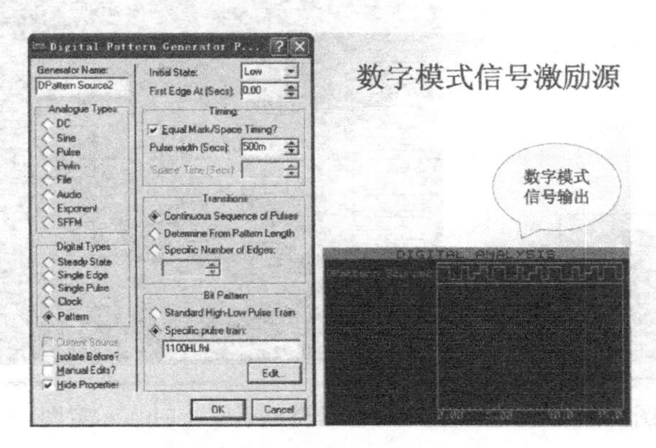

图 9-30　模式信号发生器示意图

9.3.2 虚拟仪器

Proteus VSM 的核心是 ProSPICE，这是一个组合了 SPICE3F5 模拟仿真器核和基于快速事件驱动的数字仿真器的混合仿真系统，SPICE 内核能采用数目众多的制造厂商提供的 SPICE 模型，目前该软件包包含约 6000 个模型。

Proteus VSM 包含大量的虚拟仪器，如示波器、逻辑分析仪、函数发生器、数字信号图案发生器、时钟计数器、虚拟终端以及简单的电压计、电流计。此外 Proteus ISIS 内部还集成了主/从/监视模式的 SPI 和 I²C 规程分析仪，仿真器能通过色点来显示每个管脚的状况，这点在单步调试代码时非常有用。

虚拟示波器（Oscilloscope）示意图，如图 9-31（a）、图 9-31（b）所示。

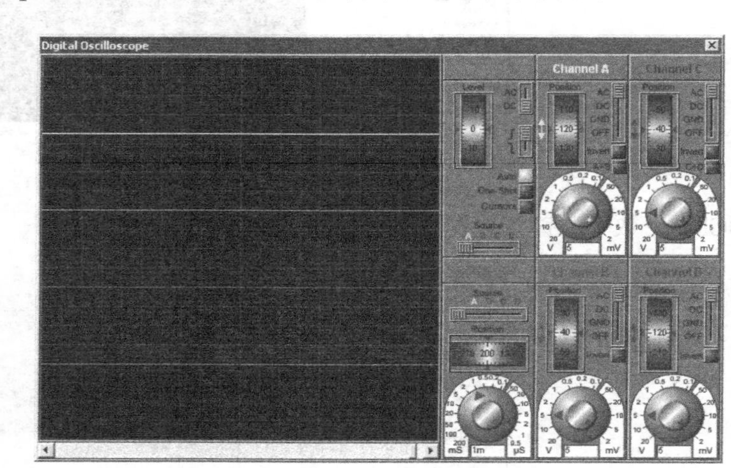

（a）原理图　　（b）波形显示示意图

图 9-31　虚拟示波器相关图片

逻辑分析仪（Logic Analyser），如图 9-32（a）、图 9-32（b）所示。

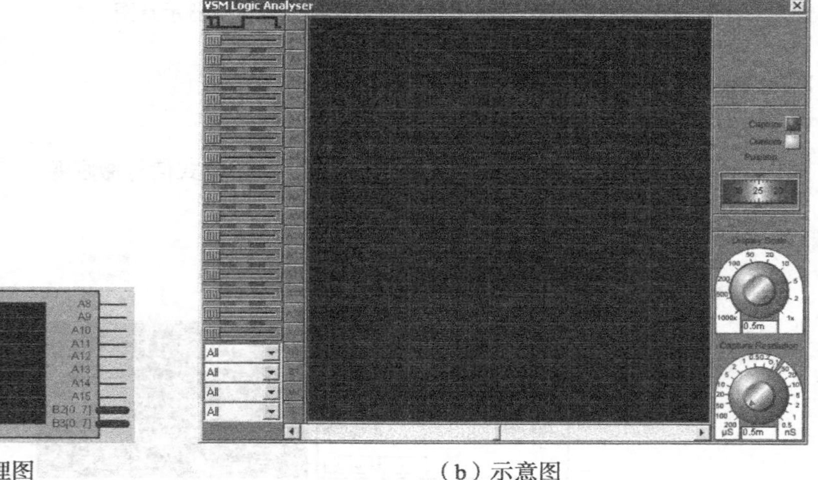

（a）原理图　　（b）示意图

图 9-32　逻辑分析仪相关图片

定时计数器（Counter Timer），如图 9-33 所示。

虚拟终端（Virual Terminal），如图 9-34 所示。

图 9-33　定时计数器示意图

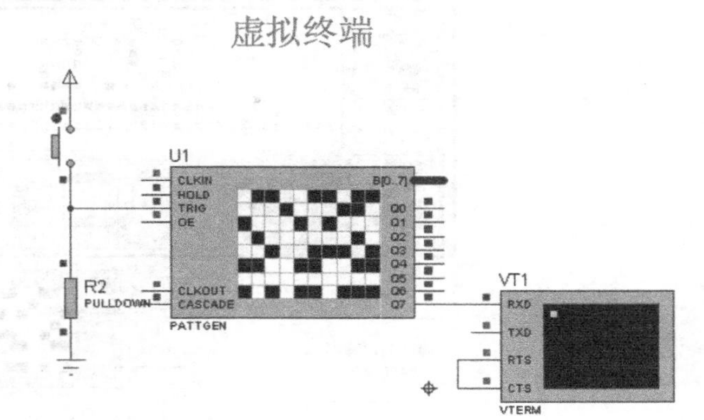

图 9-34　虚拟终端示意图

SPI 调试器（SPI Debugger），如图 9-35 所示。

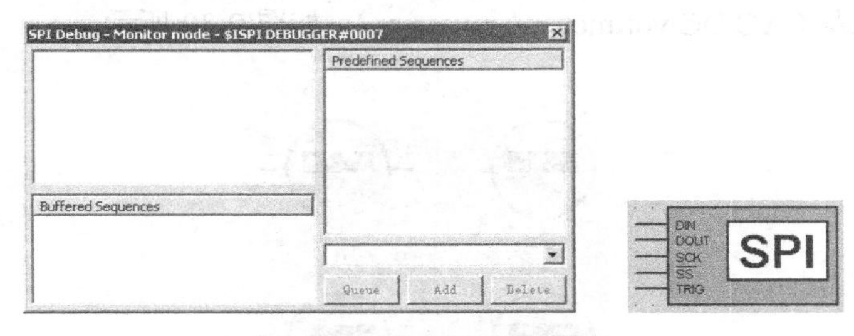

图 9-35　SPI 调试器示意图

I^2C 调试器（I^2C Debugger），如图 9-36 所示。

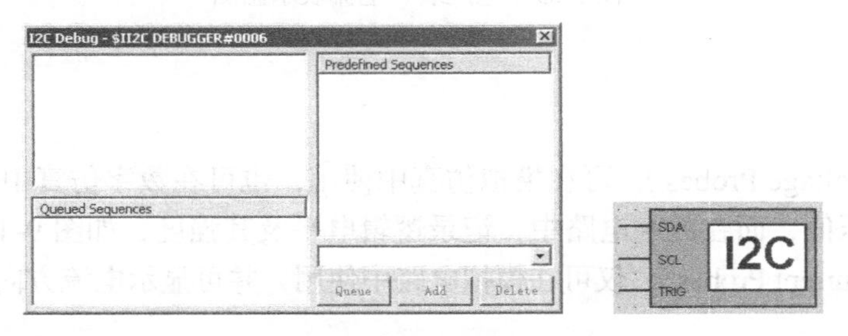

图 9-36　I^2C 调试器示意图

信号发生器（Signal Generator），如图 9-37 所示。

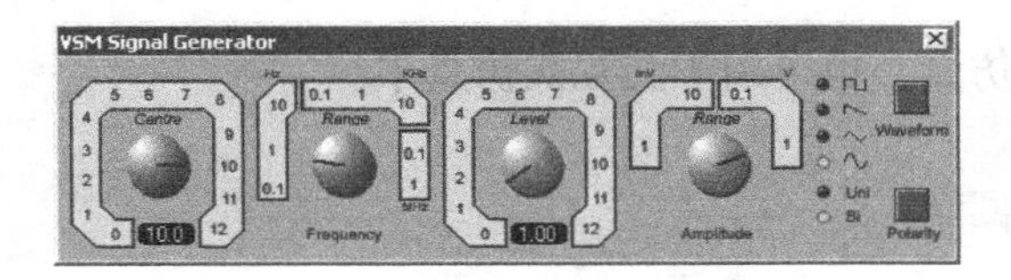

图 9-37　信号发生器示意图

模式发生器（Pattern Generator），如图 9-38 所示。

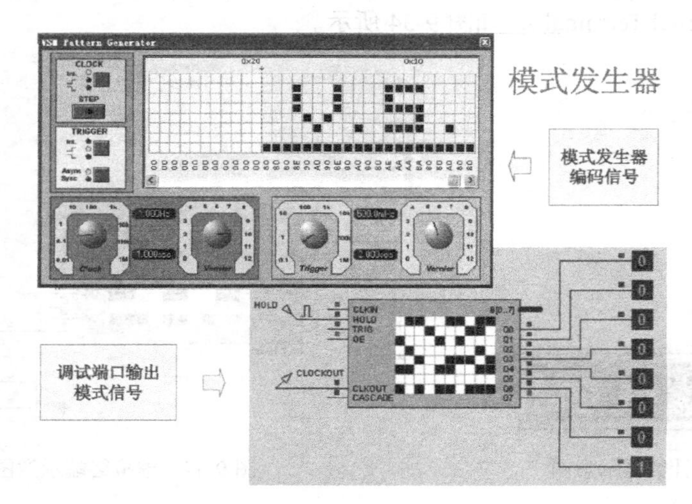

图 9-38　模式发生器示意图

电压表和电流表（AC/DC voltmeters/ammeters），如图 9-39 所示。

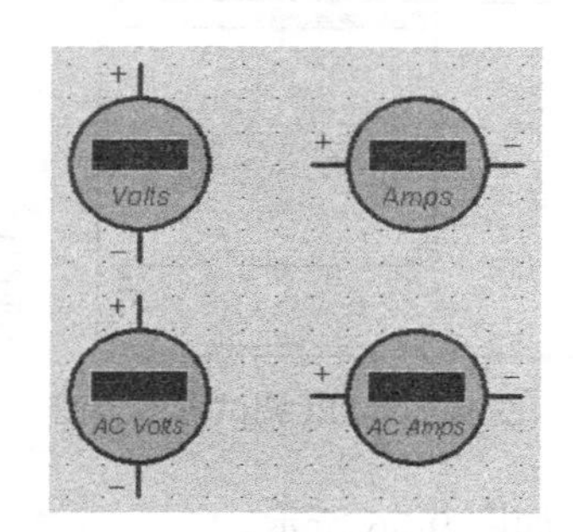

图 9-39　电压表、电流表示意图

9.3.3　探针

电压探针（Voltage Probes），可在模拟仿真中使用，也可在数字仿真中使用。在模拟电路中记录真实的电压值，而在数字电路中，记录逻辑电平及其强度，如图 9-40 所示。

电流探针（Current Probes），仅可在模拟电路中使用，并可显示电流方向，如图 9-41 所示。

图 9-40　电压探针示意图　　　　图 9-41　电流探针示意图

探针既可用于基于图表的仿真，也可用于交互式仿真中。

9.3.4　图表分析

模拟图表（Analogue），如图 9-42 所示。

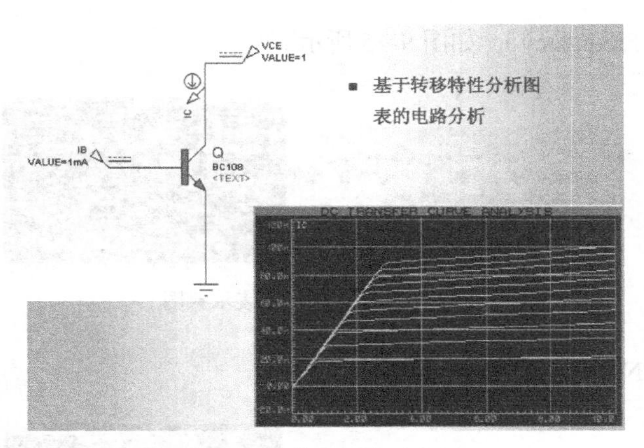

图 9-42　模拟图表示意图

数字图表（Digital），如图 9-43 所示。

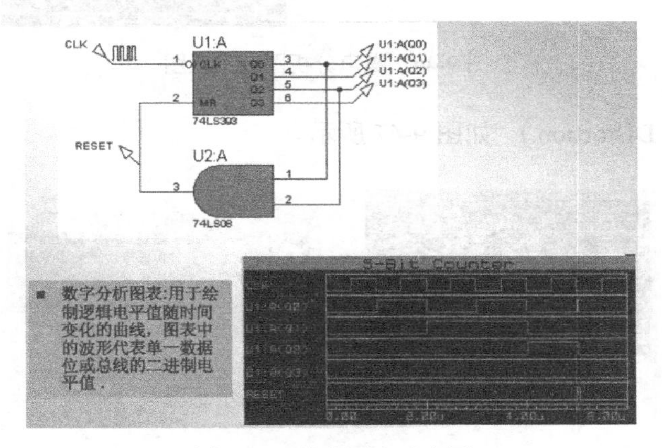

图 9-43　数字图表示意图

混合分析图表（Mixed），如图 9-44 所示。

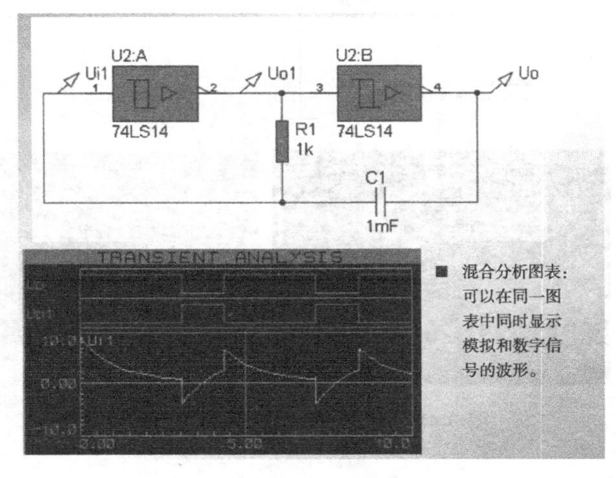

图 9-44　混合分析图表示意图

频率分析图表（Frequency），如图 9-45 所示。

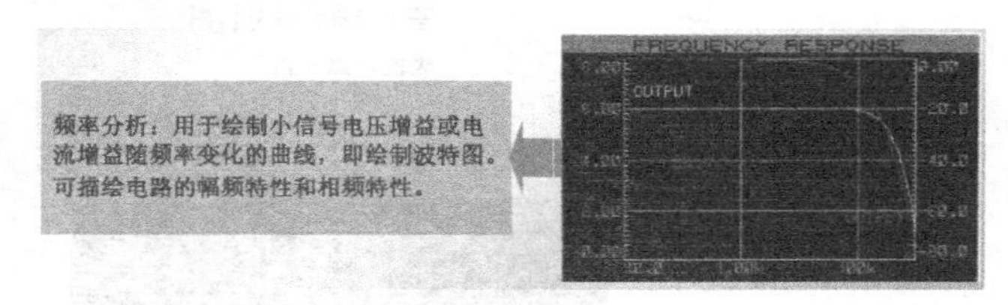

图 9-45　频率分析图表示意图

噪声分析图表（Noise），如图 9-46 所示。

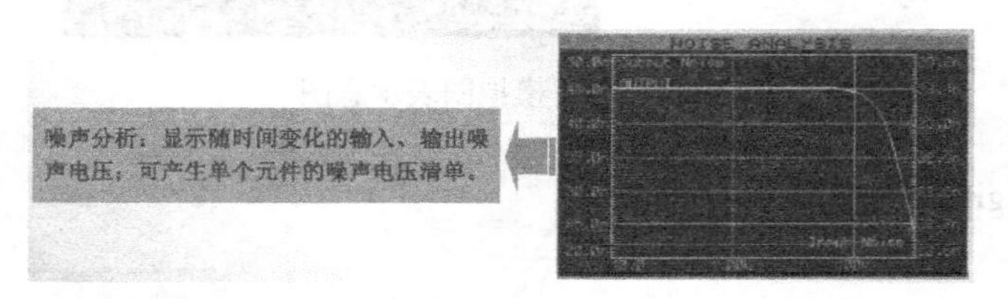

图 9-46　噪声分析图表示意图

失真分析图表（Distortion），如图 9-47 所示。

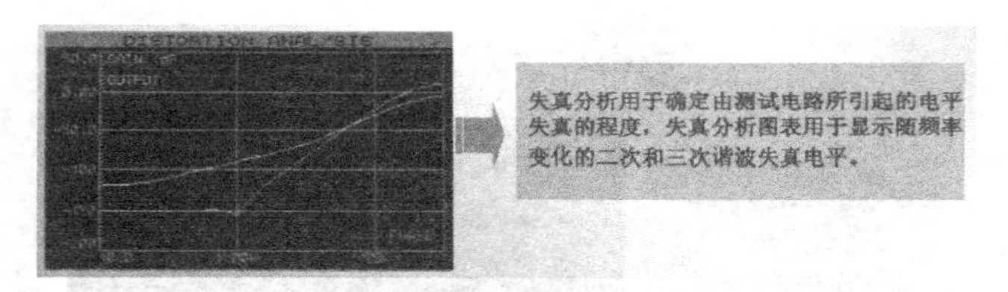

图 9-47　失真分析图表示意图

直流扫描分析图表（DC Sweep），如图 9-48 所示。

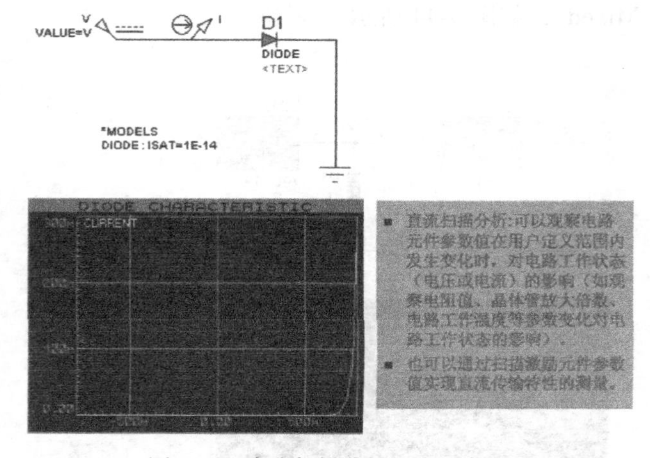

图 9-48　直流扫描分析图表示意图

交流扫描分析图表（AC Sweep），如图 9-49 所示。

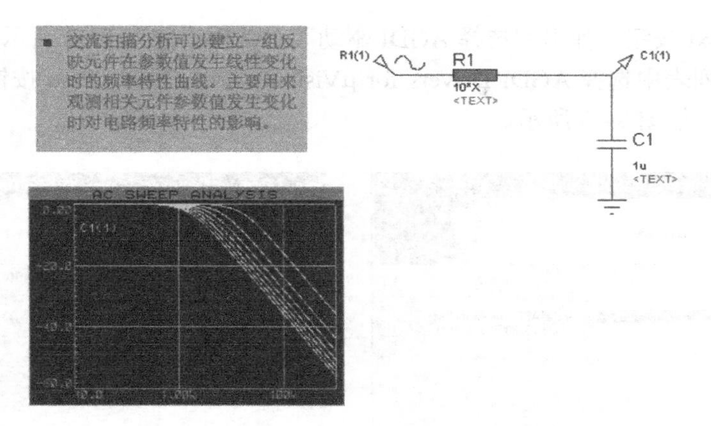

图 9-49　交流扫描分析图表示意图

9.4　Proteus ISIS 联合 Keil C 仿真 8051 及虚拟串口

Proteus VSM 最重要的特点是它能把微处理器和外围电路及 Device 一起在 Proteus ISIS 里协同仿真。微处理器模型和其他器件的模型一起驻留在原理设计中，它可以仿真执行目标码，就像运行在真正的单片机系统上一样。

如果程序代码向一个外设口执行写操作，电路中逻辑电平会相应变化，如果电路改变微处理器管脚的状态，也可以在程序代码中看到，就像真实系统一样。

VSM CPU 模型能完整仿真 I/O 口、中断、定时器、通用外设口和其他与 CPU 有关的外设资源，它是一个使外设与外部电路相互作用模型化为波形的简便的软件仿真器。VSM 甚至能仿真多个 CPU，它能方便地处理两个或两个以上微控制器的连接与设计。

9.4.1　Proteus ISIS 与 Keil C 软件设置

Keil C 与 Proteus ISIS 联合仿真，首先需要安装扩展包。安装扩展包和软件设置的操作步骤如下。

（1）如图 9-50 所示，双击 vdmagdi.exe 文件，弹出“VSM AGDI 驱动安装”对话框，如图 9-51 所示。

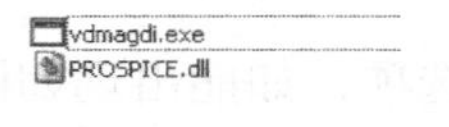

图 9-50　文件选择界面

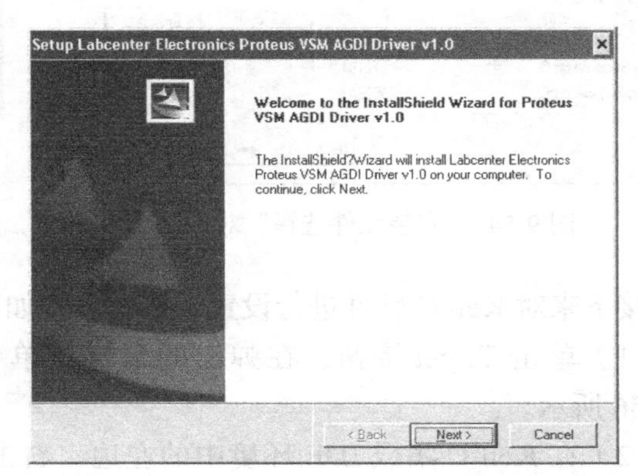

图 9-51　“VSM AGDI 驱动安装”对话框

（2）单击 Next 按钮，弹出“选择 AGDI 驱动”对话框，如图 9-52 所示。

（3）在选择列表中选择 AGDI Drivers for μVision3 选项，单击 Next 按钮，弹出“选择安装目录”对话框，如图 9-53 所示。

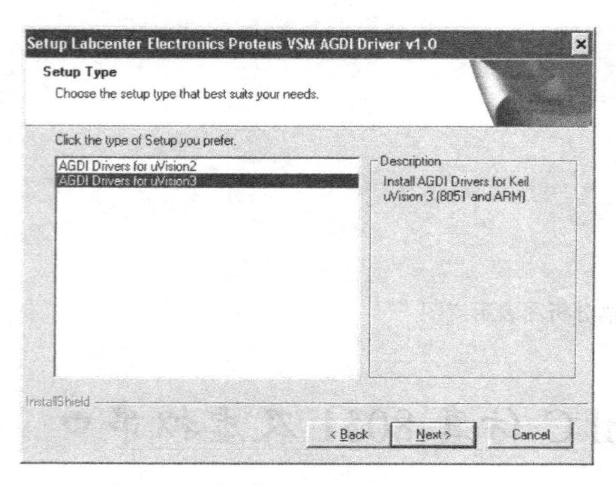

图 9-52 “选择 AGDI 驱动”对话框

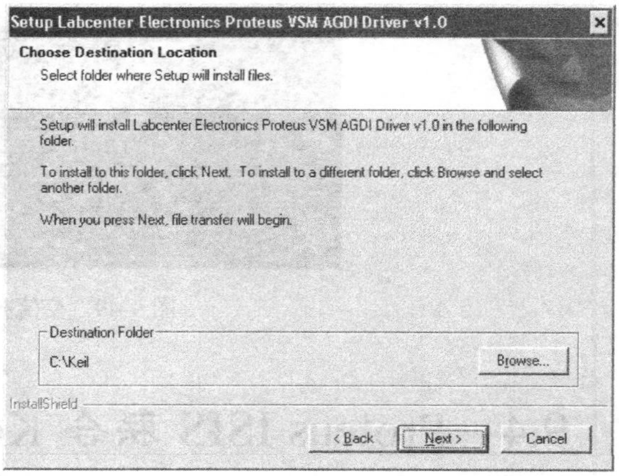

图 9-53 “选择安装目录”对话框

（4）选择 Keil C 的原始安装目录作为驱动安装目录，单击 Next 按钮，弹出“安装元件选择”对话框，如图 9-54 所示。

（5）在弹出的“安装元件选择”对话框中，选择要安装的扩展驱动包，单击 Next 按钮，弹出“安装完成”对话框，如图 9-55 所示。

（6）单击 Finish 按钮，完成扩展驱动包的安装。

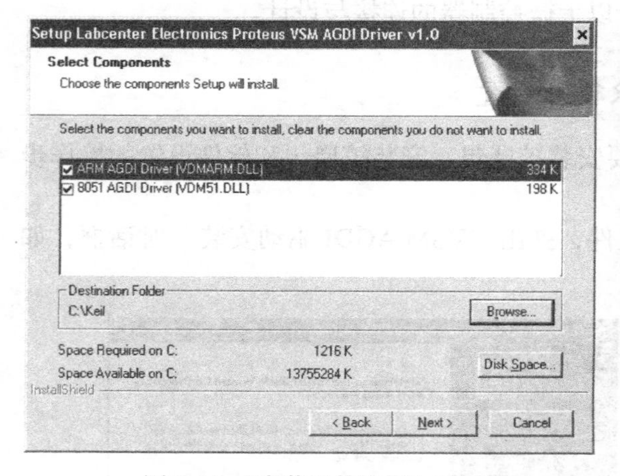

图 9-54 “安装元件选择”对话框

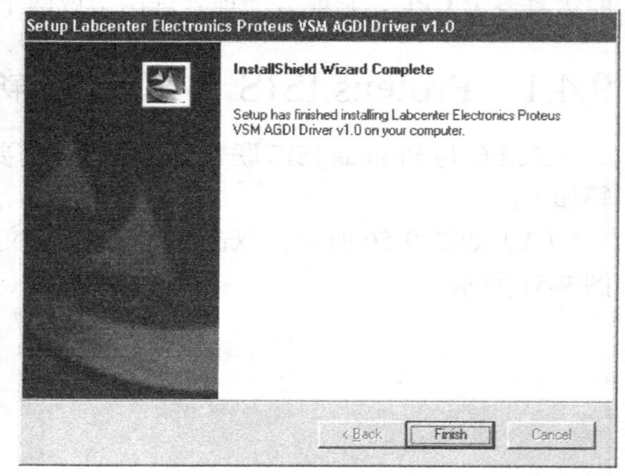

图 9-55 “安装完成”对话框

接下来对 Keil C 软件进行设置，操作步骤如下。

（1）单击 Target 按钮，在弹出的下拉菜单中选择 Options for Target 'Target 1' 命令，如图 9-56 所示。

（2）在 Keil C 集成 IDE 环境中的左边，右击选择项目的选项，如能出现如图 9-57 所示的 Proteus VSM Simulator 选项，则说明设置成功。

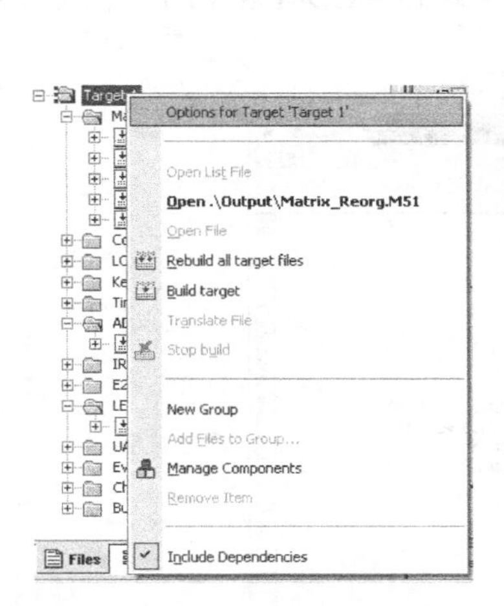

图 9-56　选择 Options for Target 'Target 1' 命令

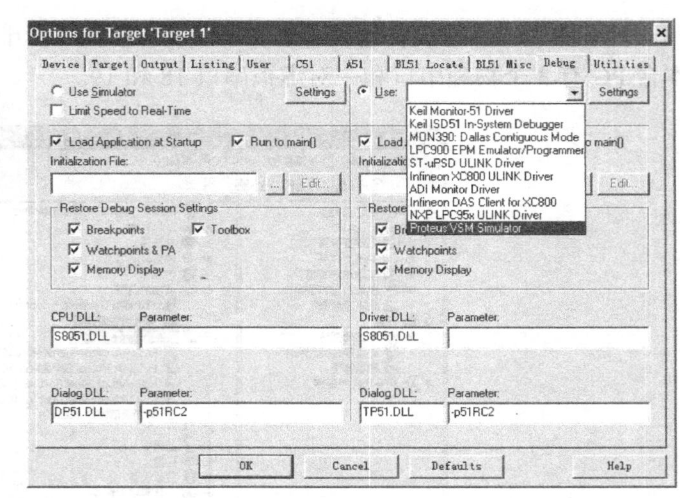

图 9-57　软件设置过程

9.4.2　虚拟串口 Virtual Serial Port Driver 6.0

目前调试单片机系统，早已告别使用仿真器的时代，现在都是写一个基本框架程序 + 串口打印，可以在要跟踪的程序和函数里面加打印函数，这样在 PC 调试的时候硬件上只要接一个 UART 就可以连到嵌入式单片系统，然后在 PC 上使用串口调试助手类的工具进行嵌入式单片系统的调试。

Virtual Serial Port Driver 6.0 是一个很强大的虚拟串口软件，它可以在 PC 上仿真虚拟串口，并可以在内部进行连接。

下载 Virtual Serial Port Driver 6.0 到电脑上后按要求进行安装及申请注册文件。

然后双击图标，弹出“虚拟串口软件启动”窗口，如图 9-58 所示。

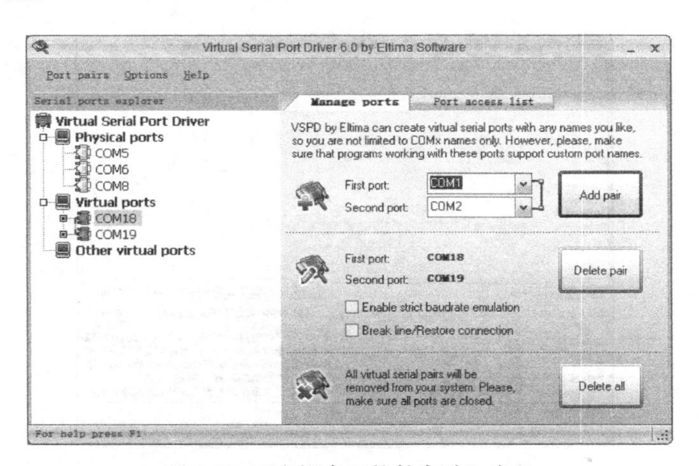

图 9-58　“虚拟串口软件启动”窗口

其中 Physical ports 代表本台 PC 上实际存在的几个串口，这个可以通过 Windows 自带的设备管理器进行查看。

打开本台 PC 的设备管理器，如图 9-59 所示，展开“端口（COM 和 LPT）”，可以看到本台 PC 有 3 个物理串口和一对虚拟串口 18 和 19。

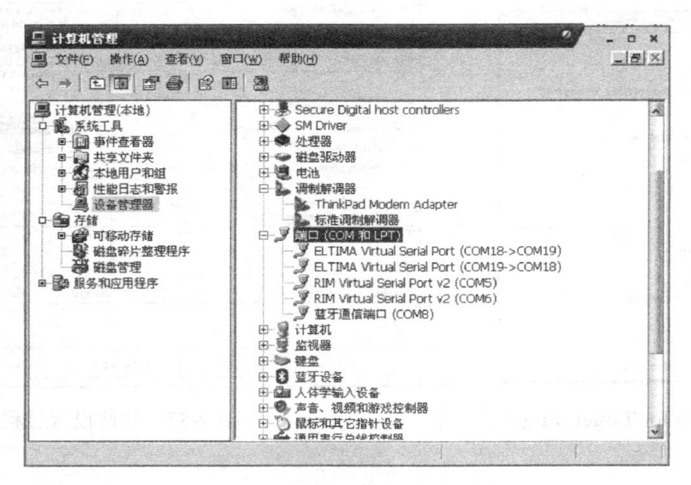

图 9-59　查看物理串口与虚拟串口

可以在虚拟串口软件启动窗口的右侧选择要虚拟的串口对。注意，选择系统没有使用的串口，然后单击 Add Pair 按钮就可以生成虚拟串口对了。

生成的虚拟串口对，一个接口用在 Proteus ISIS 里，另一个则用在调试助手上。两边设置相同的波特率即可虚拟通信和仿真。

9.4.3　串口调试工具 SSCOM 及 Secure CRT 介绍

串口调试工具非常多，笔者常用的是 SSCOM3.2 以及 Secure CRT，SSCOM3.2 运行界面如图 9-60 所示。

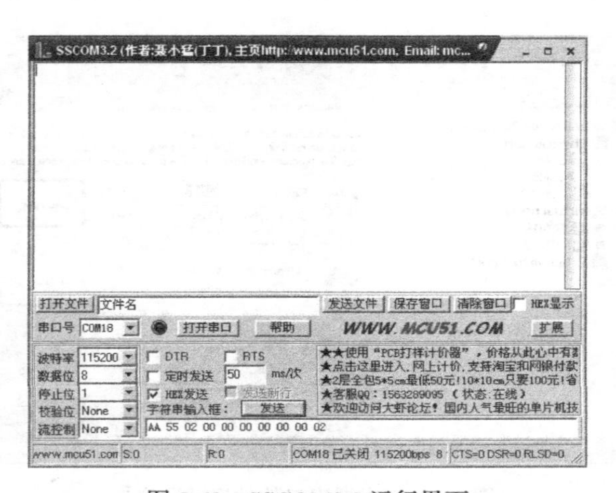

图 9-60　SSCOM3.2 运行界面

SSCOM 非常简单易用。而 Secure CRT 功能则非常强大，在调试嵌入式 Linux 的时候非常便捷。

关于 SSCOM 和 Secure CRT 使用方法，因篇幅关系请读者自行到网络上搜索相关教程，在此不再赘述。

9.4.4　基于 Proteus ISIS 的 MCS-51 最小仿真电路及相关设置

实际调试嵌入式系统的时候，硬件是系统正常运行的基础，而且硬件平台没有稳定之前，就进行软件的精细调试是没有任何意义的。

不过，Proteus ISIS 可以使软件和硬件在项目启动的时候同时进行。最关键的是，只要硬件设计一样，软件在真正做出来的硬件系统上几乎可以不需要改动就可以正确运行。

硬件统一标准如下。

（1）使用的是同类型或者同内核的 MCU。

（2）使用的 MCU 晶体是同频率的。

（3）实际硬件使用的 MCU 没有使用 Proteus ISIS 中的 MCU 没有的寄存器。

（4）在 Proteus ISIS 中使用的硬件资源和实际硬件上的资源一样，如中断、I/O 等。

在 Proteus ISIS 设计最小系统的时候，外部晶体不一定要加，只要在选项里选择合适的晶体就可以了。

本书会使用一个最小的 MCS-51 系统来进行演示和讲解。具体如图 9-61、图 9-62 和图 9-63 所示。

只需要放入一个 AT89C51 芯片和一个示波器即可完成系统的初步仿真，当然同样要设置系统运行的频率以及运行的 hex 文件的目录。

这个测试程序主要是响应按键操作以及串口数据接收和发送。

当按按键的时候会打印一串预先设定的字符串。

当使用串口调试助手发送字符串时，串口调试助手发什么字符串，UART 就回应什么字符串。

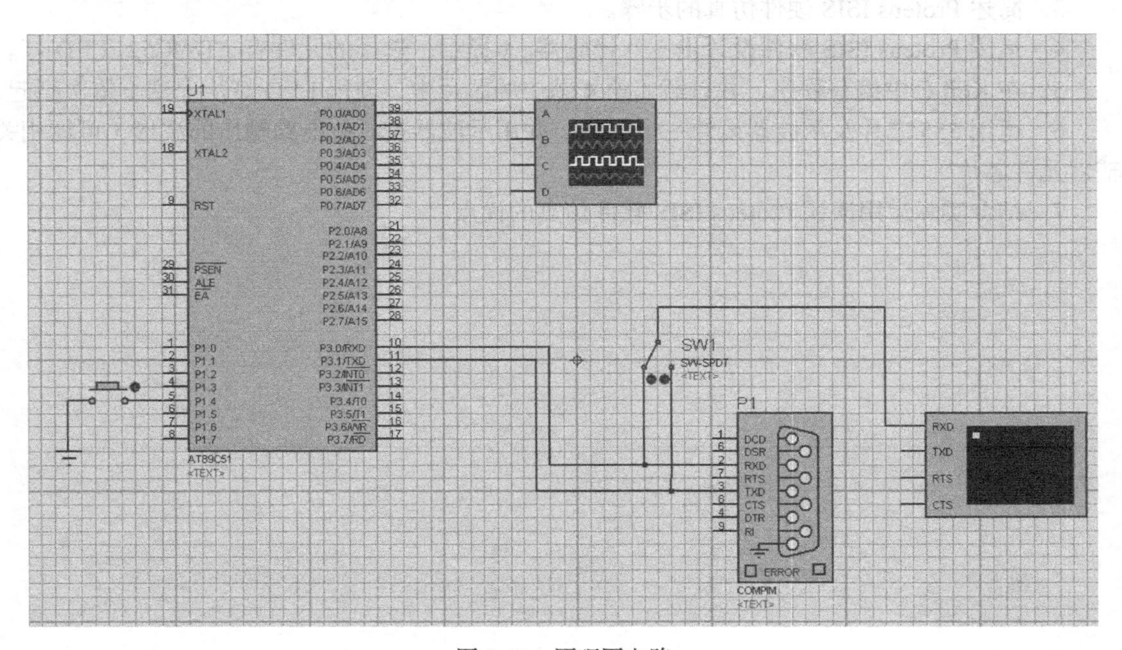

图 9-61　原理图电路

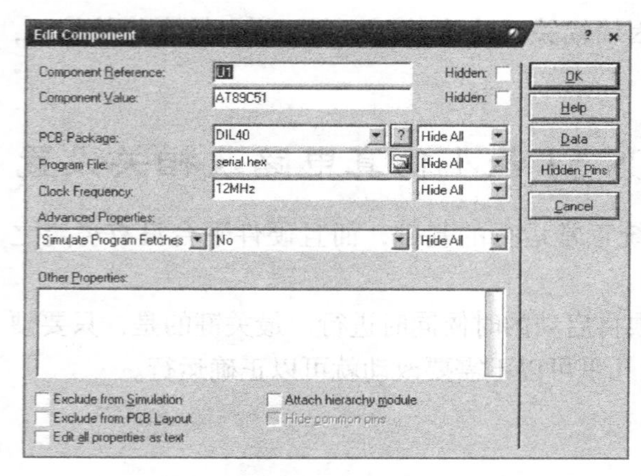

图 9-62 “设置参数”对话框

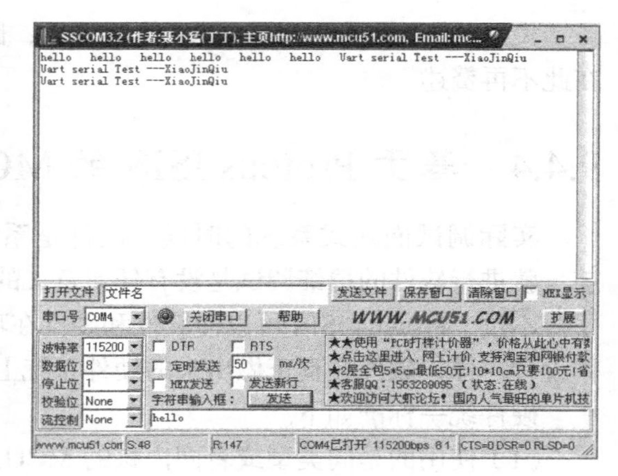

图 9-63 调试结果示意图

设置系统运行频率是 12MHz，另外，设置 P1 为 COM3，串口调试助手就设置为 COM4，其他设置如图 9-62 所示。

当按一下按键，串口就会打印出一串字符。而在调试助手上输入一串字符，单片机也发出同样的字符。

如图 9-63 所示为按发送 hello，嵌入式回应的 hello，以及按下按键后回打的数据。

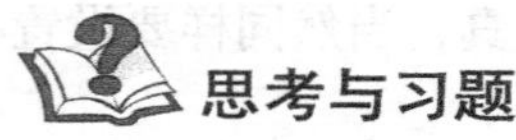

思考与习题

1．怎样在 Proteus ISIS 软件中查找所用的元件？

2．怎样把程序载入 Proteus ISIS 电路原理图的芯片中？

3．简述 Proteus ISIS 硬件仿真的步骤。

4．运用 Proteus ISIS 软件设计出三八译码器。（提示，选择的元件有 AT89C52、LED 灯。）

5．在 Keil C 中编写程序，并且载入第 4 题中的芯片中，使得 LED 灯从上到下依次亮起。

6．运用 555 芯片及示波器设计一个电路，并用示波器查看此电路输出的波形（可加相关辅助元件芯片）。

7．结合实际运用谈谈 Proteus ISIS 软件仿真的优点。

第 10 章　基本 51 内核单片机内部功能以及外部系统扩展和应用

在第 5 章中已对 MCS-51 系列单片机的内部结构、存储器的结构、并行 I/O 端口 P0～P3 的结构及使用方法作了详细的介绍。本章将对单片机内部集成的定时/计数器，中断控制、串行通信等功能部件分别加以阐述。

10.1　定时/计数器介绍及基于 Proteus ISIS 的仿真

10.1.1　概述

在实时控制系统中，常常需要有实时时钟以实现定时或延时控制，也常需要有计数功能以实现对外界的事件进行计数。8051 单片机内有两个 16 位定时器/计数器，即定时器 0（T0）和定时器 1（T1），它们都有定时和事件计数的功能。

定时器 T0 和 T1 的结构及与 CPU 的关系如图 10-1 所示。两个 16 位定时器实际上都是 16 位加 1 计数器。其中 T0 由两个 8 位特殊功能寄存器 TH0 和 TL0 构成；T1 由 TH1 和 TL1 构成。每个定时器都可由软件设置为定时工作方式或计数工作方式及其他灵活多样的可控功能方式。这些功能都由特殊功能寄存器 TMOD 和 TCON 控制。

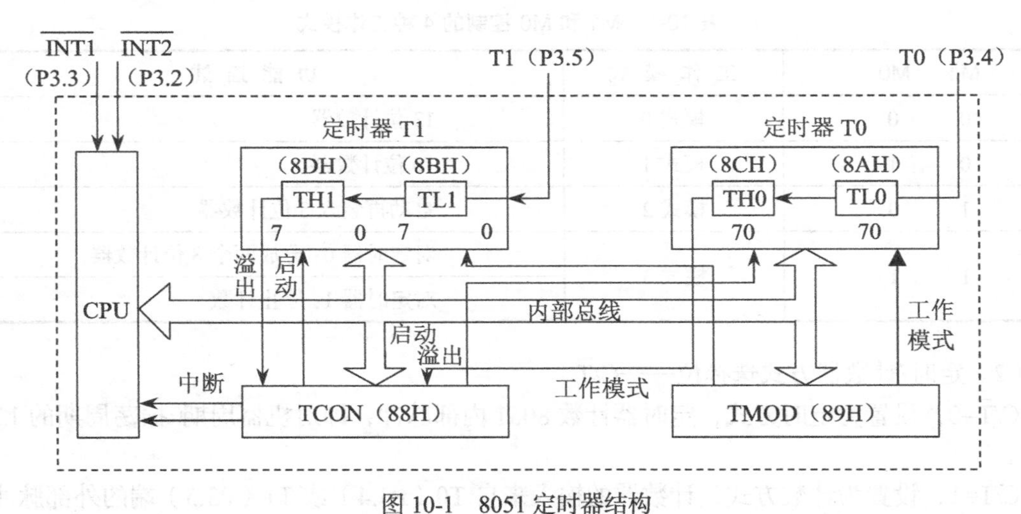

图 10-1　8051 定时器结构

不管是定时还是计数的工作方式，定时器 T0 和 T1 在对内部时钟的计数或是对外部事件的计数时都不占用 CPU 时间，除非定时/计数器溢出，才有可能中断 CPU 当前的操作。

每个定时/计数器都有 4 种工作模式，可构成 4 种电路结构模式。

10.1.2 定时/计数器的控制字

1．工作模式寄存器 TMOD（89H）

TMOD 用于控制 T0 和 T1 的工作模式，其各位的定义格式如图 10-2 所示。其中低 4 位用于 T0，高 4 位用于 T1。

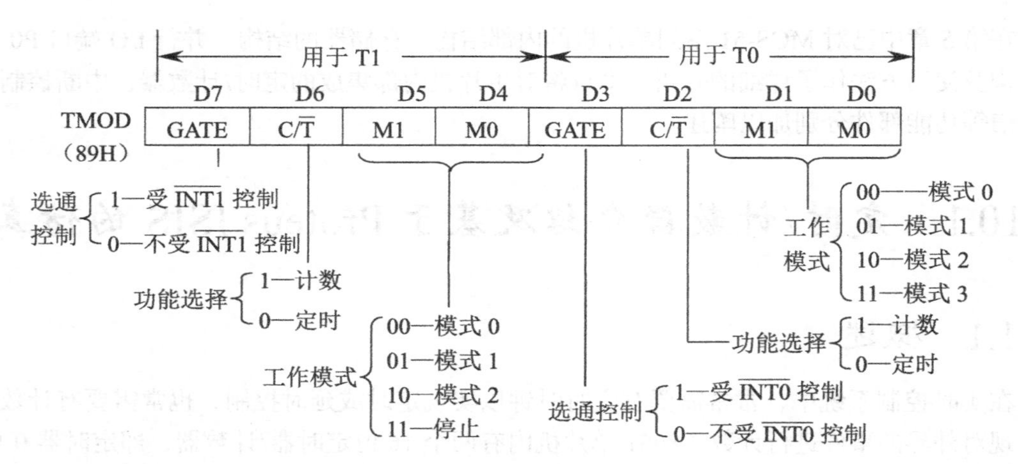

图 10-2 TMOD 各位定义及具体的意义

各位的功能如下。

（1）操作模式控制位——M1 和 M0

两位操作模式控制，形成 4 种编码，对应于 4 种工作模式，如表 10-1 所示。

表 10-1 M1 和 M0 控制的 4 种工作模式

M1	M0	工 作 模 式	功 能 描 述
0	0	模式 0	13 位计数器
0	1	模式 1	16 位计数器
1	0	模式 2	自动再装入 8 位计数器
1	1	模式 3	对定时器 0：分成两个 8 位计数器
			对定时器 1：停止计数

（2）定时/计数器方式选择位——C/$\overline{T}$

C/$\overline{T}$=0，设置为定时方式，定时器计数 8051 内部脉冲，即对机器周期（振荡周期的 12 倍）计数。

C/$\overline{T}$=1，设置为计数方式，计数器的输入来自 T0（P3.4）或 T1（P3.5）端的外部脉冲。

（3）门控位——GATE

当 GATE=0，只要用软件使 TR0（TR1）置 1 就启动了定时器，而不管 $\overline{INT0}$（或 $\overline{INT1}$）电平的高低。

当 GATE=1 时，只要当 $\overline{INT0}$（或 $\overline{INT1}$）为高电平，同时使 TR0（或 TR1）置为 1，才能启动定时器的工作。

TMOD 不能位寻址，只能用字节设置定时器的工作方式。

2．控制寄存器 TCON（88H）

定时器控制寄存器 TCON 除可字节寻址外，各位还可位寻址。TCON 各位的定义及格式如图 10-3 所示。

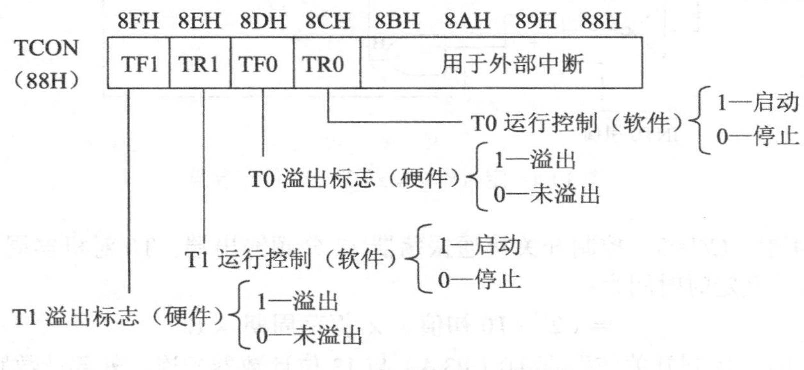

图 10-3　TCON 各位定义及格式

各位的功能如下。

（1）TF1（TCON.7）——T1 的溢出标志位

当 T1 溢出时，由硬件自动使中断触发器 TF1 置 1，并向 CPU 申请中断。当 CPU 响应进入中断服务程序后，TF1 随即被硬件自动清零。TF1 同时被软件清零。

（2）TF0（TCON.5）——T0 的溢出标志位

其功能同 TF1。

（3）TR1（TCON.6）——T1 的运行控制位

可用软件置 1 或清零来启动或关闭定时器 T1，在程序中用一条指令 SETB TR1 使 TR1 位置 1，定时器 T1 便开始计数。

（4）TR0（TCON.4）——T0 的运行控制位

其功能及操作同 TR1。

（5）IE1，IT1，IE0 和 IT0（TCON.3～TCON.0）——外部中断 $\overline{INT1}$，$\overline{INT0}$ 的请求和请求方式控制位。

8051 复位时，TCON 的所有位被清零。

10.1.3　定时/计数器的 4 种工作模式

通过对 TMOD 中控制位 C/$\overline{T}$ 的设置，及对 M1，M0 位的设置可选择 4 种工作模式。

1．模式 0

模式 0 时选择定时器（T0 或 T1）的高 8 位和低 5 位组成一个 13 位的定时/计数器。如图 10-4 所示是 T0 在模式 0 时的逻辑电路结构。

在这种模式下，16 位寄存器（TH0 和 TL0）只用了 13 位，其中 TL0 的高 3 位未用。当

TL0 的低 5 位溢出时，向 TH0 进位；TH0 溢出时向中断标志位 TF0 进位，并申请中断。

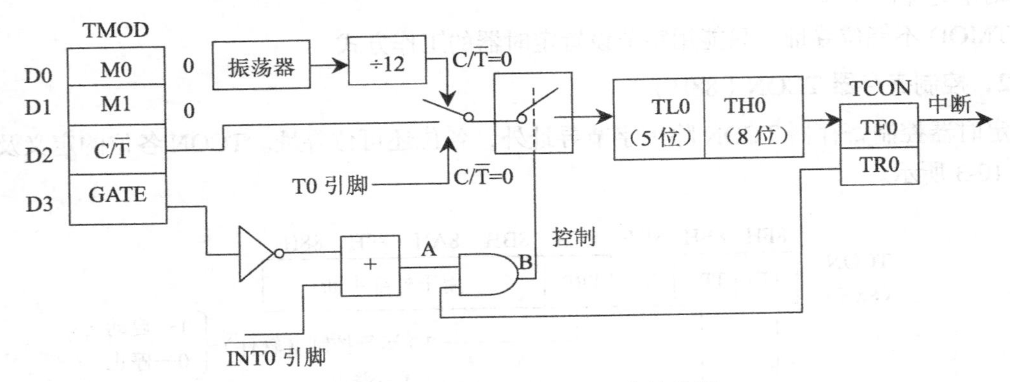

图 10-4　定时器 0 模式 0～13 位计数器

在图 10-4 中，C/$\overline{T}$=0，控制开关接通振荡器 12 分频输出端，T0 对机器周期计数，这是定时工作方式。其定时时间为：

$$t=(2^{13}-\text{T0 初值})\times \text{振荡周期}\times 12$$

当 C/$\overline{T}$=1 时，控制开关使引脚 T0（P3.4）与 13 位计数器相连，外部计数脉冲由引脚 T0（P3.4）输入，这时 T0 成为外部事件计数器，这就是计数工作方式。

当 GATE=0 时，或门被封锁，引脚 $\overline{INT0}$ 输入信号无效。此时与门输出取决于 TR0 的状态，由 TR0 控制计数开关 K，以开启或关断 T0。TR0=0，则关断计数开关 K，停止计数。TR0=1，接通计数开关 K，使 T0 处于计数状态，计数至溢出，TF0 置位，申请中断。T0 被清零，重新开始计数。

当 GATE=1，或门输出取决于 $\overline{INT0}$（P3.2）引脚输出的电平。仅当 $\overline{INT0}$ 为高电平，且 TR0=1 时，开关 K 接通，T0 可计数。

2．模式 1

该模式是一个 16 位定时/计数器，如图 10-5 所示。其结构和操作与模式 0 极其相似。在模式 1 中，TH0 与 TL0 是以全 16 位参与操作。用于定时工作方式时，定时时间为：

$$t=(2^{16}-\text{T0 初值})\times \text{振荡周期}\times 12$$

用于计数方式时，计数长度为 2^{16}=65536 个外部脉冲。

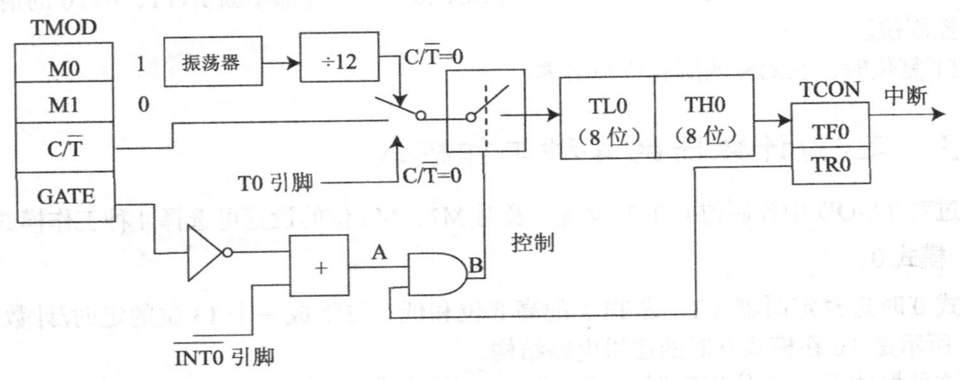

图 10-5　T0（或 T1）模式 1 结构——16 位计数器

3．模式 2

模式 2 把 T0（或 T1）配置成一个可以自动重装载的 8 位定时/计数器，如图 10-6 所示。

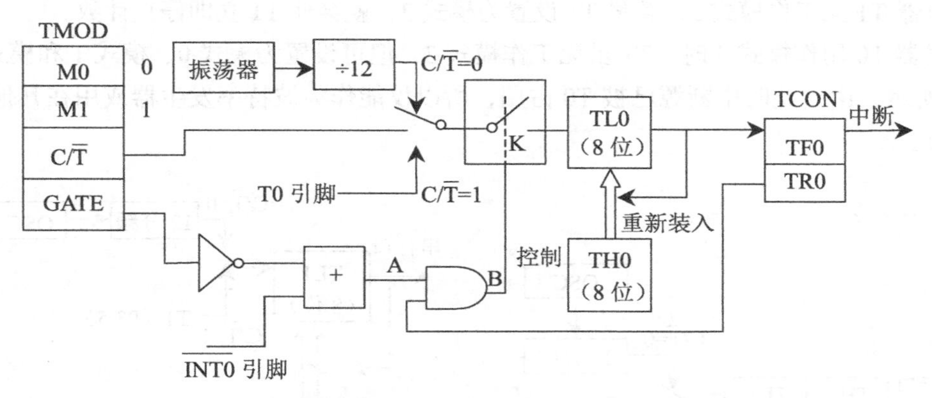

图 10-6　T0（或 T1）模式 2 结构——8 位计数器

当 TL0 计数溢出，不仅使溢出中断标志位 TF0 置 1，同时自动把 TH0 中的内容重新再装载到 TL0 中。这里，16 位计数器分两部分：TL0 用作 8 位计数器，TH0 用于保存初值。在程序初始化时，TL0 和 TH0 由软件赋予相同的初值，一旦 TL0 计数溢出，便置位 TF0，并将 TH0 中的初值再自动装入 TL0，继续计数，不断循环重复。用于定时工作方式，其定时时间为：

$$t=（2^8-\text{TH0 初值}）\times \text{振荡周期} \times 12$$

用于计数工作方式时，最大计数长度（此时 TH0 初值 =0）为 2^8=256 个外部脉冲。

这种工作模式可省去软件中重装常数的语句，可产生相当精确的定时时间，适用于作串行口波特率发生器。

4．模式 3

工作模式为 3 时对 T0 和 T1 是完全不同的。

T0 在模式 3 工作时，TL0 和 TH0 被分成两个互相独立的 8 位计数器，如图 10-7 所示。此时 TL0 用作 8 位定时器/计数器。TL0 除仅有 8 位寄存器外，其功能和操作与模式 0（13 位计数器），模式 1（16 位计数器）完全相同。TL0 可工作在定时器方式或计数器方式。

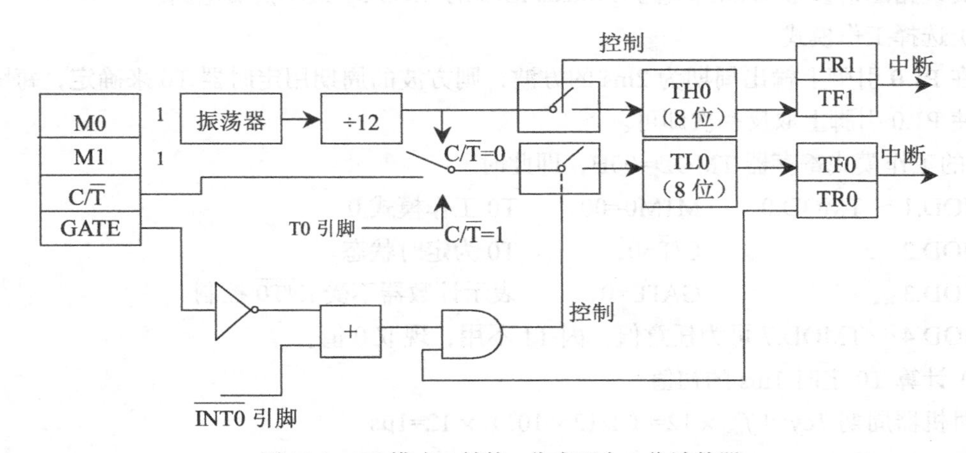

图 10-7　T0 模式 3 结构：分成两个 8 位计数器

T0 在模式 3 工作时，TH0 只可用作简单的内部定时功能，如图 10-7 所示，它还占用了定时器 T1 的控制位 TR1 和 T1 的中断标志位 TF1，其启动和关闭仅受 TR1 的控制。

定时器 T1 无工作模式 3，若将 T1 设置为模式 3，就会使 T1 立即停止计数。

定时器 T0 用作模式 3 时，T1 虽无工作模式 3，但可设置为模式 0、模式 1 和模式 2，如图 10-8 所示。由于此时中断源已被 T0 占用，所以仅能作为波特率发生器或用在其他不用中断的地方。

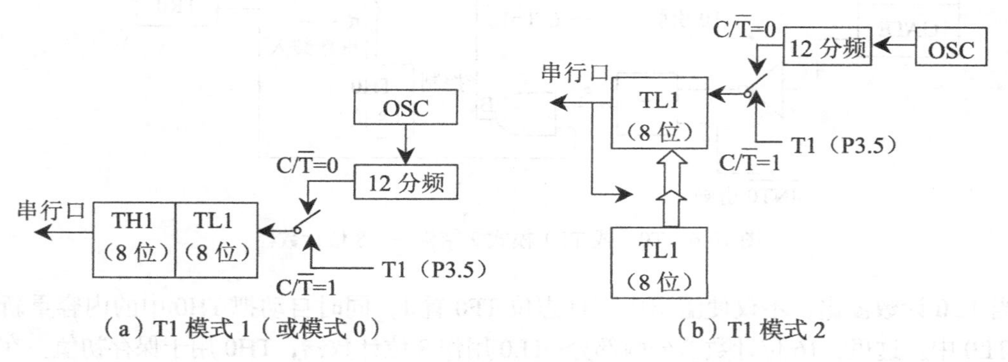

图 10-8　T0 模式下的 T1 结构

事实上，只在定时/计数器 T1 用作波特率发生器时，定时/计数器 0 才被选作模式 3 方式工作。

10.1.4　定时/计数器的编程及应用

1．模式 0 的应用

在本应用事例中，设单片机晶振频率 f_{osc}=12MHz，现要求在 P1.0 引脚上输出周期为 2ms 的方波，为此采用如下步骤。

（1）Proteus 仿真线路图设计

仿真线路图请参考 9.4.4 节基于 Proteus ISIS 的 MCS-51 最小仿真电路。

（2）选择工作模式

要在 P1.0 引脚上输出周期为 2ms 的方波，则方波的周期用定时器 T0 来确定，每隔 1ms 的定时使 P1.0 引脚上取反一次即可。

T0 的工作模式寄存器 TMOD=00H，即此时

TMOD.1～TMOD.0　　M1M0=00，　T0 工作模式 0

TMOD.2　　C/$\overline{T}$=0，　T0 为定时状态

TMOD.3　　GATE=0，　表示计数器不受 $\overline{INT0}$ 控制

TMOD.4～TMOD.7 可为任意值，因 T1 不用，现取 0 值。

（3）计算 T0 定时 1ms 的初值

此时机器周期 Tcy=1/f_{osc} × 12=（1/12 × 10^6）× 12=1μs

设 T0 的初值为 X，则

$(2^{13}-X)\times 1\times 10^{-6}=1\times 10^{-3}s$

X=7193D=E018H

即 TH0 初值为 E0H，TL0 初值为 18H。

（4）采用定时器溢出中断方式的汇编代码

程序清单：

```
MAIN:MOV   TMOD, #00H          ; 设置 T0 为模式 0
MOV        TL0, #18H           ; 送初值
MOV        TH0, #0E0H
SETB       EA                  ;CPU 开中断
SETB       ET0                 ;T0 中断优先
SETB       TR0                 ; 启动 T0
HERE:SJMP  HERE                ; 虚拟主程序，等待中断
```

中断服务程序：

```
           ORG    000BH        ;T0 中断入口
           AJMP   CTC0         ; 转中断服务程序
CTC0:      MOV    TL0, #18H    ; 重装初值
           MOV    TH0, #0E0H
           CPL    P1.0         ; 取反输出方波
           RETI                ; 中断返回
```

（5）采用定时器溢出中断方式的 C 语言代码

```
#include <reg51.h>             ; 头文件
sbit out=P0^0;                 ; 位定义
void main()
{   TMOD=0x00;                 ; 设置 T0 为模式 0
TL0=0x18;                      ; 送初值
TH0=0xE0;
TR0=1;                         ; 定时器启动
while(1)
{if(TF0)                       ; 检查溢出标志
{
TL0=0x18;
TH0=0xE0;
out=!out;                      ; 输出取反
TF0=0;}                        ; 清除溢出标志
}
}
```

程序运行后，示波器上可以看到输出的方波如图 10-9 所示。

在图 10-9 中，横轴为 0.25ms 一格，周期为 2ms，与预先设置的寄存器参数一样。

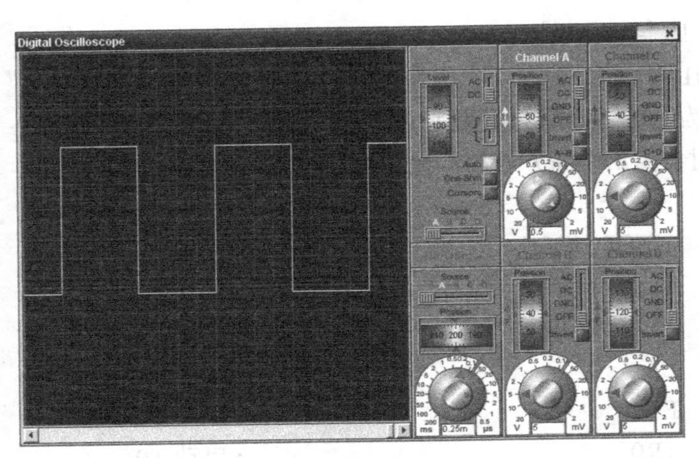

图 10-9　波形显示图

2．模式 1 的应用

模式 1 与模式 0 基本相同，当要求定时周期较长，13 位计数不够用时可改用 16 位计数器的模式 1。

现假设利用定时器 T1 模式 1 产生一个 50Hz 的方波，由 P1.0 引脚输出，采用 12MHz 时钟。假设 CPU 不做其他工作，可采用查询的方式进行控制。

首先求出 T1 的初值：方波的周期为 1/50Hz=20ms，用 T1 定时 10ms，则初值 X 为：

$$X=2^{16}-12\times 10\times 1000/12=55536=D8F0H$$

程序如下：

```
MOV      TMOD, #10H          ;T1 模式，定时工作
SETB     TR1                 ; 启动 T1
LOOP:    MOV   TH1,#0D8H     ; 装入 T1 计数器初值
MOV      TL1,#0F0H
JNB      TF1,$               ;T1 没有溢出等待
CLR      TF1                 ; 产生溢出，清标志位
CPL      P1.0                ;P1.0 取反输出
SJMP     LOOP                ; 循环
```

使用 Keil C 编译的嵌入式 C 程序如下：

```
#include <reg51.h>
sbit output=P0^0;
void main()
{  TMOD=0x10;                ;T1 模式，定时工作
TL1=0xF0;                    ; 装入 T1 计数器初值
TH1=0xD8;
TR1=1;                       ; 启动 T1
while(1)
   {if (TF1)
```

```
        {   TL1=0xF0;
            TH1=0xD8;
            output=!output;                          ;输出取反
            TF1=0;                                   ;清溢出标志
        }
    }
}
```

程序运行后，示波器上可以看到输出的方波如图 10-10 所示，该方波频率为 50Hz。

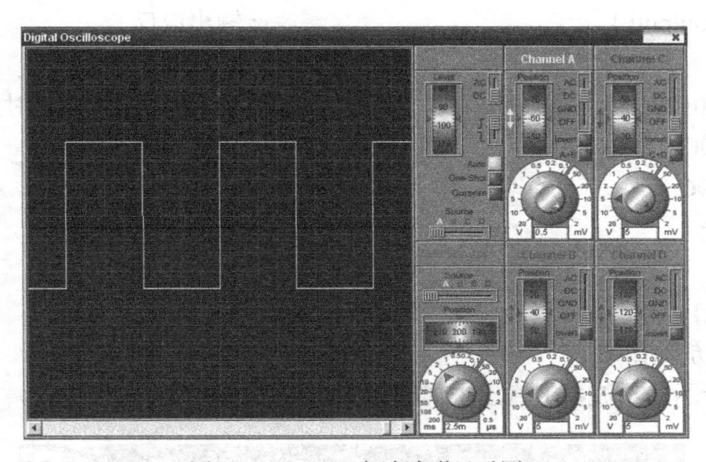

图 10-10　50Hz 方波波形显示图

3．模式 2 的应用

若设用定时器 T1 模式 2 对外部信号计数，每计满 100 次将 P1.0 端取反。

（1）选择模式

外部信号由 T1（P3.5）引脚输入，每产生一次负跳变计数器加 1，每输入 100 个脉冲时计数器发生溢出中断，并在中断服务程序中将 P1.0 取反一次。

T1 计数方式工作模式 2 的模式字 TMOD=60H，T0 不用，TMOD 的低 4 位可任意取（但不能进入模式 3），现取 0。

（2）计算 T1 的计数初值

$$X=2^8-100=156D=9CH$$

TL1 的初值位 9CH，重装初值寄存器 TH1 的初值也为 9CH。

（3）程序清单

```
MAIN:MOV     TMOD, #60H              ;置 T1 为模式 2 计数方式工作
     MOV     TL1, #9CH               ;赋初值
     MOV     TH1, #9CH
     MOV     IE, #88H                ;定时器 T1 开中断
     SETB    TR1                     ;启动计数器
     HERE:   SJMP    HERE            ;等待中断
```

```
        ORG     001BH                   ; 中断服务程序入口
        CPL     P1.0
RETI
```

（4）以下 Keil C 是基于定时中断方式输出方波，读者可以自行修改为计数方式。

Keil C 程序清单：

```
#include <reg51.h>
sbit output=P0^0;
void timer1() interrupt 3               ; 定时器 1 中断入口
{    output=!output; }                  ; 输出取反
void main()
{    TMOD=0x20;                         ; 置 T1 为模式 2 定时方式工作
     TL1=0x9C;                          ; 设置初值
     TH1=0x9C;
     IE=0x88;                           ; 定时器 T1 开中断
     TR1=1;
     while(1);}
```

（5）Proteus 仿真结果

如图 10-11 所示，示波器上输出了周期为 200μs 的方波。

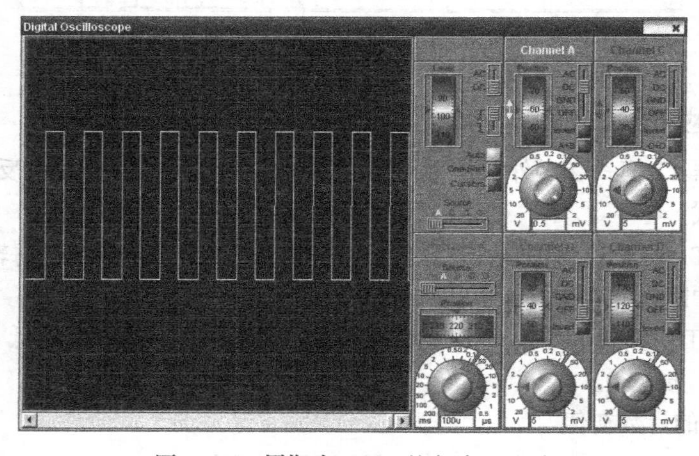

图 10-11　周期为 200μs 的方波显示图

4．模式 3 的应用

下面的程序使定时/计数器 T0 工作在模式 3，TL0 和 TH0 作为两个独立的 8 位定时器，分别产生 200ms 和 400ms 的定时中断，使 P1.0 和 P1.1 产生 400ms 和 800ms 的方波。单片机的晶振频率为 6MHz。程序如下：

```
        ORG     0000H
        LJMP    MAIN                    ; 转主程序
        ORG     000BH
```

```
          AJMP     INTT0                ; 转 T0 中断服务程序
          ORG      001BH
          AJMP     INTT1                ; 转 T1 中断服务程序
          ORG      0100H
MAIN:     MOV      SP, #60H
          ACALL    MSUB1
          AJMP     $
MSUB1:    MOV      TMOD, #03H           ;T0 的初始化程序
          MOV      TL0, #9CH            ;T0 置初值
          MOV      TH0, #38H
          SETB     TR0                  ; 启动 T0
          SETB     ET0                  ; 允许 T0 中断
          SETB     TR1                  ; 启动 T1
          SETB     ET1                  ; 允许 T1 中断
          SETB     EA                   ;CPU 开中断
          RET
INTT0:    MOV      TL0, #9CH
          CPL      P1.0
          RETI
INTT1:    MOV      TH0, #38H
          CPL      P1.1
          RETI
```

使用 Keil C 的程序如下：

```
#include <reg51.h>
sbit output0=P0^0;
sbit output1=P0^1;
void timer0() interrupt 1                  ;T0 中断服务程序
{       TL0=0x9C;
          output0=!output0;}
void timer1() interrupt 3                  ;T1 中断服务程序
{       TH0=0x38;
        output1=!output1; }
void main()
{       TMOD=0x03;                         ; 定时器初始化
        TL0=0x9C;                          ; 置初值
        TH0=0x38;
        ET0=1;                             ; 允许 T0 中断
        ET1=1;                             ; 允许 T1 中断
        TR0=1;                             ; 启动 T0
```

```
    TR1=1;                          ; 启动 T1
    EA=1;                           ;CPU 开中断
    while(1);
}
```

运行程序后，P1.0 和 P1.1 输出方波如图 10-12 所示。

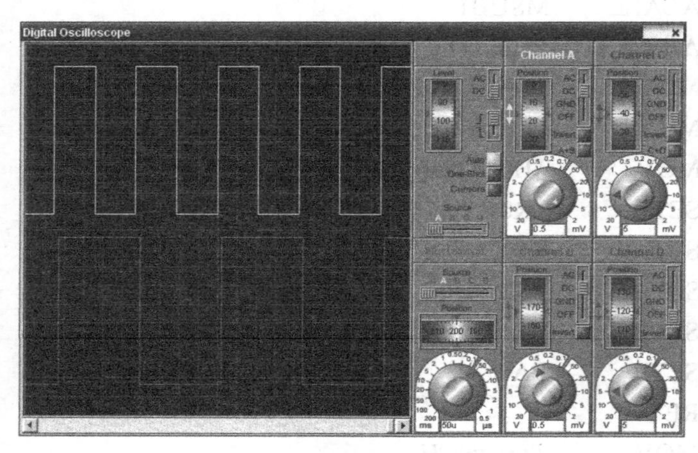

图 10-12　双通道波形显示图

10.2　中断系统

在单片机中，CPU 平时总是按规定的顺序执行程序存储器中的指令，但在实际应用中，往往有许多外部或内部事件需要 CPU 及时处理，这就要改变 CPU 原来执行指令的顺序。计算机的“中断”（Interrupt）就是指由于外部或内部事件改变原来 CPU 正在执行的指令顺序的一种工作机制。中断机制常用于计算机与外部数据的传送，利用中断机制可较好地实现 CPU 与外部设备之间的同步工作，进行实时处理。与程序查询方式相比，利用中断机制可大大提高 CPU 的工作效率。

10.2.1　中断系统的组成及中断源

1．中断系统的组成

MCS-51 单片机的中断系统由中断源、中断控制电路和中断入口地址电路等部分组成。其结构框图如图 10-13 所示。

从结构框图中可看出，中断系统涉及 4 个寄存器：定时/计数器控制寄存器 TCON、串行口控制寄存器 SCON、中断允许寄存器 IE 和中断优先级寄存器。外部中断事件与输入引脚 $\overline{\text{INT0}}$、$\overline{\text{INT1}}$、T0、T1、TXD 和 RXD 有关。

2．中断源及中断入口

MCS-51 中 8051 中断系统有以下 5 个中断源。

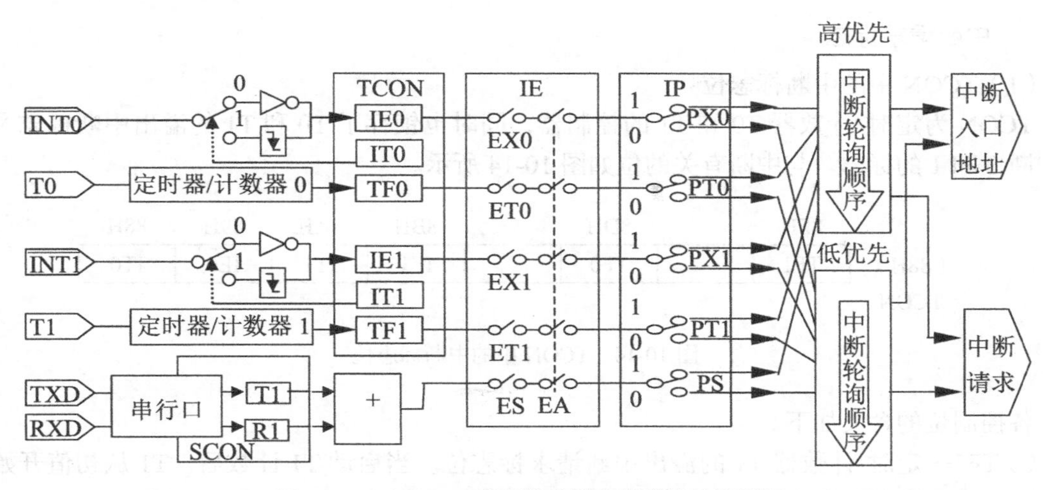

图 10-13　MCS-51 系列单片机中断系统结构框图

（1）$\overline{\text{INT0}}$—外部中断 0 请求，低电平有效。通过 P3.2 引脚输入。

（2）$\overline{\text{INT1}}$—外部中断 1 请求，低电平有效。通过 P3.3 引脚输入。

（3）T0—定时/计数器 0 溢出中断请求。

（4）T1—定时/计数器 1 溢出中断请求。

（5）TX/RX—串行口中断请求，当串行口完成一帧数据的发送或接收时请求中断。

以上是两个外部中断，两个定时/计数器中断和一个串行口中断。对于 80C52 则另增加一个中断源—定时/计数器 T2。这些中断源提出中断请求后会在专用的寄存器 TCON 和 SCON 中设置相应的中断标志。

当某中断源的中断请求被 CPU 响应后，CPU 将自动把此中断源的中断入口地址（又称中断矢量地址）装入 PC，中断服务程序即从此地址开始执行，在此地址单元中存放一条绝对跳转指令，就可以跳转至用户安排的中断服务程序入口处。MCS-51 单片机各中断源的矢量地址是固定的，如表 10-2 所示。

表 10-2　8051 单片机中断源的矢量地址

中　断　源	矢 量 地 址	自然优先级
$\overline{\text{INT0}}$ 外部中断 0 中断	0003H	最高
T0 定时/计数器 0 中断	000BH	↓
$\overline{\text{INT1}}$ 外部中断 1 中断	0013H	↓
T1 定时/计数器 1 中断	001BH	↓
RI 或 TI 串行口中断	0023H	最低

10.2.2　中断控制

8051 中断控制部分由 4 个专用寄存器组成，它们的功能介绍如下。

1．中断请求标志

（1）TCON 中的中断标志位

TCON 为定时/计数器 T0 和 T1 的控制器，同时也锁存了 T0 和 T1 的溢出中断标志及外部中断 0 和 1 的标志。与中断有关的位如图 10-14 所示。

	8FH		8DH		8BH	8AH	89H	88H
（88H）TCON	TF1		TF0		IE1	IT1	IE0	IT0

图 10-14　TCON 中的中断标志位

各控制位的含义如下。

① TF1—定时/计数器 T1 的溢出中断请求标志位。当启动 T1 计数后，T1 从初值开始加 1 计数，直至最高位产生溢出时，由硬件使 TF1 置 1，并向 CPU 发出中断请求。当 CPU 响应中断时硬件自动对 TF1 清零。

② TF0—定时/计数器 T0 的溢出中断请求标志位。

③ IE1—外部中断 1 的请求标志。当检测到外部中断引脚 1 上存在有效的中断请求信号时，由硬件使 IE1 置 1，当 CPU 响应该中断请求时，同样由硬件将其清零。

④ IT1—外部中断 1 的中断触发方式控制位。

IT1=0 时为电平触发方式，若外部中断 1 请求为低电平，则使 IE1 置 1。

IT1=1 时为边沿触发方式，若外部中断 1 请求电平由高电平下降为低电平时，则使 IE1 置 1。

⑤ IE0—外部中断 0 的中断请求标志。

⑥ IT0—外部中断 0 的中断触发方式控制位。

（2）SCON 中的中断标志位

SCON 为串行口控制寄存器，其低 2 位锁存串行口的接收中断和发送中断标志 RI 和 TI，其格式如图 10-15 所示。

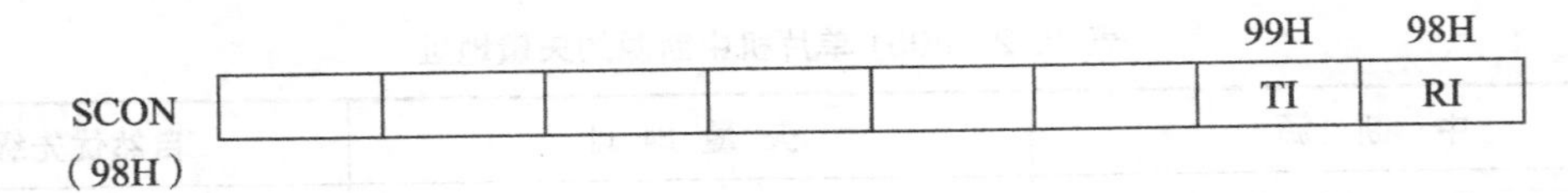

图 10-15　SCON 中的中断标志位

其控制位的定义如下。

① TI—串行口发送中断请求标志。CPU 将一组数据写入发送缓冲器 SBUF 时，就启动发送。每发送完一帧串行数据后，硬件即置位 TI，向 CPU 申请中断。但 CPU 响应中断时，并不清除 TI，需在中断服务程序中由软件对 TI 清零。

② RI—串行口接收中断请求标志。在串行口允许接收数据，每接收完一个串行帧，硬件即置位 RI。同样必须用软件对其清零。

2．中断允许控制

8051 对中断源的开放或屏蔽是由中断允许寄存器 IE 控制的。IE 的格式如图 10-16 所示。

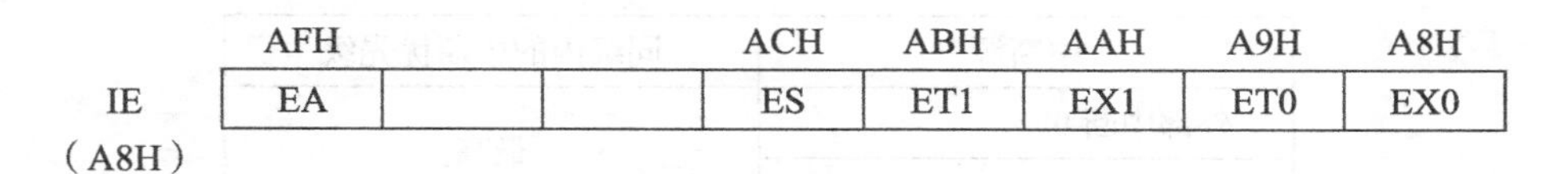

图 10-16　中断允许控制位

IE 对中断的开放和关闭实行两级控制。即一个总的开关控制位 EA，同时另有控制 5 个中断源的对应位。IE 中各位含义如下。

① EA—中断允许控制位。EA=0，屏蔽所有中断请求；EA=1，CPU 开放中断。对各中断源的中断请求是否允许，还要取决于各中断源的中断允许控制位的状态。

② ES—串行口中断允许位。ES=0，禁止串行口中断；ES=1，允许串行口中断。

③ ET1—定时/计数器 T1 的溢出中断允许位。ET1=0，禁止 T1 中断；ET1=1，允许 T1 中断。

④ EX1—外部中断 1 中断允许位。EX1=0，禁止外部中断 1 中断；EX1=1，允许外部中断 1 中断。

⑤ ET0—定时/计数器 T0 的溢出中断控制位。ET0=0，禁止 T0 中断；ET0=1，允许 T0 中断。

⑥ EX0—外部中断 0 中断允许位。EX0=0，禁止外部中断 0 中断；EX0=1，允许外部中断 0 中断。

3．中断优先级控制

8051 内的中断优先级分为两级：高优先级和低优先级。通过软件的控制和硬件的查询来实现优先控制。每个中断源都可通过编程设置为高优先级和低优先级。具体由中断优先级寄存器 IP 来控制。IP 的格式如图 10-17 所示。

				BCH	BBH	BAH	B9H	B8H
IP（B8H）				PS	PT1	PX1	PT0	PX0

图 10-17　中断优先级寄存器 IP 的控制位

IP 中的低 5 位为各中断源优先级的控制位，各位含义如下。

（1）PS—串行口优先级控制位。

（2）PT1—定时/计数器 T1 中断优先级控制位。

（3）PX1—外部中断 1 中断优先级控制位。

（4）PT0—定时/计数器 T0 中断优先级控制位。

（5）PX0—外部中断 0 中断优先级控制位。

优先级控制位设为 1，相应的中断就是高优先级，否则就是低优先级。当同时接收几个同一优先级的中断级请求时，响应哪个中断源则取决于内部硬件查询顺序。其优先级顺序排列如图 10-18 所示。

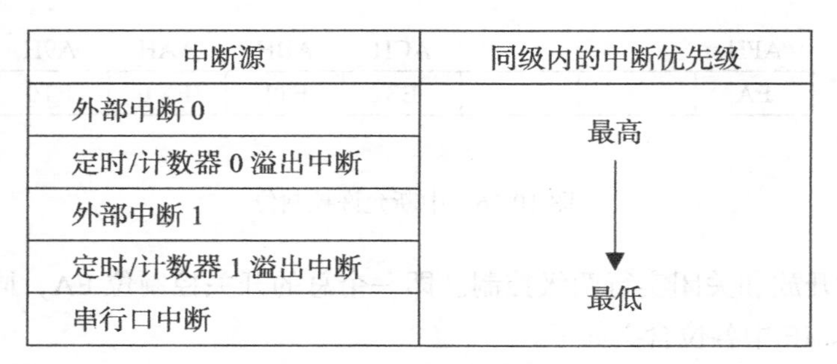

中断源	同级内的中断优先级
外部中断 0	最高
定时/计数器 0 溢出中断	↓
外部中断 1	
定时/计数器 1 溢出中断	
串行口中断	最低

图 10-18　中断源优先级排列顺序

IP 的控制，可实现功能如下。

（1）按内部查询顺序排队

系统中因为有多个中断源，因此就会出现数个中断源同时提出中断请求的情况，有了 IP 的控制，就可根据不同中断源的轻重缓急，为其确定一个合适的服务顺序。

（2）中断嵌套

当 CPU 正在处理一个中断请求时，又出现了另一个优先级比它高的中断请求，这时 CPU 就暂时中止执行对优先级较低的中断源的服务程序，保护当前断点，转去响应优先级更高的中断请求，为其服务。待服务结束后，再继续执行原来较低级的中断服务程序。该过程即称为中断嵌套。二级中断嵌套的中断过程如图 10-19 所示。

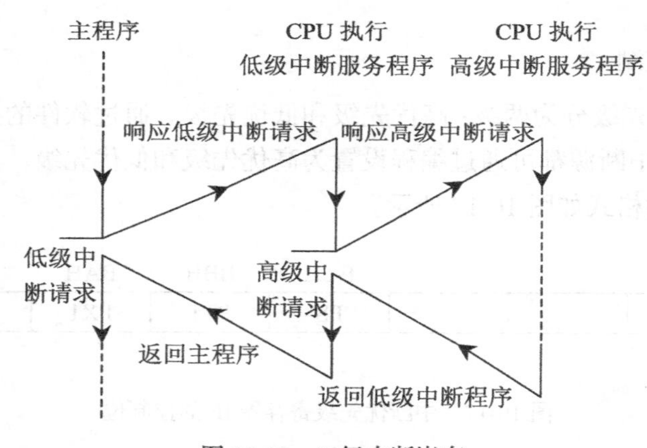

图 10-19　二级中断嵌套

10.2.3　中断处理

中断处理过程可分为 3 个阶段：中断响应、中断处理和中断返回。这里主要介绍 8051 单片机的中断处理过程。其一般的流程如图 10-20 所示。

1．中断响应

（1）中断请求信号的检测

8051 中断请求信号是由中断标志、中断允许标志和中断优先标志经逻辑运算而得到的。其中中断标志是由 5 个中断源提出中断请求而使中断标志位置位。中断允许标志则由中断允

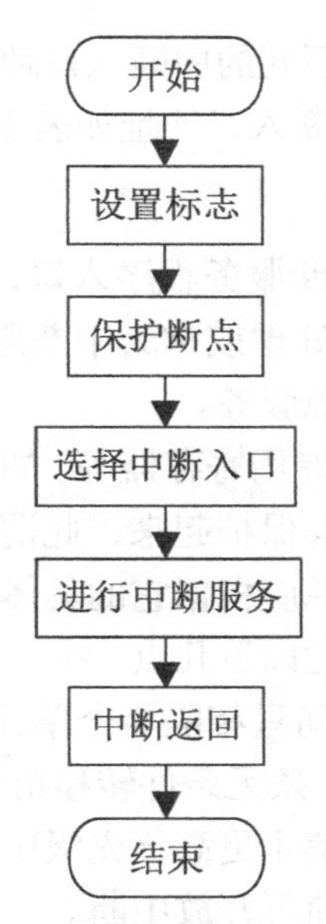

图 10-20　中断处理流程图

许寄存器 IE 实行两级控制，可通过指令设置。中断优先标志则由中断优先级寄存器 IP 加以控制，也是通过指令设置。

CPU 工作时，在每个机器周期中都会去查询中断请求信号，所谓的中断，其实也就是查询，即由硬件在每个机器周期进行查询，是否有中断请求信号。

（2）中断请求的响应条件

8051 的 CPU 在每个机器周期的 S5P2 期间，顺序采样每个中断源，CPU 在下一个机器周期 S6 期间按优先级顺序查询中断标志，如查询到某个中断标志为 1，此时还必须满足下列条件，才能在下一个机器周期的 S1 期间按优先级进行中断处理。

① 无同级或更高级的中断在服务。

② 现行的机器周期是指令的最后一个机器周期。

③ 当前正执行的指令不是中断返回指令（RETI）或访问 IP、IE 寄存器等与中断有关的指令。

（3）中断响应的过程

CPU 一旦响应中断后，首先要设置标志。由硬件自动设置与中断有关的标志。如置位一个与中断优先级有关的内部触发器，以禁止同级或低级的中断嵌套。另外还会复位有关中断标志，如 IE0、IE1、IT0 或 IT1，表示相应的中断源提出的中断请求已经响应，可以撤销相应的中断请求。但单片机的外部的 $\overline{INT0}$ 和 $\overline{INT1}$ 的引脚状态，需要在中断服务程序中，通过指令控制接口电路来改变 $\overline{INT0}$ 和 $\overline{INT1}$ 的状态，以撤销此次中断请求信号。否则，中断返回后，将会再次进入中断。

CPU 响应中断后，其次要保护断点。中断的断点保护是由硬件自动实现的。硬件把当前 PC 寄存器的内容压入堆栈：

$(SP) \leftarrow (SP)+1$；$((SP)) \leftarrow (PC_{7\sim0})$；

$(SP) \leftarrow (SP)+1$；$((SP)) \leftarrow (PC_{8\sim15})$；

最后，根据不同的中断源，选择不同的中断入口地址送入 PC，从而转入相应的中断服务程序。8051 单片机各中断源所在的中断入口地址如表 10-2 所示。

2．中断处理

CPU 在响应中断结束后即转至中断服务程序入口，从中断服务程序的第 1 条指令开始到返回指令为止，这个过程称之为中断处理或称为中断服务。一般情况下，中断处理包括两部分内容，一是保护现场，二是为中断源服务。

现场通常有 PSW、工作寄存器、专用寄存器等。如果在中断服务程序中要用这些寄存器，则在进入中断服务之前应将它们的内容保护起来，此谓保护现场，而在中断结束，执行 RETI 指令之前应恢复现场，对不同的中断源应根据它的具体要求进行中断服务。

用户在编写中断服务程序时应注意以下几点。

（1）各中断源的入口矢量地址之间只相隔 8 个单元，无法容纳一般的中断服务程序。通常是在中断入口矢量地址单元处存放一条无条件转移指令，因而可转至存储器任意空间中去。

（2）若要在执行当前中断程序时禁止更高优先级中断，可用软件关闭 CPU 的中断，或屏蔽更高级中断源的中断，在中断返回前再开放中断。

（3）在保护现场和恢复现场时，为了不使混乱的情况出现，一般应先关闭 CPU 的中断，使 CPU 暂不响应新的中断请求。在保护现场之后若允许高优先级中断打断它，则应开中断。同样在恢复现场之前应关闭中断，恢复之后再开中断。

3．中断返回

中断服务程序最后执行中断返回指令 RETI，它标志着中断响应的结束。恢复断点操作如下：

$(PC_{8\sim15}) \leftarrow ((SP))$; $(SP) \leftarrow (SP)-1$;

$(PC_{7\sim0}) \leftarrow ((SP))$; $(SP) \leftarrow (SP)-1$;

RETI 指令会复位内部与中断优先级有关的触发器，表示 CPU 已脱离一个相应优先级的中断响应状态。

4．中断请求的撤销

CPU 在响应某中断请求后，在中断返回 RETI 之前，该中断请求应该撤销，否则会引起另一次中断。8051 各中断源请求撤销的方法各不相同。它们分别为：

（1）定时器 0 和定时器 1 的溢出中断，CPU 在响应中断后硬件自动清除 TF0 或 TF1 标志。无须其他措施。

（2）外部中断请求的撤销。对于边沿触发方式的外部中断，CPU 在响应中断后，也由硬件自动将 IE0 或 IE1 标志位清除，无须其他措施。

对电平触发方式的外部中断，硬件上不能自动直接对 $\overline{INT0}$ 和 $\overline{INT1}$ 引脚加以控制，而要相应控制一接口电路，举例如图 10-21 所示。

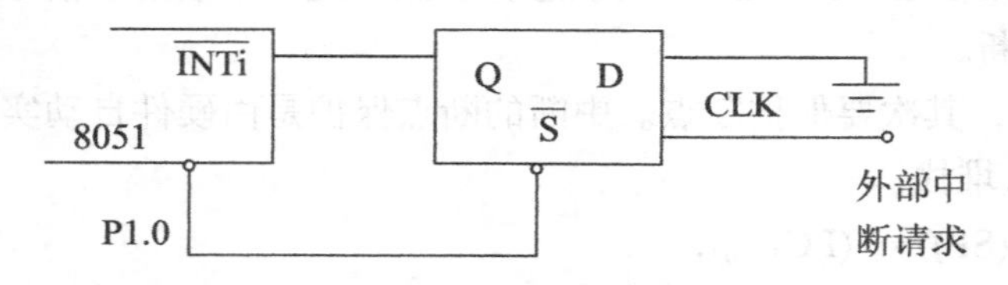

图 10-21　撤销外部中断请求方法之一

外部中断请求信号不是直接加在 $\overline{\text{INT1}}$ 上，而是加在增加的触发器时钟端 CLK 上，而 D 触发器接地。当外部有中断请求，使 D 触发器置 0，从而向 CPU 发出中断请求。CPU 响应中断，利用 P1.0 端口使 D 触发器置 1，撤销中断请求。相关指令如下：

```
ANL   P1,#00H          ；使 P1.0 输出为 0，D 触发器置位
ORL   P1,#0FFH         ；使 P1.0 输出为 1，为下次中断做好准备
```

（3）串行口的中断。CPU 响应串行口的中断，硬件不能自动将 TI 和 RI 标志位清除。必须在中断服务程序中，用软件的方法清除其响应的中断标志位，以撤销中断请求。

10.2.4　中断使用方法

在 8051 单片机中对中断的管理和控制一般包含在主程序中，通过指令，管理和控制的项目如下。

- CPU 的开中断和关中断；
- 某个中断源中断请求的允许或屏蔽；
- 各中断源优先级别的设定；
- 外部中断的触发方式。

中断服务程序是一种具有特定功能的独立程序段，根据中断源的具体要求进行服务。下面举例说明。

若 8051 应用系统中用到了两个中断源，一个为外部中断 $\overline{\text{INT0}}$，优先级为低，中断处理所用资源为 ACC、PSW 和 DPTR。另一个为定时中断 0，中断优先级高，溢出时中断。中断处理所用资源为 ACC、PSW。

第 1 组工作寄存器 R0～R7，其中 R4、R5 需清零，R6、R7 需置 0FFH。该程序组成如图 10-22 所示。

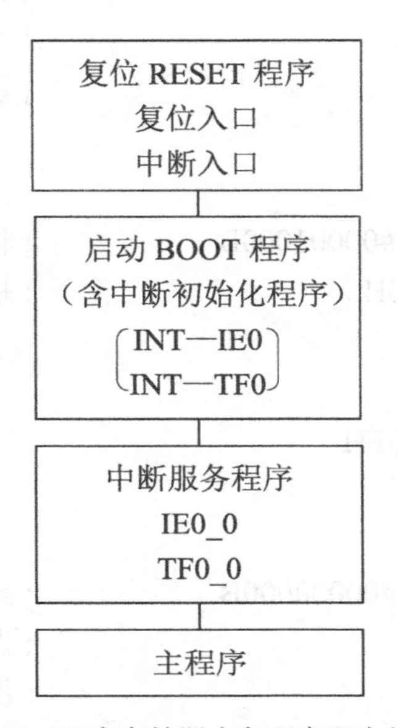

图 10-22　程序存储器中各程序段中的位置

RESET 后复位入口和中断入口源程序如下：

```
        ORG     0000H           ; 定义 RESET 复位入口
        LJMP    BOOT            ; 转至启动程序
        ORG     0003H           ; 定义外部中断 0，IE0 的中断入口
        LJMP    IE0_0           ; 转至 IE0 中断服务程序入口
        ORG     000BH           ; 定义定时器 0，TF0 的中断入口
        LJMP    TF0_0           ; 转至 TF0 中断服务程序入口
        ORG     0013H           ; 定义外部中断 1，IE1 的中断入口
        RETI                    ; 无相应的中断服务程序
        ORG     001BH           ; 定义定时器 1，TF1 的中断入口
        RETI                    ; 无相应的中断服务程序
        ORG     0023H           ; 定义串行 TI_RI 中断入口
        RETI                    ; 无相应的中断服务程序
```

复位入口通常要安排一条转移指令，转至 BOOT 启动程序。启动程序完成一系列的初始化工作，其中包括中断初始化程序。上述 RESET 入口对没有相应中断服务程序的中断入口置 RETI 指令，以防异常情况引起中断造成程序失控。

```
BOOT:   MOV     SP,#40H         ; 设置堆栈
        LCALL   INI_IE0         ; 调用外部中断 0 的初始化程序
        LCALL   INI_TF0         ; 调用定时器 0 的初始化程序
        ...
        SETB    EA              ; 允许所有中断请求
        LJMP    MAIN            ; 转至主程序
```

外部中断 0 的初始化子程序：

```
INI_IE0: SETB   IT0             ; 设置 INT0 为下降沿有效
        SETB    EX0             ; 设置允许中断
        CLR     PX0             ; 设置低优先级中断
        RET
```

定时器 0 的初始化子程序：

```
INI_TF0: MOV    PSW,#00001000B  ; 将当前工作寄存器组设为第 1 组
        MOV     A,#00H          ; 根据初始化要求设定 R4 ~ R7
        MOV     R4,A
        MOV     R5,A
        MOV     A,#0FFH
        MOV     R6,A
        MOV     R7,A
        MOV     PSW,#00000000B  ; 当前寄存器组设为第 0 组
        SETB    ET0             ; 设置允许中断
        SETB    PT0             ; 设置高优先级中断
        RET
```

外部中断 0 服务程序：

```
IEO_0:  PUSH    ACC                     ; 保护现场
        PUSH    PSW
        PUSH    DPL
        PUSH    DPH
        ...                             ; 具体的中断处理程序
        ...
        POP     DPH                     ; 恢复现场
        POP     DPL
        POP     PSW
        POP     ACC
        RETI
```

定时器 0 的中断服务程序：

```
TFO_0:  PUSH    ACC                     ; 保护现场
        PUSH    PSW
        MOV     PSW,#00001000B          ; 设置当前工作寄存器为第 1 组
        ...
        ...                             ; 具体的中断处理程序
        POP     PSW                     ; 恢复现场
        POP     ACC
        RETI
```

通常主程序则以循环体出现

```
MAIN:   ...
        ...                             ; 主程序循环体
        LJMP  MAIN
```

10.3　串行通信介绍及基于 Proteus ISIS 的仿真

串行通信是计算机与外界交换信息的一种基本通信方式。串行通信的基本概念将在微机原理及应用范围讲述。本节主要介绍 MCS-51 单片机中串行接口的结构、工作原理、工作方式及使用方法。

10.3.1　串行口的结构与控制

MCS-51 单片机中的串行接口是一个全双工的通信接口，即能同时进行发送和接收。它可以做 UART（通用异步接收和发送器）用，也可以作同步移位寄存器用。它的帧格式和波特率可通过软件编程设置，在使用上非常方便灵活。

1. 串行口的电路结构

MCS-51 单片机串行口的电路结构示意图如图 10-23 所示。

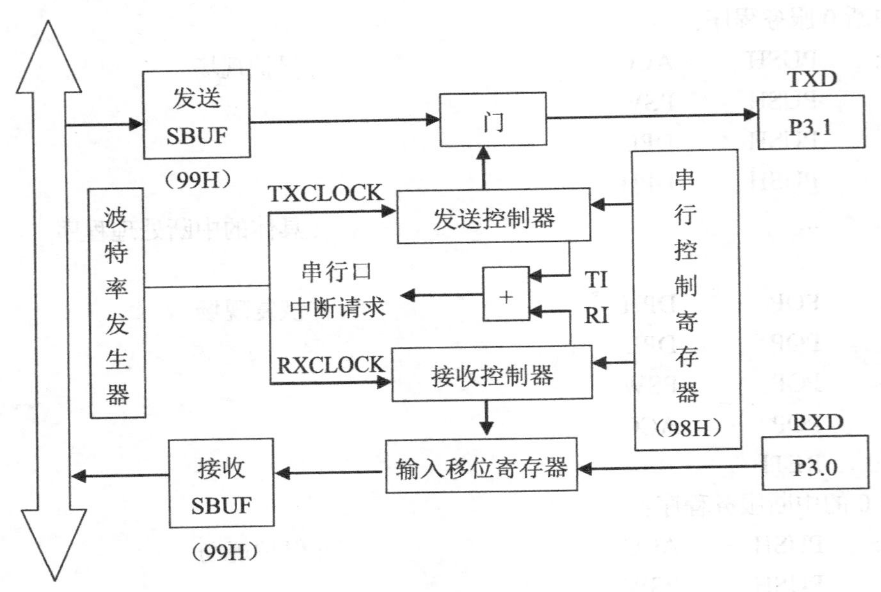

图 10-23　串行口结构框图

（1）串行口的组成

① 接收缓冲器 SBUF 和发送缓冲器 SBUF，它们占用了同一个地址 99H，但它们在物理上是隔离的。它们中的一个只能被 CPU 读出数据，另一个只能被 CPU 写入数据。

② 串行的接收控制器和发送控制器。接收控制器控制内部的输入移位寄存器，将外部的串行数据转换为并行数据送入内部总线被 CPU 读出。而发送寄存器将内部总线上的并行数据通过输出寄存器转换为串行数据输出。

③ 串行口控制寄存器：SCON。

④ 串行数据输入/输出引脚：TXD（P3.1）为串行输入，RXD（P3.0）为串行输出。

⑤ 波特率发生器：它一般由定时器 TI 通过模式 2 工作模式及内部一些控制开关和分频器组成。它向串行口提供发送时钟 TXCLOCK 和接收时钟 RXCLOCK。

（2）串行通信过程

① 接收数据：在进行通信时，当 CPU 允许接收（SCON 中 REN 置 1）时，外部数据通过 RXD（P3.0）串行输入，数据的最低位首先进入输入移位寄存器，一帧接收完毕后再并行送入接收 SBUF，同时将中断标志位 RI 置 1，向 CPU 发出中断请求。CPU 响应中断后，用软件将 RI 复位同时读取输入的数据。接着又开始下一帧的输入，直至所有数据接收完毕。

② 发送数据：CPU 要发送数据时，先将数据并行写入发送 SBUF 中，同时启动数据通过 TXD（P3.1）引脚串行发送。当一帧数据发送完即发送 SBUF 空时，将中断标志位 TI 置位，向 CPU 发出中断请求。CPU 响应中断后，用软件将 TI 复位。重复上述过程将下一帧数据写入 SBUF，直至所有数据发送完毕。

2．串行口的控制

MCS-51 串行口的工作方式选择，中断标志，可编程位的设置，波特率的增倍均是通过几个特殊功能寄存器 SFR 中的 SBUF、SCON、PCON 来控制的。

（1）串行口发送/接收缓冲区 SBUF

SBUF 是不可位寻址的寄存器，是一个发送/接收共用的数据缓冲寄存器，其直接地址为 99H。SBUF 只能与累加器 A 进行数据传送。

（2）串行口控制寄存器 SCON

SCON 为可位寻址寄存器，用于串行口的方式设定和数据传送控制，其直接地址为 98H，其各位的含义如图 10-24 所示。

	D7							D0
SCON 98H	SM0	SM1	SM2	REN	TB8	RB8	TI	RI

图 10-24　SCON 各位的含义

① SM0，SM1 为方式选择位，用来选择串行口的 4 种工作方式，其功能如表 10-3 所示。

表 10-3　串行口工作方式选择位 SM0，SM1

SM0，SM1	工 作 方 式	功　能	波 特 率
0　0	方式 0	8 位同步移位寄存器	$f_{osc}/12$
0　1	方式 1	10 位 UART	可变
1　0	方式 2	11 位 UART	$f_{osc}/64$ 或 $f_{osc}/32$
1　1	方式 3	11 位 UART	可变

注：f_{osc} 为振荡器的工作频率。

② SM2 为多机通信控制位。在方式 0 时，SM2 必为 0，不用 TB8 和 RB8。在方式 1 时，SM2=1，只有接收到有效的停止位，RI 才置 1。在方式 2 和方式 3 时，若 SM2=1，则允许多机通信。此时如果接收到的第 9 位数据 RB8=0 时，舍弃接收到的数据，使 RI 置 0；若 RB8=1，将接收到的数据送 SBUF 中，并将 RI 置 1。若 SM2=0，则不属于多机通信情况，接收到一帧数据后不管第 9 位数据 RB8 是 0 还是 1，都置 RI=1，接收到数据送 SBUF 中。

③ REN 为允许接收位。当 REN = 1，允许串行接收数据。REN = 0 时，禁止串行接收。可用软件置位/清除。

④ TB8 为第 9 位的发送数据位。在方式 2、方式 3 多机通信中要发送的第 9 位数据位。TB8 = 0 为发送数据，TB8 = 1 为发送地址。TB8 可由软件置位或清零。

⑤ RB8 为接收数据的第 9 位数据位。在方式 2、方式 3 多机通信中 RB8 用来存放接收到的第 9 位数据位，用以表明所接收的数据的特征。一般约定地址帧为 1，数据帧为 0。

⑥ TI 为发送中断标志位。在方式 0 时，发送完 8 位数据即由硬件置 TI 为 1，其他方式下，发送停止位开始时置 TI = 1，并请求中断。TI = 1 表示帧发送结束，可供查询，TI 由指令清零。

⑦ RI 为接收中断标志位。方式 0 时，接收完 8 位数据后由硬件置位，其他方式下，接收到停止位时由硬件置位，并请求中断。当 RI=1 时，表示帧接收终了。RI 可供查询，由指令清零。

（3）电源和波特率控制寄存器 PCON

串行口借用了电源控制寄存器 PCON 的最高位。PCON 是不可位寻址的，直接地址为 87H，其功能位如图 10-25 所示。

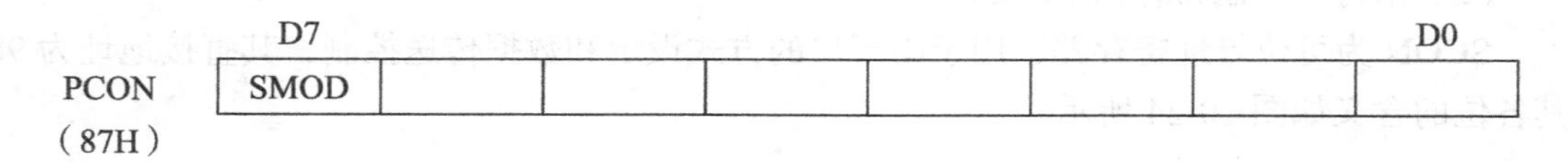

图 10-25 PCON 功能位

SMOD：串行口波特率的倍增位。SMOD=1 时串行口的波特率加倍。例如，在工作方式 2 时，当 SMOD=0 时，其波特率为 $f_{osc}/64$，当 SMOD=1 时，则波特率为 $f_{osc}/32$。系统复位时 SMOD=0。

10.3.2 串行口工作方式和波特率

1．串行口的工作方式及多机通信方式

在串行口控制寄存器中，SM0 和 SM1 为决定串行口的工作方式，SM2 为决定串行口应用于多机通信方式。

（1）方式 0

当 SM0=0、SM1=0 时，串行口选择方式 0。这种工作方式实际上是一种同步移位寄存器方式。其数据传输波特率固定为 $f_{osc}/12$。数据由 RXD（P3.0）引脚输入或输出，同步移位时钟即移位脉冲由 TXD（P3.1）引脚输出。接收/发送的是 8 位数据，传输时低位在前。帧格式如下：

…	D0	D1	D2	D3	D4	D5	D6	D7	…

它没有起始位和终止位，其工作过程如下。

① 发送操作。当执行一条 MOV SBUF，A 指令时，启动发送操作，由 TXD 输出移位脉冲，由 RXD 串行发送 SBUF 中的数据。发送完 8 位数据后自动置 TI=1，请求中断，要继续发送时 TI 必须由指令清零。

② 接收操作。在接收中断标志 RI=0 被清除条件下，置 REN=1，即可启动一帧数据的接收。由 TXD 输出移位脉冲，RXD 接收串行数据到 A 中，接收完一帧数据后自动置位 RI，以请求中断。要继续接收时需用指令将 RI 清零。

（2）方式 1

当 SM0=0、SM1=1 时，串行口选择方式 1，这是 8 位的 UART 通信。其数据传输的波特率由定时器 T1 的溢出决定，可用程序设定。由 TXD（P3.1）引脚发送数据，RXD（P3.0）引脚接收数据。发送或接收一帧信息为 10 位：1 位起始位（0）、8 位数据位和 1 为停止位（1）。帧格式如下：

起始	D0	D1	D2	D3	D4	D5	D6	D7	停止

它的工作过程如下。

① 发送操作。当执行一条 MOV　SBUF，A 指令时，A 中的数据从 TXD 端实现异步发送。发送完一帧后 TI=1 并请求中断。要求继续发送时，需用指令将 TI 清零。

② 接收操作。当置位 REN 时，串行口即采样 RXD，当采样到 1 至 0 跳变时，确认串行数据帧的起始位，开始接收一帧数据，直至停止位到来时，把停止位送入 RB8 中，置位 RI 请求中断，以使 CPU 从 SBUF 中取走接收的数据。RI 即由指令清零。

（3）方式 2 和方式 3

当 SM0=1、SM1=0 时，串行口选择方式 2；当 SM0=1、SM1=1 时，串行口选择方式 3，它们都是一个 11 位 UART，由 TXD（P3.1）引脚发送数据，RXD（P3.0）引脚接收数据。发送或接收一帧数据为 11 位：1 为起始位（0）、9 位数据位和 1 位停止位（1）。其第 9 位数据位为可编程位 TB8/RB8。帧格式如下：

起始	D0	D1	D2	D3	D4	D5	D6	D7	停止

方式 2 和方式 3 的不同在于它们的波特率产生方式不同。方式 2 的波特率是固定的，为振荡器频率的 1/32 或 1/64。方式 3 的波特率则由定时器 T1 的溢出决定，可由程序设定。其工作过程如下。

① 发送操作。发送数据操作前，由指令设置 TB8（如作为奇偶校验位或地址/数据标志位），将要发送的数据由 A 写入 SBUF 中后启动发送操作。在发送操作中内部逻辑会把 TB8 装入发送移位寄存器第 9 位的位置，然后发送一帧完整的数据，发送完毕时置位 TI。TI 由指令清除。在多机通信的发送操作中，用 TB8 作地址/数据标识，TB8=1 为地址帧，TB8=0 为数据帧。

② 接收操作。当置位 REN 位且 RI=0 时，接收操作启动，帧结构上的第 9 位被送入 RB8 中，对所接收的数据，则视 SM2 和 RB8 的状态决定是否使 RI 置 1，并请求中断，接收数据。

当 SM2=0 时，RB8 不论任何状态，串行都接收发送来的数据，使 RI 置 1。

当 SM2=1 时，接收到 RB8 位地址/数据标识位。RB8=1 时，接收的信息为地址帧，此时置位 RI，串行接收发送来的数据。当 RB8=0 时，接收的信息为数据帧。此时因 SM2=1，RI 不会置位，此帧数据丢弃。在 SM2=0 时，则 SBUF 接收发送来的数据。

（4）多机通信方式

在串行口控制寄存器 SCON 中，设有多机通信位 SM2。当串行口以方式 2 或方式 3 接收时，若 SM2=1，接收到的第 9 位数据位 RB8=1，这时才将数据送入数据缓冲器 SBUF，且 RI 置位请求中断，否则数据将丢弃。若 SM2=0，则无论第 9 位数据 RB8 是 1 还是 0，都能将数据装入 SBUF，并且发出中断请求。利用这一特性，可实现主机与多个从机之间的串行通信。图 10-26 为多机通信连线示意图，由 1 个主机和 3 个从机连接，并需保证每台从机在系统中的编号是唯一的。

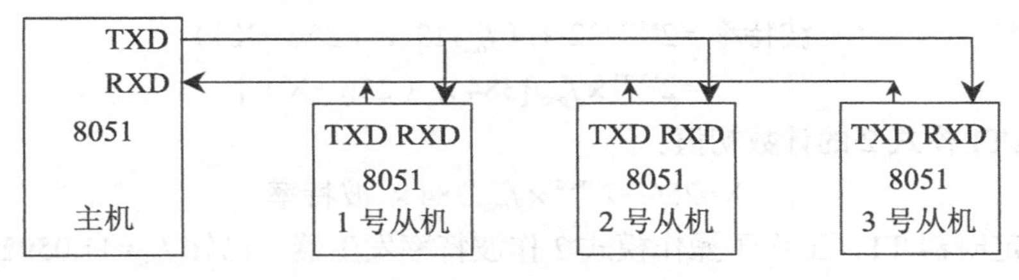

图 10-26　多机通信连线示意图

多机通信过程如下。

系统在初始化时，将所有从机中的 SM2 位置 1，从而都处于只接收地址帧的状态。主机在和某一从机通信时，先发送一帧地址信息。其中 8 位是地址，第 9 位数据（RB8）置 1，表示该帧是地址帧。当选中的从机响应后，再将 RB8 清零，发送命令或数据。

当所有的从机接收到主机发出的地址帧后，进行中断处理。若从机地址与主机要选中的地址相符，则该从机将本机的 SM2 清零，随后可接收主机发送的命令或数据，实现主机与被寻址从机的双机通信。若从机的地址与主机选中的不同，则该从机维持 SM2=1，它只能接收主机的地址帧，而不能接收主机的数据和命令。被寻址的从机通信完毕后，置 SM2=1，恢复多机系统原有状态。

2．串行通信中的波特率

在串行通信中，收发双方对发送或接收的数据速率（即波特率）要有一定的约定。串行口的工作方式可通过指令编程选择 4 种工作方式。各种工作方式下其波特率的设置均有所不同。

（1）方式 0 和方式 2 中的波特率

方式 0 时，每个机器周期发送或接收一位数据，因此波特率固定为振荡频率 f_{osc} 的 1/12，且不受 SMOD 位的控制。

方式 2 时，此时波特率受 PCON 中 SMOD 位的控制。当 SMOD=0 时，波特率为 $f_{osc}/64$；SMOD=1 时，波特率为 $f_{osc}/32$。也即波特率 $=2^{smod}/64\times f_{osc}$。

（2）方式 1 和方式 3 中的波特率

8051 串行口方式 1 和方式 3 中的波特率是可变的，具体数值由定时器 T1 的溢出率和 SMOD 位决定，即：

$$波特率=2^{smod}/32\times T1\ 溢出率$$

其中定时器 T1 的溢出率取决于计数速率和定时器的预置值。当 TMOD 寄存器 $C/\overline{T}=0$ 时，T1 为定时方式，计数速率 $=f_{osc}/12$；当 TMOD 寄存器 $C/\overline{T}=1$ 时，T1 为计数方式，计数速率取决于外部输入时钟的频率。

定时器的预置值等于 M−X，X 为计数初值，M 为定时器最大计数值，与操作模式有关（可取 2^{13}、2^{16}、2^{8}）。为能实现计数器的重装，通常选用定时器操作模式 2。在模式 2 中，TL1 作计数用，TH1 用于保存计数初值。当 TL1 溢出时，TH1 值自动重装到 TL1 中。因此一般选用 T1 工作于模式 2 作波特率发生器。

设计数初值为 X，则每经过（256−X）个机器周期，T1 产生一次溢出，其周期为：

$$TB=12\times(256-X)/f_{osc}$$

溢出率为溢出周期的倒数。故：

$$\begin{aligned}波特率&=2^{smod}/32\times(f_{osc}/12\times(256-X))\\&=2^{smod}\times f_{osc}/[384\times(256-X)]\end{aligned}$$

而定时器 T1 模式 2 的计数初值：

$$X=256-2^{smod}\times f_{osc}/384\times 波特率$$

例：选用定时器 T1，工作于操作模式 2 作波特率发生器。已知 f_{osc}=11.0592MHz，波特率为 2400 波特，求计数初值 X。

解：当 SMOD=0 时，X=256−20×11.0592×106/(384×2400)

=244=F4H

所以 T1 的 TH1=TL1=F4H。

10.3.3　基于 Proteus ISIS 的基本串行口应用仿真实例

本小节在 9.4.4 的最小系统上实现了一个基本串口实例，串口把收到的数据再发出了。同时当有按键按下的时候，串口发送一串预先设定好的数据。另外当串口接收到数据的时候，同时把数据发到 P0 口上，可以用串口调试助手发送 HEX 格式的数据，然后看 Proteus ISIS 上 P0 口的输出状态。

具体电路图和仿真结果请读者参考 9.4.4 节。另外读者可自行进行 Keil C 和 Proteus 之间的单步调试。

以下为 C 语言的源程序：

```
#include        <reg51.h>                     ;头文件定义
#include        <intrins.h>
unsigned        char key_s, key_v, tmp;
char code       str[] = "Uart serial Test ---XiaoJinQiu \n\r";
void send_int(void);                          ;发送函数初始化
void send_str();                              ;发送一串字符
bit   scan_key();                             ;按键扫描
void proc_key();                              ;按键处理
void delayms(unsigned char ms);               ;ms 延时函数
void send_char(unsigned char txd);
sbit   K1 = P1^4;                             ;位定义 K1 输入
main()
{
    send_int();                               ;初始化
    TR1 = 1;                                  ;启动定时器 1
    while(1)
    {
        if(scan_key())                        ;扫描按键
        {
            delayms(10);                      ;延时去抖动
            if(scan_key())                    ;再次扫描
            {
                key_v = key_s;                ;保存键值
                proc_key();                   ;键处理
            }
        }
```

```
        if(RI)                                ; 是否有数据到来
        {
            RI = 0;
            tmp = SBUF;                       ; 暂存接收到的数据
            P0 = tmp;                         ; 数据传送到 P0 口
            send_char(tmp);                   ; 回传接收到的数据
        }
    }
}
void send_int(void)
{   TMOD = 0x20;                              ; 定时器 1 工作于 8 位自动重载模式
    TH1 = 0xF3;                               ; 波特率为 2400
    TL1 = 0xF3;
    SCON = 0x50;                              ; 设定串行口工作方式
    PCON&= 0xef;                              ; 波特率不倍增
    IE = 0x0;                                 ; 禁止任何中断
}
bit scan_key()                                ; 扫描按键
{
    key_s = 0x00;
    key_s |= K1;
    return(key_s ^ key_v);
}
void proc_key()                               ; 键处理
{
    if((key_v & 0x01) == 0)                   ;K1 按下
    {
        send_str();                           ; 传送字串
    }
}

void send_char(unsigned char txd)
//传送一个字符
{
    SBUF = txd;
    while(!TI);                               ; 等特数据传送
    TI = 0;                                   ; 清除数据传送标志
}
void send_str()                               ; 传送字串
```

```
{
    unsigned char i = 0;
    while(str[i] != '\0')
    {
        SBUF = str[i];
        while(!TI);                          ; 等特数据传送
        TI = 0;                              ; 清除数据传送标志
        i++;                                 ; 下一个字符
    }
}

void delayms(unsigned char ms)               ; 延时子程序
{
    unsigned char i;
    while(ms--)
    {
        for(i = 0; i < 120; i++);
    }
}
```

10.3.4　串行口的扩展应用及基于 Proteus ISIS 的仿真实例

1．串行口扩展并行 I/O 口

8051 单片机串行口工作于方式 0 时为同步移位寄存器。此时外接一个串入并出的移位寄存器，就可以扩展一个并行输出口；外接一个并入串出的移位寄存器，就可以扩展一个并行输入口。这种利用移位寄存器来扩展并行口的连线简单，扩展接口数量仅受传输速度的制约。

（1）用 8 位并行输出串行移位寄存器 74LS164 扩展输出口

如图 10-27 所示是利用 74LS164 扩展 16 位输出线的电路。图中的 16 位输出装置是 2 位共阳极七段 LED 显示器，采用静态显示方式。静态显示的优点是软件设计简单，显示时没有像动态显示方式时有闪烁出现。

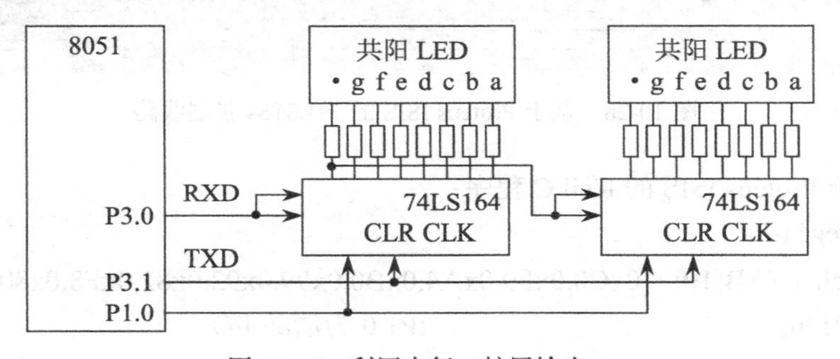

图 10-27　利用串行口扩展输出口

串行口的数据通过 RXD 引脚加到 74LS164 的输入端，串行口的输出移位时钟通过 TXD 引脚加到 74LS164 的时钟端。使用另一条 I/O 线 P1.0 控制 74LS164 的 CLR 复位信号端。编程时把片内 RAM20H 开始的显示缓冲区数据取出由串行口输出显示。

控制显示的程序如下：

```
DISP:   MOV     R7,#2                    ;设置显示位数
        MOV     R0,#20H                  ;指向显示数据缓冲区
        MOV     SCON,#00H                ;设定串行口方式 0
DISP0:  MOV     A,@R0                    ;取待显示的数据
        ADD     A,#0DH                   ;设定偏移值
        MOVC    A,@A+PC                  ;取显示数据的段码
        MOV     SBUF,A                   ;启动串行口发送数据
        JNB     TI,$                     ;等待一帧发送结束
        CLR     TI                       ;清串行口中断标志
        INC     R0                       ;指向下一个数据
        DJNZ    R7,DISP0
        RET
TAB:    DB  C0H,F9H,A4H,B0H,99H          ;数字 0～4 的段码
        DB  92H,82H,F8H,80H,98H          ;数字 5～9 的段码
```

如图 10-28 所示是基于 Proteus ISIS 的 74LS164 扩展线路。

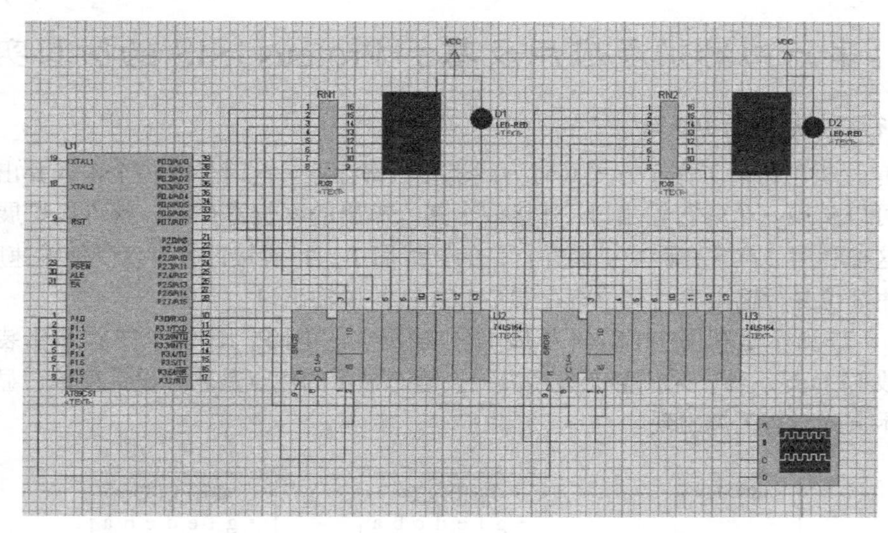

图 10-28　基于 Proteus ISIS 的 74LS164 扩展线路

以下是基于 Proteus ISIS 的 Keil C 程序：

```
#include <reg51.h>
//unsigned char TAB[10]={0xC0,0xF9,0xA4,0xB0,0x99,0x92,0x82,0xF8,0x80,0x98};
sbit clear=P1^0;                              ;P1.0 为清除 I/O
unsigned int a=0;
```

```
void delay(unsigned int a)                      ; 延时函数
{
        while(a--);
}
void main()
{
    clear=0;
    delay(500);                                 ; 系统上电延时
    clear=1;                                    ; 先对原有状态清零
    SCON=0x00;                                  ; 设定串行口方式 0
    SBUF=0x99;                                  ; 发送数据
    while(!TI);                                 ; 等待一帧发送结束
    delay(10);                                  ; 延时
    SBUF=0xF9;                                  ; 再发送一帧
    delay(10);                                  ; 延时
    while(1);
}
```

如图 10-29 所示为运行结果，可以看到示波器测量出的 UART 输出波形。

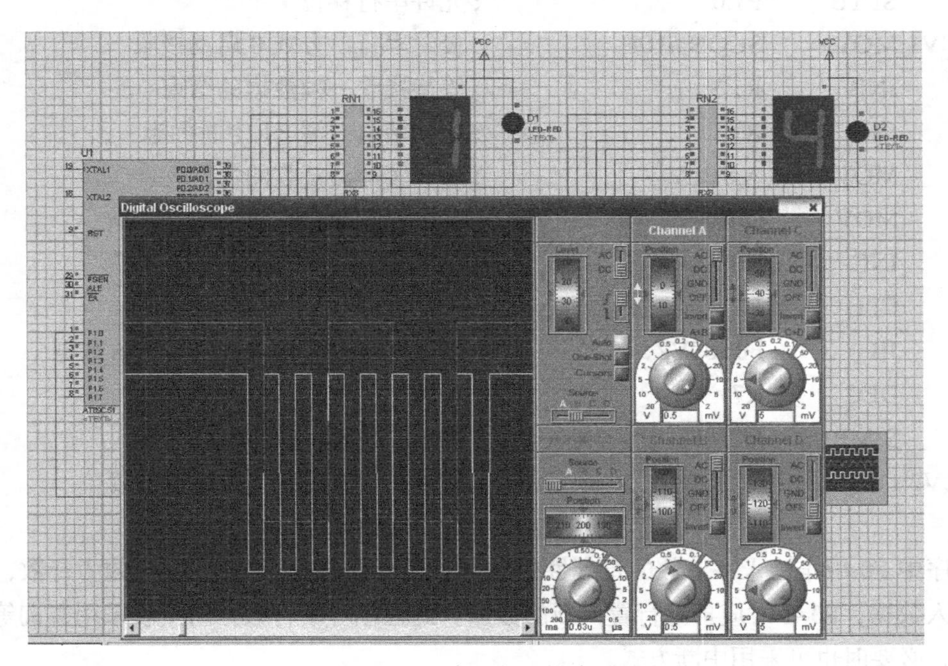

图 10-29　程序运行后的波形图

（2）用并行输入 8 位移位寄存器 74LS165 扩展输入口

如图 10-30 所示是利用 74LS165 扩展为 16 根输入线的电路。74LS165 的串行输出数据接到 RXD 端作为串行口数据输入，而 74LS165 的移位时钟由串行口的 TXD 端提供。端口线

P1.0 作为 74LS165 的接收和控制端。$S/\overline{L}=0$ 时，74LS165 为置入并行数据，$S/\overline{L}=1$ 时为允许 74LS165 串行移位输出数据。当选择串行口方式 0，并将 SCON 的 REN 置位允许接收，就可开始一个数据的接收过程。

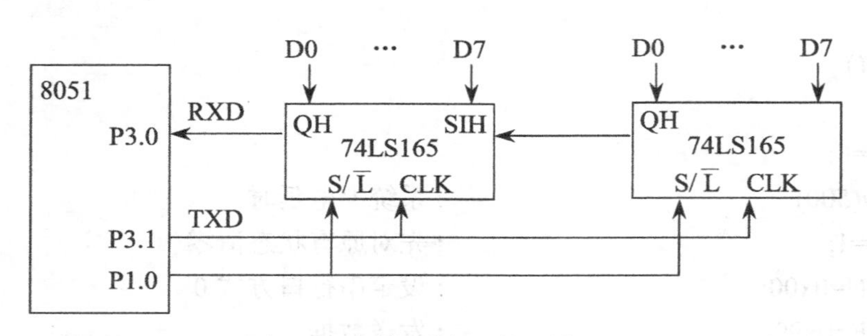

图 10-30　利用串行口扩展输入口

从 16 位的扩展输入口读入 20 个字节数送入 RAM40H 开始的单元中，编程如下：

```
        MOV     R7,#20          ;设置读入字节数
        MOV     R0,#40H         ;设置内部 RAM 地址指针
        SETB    F0              ;设置读入字节奇偶数标志
RCV0:CLR        P1.0            ;设置并行置入 16 位数据
        SETB    P1.0            ;允许串行移位
RCV1:MOV        SCON,#10H       ;设置串行口方式 0 启动接收
        JNB     R1,$            ;等待接收一帧数据的结束
        CLR     R1              ;接收结束，清 R1 中断标志
        MOV     A,SBUF          ;读取缓冲器接收的数据
        MOV     @R0,A           ;存入片内 RAM 中
        INC     R0
        CPL     F0
        JB      F0,RCV2         ;接收完偶数帧则重新并行输入数据
        DEC     R7
        SJMP    RCV1            ;否则再接收一帧
RCV2:DJNZ       R7,RCV0         ;预定字节数没有接收完则继续
        ...                     ;对读入数据进行处理
```

程序中 F0 用作读入字节数的奇偶性标志。当 F0=0 时，已接收的字节数为奇数，不必再并行置入数据，F0=1 时应再并行置入新的数据。此程序对串行数据的接收采用查询等待的控制方式，必要时也可采用中断方式。

如图 10-31 所示是基于 Proteus ISIS 的 74LS164 扩展线路。

通过两片 74LS165 串行采集 16 个 I/O 状态，然后基于串口工作方式 0 接收数据，并通过 P0 口和 P2 口把接收到的数据输出到 16 个发光二极管，因为发光二极管是低电平点亮，所以输入 1，P0 及 P2 口上对应的 LED 灯泡为熄灭状态，只有输入 0 时才点亮。

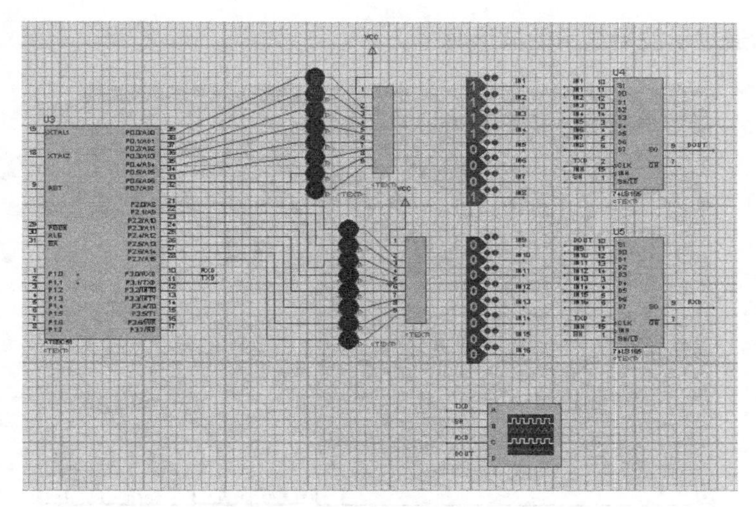

图 10-31　基于 Proteus ISIS 的 74LS164 扩展线路

以下为基于 Keil C 的源代码：

```
#include <reg51.h>                      ; 头文件
sbit load=P1^0;                         ; 位定义
sbit send=P1^1;                         ; 位定义
unsigned char sdata;
unsigned char i;
void delay(unsigned i)                  ; 延时函数
{   while(i--);
}
void main()
{   load=0;
    load=1;
    send=1;
    send=0;
    SCON=0x10;
    while(!RI);                         ; 等待串行口空闲
    sdata=SBUF;                         ; 接收到的一帧数据存放 SDATA 中
    P2=sdata;                           ; 将这帧数据发到 P2 口
    delay(50);                          ; 延时
    send=1;
    send=0;
    SCON=0x10;
    while(!RI);
    sdata=SBUF;
    P0=sdata;                           ; 将这帧数据发到 P0 口
}
```

图 10-32 为通过示波器显示的波形时序。

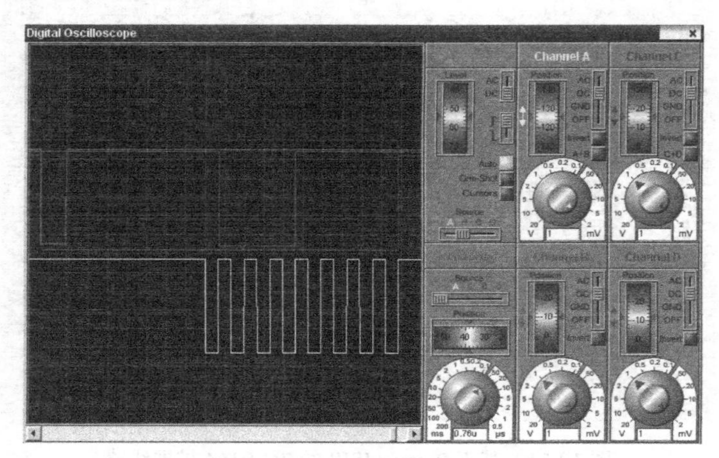

图 10-32 示波器显示的波形时序图

黄色为通道 A：TXD；

蓝色为通道 B：SH(P1.0/Load)；

红色为通道 C：RXD；

绿色为通道 D：DOUT（74LS165 的数据输出）。

2．串行口作异步通信的接口

用串行口作异步通信接口可实现点对点的通信。假定通信双方都使用 8051 的串行口，两者的硬件连接如图 10-33 所示。单片机本身的 TTL 电平难以进行远距离传输，因此在传输距离超过几米时，就需要采用有一定驱动能力的接口电路，如 RS-232C、RS-422A/RS-423A 和 RS485 接口等。如需要利用公用电话网进行通信时，还需要调制解调器。

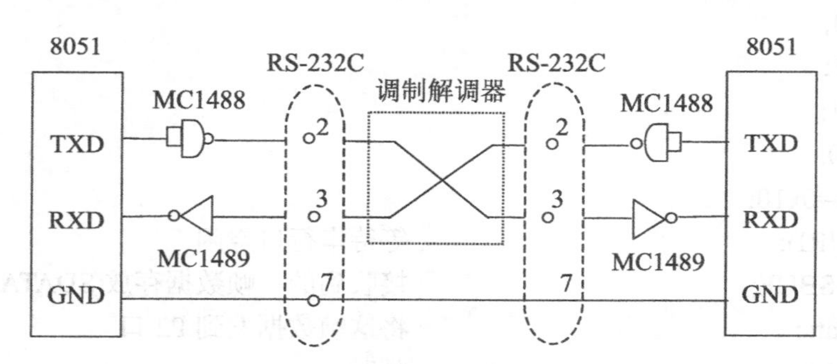

图 10-33 点对点的异步通信连接

要实现双方的通信还必须编写双方的通信程序，编写程序要遵守双方的约定，即所谓“规程”或“协议”。发送和接收双方的数据帧格式、波特率等必须一致。

（1）用串行口发送带奇偶校验的数据块

若要从片内 RAM20H ～ 3FH 取出 ASCII 码数据，在最高位上加奇偶校验位后由串行口发送。采用 8 位数据异步通信，串行口方式 1 发送，用 T1 作波特率发生器，f_{osc}=11.059MHz，波特率为 1200 波特。

用定时器 T1 模式 2 作波特率发生器，设波特率不倍增，即 SMOD=0。据前所述 T1 的计数初值 X 为：

$$X=256-2^{smod}\times f_{osc}/(384\times \text{波特率})$$

$$=256-20\times 11.059\times 106/(384\times 1200)=232=E8H$$

即 =TH1=TL1=0E8H。

其编程如下：

```
MAIN:  MOV    TMOD,#20H          ; 设定 T1 为模式 2
       MOV    TL1,#0E8H          ; 传送 T1 计数初值
       MOV    TH1,#0E8H
       SETB   TR1                ; 启动 T1
       MOV    SCON,#40H          ; 设定串行口方式 1
       MOV    PCON,#00H          ; 设定 SMOD=0
       MOV    R0,#20H            ; 设定发送数据的 RAM
       MOV    R7,#32             ; 设定地址字节数
LOOP:  MOV    A,@R0              ; 取发送的数据
       CALL   SPOUT              ; 调用发送子程序
       JC     ERR                ; 传输出错时处理程序
       INC    R0
       DJNZ   R7,LOOP            ; 未发送完，重复
       ...
SPOUT: MOV    C,P                ; 设置奇偶校验位，P=1 为奇校验
       CPL    C
       MOV    ACC.7,C            ; 数据最高位加上奇数校验
       MOV    SBUF,A             ; 启动串行口的发送
       JNB    TI,$               ; 等待发送结束
       CLR    TI                 ; 清除发送中断标志
       RET
ERR:   出错时处理程序（略）
```

（2）用串行口接收带奇偶校验位的数据块

同上，串行口接收器把接收到的 32 个字节的数据存入片内 RAM20H～3FH 单元内，波特率与发送时保持一致。当奇校验出错时将进位位置 1，程序如下：

```
MAIN:  MOV    TMOD,#20H          ; 设定 T1 为模式 2
       MOV    TL1,#0E8H          ; 设计数器初值
       MOV    TH1,#0E8H
       SETB   TR1                ; 启动 T1
       MOV    R0,#20H            ; 设定接收数据的 RAM 地址及字节数
       MOV    R7,#32
       MOV    PCON,#00H
LOOP:  CALL   SPIN               ; 调用接收子程序
```

```
        JC      ERR             ;传输出错时处理程序
        MOV     @R0,A           ;接收数据存入 RAM
        INC     R0
        DJNZ    R7,LOOP         ;未接收完，重复
        ...
SPIN:   MOV     SCON,#50H       ;串行口方式 1 的设定 REN=1，允许接收
        JNB     RI,$            ;等待接收一帧数据完
        CLR     RI              ;清除接收中断标志
        MOV     A,SBUF          ;取一帧数据
        MOV     C,P
        CPL     C
        ANL     A,#7FH          ;去掉奇校验码
        RET
ERR:    出错处理程序（略）
```

（3）用串行口发送字符串常量

对存放在片内 RAM 中的字符串常量可利用串行口和堆栈技术来传输。下述程序中，发送的字符串是送给 CRT 终端的，以回车符 CR 和换行符 LE 开始，以换码符 ESC 为结束。

部分的程序段如下：

```
        CR      EQU     0DH     ;定义 ASCII 码回车符
        LF      EQU     0AH     ;定义 ASCII 码换行符
        ESC     EQU     1BH     ;定义 ASCII 码换码符
        ...
        MOV     TMOD,#20H       ;设置 T1 方式 2
        MOV     TL1,#0FDH       ;设定计数器初值，设此时 fosc=11.0592MHz，波
                                 特率为 9600
        MOV     TH1,#0FDH
        SETB    TR1             ;启动 T1
        MOV     SCON,#40H       ;设定串行口方式 1
        MOV     PCON,#00H       ;SMOD=0，波特率不倍增
        ACALL   XST
        DB      "NU&BIAA"       ;字符串常量
        DB      ESC
        ...
XST:    POP     DPH             ;第 1 个字符的地址装入 DPTR
        POP     DPL
XST1:   CLR     A               ;设偏移量为 0
        MOVC    A,@A+DPTR       ;取第 1 个字符
XST2:   MOV     SBUF,A          ;启动一帧数据的发送
        JNB     TI,$            ;等待一帧发送结束
```

```
        CLR     TI              ;清除发送中断标志
        INC     DPTR            ;指向下一个字符
        CLR     A
        MOVC    A,@A+DPTR       ;取下一个字符
        CJNE    A,#ESC,XST2     ;判断是否为换码符 ESC，不是则返回
        MOV     A,#1            ;是，则偏移量设为 1
        JMP     @A+DPTR         ;返回到执行 ESC 符后面的一条指令
```

ESC 字符后的下一单元是主程序发送字符串后要执行的下一条指令，故在执行 XST 程序段中最后两条指令，将继续执行主程序。而主程序中 ACALL，XST 指令的目的是利用子程序调用指令，把下单元（存放常量 CR）的地址压入堆栈。而 XST 程序段起首的 POP 指令执行后，正好把存入字符常量 CR 的地址置入 DPTR 中。

3．串行口作多机通信接口

8051 串行口的方式 2 和方式 3 有一个专门的应用领域，即多机通信。利用它可构成各种分布式系统。具体电路结构如图 10-26 所示。系统中采用一台主机和多台从机。主机的 RXD 端与所有从机的 TXD 端相通，TXD 端与所有从机的 RXD 端相连，也即主机发送的信息可被从机接收，而从机发送的信息只能由主机接收，各从机之间交换信息必须通过主机。

（1）多机通信原理

多机通信中，要保证主机与从机间的可靠通信，必须保证通信接口具有识别功能，而 SCON 中 SM2 控制位就可满足这一要求。当串行口以方式 2 或方式 3 工作时，发送和接收的每一帧信息就是 11 位，其中第 9 数据位是可编程位，通过对 SCON 的 TB8 赋 1 或 0，以区别发送的是地址帧还是数据帧（地址帧的第 9 位为 1，数据帧的第 9 位为 0）。若从机的控制位 SM2=1，则当接收是地址帧时，数据装入 SBUF，并置入 RI=1，向 CPU 发出中断请求。若接收的是数据帧，则不产生中断标志，信息被丢弃。若 SM2=0，则无论是地址帧还是数据帧都产生 RI=1 中断标志，数据装入 SBUF。为此可规定具体的通信过程如下。

① 使所有从机的 SM2=1，处于只接收地址帧的状态。

② 从机接收到地址帧，即 8 位地址，第 9 位为 1 后各自将接收到的地址与本身地址相比较。

③ 地址相符的从机，清除其 SM2。地址不相符的从机仍维持 SM2=1 不变。

④ 主机发送数据或控制信息时即第 9 位数据位为 0，对于已被寻址的从机，因 SM2=0，故可接收主机发送的信息。对于其他从机，因 SM2=1，对主机发来的数据帧不予接收，直至发来新的地址帧。

⑤ 当主机改为与其他从机相联系时，先前被寻址的从机应恢复 SM2=1。主机再发出地址帧寻址其他从机。

（2）多机通信的软件协议

通信需符合一定的规范。一般通信协议都有通信标准，协议很完善，也很繁杂。为叙述方便，这里仅规定几条很不完善的协议：

① 系统中允许接有 255 台从机，地址分别为 00H ～ 0FEH。

② 地址 FFH 是对所有从机都起作用的控制命令，命令各从机恢复 SM2=1 的状态。

③ 主机发送的控制命令代码如下。

- 00H：要求从机接收数据块；
- 01H：要求从机发送数据块。

④ 从机状态格式如下：

D7	D6	D5	D4	D3	D2	D1	D0
ERR	0	0	0	0	0	TRDY	RRDY

其中：若 ERR=1，表示从机接收到非法命令；

若 TRDY=1，表示从机发送准备就绪；

若 RRDY=1，表示从机接收准备就绪。

（3）主机串行通信程序

主机串行通信以子程序的方法给出。要和从机通信时，可直接调用该子程序。主机在接收或发送完一个数据块后可返回主程序，以完成其他任务。但在调用这个程序之前，必须在有关寄存器内预置入口参数。现规定入口参数如下。

- R2←被寻址从机地址；
- R3←主机命令（00H 或 01H）；
- R4←数据块长度；
- R0←主机发送的数据块首地址；
- R1←主机接收的数据块首地址。

例如，若主机要向 3 号从机发送数据块，数据块放置在 RAM 区的 30H～3FH 单元中，则在主程序中调用串行通信子程序 MS10 的方法如下：

```
MOV      R2,#03H
MOV      R3,#00H
MOV      R4,#10H
MOV      R0,#30H
LCALL    MS10
```

若主机要求 3 号从机发送数据给主机，接收的数据放在 20H 开始的单元，则在主程序中调用该子程序 MS10 的方法如下：

```
MOV      R2,#03H
MOV      R3,#01H
MOV      R1,#20H
LCALL    MS10
```

在调用 MS10 后，在 20H 以后的单元存放由 3 号从机发送来的数据，供主机处理。图 10-34 是主机程序流程图。

```
MS10:   MOV     SCON,#0D8H          ;设置串行口方式 3，允许接收，TB8=1
MS11:   MOV     A,R2                ;发送地址帧
        MOV     SBUF,A
        JNB     RI,$                ;等待从机应答
        CLR     RI
        MOV     A,SBUF
```

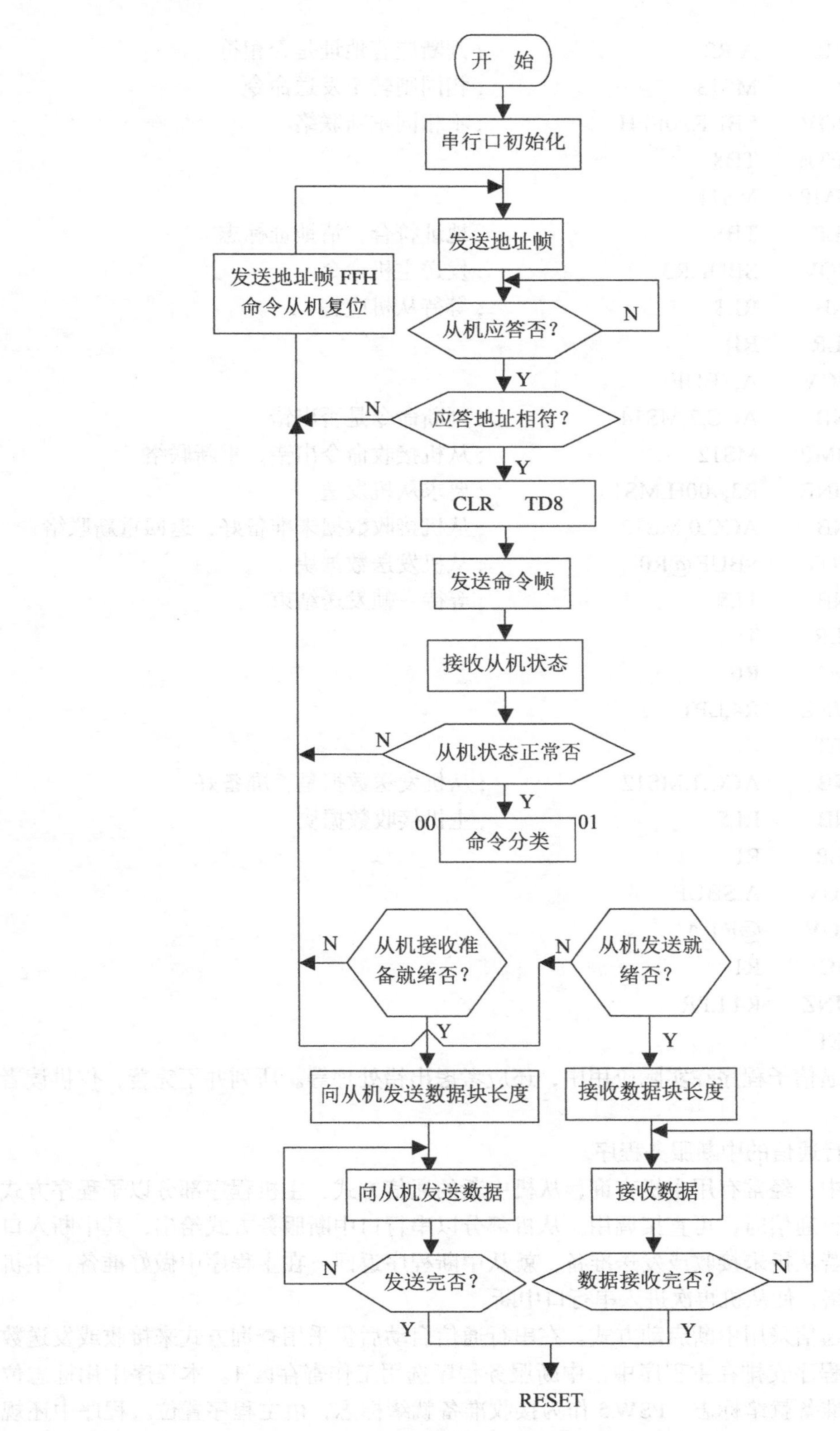

图 10-34　多机通信主机程序流程图

```
        XRL     A,R2            ;判断应答地址是否相符
        JZ      MS13            ;相同则转至发送命令
MS12:   MOV     SBUF,#0FFH      ;不相同重新联络
        SETB    TB8
        SJMP    MS11
MS13:   CLR     TB8             ;地址符合，清地址标志
        MOV     SBUF,R3         ;发送主机命令
        JNB     RI,$            ;等待从机应答
        CLR     RI
        MOV     A,SBUF
        JNB     ACC.7,MS14      ;判断命令是否出错
        SJMP    MS12            ;从机接收命令出错，重新联络
MS14:   CJNE    R3,#00H,MS15    ;要求从机发送
        JNB     ACC.0,MS12      ;从机接收数据未准备好，返回重新联络
LPT:    MOV     SBUF,@R0        ;从机发送数据块
        JNB     TI,$            ;等待一帧发送结束
        CLR     TI
        INC     R0
        DJNZ    R4,LPT
        RET
MS15:   JNB     ACC.1,MS12      ;从机发送数据是否准备好
LPR:    JNB     RI,$            ;主机接收数据块
        CLR     RI
        MOV     A,SBUF
        MOV     @R1,A
        INC     R1
        DJNZ    R4,LPR
        RET
```

此主机串行通信子程序在实际应用中，还应考虑出错处理等。所列并不完善，仅供读者参考。

（4）从机串行通信的中断服务程序

在实际应用中，经常有用主机查询，从机中断的通信方式，主机程序部分以子程序方式给出。要进行串行通信时，可直接调用。从机部分以串行口中断服务方式给出，其中断入口地址为0023H，若从机未接收或发送准备，就从中断程序返回，在主程序中做好准备，主机应重新和从机联络，使从机再次进入串行口中断。

从机的串行通信采用中断启动方式。在串行通信启动后仍采用查询方式来接收或发送数据块。而初始化程序安排在主程序中，中断服务程序选用工作寄存区1。本程序中用标志位PSW.1作为发送准备就绪标志。PSW.5作为接收准备就绪标志，由主程序置位。程序中还规定发送数据放置在片内RAM区内，首地址为50H单元，第1个数据为发送数据块的长度。

接收数据放置在片内 RAM 区，首地址为 60H 单元，接收的第 1 个数据为数据块长度。多机通信从机中断方式程序框图如图 10-35 所示，编程如下：

主程序：

```
        ORG     0023H
        LJMP    SS10                ;串行口中断服务程序入口
        MOV     TMOD,#20H           ;定时器 T1 初始化，模式 2
        MOV     TL1,#0F3H
        MOV     TH1,#0F3H
        SETB    TR1                 ;启动定时器
        MOV     PCON,#80H           ;SMOD=1
        MOV     SCON,#0F0H          ;串行口工作方式 3，允许接收 SM2=1
        MOV     08H,#50H            ;发送缓冲区首地址→R0
        MOV     09H,#60H            ;接收数据缓冲首地址→R1
        SETB    EA                  ;开中断
        SETB    ES                  ;允许串行口中断
        ...                         ;主程序，等待串行口中断
```

中断服务程序：

```
SS10:   CLR     R1                  ;保护现场
        PUSH    A
        PUSH    PSW
        SETB    RS0                 ;选第 1 区工作寄存区
        CLR     RS1
        MOV     A,SBUF
        XRL     A,#SLAVE            ;SLAVE 为本从机地址
        JZ      SS11
RE1:    POP     PSW
        POP     A
        CLR     RS0
        RETI
SS11:   CLR     SM2                 ;地址相符，清 SM2 位
        MOV     SBUF,#SLAVE         ;从机地址送回主机
        JNB     R1,$                ;等待接收一帧结束
        CLR     RI
        JNB     RB8,SS12            ;是命令帧，则转
        SETB    SM2                 ;是复位信号，SM2 置 1 后返回
        SJMP    RE1
SS12:   MOV     A,SBUF              ;分析命令
        CJNZ    A,#01H,S0           ;是否要求从机发送数据命令
        SJMP    CMD1
```

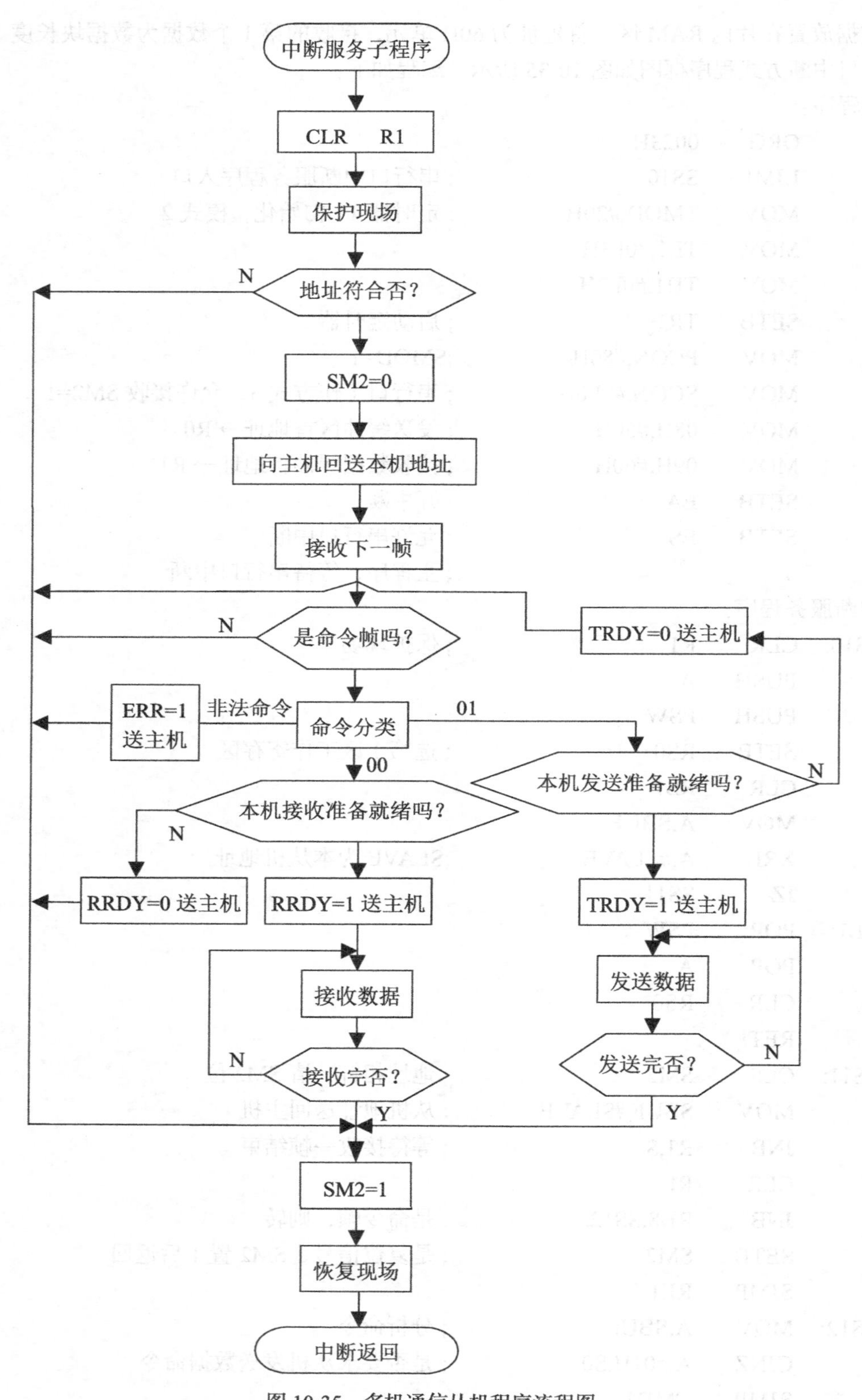

图 10-35　多机通信从机程序流程图

```
S0:      JZ      CMD0              ;是否要求从机接收数据
         MOV     SBUF,#80H         ;非法命令，ERR 位置 1
         SJMP    RE1
SS13:    JZ      CMD0
CMD1:    JB      F0,SS14           ;F0 为发送准备就绪标志
         MOV     SBUF,#00H         ;回答未准备就绪信号
         SJMP    RE1
SS14:    MOV     SBUF,#02H         ;TRDY=1，发送准备就绪
         CLR     F0
LOOP1:MOV        SBUF,@R0          ;发送数据块
         JNB     TI,$
         CLR     TI
         INC     R0
         DJNZ    R2,LOOP1
         SETB    SM2
         SJMP    RE1
CMD0:    JB      PSW.1,SS15        ;PSW.1 为接收准备就绪标志
         MOV     SBUF,#00H         ;送回答未准备好信号
         SJMP    RE1
SS15:    MOV     SBUF,#01H         ;RRDY=1 接收准备就绪
         CLR     PSW.1
LOOP2:JNB        RI,$              ;接收数据块
         CLR     RI
         MOV     @R1,SBUF
         INC     R1
         DJNZ    R2,LOOP2
         SETB    SM2               ;接收完毕，SM2 位置 1
         SJMP    RE1
```

上述的简化程序主要描述了多机串行通信中从机的基本工作过程。在实际应用系统中还应考虑更多的因素。

10.4　单片机的外部并行扩展

单片机系统的扩展方法有并行扩展法和串行扩展法两种。并行扩展法是指单片机与外围扩展单元采用并行接口的连接方式，数据传输为并行传送方式。它的传送速度较高，但扩展的电路较复杂。而串行扩展法所占用的 I/O 口线很少，串行接口器件体积也很小，因而简化了连接，降低了成本，提高了可靠性。但它的传输速度较慢，在需用高速应用的场合，还是并行扩展法占主导地位。

10.4.1 外部并行扩展性能

并行扩展主要体现在扩展接口数据传输的并行性方面，因而它有两种方式：一种是并行总线的扩展；另一种是并行 I/O 口的扩展。

总线的并行扩展采用三总线方式：即数据传送由数据总线 DB 完成；外围功能单元寻址由地址总线 AB 完成；控制总线则完成数据传输过程中的传输控制，如读/写操作等。

I/O 口的并行扩展则由 I/O 口完成与外围功能单元的并行数据传送任务，而且传送过程中的握手交互信息也由 I/O 口来完成。

1．MCS-51 单片机的片外总线结构

MCS-51 系列的单片机芯片引脚可以构成如图 10-36 所示的三总线结构，即地址总线 AB、数据总线 DB 和控制总线 CB。所有的外围功能单元芯片都通过这 3 组总线进行扩展。

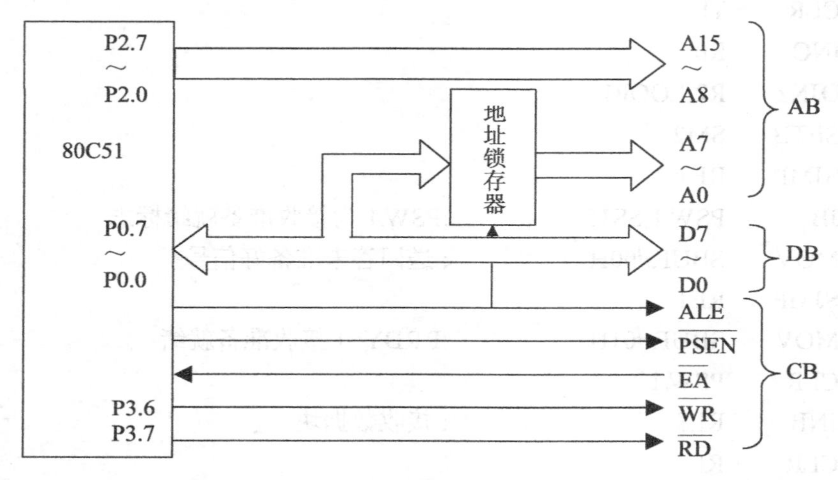

图 10-36 MCS-51 单片机的三总线引脚结构

（1）地址总线 AB

地址总线由 P0 口的 P0.0～P0.7 提供低 8 位的地址 A0～A7，由 P2 口的 P2.0～P2.7 提供高 8 位的地址 A8～A15。由于 P0 口还要作数据总线口，它只能分时用作地址线。当 P0 口输出低 8 位地址时必须用锁存器锁存。锁存器的控制信号为 ALE。ALE 输出信号的下降沿将 P0 口输出的地址数据锁存。P2 口本身具有输出锁存功能，不必再加锁存器。P0、P2 口在系统扩展中用作地址输出线后便不能再作一般的 I/O 口使用。地址总线宽度为 16 位，故可寻址范围为：2^{16}=64KB。

（2）数据总线 DB

数据总线由 P0 口提供，其宽度为 8 位。P0 口为三态双向口，它同时连接多个外围芯片。哪个芯片的数据通道有效，这是由地址线控制各个芯片的片选线来选择的，但是在同一时间里只能有一个有效的数据传送通道。

（3）控制总线 CB

系统扩展用控制线有：ALE、$\overline{\text{PSEN}}$、$\overline{\text{EA}}$、$\overline{\text{WR}}$ 和 $\overline{\text{RD}}$。

- ALE：地址锁存允许信号。ALE 输出信号控制锁存低 8 位地址数据。

- $\overline{PSEN}$：程序存储允许输出信号。在访问片外程序存储器时，为片外存储器的选通信号。
- $\overline{EA}$：当 $\overline{EA}$=1 时，CPU 只访问片内的 ROM 和 RAM，仅当 PC 的值超过 0FFFH 时，才自动转为执行片外 ROM 的访问；当 $\overline{EA}$=0 时，CPU 只访问片外的 ROM，而不论片内有无 ROM。
- $\overline{WR}$、$\overline{RD}$：用于片外 RAM 的读/写控制。当执行 MOVX 指令访问片外 RAM 时，自动生成 $\overline{WR}$、$\overline{RD}$ 信号。

2．MCS-51 单片机并行 I/O 口的扩展

对 MCS-51 单片机来说，当无须扩展外部存储器时，P0 口、P1 口、P2 口和 P3 口均可作通用 I/O 口使用，但一旦扩展外部的存储器，只有 P1 口和 P3 口可使用。因此大部分 MCS-51 单片机应用系统设计中都不可避免地要进行 I/O 口的扩展。

由于 MCS-51 单片机的外部数据存储器 RAM 和 I/O 口是统一编址的，因此用户可以把外部 64K 字节的 RAM 空间一部分作为扩展外围 I/O 的地址空间。这样单片机可以像访问外部 RAM 那样访问外部 I/O 接口芯片，对其进行读/写操作。

在实际的应用系统中，不仅需要扩展 ROM，还需要扩展 RAM 和 I/O 接口芯片。所有的外围芯片都可通过总线与单片机相连。为了唯一的选中外部某一 RAM 存储单元（I/O 芯片已作为外部 RAM 的一部分），常用两种选址方法。

（1）线选法

若系统只扩展少量的 RAM 和 I/O 芯片，可采用线选法。即把单独的地址线（通常是 P2 口的某一条线）接到外围芯片的片选端上，只要该地址线为低电平，就选中该芯片。如图 10-37 所示为线选法实例。

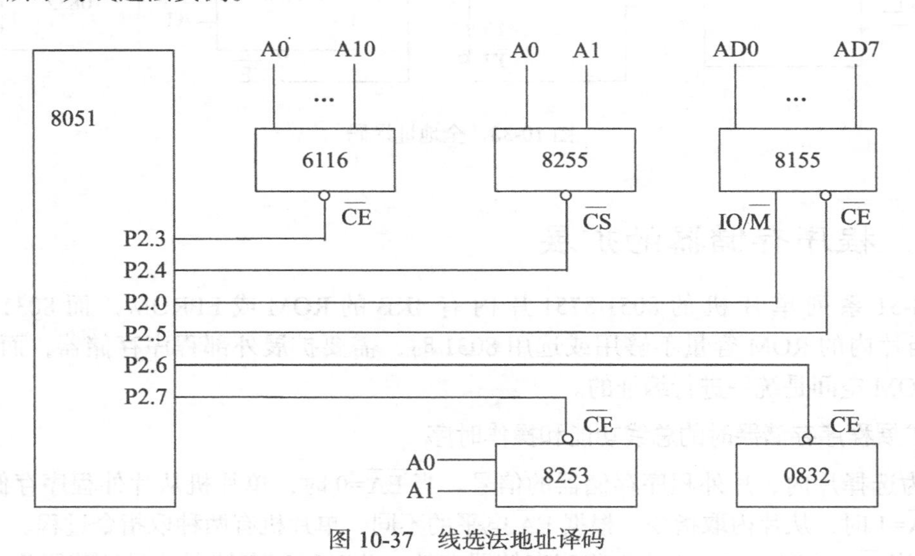

图 10-37　线选法地址译码

如图 10-37 中 6116 为 2KB 字节的数据存储器，还有 I/O 扩展芯片 8255、8155、D/A 变换器 0832 和定时/计数器 8253 等。这些芯片除了片选地址外，还有片内地址。片内地址则是由低位地址线经过全译码而选择的，其中未用到的地址位可设成 1，也可设为 0。但对片选信号，则必须保证同一时刻只能选中一片芯片，否则将发生错误。

线选法的优点是硬件电路结构简单，但地址空间没有充分利用，芯片之间地址不连续。

（2）全地址译码法

当芯片所需的片选信号多于可利用的地址线时，常采用全地址译码法。用译码器对高位地址进行译码，译出的信号作为片选线。一般可采用 74LS138 作地址译码器。如果译码器的输入端占用 3 条最高位地址线，则剩余的 13 条地址可作为片内地址线。译码器的 8 条输出线分别对应于一个 8KB 字节的地址空间。如图 10-38 所示是全地址译码实例。

在图 10-38 中 6264 为 8KB 字节的 RAM，内地址为 A0～A12 共 13 条地址线。而 A13、A14、A15 作为 74LS138 译码器的输入线，其输出 8 根线可作为 8 个外围芯片的片选线。

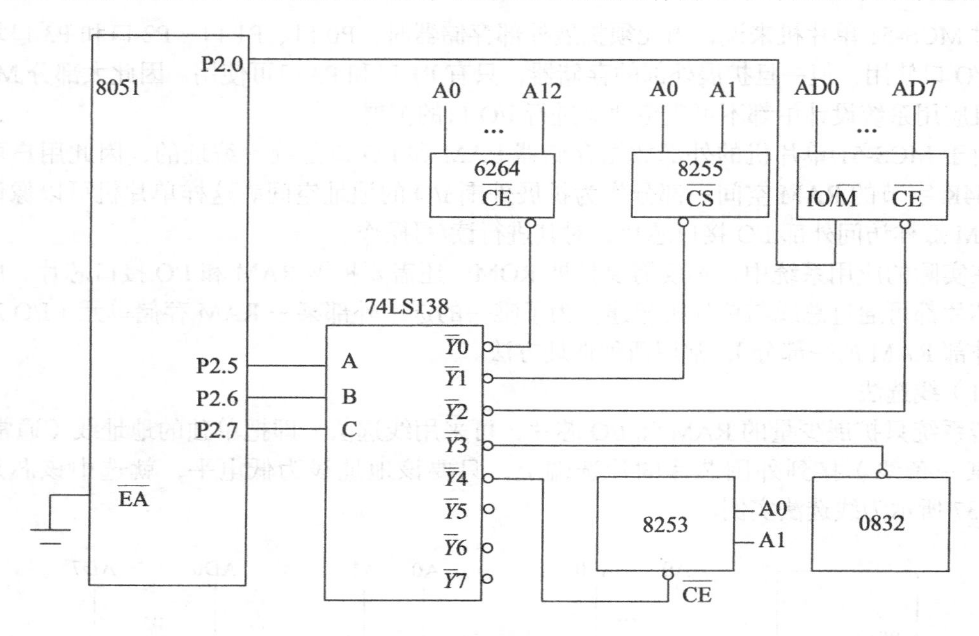

图 10-38　全地址译码

10.4.2　程序存储器的扩展

MCS-51 系列单片机的 8051/8751 片内有 4KB 的 ROM 或 EPROM，而 8031 片内无 ROM。当片内的 ROM 容量不够用或选用 8031 时，需要扩展外部程序存储器，而且片内、片外的 ROM 空间是统一进行编址的。

1．扩展程序存储器时的总线功能和操作时序

$\overline{EA}$ 为选择片内、片外程序存储器的信号。当 $\overline{EA}$=0 时，单片机从片外程序存储器取指令；当 $\overline{EA}$=1 时，从片内取指令。根据 $\overline{EA}$ 电平的不同，单片机有两种取指令过程。

（1）当 $\overline{EA}$=1 时，80C51 片内程序存储器有效，此时程序存储器的寻址范围为 0000H～0FFFH，程序计数器 PC 在此范围内时，P0 口、P2 口及 $\overline{PSEN}$ 线无信号输出。只有当 PC 的值超出上述范围，才有下列信号出现：

- P0 口：输出程序存储器的低 8 位地址和 8 位数据。
- ALE 线：在其下降沿，P0 口上出现稳定的程序存储器的低 8 位地址输出，因此可用 ALE 信号锁存这低 8 位地址。

- P2 口：在整个取指令周期中，输出稳定的程序存储器高 8 位地址。P2 口本身具有锁存功能，因此不必再加锁存器。
- $\overline{PSEN}$ 信号：可作为片外程序存储器的"读"选通信号。在 ALE=0 后，当 $\overline{PSEN}$=0 时，将片外存储器的内容送到数据总线 P0 口，再在 $\overline{PSEN}$=1 时，送入指令寄存器。

（2）当 $\overline{EA}$=0 时，80C51 单片机所有片内程序存储器均无效，只能访问片外程序存储器，此时 P0 口、P2 口及 $\overline{PSEN}$ 线均有相关信号输出。

单片机片外程序存储器取指令操作时的时序如图 10-39 所示。

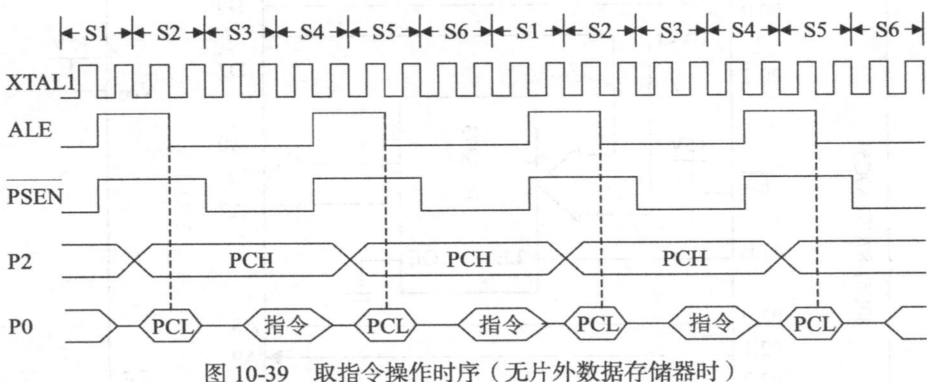

图 10-39　取指令操作时序（无片外数据存储器时）

2．扩展片外程序存储器

由于集成技术的提高，目前 80C51 等单片机片内的程序存储器的容量也越来越大，连片内 ROM 单片机的价格也大为下降。因此，程序存储器的片外扩展已不是必须的，但是作为一项技术，我们仍应加以了解。

片外程序存储器一般可以选用 EPROM、E2PROM。如 2732、2764、27128 及 2864 等。

这些 ROM 与单片机的连接仅在于高位地址总线位数的差别。作为低 8 位地址锁存用的地址锁存器一般则选用 74LS373 锁存器，如图 10-40 所示。

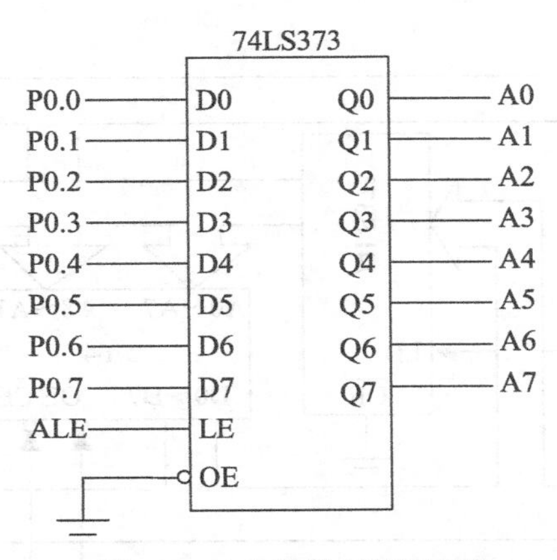

图 10-40　地址锁存器的连接

（1）扩展 EPROM2732 片外程序存储器的方法

扩展 4K×8 位片外程序存储器 2732 的电路如图 10-41 所示。2732 系列 4KB EPROM

芯片，其 12 条地址线中 A8 ～ A11 分别接到 8051 中的 P2.0 ～ P2.3，而低 8 位 A0 ～ A7 则经过地址锁存器 74LS373 锁存。ALE 的下降沿即地址锁存允许信号把 P0 口输出的地址低 8 位 A0 ～ A7 锁入 74LS373 中。在电路中 $\overline{EA}$ 接至 +5V，这样可使用 8051 片内的 4KB 程序存储器，其地址为 0000H ～ 0FFFH。当 PC 大于 0FFFH 时，则访问片外程序存储器 2732，其地址范围为 1000H ～ 1FFFH。2732 的芯片允许信号 $\overline{CE}$ 接地，即使芯片永远处于工作状态，只要 $\overline{PSEN}$ 有效就允许输出。P2 口的其他线虽然未作高位地址线使用，但也不能简单地作 I/O 线用。

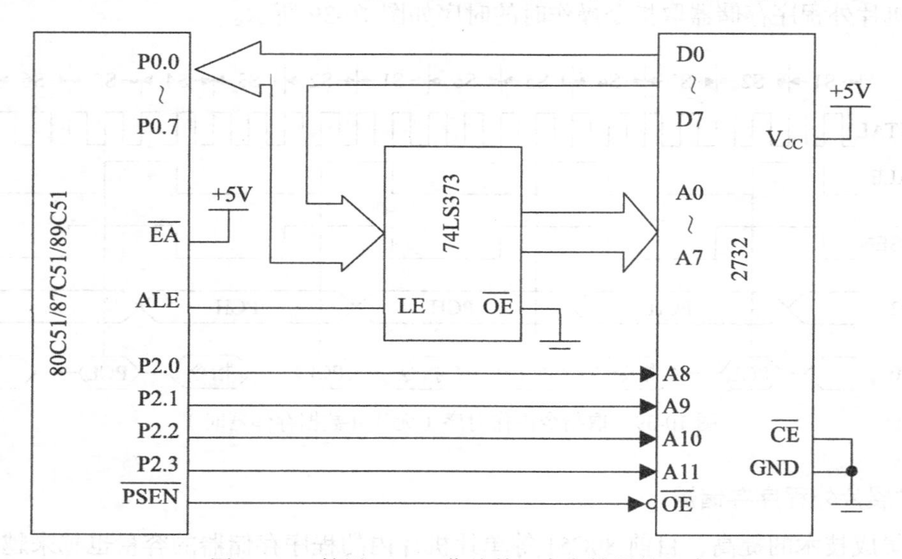

图 10-41 扩展 4K × 8 位片外程序存储器的电路

（2）扩展两片 EPROM2764 片外程序存储器的方法

扩展两片 8K × 8 位片外程序存储器 2764 的电路如图 10-42 所示。电路中的 $\overline{CE}$ 通过 P2.5 线作片选信号；当 P2.5=0，选通第一片；P2.5=1，选通第二片。电路中 $\overline{EA}$=0，对于单片机则不能再使用片内程序存储器。

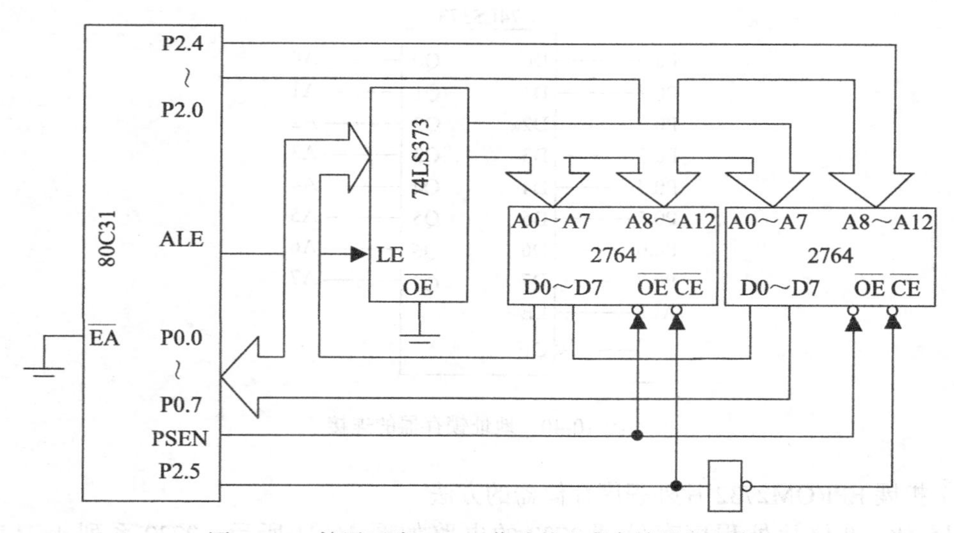

图 10-42 扩展两片 8K × 8 位片外程序存储器的电路

10.4.3　数据存储器的扩展

对于 8051 而言其片内数据存储器 RAM 仅有 128B。当系统需要较大容量的 RAM 时，就需要片外扩展程序存储器 RAM，最大可扩展 64KB。由于单片机面向控制，实际需要容量并不大。一般可选用静态 RAM，如 6116（2K × 8 位）、6264（8K × 8 位）即可。与动态 RAM 相比，静态 RAM 无须考虑保持数据而设置刷新电路，扩展电路较为简单。

扩展片外 RAM，其地址同样由 P0 口分时提供低 8 位地址和 8 位双向数据总线，P2 口则提供高 8 位的地址。片外 RAM 的读 $\overline{RD}$ 和写 $\overline{WR}$ 分别由 P3.7 和 P3.6 提供。而对片外的 ROM 则仅需用 $\overline{PSEN}$ 信号控制 ROM 的输出允许端 $\overline{OE}$ 即可。因此尽管片外 ROM 和 RAM 使用同一地址空间，但由于控制信号及使用的数据传送指令不同，所以不会发生总线冲突。

1．扩展数据存储器时的总线功能和读、写操作时序

8051 单片机对片外数据存储器 RAM 读、写操作的指令有如下两组：

```
MOVX    A,@Ri          ;读（RD）操作，A←片外 RAM
MOVX    @Ri, A         ;写（WR）操作，A→片外 RAM
```

这组指令由于 @Ri 只能提供 8 位地址，因此只扩展 256 个字节的 RAM。

```
MOVX    A, @DPTR       ;读（RD）操作，A←片外 RAM
MOVX    @DPTR, A       ;写（WR）操作，A→片外 RAM
```

这组指令由于 @DPTR 能提供 16 位地址，因此最大可扩展 64KB 字节的 RAM。

（1）可扩展 64KB 片外 RAM 的操作时序

可扩展 64KB 片外 RAM 使用的指令是 MOVX　A,@DPTR 和 MOVX　@DPTR,A。这组指令的操作时序如图 10-43 所示。

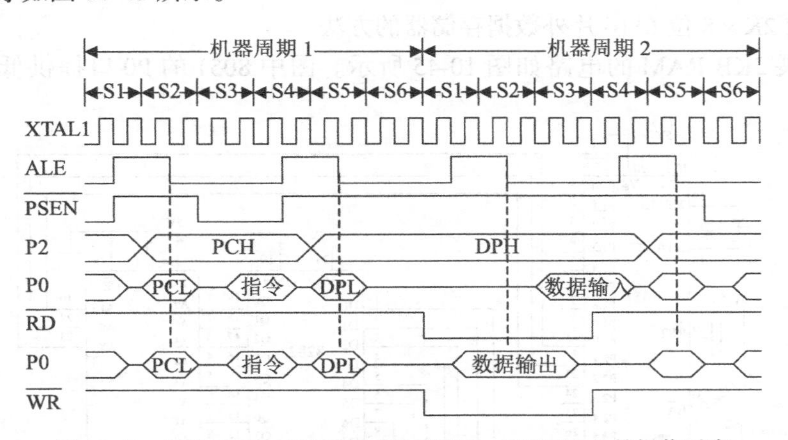

图 10-43　MOVX　A,@DPTR 和 MOVX　@DPTR,A 的操作时序

从图 10-43 中可看到，执行该组指令时，机器周期 1 为取址周期。在 S5 状态下，当 ALE 的下降沿出现，此时 P0 口总线上出现的是 RAM 的低 8 位地址，即 DPL；在 P2 口出现的是 RAM 的高 8 位地址 DPH。

执行 MOVX　A，@DPTR 时，机器周期 2 开始直至 S3 状态出现 $\overline{RD}$ 有效信号，此时允许片外 RAM 的数据送至 P0 口，并在 $\overline{RD}$ 的上升沿将该数据读入累加器 A，数据为输入。

执行 MOVX　@DPTR，A 时，机器周期 2 开始直至 S3 状态出现 $\overline{WR}$ 有效信号，此时 P0 口将送出累加器 A 的数据，并由 $\overline{WR}$ 的上升沿将其写入片外 RAM 中，数据为输出。

这组指令自取指操作之后，直至周期 2 的 S5 状态，$\overline{PSEN}$ 保持高电平，即不可能去访问片外的 ROM。

（2）只可扩展 256B 的片外 RAM 的操作时序

只可扩展 256B 的片外 RAM 使用的指令是 MOVX A，@Ri 和 MOVX @Ri，A。这组指令操作时序如图 10-44 所示。

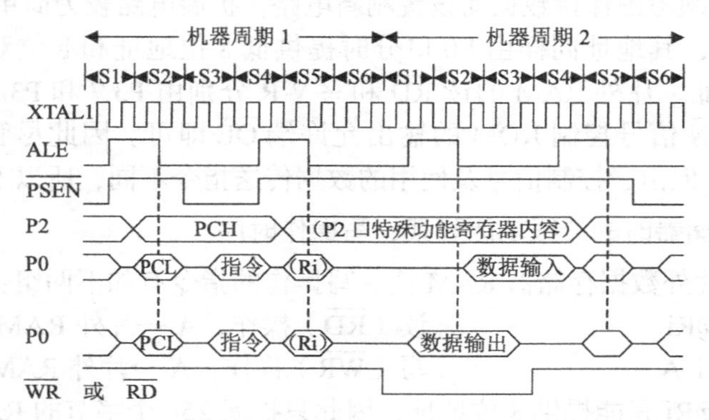

图 10-44 MOVX A,@Ri 和 MOVX @Ri,A 的操作时序

从图 10-44 中可看出在机器周期 1 的 S5 状态时，ALE 的下降沿出现，此时 P0 口线上出现的是片外 RAM 的低 8 位地址，即（Ri）。但此时 P2 口线不出现片外 RAM 的高 8 位地址，而是 P2 口特殊功能寄存器的内容，此时 P2 口为 I/O 口。

2．扩展片外数据寄存器

（1）扩展 2K×8 位 6116 片外数据存储器的方法

8051 扩展 2KB RAM 的电路如图 10-45 所示。图中 8051 的 P0 口提供低 8 位地址，通

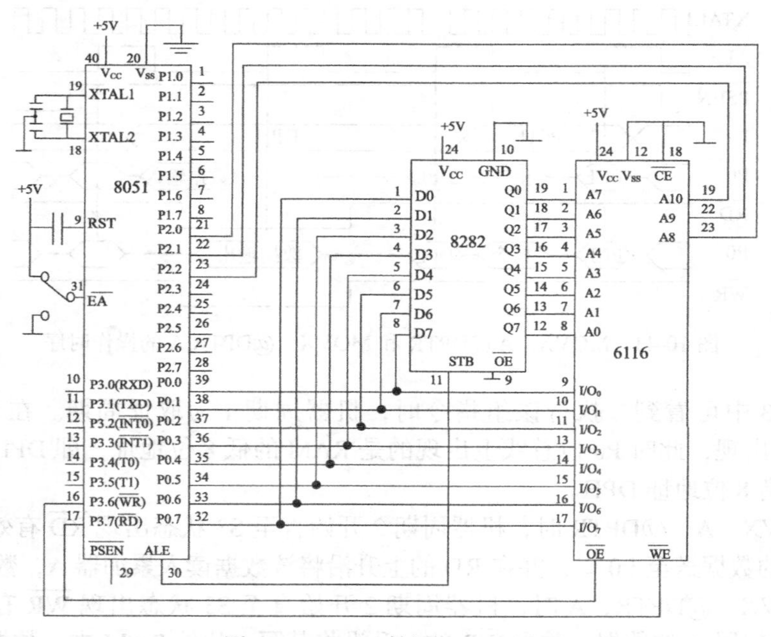

图 10-45 8051 扩展 2KB RAM

过 ALE 锁存（图中 8282 功能与 74LS373 相同）；P2 口的 P2.0～P2.7 提供高 3 位地址（A8～A10）；$\overline{WR}$（P3.6）及 $\overline{RD}$（P3.7）分别与 6116 的写允许 $\overline{WE}$ 及读允许 $\overline{OE}$ 连接，实现读/写控制，6116 的片选 $\overline{CE}$ 直接接地。6116 的地址范围为 0000H～07FFH。

当直接扩展 2KB RAM6116 容量不够时，可外扩容量更大的 RAM6264、62256 等，电路也比较简单，只是增加几根地址线而已。

（2）扩展 8KB E^2PROM 2864 的方法

E^2PROM 是电擦除可编程只读存储器，其优点是能在线擦除和改写，无须像 EPROM 需紫外线照射才能擦除。E^2PROM 既具有 ROM 的非易失性的特点，又能像 RAM 一样随机进行读/写。在单片机系统中，即可扩展为片外 EPROM，也可扩展为片外 RAM。使系统的设计、调试更为方便、灵活。常用的 E^2PROM 有 2816A、2864A 等。如图 10-46 所示是 MCS-51 系列中 8031 单片机外扩 2864A 的电路。

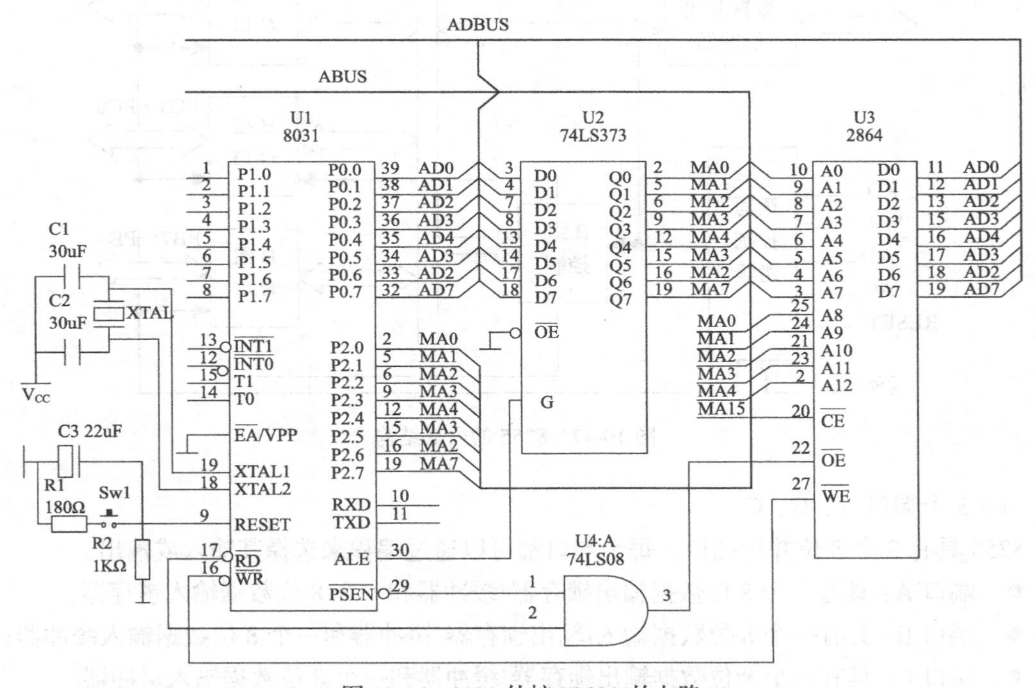

图 10-46　8031 外扩 2864A 的电路

在图 10-46 中 2864A 的引脚与 6264 相同并兼容。2864 的片选端 $\overline{CE}$ 与高位地址线 P2.7（MA15）连接，P2.7=0 时，即可选中 2864。其地址范围为 0000H～1FFFH。这 8KB 存储器既可作程序存储器（此时由 $\overline{PSEN}$ 通过与门选通 2864 的 $\overline{OE}$ 端），也可以用作数据存储器（此时由 $\overline{RD}$ 信号通过与门选通 2864 的 $\overline{OE}$ 端），此时程序空间与数据空间相混合。

10.5　可编程并行接口芯片 8255

8255 是 Intel MCS-80/85 系列的通用可编程并行输入/输出接口芯片。它可以和 MCS-51 单片机系统相连，作为其外部 RAM 单元扩展系统的 I/O 端口。它有 3 个 8 位并行 I/O 口。各口功能可由软件选择，使用灵活，通用性好。它可作为单片机与多种外围设备连接时的中间接口电路。

10.5.1 8255 的内部结构

8255 的内部结构框图如图 10-47 所示，它由以下几部分组成。

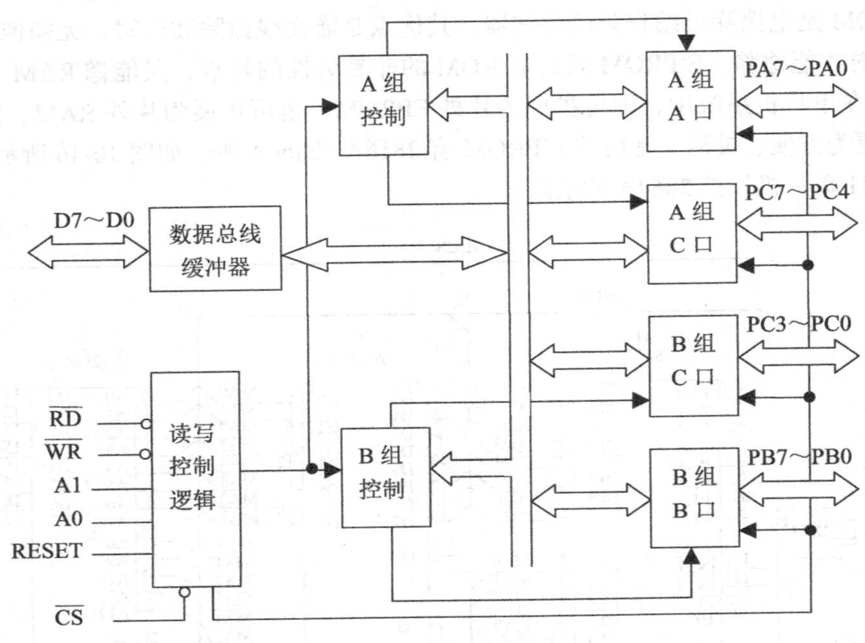

图 10-47　8255 的内部结构

（1）3 个端口 A、B、C

8255 具有 3 个 8 位并行端口，每个端口都可以通过编程来选择其输入或输出。

- 端口 A：具有一个 8 位数据输出锁存器/缓冲器和一个 8 位数据输入锁存器；
- 端口 B：具有一个 8 位数据输入/输出锁存器/缓冲器和一个 8 位数据输入缓冲器；
- 端口 C：具有一个 8 位数据输出锁存器/缓冲器和一个 8 位数据输入缓冲器。

通常将 A、B 口作为数据输入/输出端口。而通过“工作方式控制字”的编程，可将 C 口分成两个 4 位端口，每个端口有一个 4 位锁存器，分别与 A 口和 B 口配合使用，作为控制信号输出或状态信号输入。

（2）A 组和 B 组控制电路

这是两组根据 CPU 的命令字来控制 8255 工作方式的电路。控制寄存器接收 CPU 输出的命令字，然后分别决定 A 组和 B 组的工作方式。也可根据 CPU 的命令字对端口 C 的每一位实现按位“复位”或“置位”。A 组控制电路控制 A 口和 C 口的高 4 位，B 组控制电路控制 B 口和 C 口的低 4 位。

（3）数据总线缓冲器

数据总线缓冲器是一个三态双向 8 位缓冲器，它是 8255 与系统数据总线之间的接口，用以传送数据、指令、控制命令及外部状态信息。

（4）读/写控制逻辑

读/写控制逻辑电路接收 CPU 送来的控制信号 $\overline{RD}$、$\overline{WR}$、RESET、$\overline{CS}$ 及地址信号 A0、A1，然后根据控制信号的要求，将端口数据送往 CPU，或将 CPU 送来的数据写入端口。

10.5.2　8255 的引脚功能

8255 为 40 脚的 DIP 封装形式，如图 10-48 所示。8255 的各引脚功能如下：

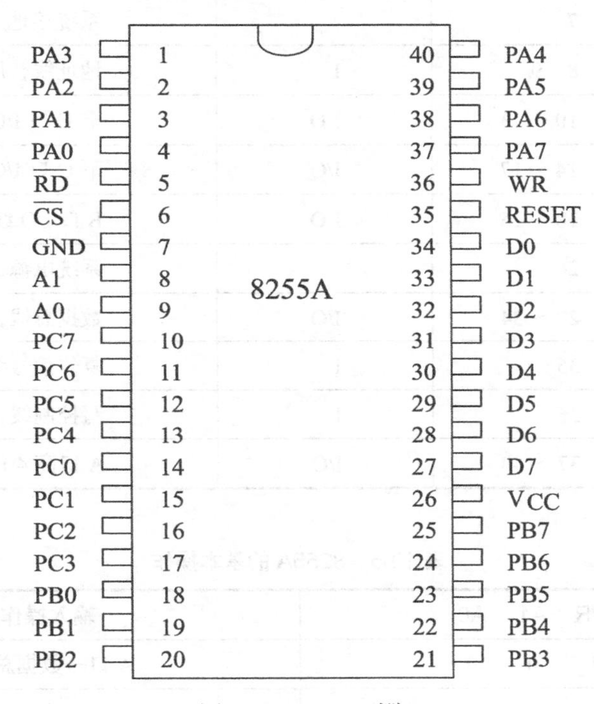

图 10-48　8255 引脚

（1）D0～D7：数据总线，是 8255 与 CPU 之间交换数据、控制字/状态字的总线，通常与系统的数据总线相连。

（2）$\overline{CS}$：片选信号，低电平有效。

（3）$\overline{RD}$：读信号，低电平有效。

（4）$\overline{WR}$：写信号，低电平有效。

（5）RESET：复位信号，高电平有效。复位后将清除控制寄存器并置所有端口（A、B、C）呈输入状态。

（6）A1、A0 地址线：用于选择 8255 的端口。

（7）PA0～PA7：A 口的输入/输出线。

（8）PB0～PB7：B 口的输入/输出线。

（9）PC0～PC7：当 8255 工作于方式 0 时，C 口成为输入/输出线；当 8255 工作在方式 1、2 时，C 口将分别成为 A 口、B 口的联络控制线。

表 10-4 概括了这些引脚的功能；表 10-5 给出了各口的基本操作控制情况。

表 10-4　8255A 引脚功能

引　脚	编　号	I/O	功　能
PA3～PA0	1～4	I/O	A 口低 4 位 I/O 线
$\overline{RD}$	5	I	读控制线，低电平有效
$\overline{CS}$	6	I	片选信号线，低电平有效
GND	7		系统接地
A1，A0	8，9	I	地址线，用来选择端口
PC7～PC4	10～13	I/O	上 C 口 I/O 线
PC0～PC3	14～17	I/O	下 C 口 I/O 线
PB0～PB7	18～25	I/O	B 口 I/O 线
Vcc	26		系统电源，+5V
D7～D0	27～34	I/O	数据总线，双向，三态
RESET	35	I	复位信号线，高电平有效
$\overline{WR}$	36	I	写控制线，低电平有效
PA7～PA4	37～40	I/O	A 口高 4 位 I/O 线

表 10-5　8255A 的基本操作

$\overline{CS}$	$\overline{RD}$	$\overline{WR}$	A1	A0	输入操作（读）
0	0	1	0	0	A 口→数据总线
0	0	1	0	1	B 口→数据总线
0	0	1	1	0	C 口→数据总线
$\overline{CS}$	$\overline{RD}$	$\overline{WR}$	A1	A0	**输出操作（写）**
0	1	0	0	0	A 口←数据总线
0	1	0	0	1	B 口←数据总线
0	1	0	1	0	C 口←数据总线
0	1	0	1	1	控制寄存器←数据总线
$\overline{CS}$	$\overline{RD}$	$\overline{WR}$	A1	A0	**禁止功能**
0	1	1	×	×	数据总线为三态
1	×	×	×	×	数据总线为三态
0	0	1	1	1	非法条件 *

* 对于 82C55A 这是一道控制字回读命令。

10.5.3　8255 的控制字、状态字

8255 有两个控制字和一个状态字。在 A1、A0 为 11 时，可以对两个控制字进行编程。若控制字的最高位为 1，表示的是工作方式控制字；若控制字的最高位为 0，表示的是按位置数控制字。

（1）工作方式控制字

工作方式控制字的定义如图 10-49 所示。它用于规定端口的工作方式，其中 D0～D2 定义 B 组，D3～D6 定义 A 组。

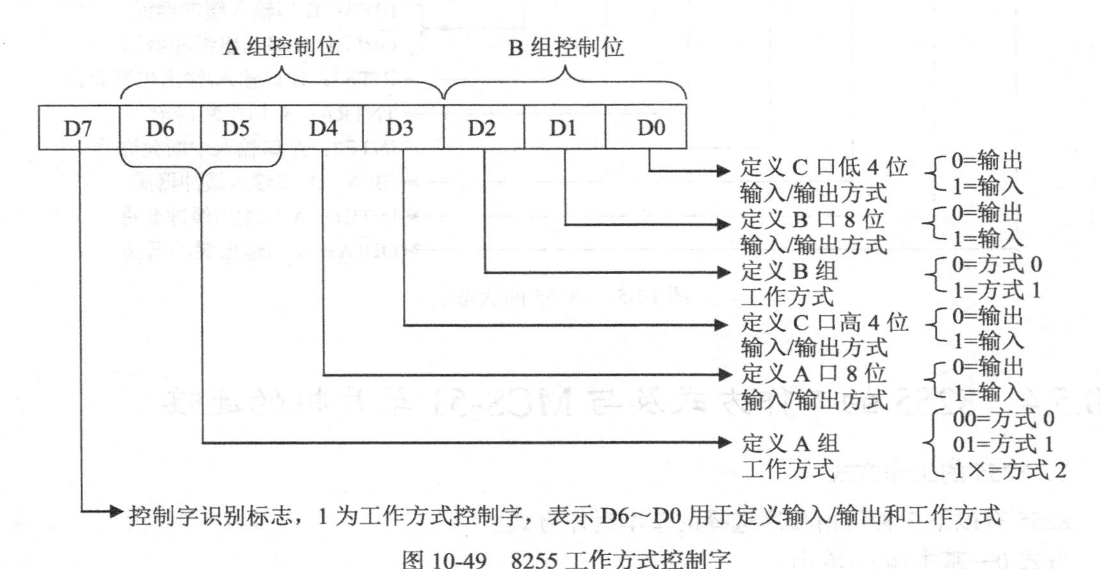

图 10-49　8255 工作方式控制字

（2）按位置数控制字

按位置数控制字的定义如图 10-50 所示。它用于对端口的 I/O 引脚输出进行控制。D0 表示输出的数据，D1～D3 指示输出的位数。端口 C 具有位操作的功能。

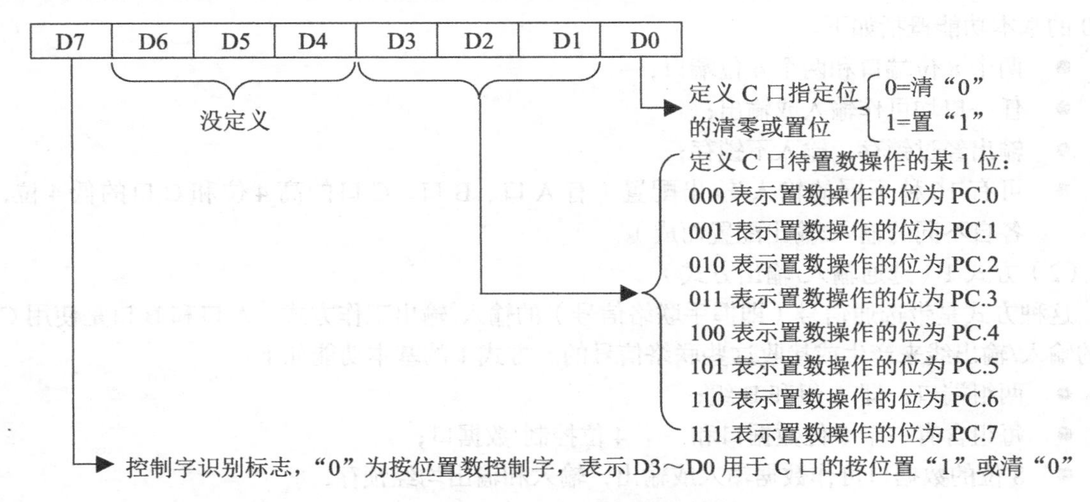

图 10-50　8255 按位置数控制字

（3）状态字

当 8255 工作于方式 1 和方式 2 时读取 C 口的数据，即得到状态字。如图 10-51 所示的是状态字各位的含义。

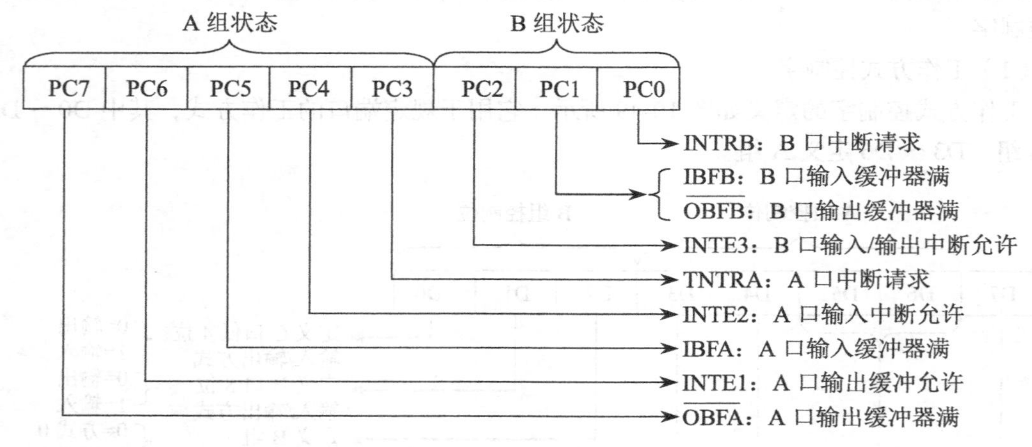

图 10-51　8255 的状态字

10.5.4　8255 的工作方式及与 MCS-51 单片机的连接

1．8255 的工作方式

8255 有以下 3 种可由程序选择的基本运作方式。

方式 0—基本输入/输出；

方式 1—选通输入/输出；

方式 2—双向总线。

（1）方式 0（基本输入/输出方式）

8255 的 3 个端口均可工作于方式 0，即简单的输入或输出方式，无须握手联络信号。方式 0 的基本功能概括如下。

- 两个 8 位端口和两个 4 位端口；
- 任一口均可作输入或输出；
- 输出经过锁存，输入不锁存；
- 可有 16 种不同的输入/输出配置（有 A 口、B 口、C 口的高 4 位和 C 口的低 4 位，各自不同的输入/输出配置而成）。

（2）方式 1（选通输入/输出方式）

这种方式是带选通信号（即握手联络信号）的输入/输出工作方式。A 口和 B 口是使用 C 口的输入/输出线来产生或接收这些联络信号的。方式 1 的基本功能如下：

- 两组端口，即 A 组和 B 组；
- 每组含有一个 8 位数据口和一个 4 位控制/数据口；
- 8 位的数据口可作数据输入或输出，输入和输出均经锁存；
- 4 位的端口用来传送 8 位数据口的控制和状态信息。

① 选通输入方式的控制信号

A 口和 B 口作选通输入方式运行时，它们的控制和状态信息将由 C 口各 I/O 线传送，选通输入方式下，其控制联络信号如图 10-52 所示。

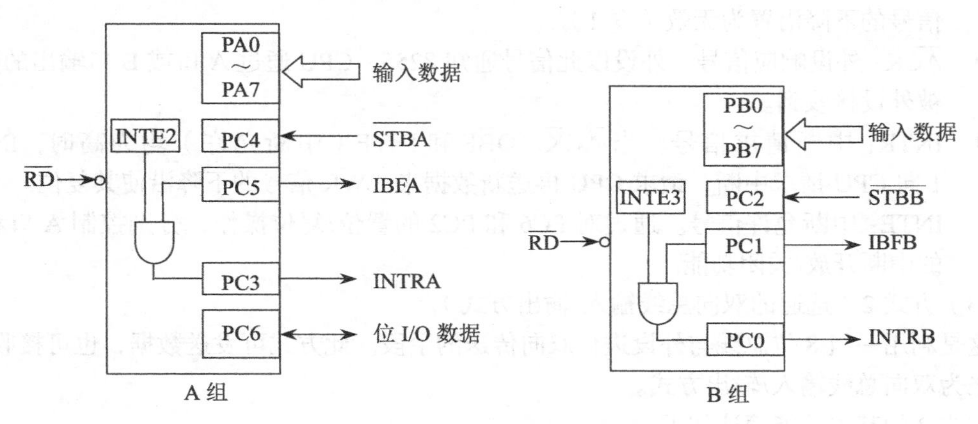

图 10-52　方式 1 输入组态

选通输入方式下的控制和状态信号有如下几种。

- $\overline{STB}$：选通输入。这是由外设送来的信号，低电平时由外设将数据送入 8255 的输入锁存器。
- IBF：输入缓冲器满信号。该信号是由 8255 提供给外设的联络信号。当它为高电平时，表示数据已输入到数据锁存器，外设暂时不应再送新数据。IBF 信号由 $\overline{RD}$ 的上升沿复位。
- INTR：中断请求信号。该信号是由 8255 向 CPU 发出中断请求，要求 CPU 读取外设送给 8255 的数据。当 $\overline{STB}$、IBF、INTE2（中断允许）均为高电平时，INTR 有效。INTR 由 $\overline{RD}$ 下降沿复位。
- INTE：中断允许控制位。A 口的中断允许控制位 INTE2 由 PC4 的置位/复位来控制，B 口的中断允许控制位 INTE3 由 PC2 置位/复位来控制。

② 选通输出方式的控制信号

当 8255 的 A 口、B 口工作在方式 1 输出时，其组态如图 10-53 所示。

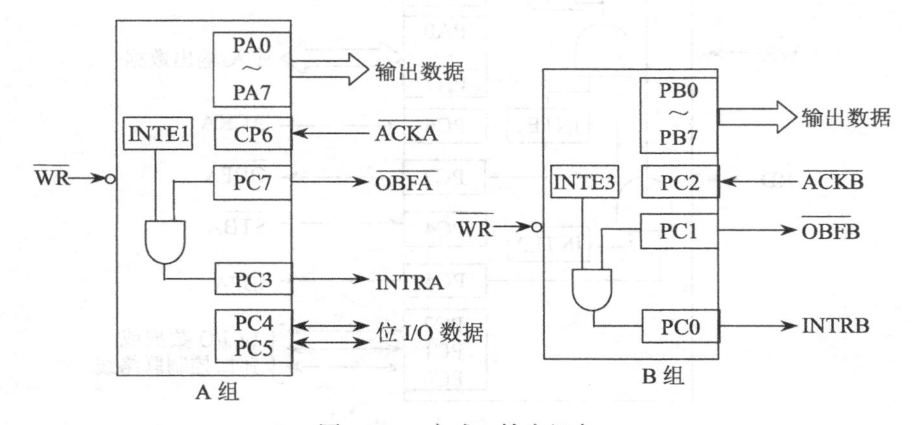

图 10-53　方式 1 输出组态

各控制信号的功能如下。

- $\overline{\text{OBF}}$：输出缓冲器满信号。当此信号为低电平，表示 CPU 已经向相应端口写进了数据，外设可以将数据取走。它由 $\overline{\text{WR}}$ 信号结束时的上升沿置为有效（置 0），由 $\overline{\text{ACK}}$ 信号的下降沿置为无效（置 1）。
- $\overline{\text{ACK}}$：外设响应信号。外设以此信号通知 8255，CPU 通过 A 口或 B 口输出的数据已被外设接收到。
- INTR：中断请求信号。当 $\overline{\text{ACK}}$、$\overline{\text{OBF}}$ 和 INTE（中断允许）均为高时，INTR 置 1 向 CPU 请求中断，请求 CPU 再送新数据来。$\overline{\text{WR}}$ 信号的下降沿使其复位。
- INTE：中断允许信号。通过对 PC6 和 PC2 的置位/复位操作，分别控制 A 口和 B 口的中断开放/关闭功能。

（3）方式 2（选通的双向总线输入/输出方式）

这是利用一组 8 位总线与外设进行双向传送的手段。此方式可发送数据，也可接收数据，故称之为双向总线输入/输出方式。

方式 2 的基本功能简述如下。

- 仅 A 组可选用方式 2。
- 一个 8 位双向总线端口（A 口）和一个 5 位控制端口（C 口）。
- 输入和输出数据均经过锁存。
- C 口的 5 位控制口用于传送 8 位双向总线端口的控制和状态信息。

方式 2 的组态如图 10-54 所示。双向 I/O 端口控制信号的功能如下。

- INTRA：中断请求信号，高电平有效，用于向 CPU 中断请求。
- $\overline{\text{OBF}}$ A：输出缓冲器满信号。当它为低电平时，表示 CPU 已经把数据输出到 A 口。
- $\overline{\text{ACK}}$ A：外设响应信号。当 $\overline{\text{ACK}}$ 为低电平时，则 A 口的三态缓冲器开通，输出数据，其上升沿是数据已输出的回答信号。
- INTE1：这是一个与 $\overline{\text{OBF}}$ 有关的中断允许触发器，由 PC6 的置位/复位来控制。
- STB A：选通输入。由外设送来的输入选通信号，用来将数据送入输入锁存器。

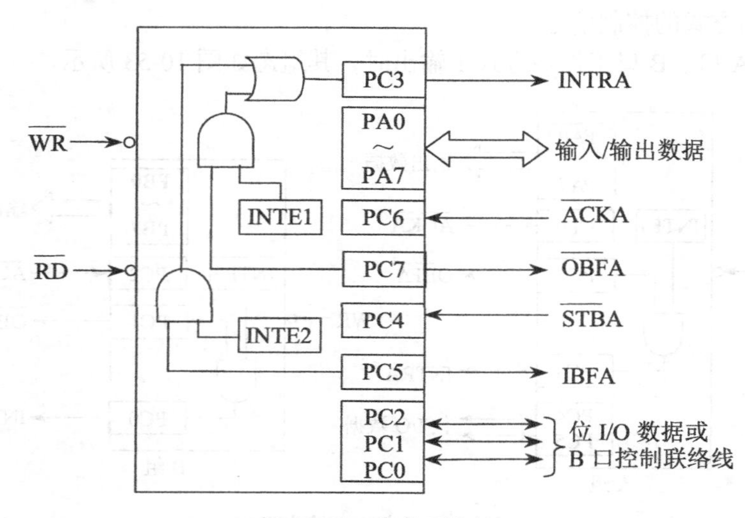

图 10-54　方式 2 组态

- IBFA：输入缓冲器满信号。当它为高时，表示外设已将数据送入输入锁存器。
- INTE2：这是一个与 IBF 有关的中断允许触发器，由 PC4 的置位/复位来控制。

2．MCS-51 单片机与 8255 的连接

8255 接口芯片在 MCS-51 单片机应用系统中被广泛应用于连接外部设备，如打印机、键盘、显示器以及作为控制信息的输入/输出口。

（1）8051 和 8255 的连接

8051 单片机与 8255 的接口逻辑如图 10-55 所示。8255 的数据总线口 D0～D7 和 8051P0 口相连，8255 的片选 $\overline{CS}$、A0、A1 分别与 8051 的 P2.7、A0 和 A1（由 8051 的 P0.0 和 P0.1 送来）相连。在图 10-55 中各端口的地址为 A 口：7FFCH，B 口：7FFDH，C 口：7FFEH，控制口：7FFFH。

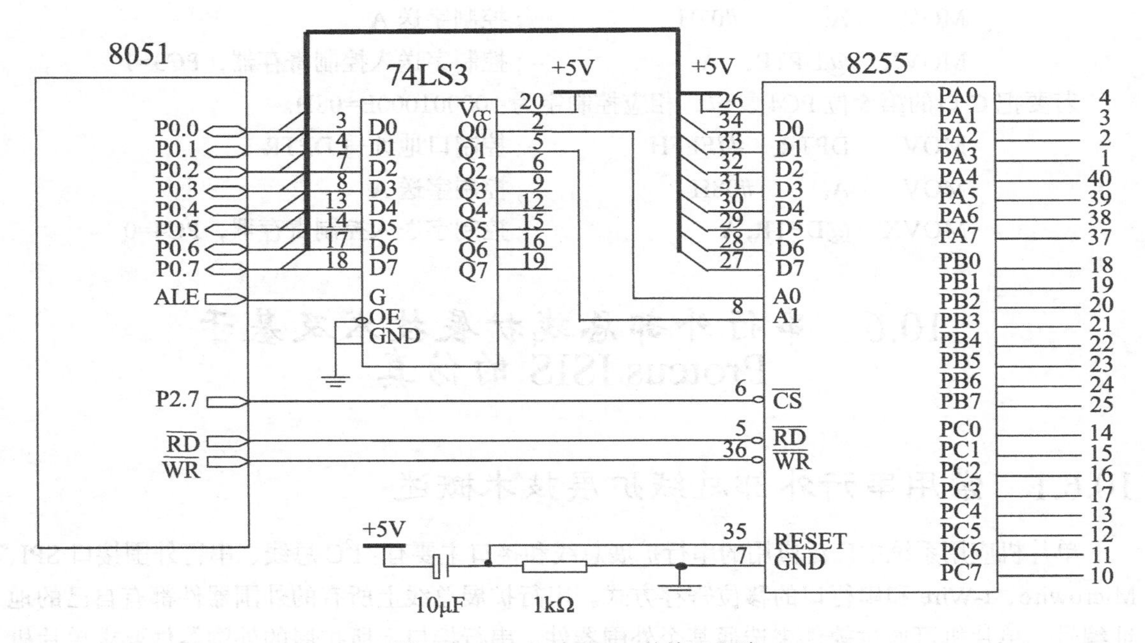

图 10-55　8051 与 8255 的接口电路

（2）8255 编程举例

在应用系统中，根据外设的要求选择 8255 的工作方式，并在初始化程序中写入相应的控制字。根据图 10-55 电路的端口地址，编写如下程序：

① 假设 8255 的 A 组、B 组工作于方式 0，A 口作为输入，B 口、C 口作为输出：

```
MOV     A,     #90H          ; 方式 0，A 口输入，B 口、C 口输出
MOV     DPTR, #7FFFH         ; 控制口地址→ DPTR
MOVX    @DPTR, A             ; 工作方式控制字送工作方式寄存器
MOV     DPTR, #7FFCH         ;A 口地址→ DPTR
MOVX    A,      @DPTR        ; 从 A 口读数据
...
MOV     DPTR,   #7FFDH       ;B 口地址→ DPTR
```

```
        MOV     A,      #DATA1          ;要输出的数据 DATA1 → A
        MOVX    @DPTR, A                ;数据→ B 口输出
        ...
        MOV     DPTR,   #7FFEH          ;C 口地址→ DPTR
        MOV     A,      #DATA2          ;输出数据 DATA2 → A
        MOVX    @DPTR, A                ;数据送 C 口输出
```

② 端口 C 的控制

8255 中 C 口 8 位中的任一位，均可用指令实现置位和复位。例如把 C 口的第 4 位 PC3 置 1，其相应的按位置数控制字为 00000111B=07H。

```
        MOV     DPTR,   #7FFFH          ;控制口地址→ DPTR
        MOV     A,      #07H            ;控制字送 A
        MOVX    @DPTR,  A               ;控制字送入控制寄存器，PC3=1
```

若要把 C 口的第 5 位 PC4 复位，相应控制字为：00001000B=08H。

```
        MOV     DPTR,   #7FFFH          ;控制口地址→ DPTR
        MOV     A,      #08H            ;控制字送 A
        MOVX    @DPTR, A                ;控制字送入控制寄存器，PC4=0
```

10.6 串行外部总线扩展技术及基于 Proteus ISIS 的仿真

10.6.1 常用串行外部总线扩展技术概述

单片机应用系统中广泛应用的串行扩展总线和接口主要有：I^2C 总线、串行外围接口 SPI、Microwire、t-Wire 和串行口的移位寄存方式。串行扩展总线上所有的外围器件都有自己的地址编号，单片机可通过软件来选通某个外围器件。串行接口上所扩展的外围器件要求单片机有相应的 I/O 口线来选通它。

1．I^2C 总线（Inter Integrated Circuit Bus）

Philips 公司推出的 I^2C 串行扩展总线为二线制，总线上所扩展的外围器件及外设等接口均通过总线寻址。如图 10-56 所示为 I^2C 总线外围扩展的示意图。

I^2C 总线由数据线 SDA 和时钟线 SCL 构成。SDA/SCL 总线上可挂接单片机、外围器件和外设接口。所有挂接在 I^2C 上的器件和接口电路都应具有 I^2C 总线接口，与所有的 SDA/SCL 线分别相连。总线上有上拉电阻 RP。所有挂接在总线上的器件及接口都通过总线寻址，故 I^2C 总线具有最简单的电路扩展方式。

2．串行外围接口 SPI（Serial Peripheral Interface）

MOTOROLA 公司推出的 SPI 串行扩展接口由时钟线 SCK、数据线 MOSI（主发从收）和 MISO（主收从发）组成。如图 10-57 所示为 SPI 外围串行扩展示意图。

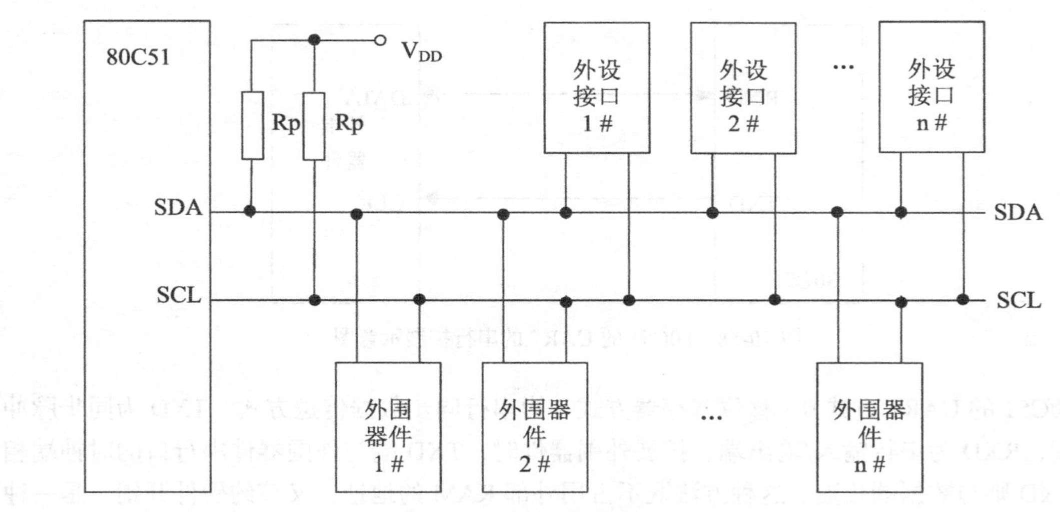

图 10-56　I²C 总线外围扩展示意图

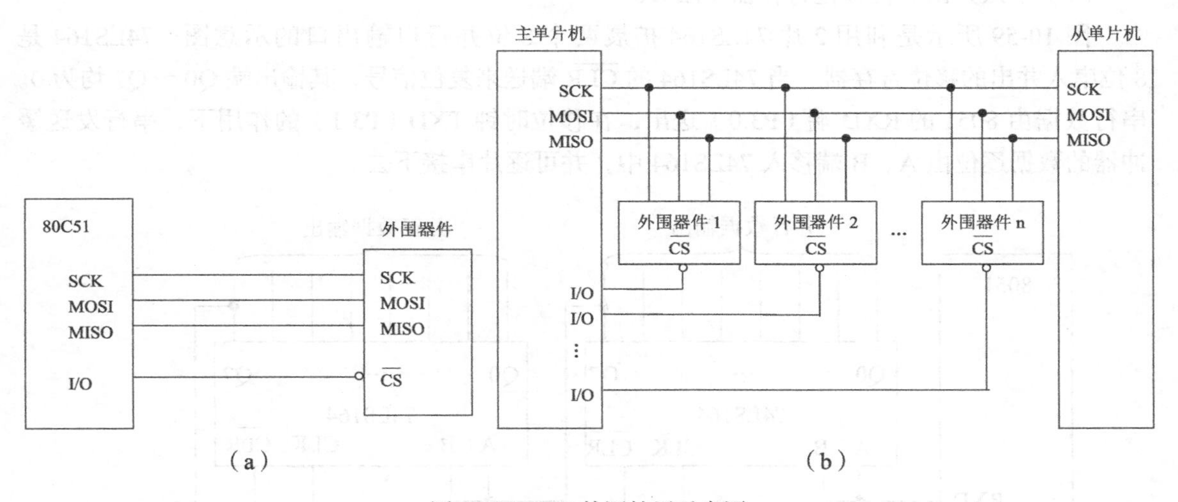

图 10-57　SPI 外围扩展示意图

单片机与外围扩展器件的时钟线 SCK、数据线 MOSI 和 MISO 是相连的。带 SPI 接口的外围器件都有片选端 $\overline{CS}$。在扩展单个 SPI 外围器件时，如图 10-57（a）所示，$\overline{CS}$ 端可接地或由 I/O 口来控制。

如图 10-57（b）所示，扩展多个 SPI 外围器件时，单片机分别通过 I/O 口线来分时选通外围器件。在同一时刻只能有一个单片机为主器件，另一个为从器件。SPI 有较快的数据传送速度。

3．UART 串行扩展接口

80C51 中有一个串行接口和全双工的 UART（通用异步接收和发送器）。它有 4 种工作方式，其中方式 0 为移位寄存器工作方式，它能方便地扩展串行数据传送接口。如图 10-58 所示为 80C51 的 UART 的串行扩展示意图。

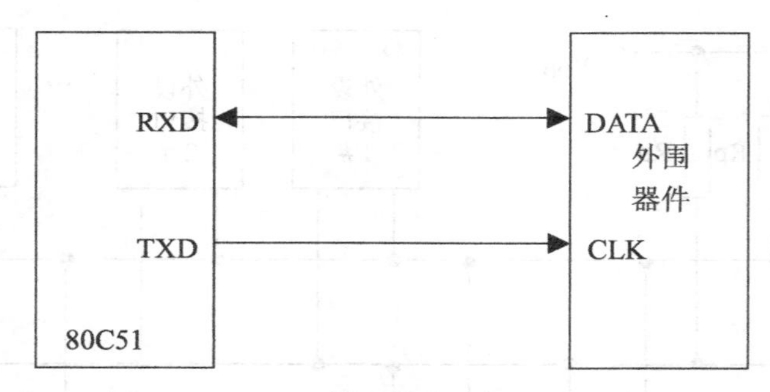

图 10-58　80C51 的 UART 的串行扩展示意图

80C51 的 UART 方式 0（移位寄存器方式）为串行同步数据传送方式，TXD 为同步脉冲输出端，RXD 为串行输入/输出端。扩展外围器件时，TXD 端与外围器件串行口的时钟端相连，RXD 则与数据端相连。这种方法既不占用外部 RAM 的地址，又节约硬件开销，是一种经济实用的方式。

（1）串入并出 8 位移位寄存器 74LS164

图 10-59 所示是利用 2 片 74LS164 扩展两个 8 位并行口输出口的示意图。74LS164 是 8 位串入并出的移位寄存器。当 74LS164 的 $\overline{CLR}$ 端送来复位信号，其输出端 Q0～Q7 均为 0。串行数据由 8051 的 RXD 端（P3.0）送出，在移位时钟 TXD（P3.1）的作用下，串行发送缓冲器的数据逐位由 A、B 端移入 74LS164 中，并可逐片串接下去。

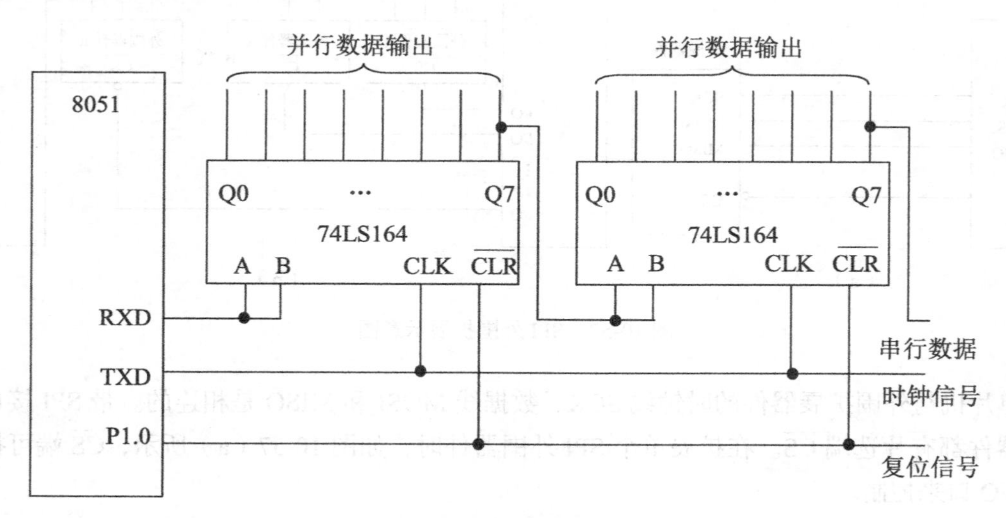

图 10-59　用 74LS164 扩展并行输出口

下面是 8051 内部 RAM50H、51H 的内容经串行口由 74LS164 并行输出的子程序：

```
START: MOV    R6,    #02H          ; 设置要发送的字节数
       MOV    R0,    #50H          ; 设置地址指针
       MOV    SCON, #00H           ; 设置串行口方式 0
SEND:  MOV    A,     @R0           ; 取数
       MOV    SBUF, A              ; 启动串行口发送数据
```

```
HERE:  JNB     TI,    HERE        ; 等待发送完毕
       CLR     TI                 ; 清除发送标志
       INC     R0                 ; 指针加 1
       DJNZ    R6,    SEND        ; 两个字节未发送完，继续
       RET                        ; 返回
```

（2）并入串行 8 位移位寄存器 74LS165

图 10-60 所示是利用 2 片 74LS165 扩展两个 8 位输入口的接口电路图。当 74LS165 移位/置入端 S/$\overline{L}$=0 时，并行输入端 A～H 的数据被置入寄存器内。当 S/$\overline{L}$=1 时，寄存器在时钟脉冲的作用下，数据由 A 到 H 方向移位，并从 Q_H 端送出。在图 10-60 中串行数据端 Q_H 与 8051 的 RXD 相连，而 TXD 则与 74LS165 的移位脉冲输入端 CLK 相连。为了控制 74LS165 的移位和置位，用 P1.0 与 74LS165 的 S/$\overline{L}$ 相连。CLKINH 接地则表示允许时钟的输入，当需要更多的 8 位并行输入口时，则需将 74LS165 串接起来。

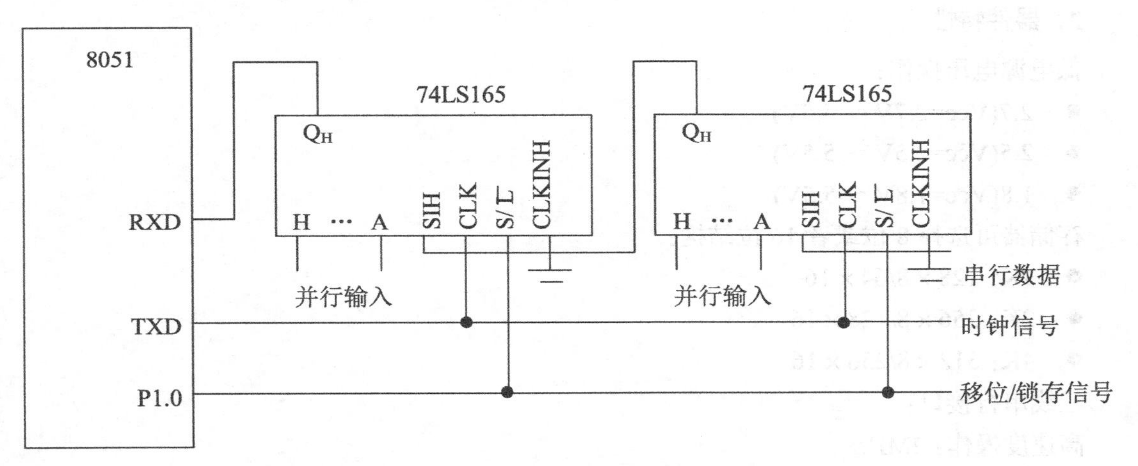

图 10-60　用 74LS165 扩展并行输入口

下面是从 16 位扩展口读入 10 组数据（每组两个字节）的程序，并把它们转存至内部 RAM50H 开始的单元中：

```
         MOV     R5, #0AH           ; 设置读入组数
         MOV     R1, #50H           ; 设置内部 RAM 读入首地址
START:   CLR     P1.0               ; 置入并行数据，S/L=0
         SETB    P1.0               ; 允许数据移位，S/L=1
         MOV     R2, #02H           ; 设置每组数据的字节数
RXDATA:  MOV     SCON, #00010000B   ; 设置串行口方式，允许并启动接收
HERE:    JNB     RI,HERE            ; 等待一帧接收结束
         CLR     RI                 ; 清除 RI，准备下次接收
         MOV     A, SBUF            ; 读入数据
         MOV     @R1, A             ; 送内部 RAM
         INC     R1                 ; 内部 RAM 指针加 1
```

```
DJNZ    R2, RXDATA        ; 未读完一组，继续接收
DJNZ    R5, START         ;10 组数据未接收完继续
RET                       ; 返回
```

10.6.2 AT93C46/56/66 E²PROM 特性

1．概述

AT93C46/56/66 是一种可以提供容量为 1024/2048/4096 位的串行存储器，当 ORG 引脚接 Vcc 时定义为 16 位 64/128/256 字节的 E²PROM，当 ORG 引脚接 GND 时定义为 8 位 128/256/512 字节的 E²PROM，每一个芯片的存储器都可以通过 DI 引脚或 DO 引脚进行写入或读出。该芯片广泛应用于低功耗和低电压的工业、商业领域。器件可提供的封装有 DIP-8、SOIC-8、TSSOP-8 三种。

2．器件特性

低电源电压操作：

- 2.7(Vcc=2.7V ～ 5.5V)
- 2.5(Vcc=2.5V ～ 5.5V)
- 1.8(Vcc=1.8V ～ 5.5V)

存储器可选择 8 位或者 16 位结构：

- 1K：128 × 8/64 × 16
- 2K：256 × 8/128 × 16
- 4K：512 × 8/256 × 16

三线串行接口：

高速度操作：2MHz

高可靠性：

- 1000000 次写入/擦除周期
- 100 年数据保存寿命

3．管脚配置及其方框图

（1）管脚

AT93C46/56/66 管脚图如图 10-61 所示。

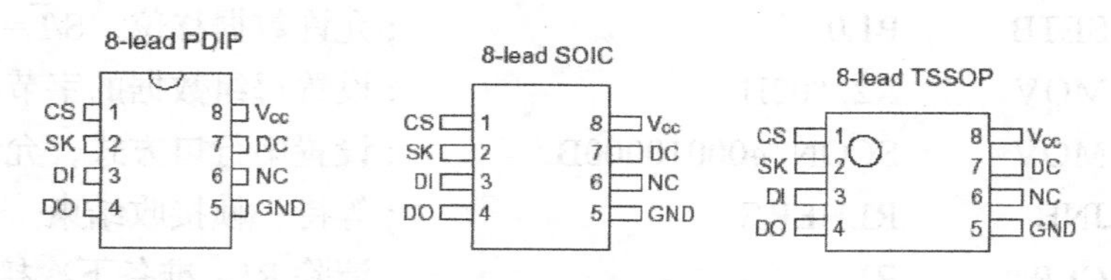

图 10-61　AT93C46/56/66 管脚图

（2）方框图

AT93C46/56/66 方框图如图 10-62 所示。

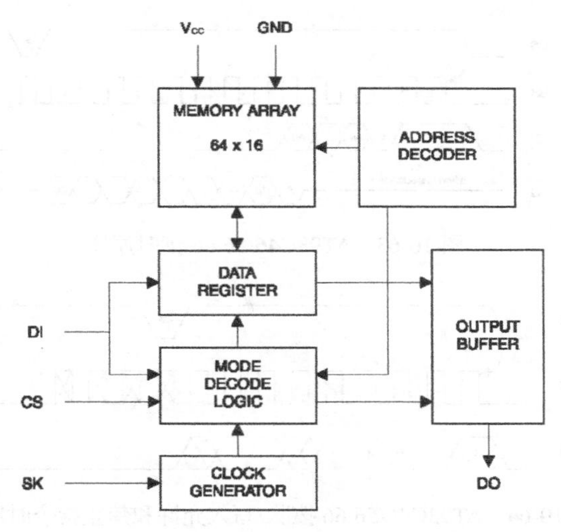

图 10-62　AT93C46/56/66 方框图

（3）管脚说明如表 10-6 所示。

表 10-6　管脚说明表

管 脚 名 称	功　能
CS	片选信号
SK	时钟输入
DI	串行数据输入
DO	串行数据输出
Vcc	电源
GND	接地
ORG	存储器结构选择
NC	不用连接

说明: 当 ORG 接 Vcc 时存储器为 16 位结构；当 ORG 接 GND 时存储器为 8 位结构，当 ORG 引脚悬空时内部的上拉电阻把存储器选择为 16 位结构。

4．器件指令简介

（1）读操作指令 READ

读操作指令包含所读单元的地址码，在时钟驱动下从 DI 引脚输入。在接收到一个读指令和地址之后，DO 引脚先输出一个逻辑的低电平，然后数据根据时钟信号移位输出，高位数据在前，数据在时钟信号 SK 的上升沿时输出。AT93C46/56/66 读时序图如图 10-63 所示。

（2）擦除/写入允许 EWEN 操作指令

AT93C46/56/66 在上电时是默认写禁止的，任何在上电和写禁止 EWDS 指令后的写入操作都必须先发送写允许 EWEN，指令一旦设置了写允许它会持续有效直到发送一条写禁止指令或断电，但无论是写允许还是写禁止状态数据可以照常从器件中读取。AT93C46/56/66 擦除/写入允许和禁止指令时序图如图 10-64 所示。

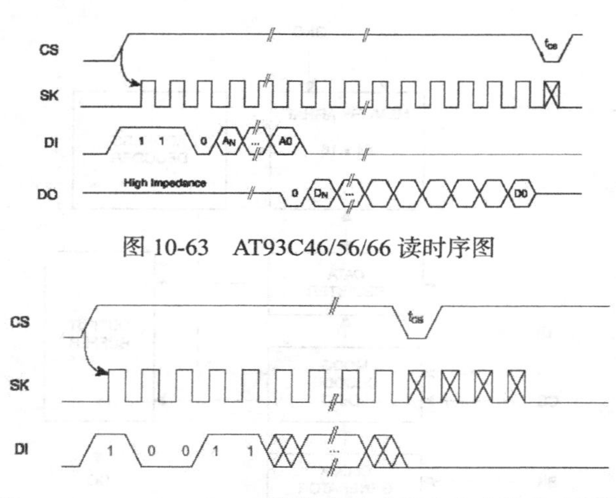

图 10-63　AT93C46/56/66 读时序图

图 10-64　AT93C46/56/66 擦除/写入允许和禁止指令时序图

（3）擦除操作指令 ERASE

擦除操作指令使对应的存储单元都置为逻辑“1”状态，在接收到擦除指令和地址以后器件开启自动时钟擦除指定存储器，片选引脚 CS 为低的时间至少大于 t_{cs}（min），等片选引脚 CS 又变高后，引脚 DO 输出的数据为准备/繁忙（ready/busy）状态，一旦 DO 回到逻辑“1”的状态表明清除完成了，可接收下一个指令。AT93C46/56/66 擦除指令时序图如图 10-65 所示。

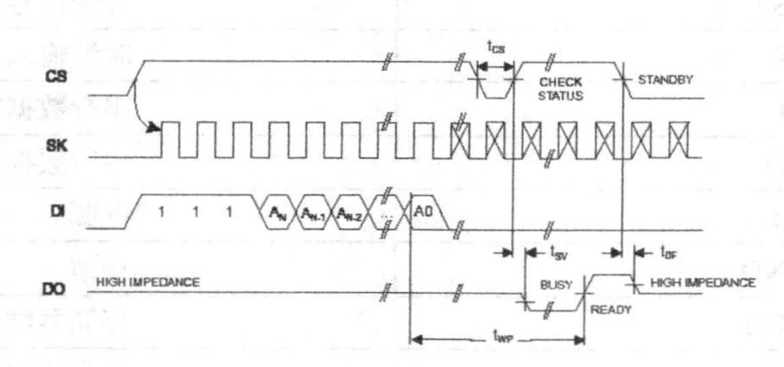

图 10-65　AT93C46/56/66 擦除指令时序图

（4）写操作指令 WRITE

写指令包含要写入单元的 8 或 16 位数据，在接收到写指令地址和数据以后片选引脚 CS 不片选芯片的时间要必须大于 t_{cs}（min）。之后引脚 DO 输出的数据为准备/繁忙（ready/busy）状态，如果 DO 的状态为逻辑“0”，则写工作还在继续，一旦 DO 回到逻辑“1”的状态表明写工作完成了，可接收下一个指令。因为器件有在写入前自动清除的特性，所以没有必要在写入之前将存储器该地址的内容擦除。AT93C46/56/66 写指令时序图如图 10-66 所示。

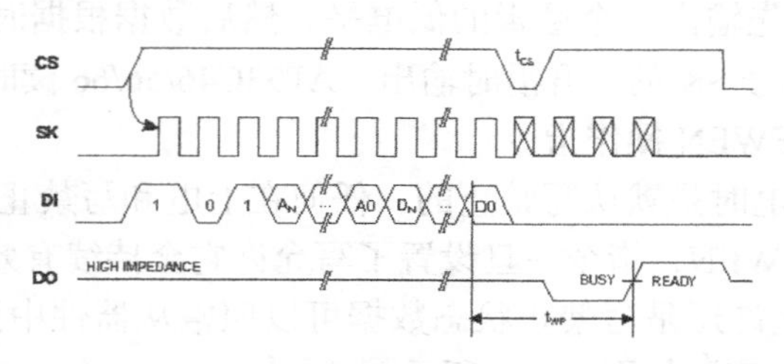

图 10-66　AT93C46/56/66 写指令时序图

（5）全部擦除操作指令 ERAL

全部擦除操作指令使对应的存储单元都置为逻辑“1”状态，在接收到全部擦除指令后片选引脚 CS 不片选芯片的时间必须大于 t_{cs}（min），引脚 CS 恢复高电平后引脚 DO 输出准备/繁忙（ready/busy）状态。ERAL 指令只有在 Vcc=5V±10% 时有效。AT93C46/56/66 全部擦除指令时序图如图 10-67 所示。

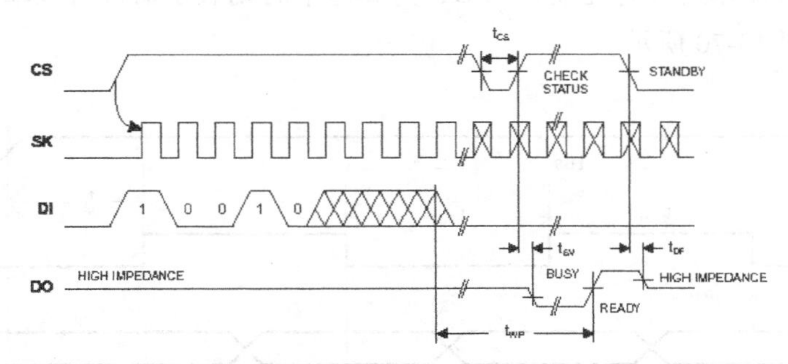

图 10-67　AT93C46/56/66 全部擦除指令时序图

（6）写全部操作指令 WRAL

写全部操作指令 WRAL 把数据内容写满器件的所有存储器。在接收到写全部指令后，片选引脚 CS 不片选芯片的时间必须大于 t_{cs}（min），之后引脚 DO 输出的数据表明器件的准备/繁忙（ready/busy）状态，WRAL 指令只有在 Vcc=5V±10% 时有效。AT93C46/56/66 写全部指令时序图如图 10-68 所示。

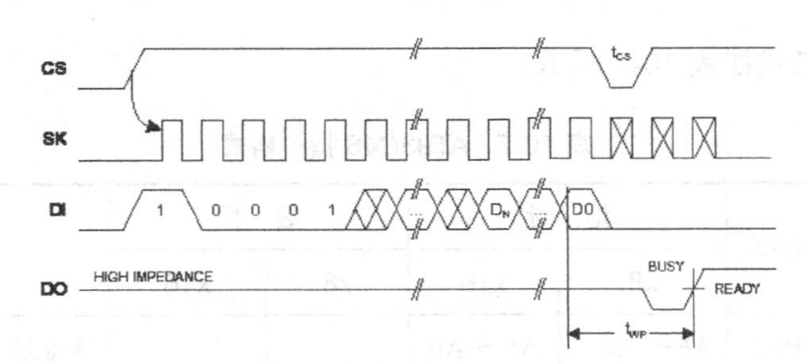

图 10-68　AT93C46/56/66 写全部指令时序图

（7）擦除/写入禁止 EWDS 操作指令

擦除/写入禁止 EWDS 操作指令执行后可使擦除/写入操作指令无效以保护数据安全，但 READ 指令在任何时候都有效。AT93C46/56/66 擦除/写入禁止指令时序图如图 10-69 所示。

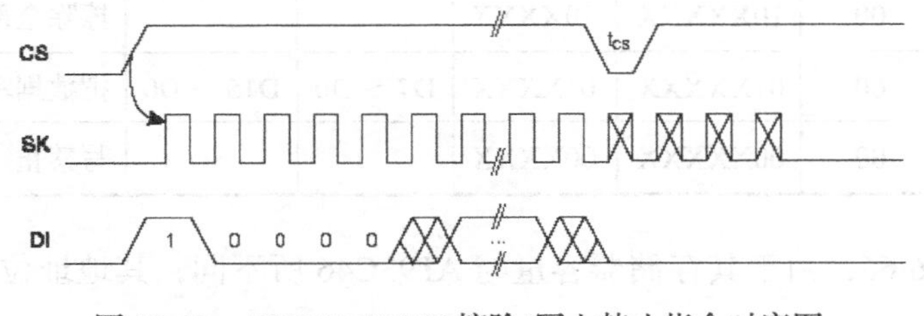

图 10-69　AT93C46/56/66 擦除/写入禁止指令时序图

5．器件指令操作

指令地址和写入的数据在时钟信号 SK 的上升沿时由 DI 引脚输入，器件数据读取或在进行了写操作后查询器件工作状态（ready/busy）则由 DO 引脚取得，准备/繁忙（ready/busy）是开始了一个写操作且 CS 为高电平后从 DO 引脚读得，用来测定期间工作状态的信号。DO 为低电平则表示写操作还没有完成，当 DO 为高电平时则表示器件可以输入下一条指令。同步数据时序图如图 10-70 所示。

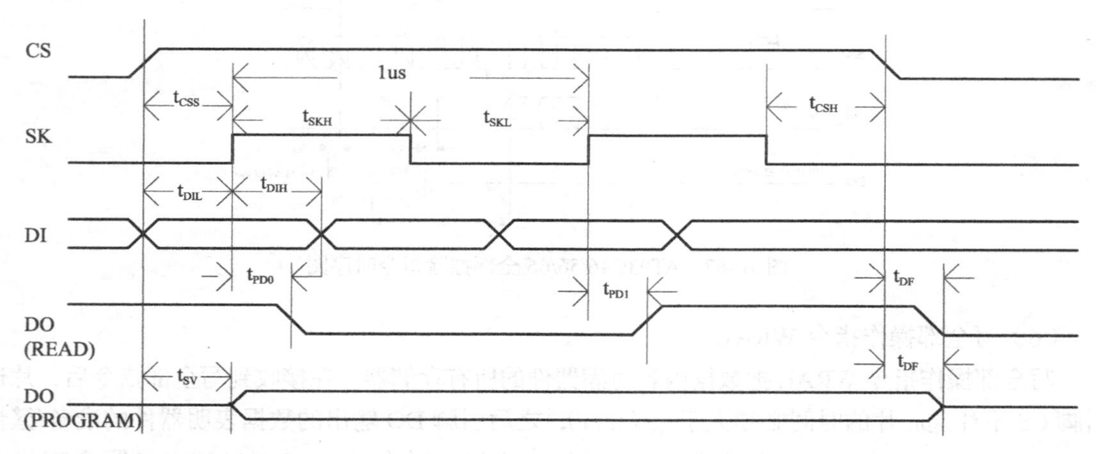

图 10-70　AT93C46/56/66 同步数据时序图

AT93C46 指令格式如表 10-7 所示。

表 10-7　AT93C46 指令格式

指　令	开始位	操作码	地　址		数　据		注　释
			x8	x16	x8	x16	
READ	1	10	A6～A0	A5～A0			读地址 An～A0 的数据
EWEN	1	00	11XXXXX	11XXXX			写允许
ERASE	1	11	A6～A0	A5～A0			擦除 An～A0 的数据
WRITE	1	01	A6～A0	A5～A0	D7～D0	D15～D0	把数据写到地址 An～A0 的存储器中
ERAL	1	00	10XXXXX	10XXXX			擦除全部存储器的数据
WRAL	1	00	01XXXXX	01XXXX	D7～D0	D15～D0	把数据写到全部的存储器中
EWDS	1	00	00XXXXX	00XXXX			写禁止

对于 AT93C56/66，由于其存储器容量与 AT93C46 所不同，其地址位的大小也不同，如表 10-8 所示。

表 10-8　AT93C56/66 指令格式

	AT93C46 (1K)		AT93C56 (2K)		AT93C57 (2K)		AT93C66 (4K)	
I/O	x 8	x 16	x 8	x 16	x 8	x 16	x 8	x 16
AN	A6	A5	A8 （1）	A7 （2）	A7	A6	A8	A7
DN	D7	D15	D7	D15	D7	D15	D7	D15

注：1．A8 地址位不在乎值置 1 或置 0，它不起作用，但时钟周期是必须的。

2．A7 地址位不在乎值置 1 或置 0，它不起作用，但时钟周期是必须的。

详细资料请查阅 AT93C46/56/66 数据手册。

10.6.3　AT93C46 E^2PROM 应用实例

在某一测量仪表中，根据容量大小的要求，用 AT93C46 芯片作为设定参数的存储器件，其硬件线路和软件编制说明如下。

1．硬件接口

系统的处理器为 Intel8051，MCS-51 系列单片机没有 SPI 的接口，与 AT93C64 接口的连接通过并行 I/O 口的位操作来完成，接口电路如图 10-71 所示。

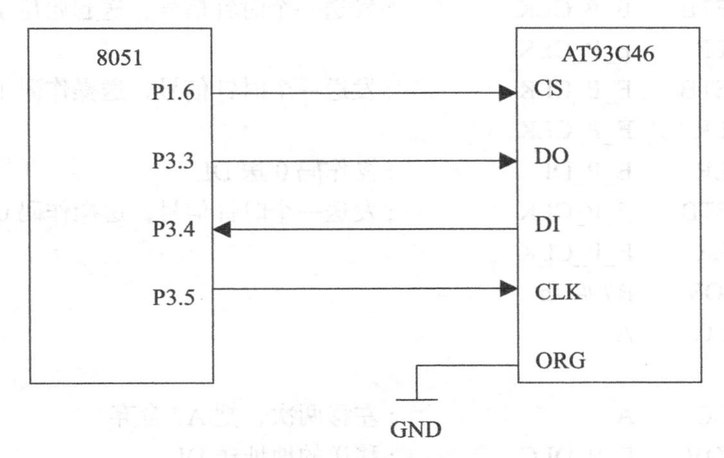

图 10-71　AT93C46 与 8051 的接口电路

2．软件说明

由于 MCS-51 系列单片机不具有 SPI 功能，因而 SPI 操作只能采用软件合成。程序中用累加器和带进位的循环移位的指令来进行命令和数据的串行读写，用软件通过对 P3.5 高低电平设置的变化模拟 AT93C46 时钟输入。读子程序中，先通过 P3.4 脚按位串行输出命令，由 P3.5 先高后低的翻转来提供串行时钟。这个时序重复 8 次，完成转换命令字节的传送。然后通过 P3.3 脚按位串行读入数据的字节的位到进位（C）位，通过进位位左移进入累加器。这个时序再重复 8 次，完成转换数据字节 8 个位的读取。写子程序的过程也是同样道理。

3．程序清单

根据上述所示的硬件连接，AT93C46 的读写程序如下，其中要读写的存储单元地址存放于 R1，被读写的数据则放于 R2。

```
; 伪指令定义
        EE_CS       BIT  P1.6
        E_P_DI      BIT  P3.4
        E_P_DO      BIT  P3.3
        E_P_CLK     BIT  P3.5

; 读子程序
EE_READ:
        MOV     A,R1            ; 存储单元地址送 A
        CLR     EE_CS           ;CS 清零
        CLR     E_P_DI          ;DI 清零
        CLR     E_P_CLK         ;SK 清零
        SETB    E_P_DO          ;DO 置 1
        SETB    EE_CS           ; 片选 CS 选中
        SETB    E_P_DI          ; 起始位 1 送 DI
        SETB    E_P_CLK         ; 发送一个时针信号，送起始位 1 进芯片
        CLR     E_P_CLK
        SETB    E_P_CLK         ; 发送一个时针信号，送操作码 1 进芯片
        CLR     E_P_CLK
        CLR     E_P_DI          ; 操作码 0 送 DI
        SETB    E_P_CLK         ; 发送一个时针信号，送操作码 0 进芯片
        CLR     E_P_CLK
        MOV     R7,#07h
        RLC     A
ERD1:
        RLC     A               ; 左移两次，把 A7 舍弃
        MOV     E_P_DI,C        ; 移送的地址送 DI
        SETB    E_P_CLK         ; 发送一个时针信号，送地址码进芯片
        CLR     E_P_CLK
        DJNZ    R7,ERD1         ; 七位地址没送完，转移继续，送完往下执行
        MOV     R7,#08h         ; 准备读 8 位数据
        CLR     A
ERD2:
        SETB    E_P_CLK         ; 发送一个时针信号，使单元数据送到 DO 脚
        CLR     E_P_CLK
        MOV     C,E_P_DO        ;DO 脚数据送进位位 C
```

```
        RLC     A               ; 送进位位 C 数据左移到 A
        DJNZ    R7,ERD2         ;8 位数据读完往下，没读完转移继续
        CLR     EE_CS           ;CS 清零
        MOV     R2,A            ; 所读数据送 R2
        RET

; 写子程序
EE_WRITE:
        ; 送 EWEN 指令
        CLR     EE_CS
        CLR     E_P_DI
        CLR     E_P_CLK
        SETB    EE_CS
        SETB    E_P_DI          ; 起始位 1 送 DI
        SETB    E_P_CLK
        CLR     E_P_CLK
        CLR     E_P_DI          ; 操作码 0 送 DI
        SETB    E_P_CLK
        CLR     E_P_CLK
        SETB    E_P_CLK
        CLR     E_P_CLK
        SETB    E_P_DI          ; 地址码 0 送 DI
        MOV     R7,#07H
EWR1:
        SETB    E_P_CLK
        CLR     E_P_CLK
        DJNZ    R7,EWR1         ; 送完 7 个地址
        CLR     EE_CS
        ; 送 ERASE 指令
        CLR     E_P_DI
        SETB    E_P_DO
        SETB    EE_CS
        SETB    E_P_DI          ; 起始位 1 送 DI
        SETB    E_P_CLK         ; 送起始位和操作码
        CLR     E_P_CLK
        SETB    E_P_CLK
        CLR     E_P_CLK
        SETB    E_P_CLK
        CLR     E_P_CLK
        MOV     R7,#07H
```

```
        MOV     A,R1            ;擦除单元地址送 A
        RLC     A               ;舍弃 A7
EWR2:   RLC     A
        MOV     E_P_DI,C        ;送 7 位地址
        SETB    E_P_CLK
        CLR     E_P_CLK
        DJNZ    R7,EWR2
        CLR     EE_CS
        SETB    EE_CS
EWR3:   JNB     E_P_DO,EWR3     ;查询 DO 是否为 0，若是则擦除结束
        CLR     EE_CS
        ;写单元数据
        CLR     E_P_DI
        SETB    E_P_DO
        SETB    EE_CS
        SETB    E_P_DI          ;起始位 1 送 DI
        SETB    E_P_CLK
        CLR     E_P_CLK
        CLR     E_P_DI          ;操作码 0 送 DI
        SETB    E_P_CLK
        CLR     E_P_CLK
        SETB    E_P_DI          ;操作码 1 送 DI
        SETB    E_P_CLK
        CLR     E_P_CLK
        MOV     R7,#07h
        MOV     A,R1            ;数据单元地址送 A
        RLC     A               ;舍弃 A7
EWR4:   RLC     A
        MOV     E_P_DI,C
        SETB    E_P_CLK
        CLR     E_P_CLK
        DJNZ    R7,EWR4
        MOV     R7,#08h
        MOV     A,R2            ;要写的数据送 A
EWR5:   RLC     A
        MOV     E_P_DI,C
        SETB    E_P_CLK
        CLR     E_P_CLK
        DJNZ    R7,EWR5
        CLR     E_P_DI
```

```
        CLR     EE_CS
        SETB    EE_CS
EWR6:   JNB     E_P_DO,EWR6     ;查询 DO 是否为 0，若是则写操作结束
        CLR     EE_CS
        ;送 EWDS 指令，保护
        CLR     E_P_DI
        SETB    EE_CS
        SETB    E_P_DI
        SETB    E_P_CLK
        CLR     E_P_CLK
        CLR     E_P_DI
        MOV     R7,#09h
EWR7:   SETB    E_P_CLK
        CLR     E_P_CLK
        DJNZ    R7,EWR7
        CLR     EE_CS
        CLR     E_P_DI
        RET
```

在写数据子程序里面，包括了写/擦除允许、擦除、写数据以及写/擦除禁止 4 个部分，由于写操作的同时已将原单元的内容擦除，故擦除指令也可不要。

10.6.4 SPI25AA010A 的应用及基于 Proteus ISIS 的仿真实例

1．硬件接口

系统的处理器为 Intel8051，MCS-51 系列单片机没有 SPI 的接口，与 SPI25AA010A 接口的连接通过并行 I/O 口的位操作来完成，接口电路如图 10-72 所示。

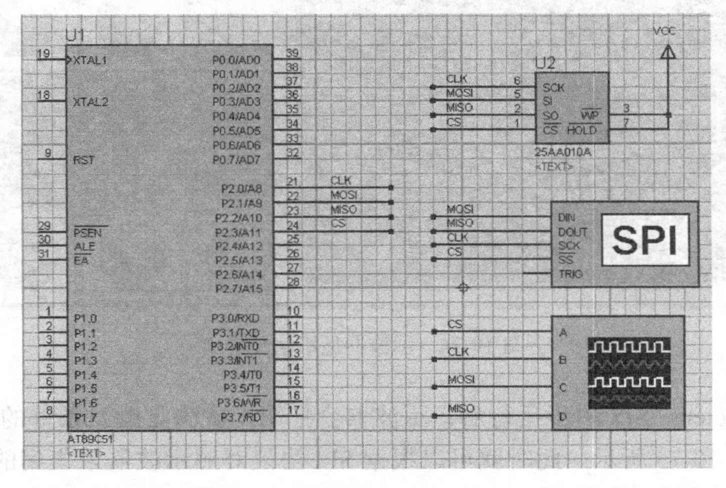

图 10-72　通过并行 I/O 口来连接 SPI25AA010A 接口的接口电路

2．软件说明

由于 MCS-51 系列单片机不具有 SPI 功能，因而 SPI 操作只能采用软件模拟时序。具体代码因篇幅关系在此不作介绍。

3．基于 Proteus ISIS 的 SPI25AA010A 的调试

可以使用 Proteus ISIS 的 SETP 调试功能配合示波器进行调试以及时序分析。其操作步骤如下：

（1）运行 Step。在 Proteus ISIS 的左下角单击 Step 图标，此时将会跳出示波器以及 SPI 调试终端 2 个窗口，如果没有跳出，查看 Debug 菜单下的示波器和调试终端两个选项是否被选中，如图 10-73 所示。

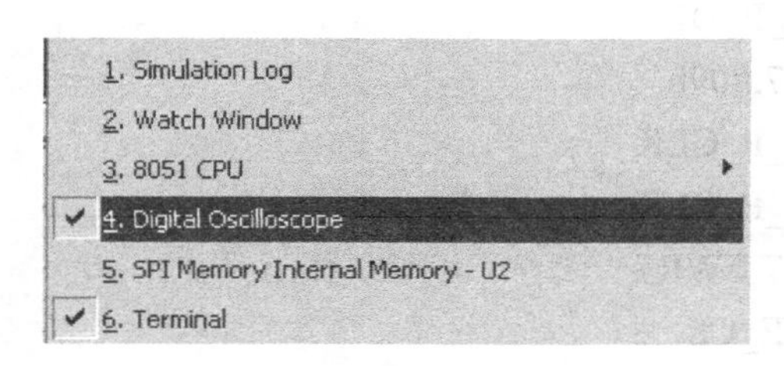

图 10-73　Debug 检查界面

（2）设置示波器。将示波器每个通道都设置为 DC 输入，并根据波形的关系选择合适的幅度以及 Horizontal。示波器的触发方式设置为单次触发：One-Shot。示波器显示的波形如图 10-74 所示。

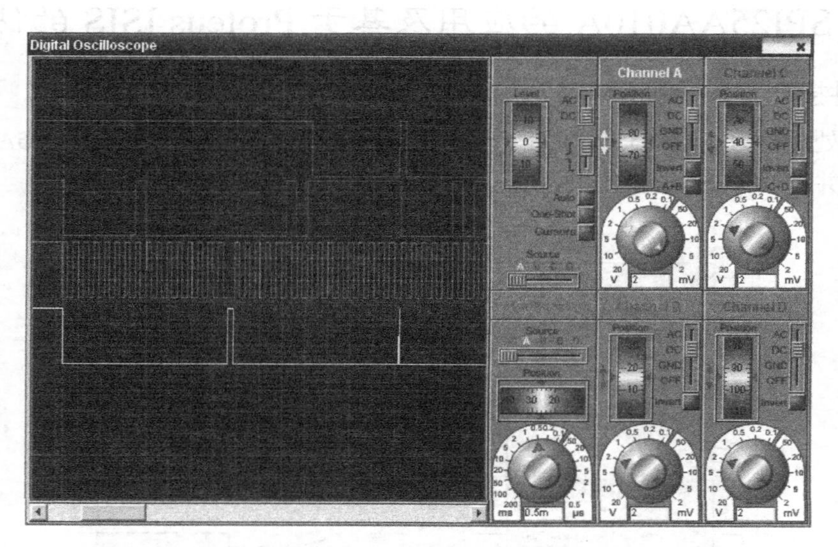

图 10-74　示波器显示信号界面

（3）单击 Proteus ISIS 单步运行后，示波器会把第 1 次满足触发条件的波形抓下来，单步调试界面如图 10-75 所示。此时就可以根据 SPI 协议对照示波器采集到的信号来确认 SPI 的时序是否正确。鉴于篇幅关系，具体时序调试过程在此不作详细介绍。

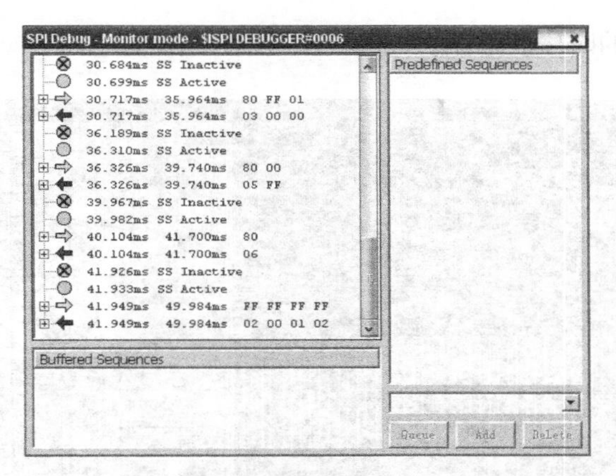

图 10-75　Debug 单步调试界面

10.6.5　M24C04 的应用及基于 Proteus ISIS 的仿真实例

1．硬件接口

系统的处理器为 Intel8051，MCS-51 系列单片机没有 I²C 的接口，与 M24C04 接口的连接通过并行 I/O 口的位操作来完成，接口电路如图 10-76 所示。

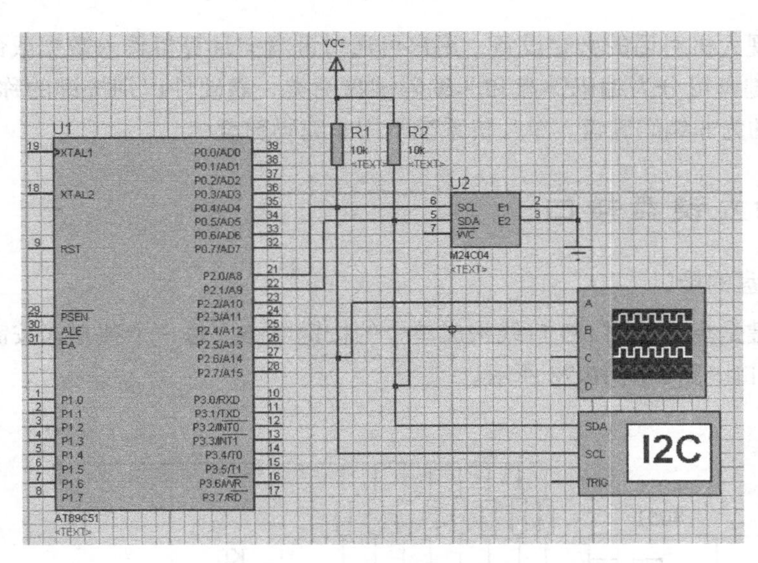

图 10-76　通过并行 I/O 口来连接 M24C04 接口的接口电路

2．软件说明

由于 MCS-51 系列单片机不具有 SPI 功能，因而 SPI 操作只能采用软件模拟时序。具体代码因篇幅关系在此不再赘述。

3．基于 Proteus ISIS 的 M24C04 的调试

M24C04 的 E²PROM 调试可以参考 10.6.4 节的调试设置。因为篇幅关系，在此不作介绍。

如图 10-77 所示是 I^2C 的时序波形图。

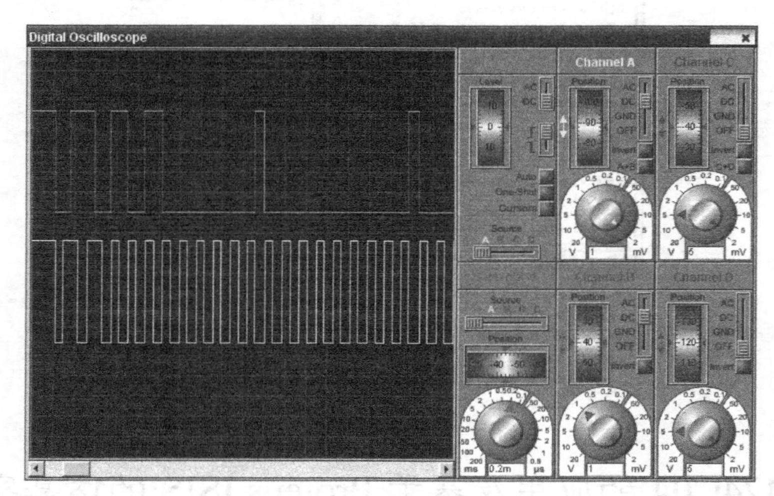

图 10-77　I^2C 的时序波形图

10.7　键盘输入及其接口

键盘是实现人机对话的必要设备，用户可通过键盘向计算机输入数据或命令。根据按键的识别方法，键盘可分为编码键盘和非编码键盘两类。靠硬件识别按键的称之为编码键盘，通过软件识别的为非编码键盘。单片机系统常用非编码键盘。

10.7.1　独立键盘接口

1．独立键盘的接口

独立式按键是指直接用 I/O 口线构成单个的按键电路。每一个独立式按键单独占用一根 I/O 口线。其接口电路如图 10-78 所示。

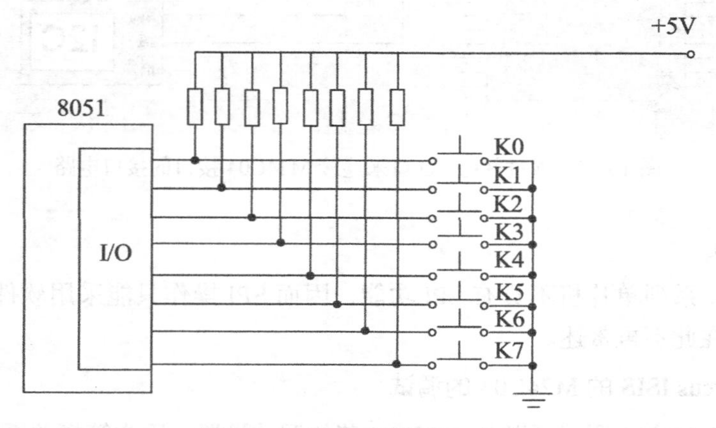

图 10-78　独立式按键接口电路

独立式按键接口电路配置灵活，软件结构简单。但每个按键要占用一根 I/O 口线，适用于按键数量少的键盘。

电路中，按键输入低电平有效。按键未按时有上拉电阻保证此时输入为高电平。

2．独立式按键的编程

独立式按键接口电路的键盘程序一般采用查询方式处理。按键产生的抖动采用软件延时方法消去，接口选用 8051 的 P1 端口，KEY0～KEY7 分别是各按键的功能程序。程序代码如下：

```
START:  MOV     A,  #0FFH         ; 置 P1 口为输入方式
        MOV     P1, A
LOOP:   MOV     A,  P1            ; 读入键盘状态
        CJNE    A,  0FFH,PL0      ; 判断是否有键按下
        SJMP    LOOP              ; 无键按下，则等待
PL0:    LCALL   DELAY             ; 有键按下，调延时程序，去抖动
        MOV     A,  P1            ; 再读键盘状态
        CJNE    A,0FFH,PL1        ; 键盘不是抖动，转 PL1 处理
        SJMP    LOOP
PL1:    JNB     ACC.0,K0          ;0 号键按下，转 K0 处理
        JNB     ACC.1,K1          ;1 号键按下，转 K1 处理
        JNB     ACC.2,K2          ;2 号键按下，转 K2 处理
        JNB     ACC.3,K3          ;3 号键按下，转 K3 处理
        JNB     ACC.4,K4          ;4 号键按下，转 K4 处理
        JNB     ACC.5,K5          ;5 号键按下，转 K5 处理
        JNB     ACC.6,K6          ;6 号键按下，转 K6 处理
        JNB     ACC.7,K7          ;7 号键按下，转 K7 处理
        JMP     START             ; 无键按下，返回
K0:     AJMP    KEY0              ; 各功能键的入口地址
K1:     AJMP    KEY1
K2:     AJMP    KEY2
K3:     AJMP    KEY3
K4:     AJMP    KEY4
K5:     AJMP    KEY5
K6:     AJMP    KEY6
K7:     AJMP    KEY7
KEYO:   ...                       ;0 号功能键的处理程序
        ...
        LJMP    START             ;0 号功能键处理完毕，返回
KEY1:   ...
        ...
```

```
        LJMP    START
        ...
KEY7:   ...
        ...
        LJMP    START
```

10.7.2 矩阵式按键接口

在单片机系统中需要安排较多的按键时，通常把按键排列成矩阵形式，也称行列式。例如：可把 16 只按键排列成 4×4 矩阵形式，用一个 8 位 I/O 口控制；可把 64 只按键排列成 8×8 矩阵形式，用两个 8 位 I/O 口控制。

1．矩阵式键盘接口电路

如图 10-79 所示是采用 8155 扩展 I/O 口组成的矩阵式键盘接口电路。

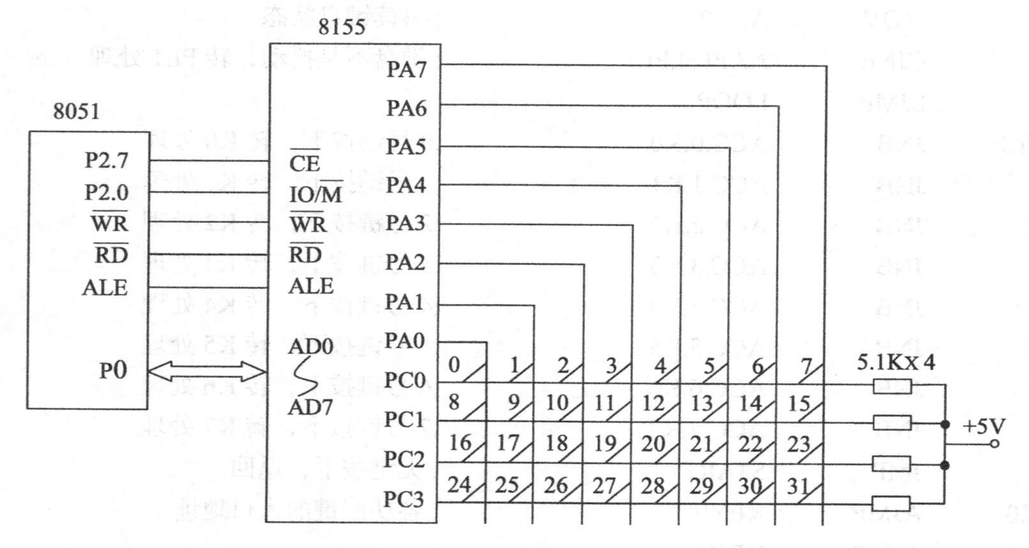

图 10-79　用 8155 扩展 I/O 口组成矩阵式键盘接口电路

电路中行线 PC0～PC3 通过上拉电阻接 +5V，处于输入状态，平时为高电平。列线 PA0～PA7 工作于输出状态。行线与列线的交叉处不相通，按键接在行列线的交点处。一旦某个键按下，其相连的行线与列线即相通。

其工作过程是使列线 PA0～PA7 输出全为 0，即处于低电平，然后读取行线 PC0～PC3 输入的状态。若没有键按下，行、列线都是断开的，读入的 PC0～PC3 均为高电平。当有键按下时，对应的行线与列线相通，则读入的相应行线为低电平，然后再通过逐列扫描确定被按下键所在的行号和列号。

所谓的逐列扫描法是依次使每一列线为低，其余输出为高，然后读入行线状态，以判断该列线是否与行线相连，即按键是否被按下。例如：首先使 PA0=0，其他列为高，然后读行线 PC0～PC3 的值，若全为 1，则按键不在此列。接着使 PA1=0，其他列为高，再读行线状态，直至找到使行线为低的某一列线。通过逐列扫描确定按键的行列号，由此行列号形成查表地址，获得被按键的键值再转至其处理程序。

2．矩阵式按键的编程

对于非编码矩阵式键盘，单片机对它的控制可采用程序控制扫描方式和中断方式两种。

第 1 种：程序控制扫描方式。

当采用如图 10-79 所示的键盘接口电路，使用程序控制扫描方式时，键盘处理程序的流程如图 10-80 所示。

编程时设置了 TAB1 表和 TAB2 表。TAB1 表存放按键列、行扫描码，TAB2 表存放对应按键的 ASCII 码。

（1）键盘扫描子程序的功能

① 判断键盘上有无按键按下。即使 PA 口输出全扫描字 00H，读 PC 口状态，若 PC3～PC0 为全 1，则无键按下；若不全为 1，则有键按下。

② 按键的去抖动。在判断有键按下后，软件延时一段时间（10ms）后再读键盘状态。若仍是有键按下状态，则确认有键按下；否则，按键抖动处理。

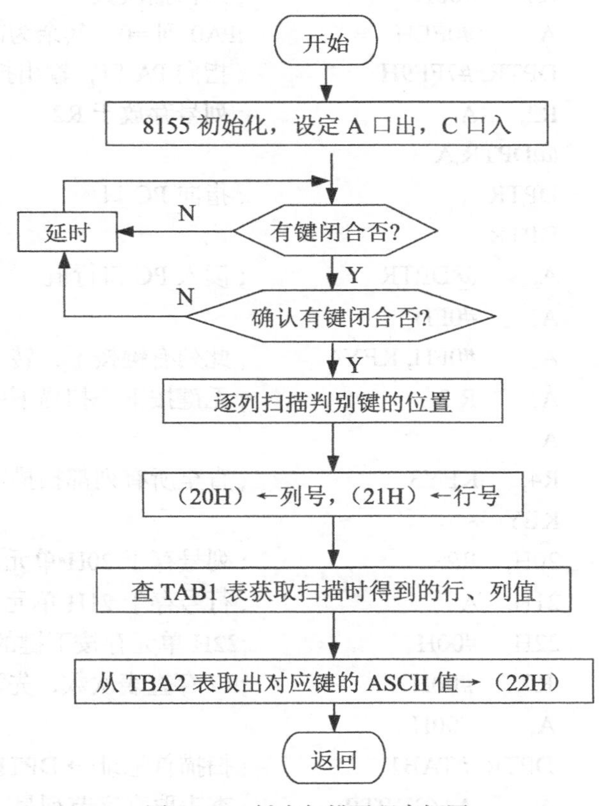

图 10-80　键盘扫描子程序框图

③ 判断按键的键号。对键盘的列线扫描，即扫描口 PA0～PA7 依次输出一个扫描字。其方法是从 PA0 列开始输出 0，其余列输出为 1，再读 PC 口状态，判断该列是否有键合上，直至扫描完 PA7 列为止。

④ 等待键释放，将读出的键号送入累加器 A。

⑤ 由键号采用查表技术确定键值，然后转各按键的功能处理。

（2）键盘扫描程序

```
START:  MOV     DPTR, #7FF8H            ; 对 8155 命令口写入命令字，使 A 口输出
        MOV     A,    #01H              ;C 口输入
        MOVX    @DPTR,A
KEY:    ACALL   KST                     ; 调用 KST，扫描整个键盘
        CJNE    A,    #0FH, KEY1        ; 有键合上转 KEY1
        ACALL   DELAY                   ; 无键延迟后再扫描
        SJMP    KEY
KEY1:   ACALL   DELAY                   ; 延时以消去键抖动
        ACALL   KST                     ; 再扫描键，判断是否为抖动
        CJNE    A,    #0FH,  KEY2       ; 确认有键按下，转 KEY2
        SJMP    KEY
KEY2:   MOV     R4,   #08H              ; 列扫描次数
        MOV     A,    #0FEH             ;PA0 列 =0，其余为高
KEY3:   MOV     DPTR, #7FF9H            ; 指向 PA 口，输出扫描码
        MOV     R2,   A                 ; 列号存放于 R2
        MOVX    @DPTR,A
        INC     DPTR                    ; 指向 PC 口
        INC     DPTR
        MOVX    A,    @DPTR             ; 读入 PC 口行值
        ANL     A,    #0FH
        CJNE    A,    #0FH, KEY4        ; 此列有键按下，转 KEY4
        MOV     A,    R 2               ; 无键按下，扫描下一列
        RL      A
        DJNZ    R4,   KEY3              ; 直至所有列都扫描完
        LJMP    KEY
KEY4:   MOV     20H,  R2                ; 列号存于 20H 单元
        MOV     21H,  A                 ; 行号存于 21H 单元
        MOV     22H,  #00H              ;22H 单元存按下键的 ASCII 值，先清零
        MOV     R7,   #00H              ;R7 存查表次数，先清零
        MOV     A,    #00H
        MOV     DPTR, #TAB1             ; 扫描首地址→ DPTR
KEY5:   MOVC    A,    A+@DPTR           ; 查表取高字节列号
        CJNE    A,    20H,  KEY6        ; 列号比较不等则转
        INC     DPTR
        MOV     A,    A+@DPTR           ; 查表取低字节行号
        INC     DPTR
```

```
        PUSH    DPH                 ; 保存查表地址
        PUSH    DPL
        CJNE    A,    21H,  KEY6    ; 行号比较不等则转
        MOV     DPTR, #TAB2         ;TAB2 表头地址→ DPTR
        MOV     A,    R7            ; 偏移值→ A
        ADD     A,    DPL           ; 形成查键值表的偏移值
        MOVC    A,    A+@DPTR       ; 取键值
        MOV     22H,  A             ; 键值→ 22H
        ...
KEY6:   INC     R7                  ; 查表次数加 1
        POP     DPL                 ; 恢复 DPTR 值
        POP     DPH
        AJMP    KEY5                ; 继续比较
KST:    MOV     DPTR,  #7FF9H       ; 指向 8155PA 口
        MOV     A,     #00H
        MOVX    @DPTR, A            ; 所有的列都为低
        INC     DPTR                ; 指向 PC 口
        INC     DPTR
        MOVX    A,     @DPTR        ; 读入 PC 口的行值
        ANL     A,     #0FH         ; 屏蔽无用位
        RET
TAB1:   DW      FE0EH，FD0EH，FB0EH，F70EH，      ; 第 1 行 8 个键的扫描码
                EF0EH，DF0EH，BF0EH，7F0EH
        DW      FE0DH，FD0DH，FB0DH，F70DH，      ; 第 2 行 8 个键的扫描码
                EF0DH，DF0DH，BF0DH，7F0DH
        DW      FE0BH，FD0BH，FB0BH，F70BH，      ; 第 3 行 8 个键的扫描码
                EF0BH，DF0BH，BF0BH，7F0BH
        DW      FE07H，FD07H，FB07H，F707H，      ; 第 4 行 8 个键的扫描码
                EF07H，DF07H，BF07H，7F07H
TAB2:   DB      30H，31H，32H，33H，34H，35H，36H，37H ; 第 0 行 0～7 的 ASCII 码
```

第 2 种：中断扫描方式。

矩阵式键盘另一种工作方式是中断扫描方式。如图 10-81 所示就是中断扫描方式的键盘接口电路。在该电路中只有在键盘按下时才产生中断，CPU 响应中断后进入中断服务程序进行键盘扫描，并作相应处理。

该键盘直接由 8051 的 P1 口的高、低字节构成 4×4 矩阵行列式键盘。键盘的列线与 P1 口的低 4 位相接。行线通过二极管接到 P1 口的高 4 位。P1.4～P1.7 作为键盘的输出列线，P1.0～P1.3 作为键盘的列扫描输入线。扫描时，使 P1.4～P1.7 置 0，当有键按下时，$\overline{\text{INT0}}$ 端为低电平，向 CPU 发出中断申请，CPU 响应中断后，进入中断服务程序。在中断服务程序中，完成消除键抖动、键的识别及键的功能处理。采用中断扫描方式不必频繁调用程序控

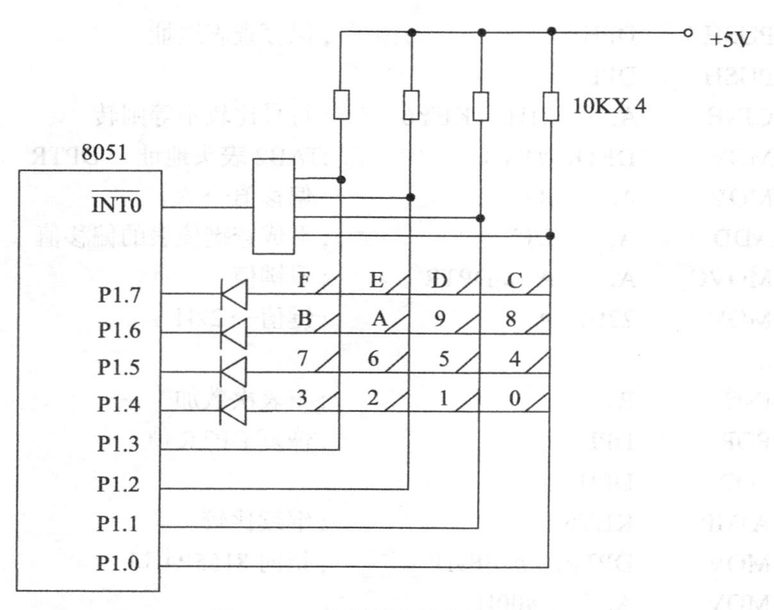

图 10-81　中断方式键盘接口电路

制扫描程序，提高了 CPU 的工作效率。有关程序如下：

主程序：

```
        ORG     0000H
        SJMP    START
        ORG     0003H
        AJMP    INTR0
START:  MOV     A,      #0F0H       ; 设定 P1.4～P1.7 为输入方式
        MOV     P1,     A
        CLR     IT0                 ;INT0 设为电平触发
        MOV     IE,     #81H        ;CPU 允许 INT0 中断
        ...
INTR0:  SETB    RS0                 ; 保护现场
        PUSH    A
        PUSH    PSW
        MOV     R7,     #04H        ; 扫描次数设定
        MOV     A,      #0EFH       ; 开放 P1.4 行
KLP:    MOV     R6,     A           ; 行号存入 R6
        MOV     P1, A
        JNB     P1.0, KEY0          ;P1.0 列上有键按下，转
        JNB     P1.1, KEY1          ;P1.1 列上有键按下，转
        JNB     P1.2, KEY2          ;P1.2 列上有键按下，转
        JNB     P1.3, KEY3          ;P1.3 列上有键按下，转
        MOV     A, R6
```

```
        RL      A                    ; 该行均无键按下，扫描下一行
        DJNZ    R7, KLP              ; 行未扫描完，继续
KLP1:   POP     PSW
        POP     A
        CLR     RS0
        MOV     A, #0F0H             ; 撤销 INT0 中断请求
        MOV     P1, A
        MOV     IE, #81H             ; 开放 CPU 的 INT0 中断
        RETI
KEY0:   ORL     A, #0EH              ; 形成 P1.0 列的位置码
        ...
        SJMP    KLP1
KEY1:   ORL     A, #0DH              ; 形成 P1.1 列的位置码
        ...
        SJMP    KLP1
KEY2:   ORL     A, #0BH              ; 形成 P1.2 列的位置码
        ...
        SJMP    KLP1
KEY3:   ORL     A, #07H              ; 形成 P1.3 列的位置码
        ...
        SJMP    KLP1
TAB1:   DB      EEH,DEH,BEH,7EH      ;P1.0 列 4 个按键扫描码
        DB      EDH,DDH,BDH,7DH      ;P1.1 列 4 个按键扫描码
        DB      EBH,DBH,BBH,7BH      ;P1.2 列 4 个按键扫描码
        DB      E7H,D7H,B7H,77H      ;P1.3 列 4 个按键扫描码
TAB2:   DB      ...                  ; 各按键响应的键值与 TAB1 表中扫描码位置对
                                     应关系依次存入
```

10.8　LED&LCD 显示及显示器接口

单片机应用系统中使用的显示器主要有：发光二极管显示器，简称 LED；液晶显示器，简称 LCD。LED 配置灵活，接口简单，而且价廉，但显示内容有限，不能显示图形。LCD 功耗低、体积小、美观、方便、使用寿命长，且能显示图形，但接口较复杂，成本也较高。

10.8.1　LED 显示及其接口

1．LED 的结构及原理

（1）LED 的结构

单片机中通常使用的是由 7 个发光二极管，即 7 段 LED 按“日”字排列成的数码管。

7 段 LED 的阳极连在一起称为共阳极接法，而阴极连在一起称之为共阴极接法。每段 LED 的笔画分别称为 a、b、c、d、e、f、g，另有一段构成小数点。一位显示器数码管的结构如图 10-82 所示。

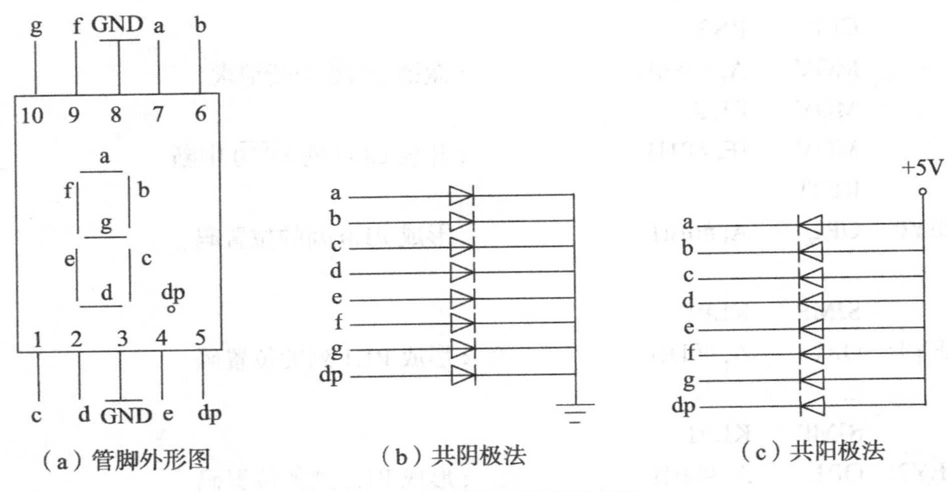

（a）管脚外形图　　（b）共阴极法　　（c）共阳极法

图 10-82　LED 显示数码管原理图

（2）LED 的工作原理

在选用共阴极的 LED 时，只要在某一个发光二极管加上高电平，该段即点亮，反之则暗。而选用共阳极的 LED 时，要使某一段发光二极管发亮，则须加上低电平，反之则暗。为了保护各段 LED 不被损坏，需外加限流电阻。为了要显示某个字形，则应使此字形的相应段点亮，也即送一个不同的电平组合代表的数据来控制 LED 的显示字形，此数据称之为字符的段码。数据字位数与 LED 段码关系如表 10-9 所示。

表 10-9　数据字位数与 LED 段码关系

数 据 位 数	D7	D6	D5	D4	D3	D2	D1	D0
LED 段码	dp	g	f	e	d	c	b	a

常用字符共阴、共阳极时的段码即编码表如表 10-10 所示。

表 10-10　常用字符显示编码表

显 示 字 符	共 阴 段 码	共 阳 段 码	显 示 字 符	共 阴 段 码	共 阳 段 码
0	3FH	C0H	F	71H	8EH
1	06H	F9H	—	40H	BFH
2	5BH	A4H	.	80H	7FH
3	4FH	B0H	熄灭	00H	FFH
4	66H	99H			
5	6DH	92H			

续表

显示字符	共阴段码	共阳段码	显示字符	共阴段码	共阳段码
6	7DH	82H			
7	07H	F8H			
8	7FH	80H			
9	6FH	90H			
A	77H	88H			
B	7CH	83H			
C	39H	C6H			
D	5EH	A1H			
E	79H	86H			

2．LED 静态显示器接口

LED 显示器有静态显示和动态显示两种方式。

（1）LED 静态显示接口电路

LED 数码管采用静态显示与单片机相接时，共阴极接法的 LED 的公共端接地；共阳极接法的 LED 公共端接高电平。每个显示器的段码线（a～dp）分别与一个 8 位的锁存器输出口相连。各位的显示字符一经确定，相应锁存的输出将维持不变。

静态显示器的亮度较高，编程也简单，但占用的 I/O 口线较多，适用于显示位数不多的情况。这里的 8 位锁存器可以直接采用并行 I/O 口，也可采用串入/并出的移位寄存器或其他具有三态功能的锁存器。静态显示接口中通常用串行口设定为方式 0 输出方式，再外接 74LS164 移位寄存器构成显示器接口电路，具体电路如图 10-83 所示。

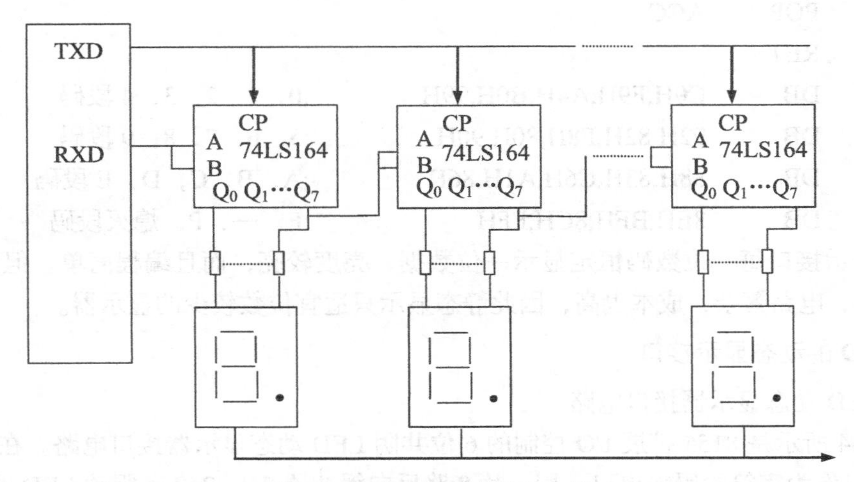

图 10-83　静态显示器接口电路

电路中 74LS164 是 8 位的串入/并出移位寄存器，串行数据有 RXD 送出，移位时钟由 TXD 送出。在移位时钟作用下，存放显示器段码的串行发送缓冲器数据逐位由 A、B 端移入到 74LS164 中，再由 Q_0～Q_7 并行输出至显示数码管相应的 LED 上。

（2）LED 静态显示器程序设计

在编写静态显示程序时，应先建立一个字形段码表 TAB，表中存放所能显示的字形段码。而在 RAM 区内开辟一个显示缓冲区 DIS0～DIS7，它对应各位数码管 0～7 要显示的内容。当需要显示程序或更新显示内容时，先向显示缓冲区存入要显示的内容，再调用显示子程序。

下面是把数据从显示缓冲区 DIS0～DIS7 中取出送数码管显示的程序。

```
DIR:    SETB    RS0                         ;保护现场
        PUSH    ACC
        PUSH    DPH
        PUSH    DPL
        MOV     R2,     #08H                ;显示位数计数
        MOV     R0,     #DIS7               ;显示缓冲器末地址→R0
DL0:    MOV     A,      @R0                 ;取要显示的数据
        MOV     DPTR,   #TAB                ;指向 TAB 表首地址
        MOVC    A,      @A+DPTR             ;查表取字形段码
        MOV     SBUF,   A                   ;由串行口发送显示
DL1:    JNB     TI,     DL1                 ;等待发送完一帧
        CLR     TI                          ;清发送中断标志
        DEC     R0                          ;指向下一个显示单元
        DJNZ    R2, DL0                     ;8 个显示位未显示完，重复 DL0
        CLR     RS0                         ;已显示完 8 个数码管，恢复现场
        POP     DPL
        POP     DPH
        POP     ACC
        RET
TAB:    DB      C0H,F9H,A4H,B0H,99H         ;0，1，2，3，4 段码
        DB      92H,82H,F8H,80H,90H         ;5，6，7，8，9 段码
        DB      88H,83H,C6H,A1H,86H         ;A，B，C，D，E 段码
        DB      8EH,BFH,8CH,FFH             ;F，—，P，熄灭段码
```

静态显示接口每一位数码恒定显示一位数据，亮度较亮，而且编程简单。但当位数较多时，芯片多，电路繁杂，成本也高，因此静态显示只适宜位数较少的显示器。

3．LED 的动态显示接口

（1）LED 动态显示器接口电路

图 10-84 所示是 8155 扩展 I/O 控制的 6 位共阴 LED 动态显示器接口电路。在图 10-84 中 8155 的 A 口作为字符段码输出口，用一片 8 路反向缓冲器 74LS240 来驱动 LED 的段选信号。C 口作为 LED 数码管的位选输出口，使用 7406 反相驱动电路作为位选信号驱动口。6 个 LED 数码管的共阴端与 7406 的输出端对应相连。6 个数码管的 8 段选线与 74LS240 的输出端对应相连。

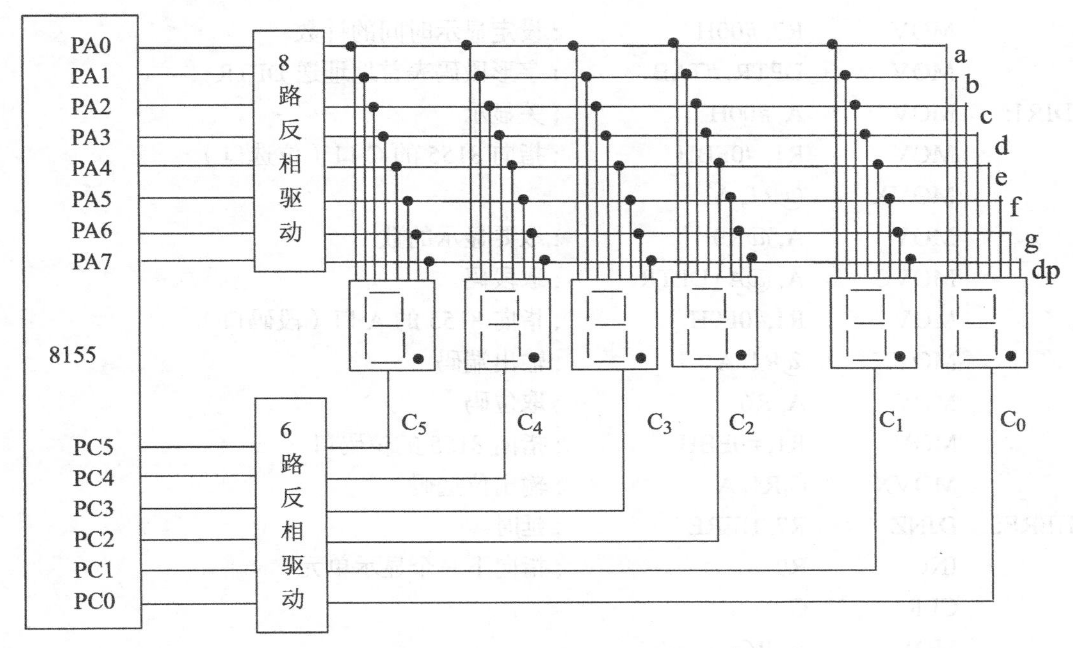

图 10-84　6 只 LED 动态显示接口

在这种动态显示电路中，逐位轮流点亮各个 LED，每一位点亮 1ms，在 10ms ～ 20ms 之间再点亮一次，重复不止。这样利用人的视觉暂留，好像 6 只 LED 是同时点亮的一样，并不会察觉到有闪烁现象。

这种动态 LED 显示接口由于各个数码管共用一个段码输出口，分时轮流通电，从而简化了硬件线路，降低了成本。但当电路中数码管较多时，每个数码管实际导通时间减少，将使得数码管显示亮度不足。此时可通过增加驱动能力的方式，来提高显示亮度。

（2）LED 动态显示器程序设计

在动态显示方式中，6 个数码管的段选信号是分时轮流输出，要得到稳定的显示效果，必须不断重复执行显示程序。假设 8155 的 $\overline{CS}$ 接 8051 的 P2.7，IO/$\overline{M}$ 接 8051 的 P2.0。显示程序如下：

```
MOD:    PUSH    ACC             ; 保护现场
        PUSH    DPH
        PUSH    DPL
        SETB    RS0
        CLR     P2.7            ; 选通 8155
        SETB    P2.0            ; 选 8155 的 I/O 口
        MOV     R1, #0F8H       ; 设定 8155 的控制口
        MOV     A, #4DH         ; 设定 8155 的 A 口、C 口为输出
        MOVX    @R1, A
DIR:    MOV     R0, #DIS0       ; 显示缓冲区首地址送 R0
        MOV     R6, #20H        ; 选最左边的 LED
```

```
        MOV     R7, #00H        ; 设定显示时间的计数
        MOV     DPTR, #TAB      ; 字形段码表首地址送 DPTR
DIR1:   MOV     A, #00H         ; 关显示
        MOV     R1, #0FBH       ; 指向 8155 的 C 口（位选口）
        MOVX    @R1, A
        MOV     A, @R0          ; 取要显示的数
        MOVC    A, @A+DPTR      ; 取段码
        MOV     R1,#0F9H        ; 指向 8155 的 A 口（段码口）
        MOVX    @R1, A          ; 输出端码
        MOV     A, R6           ; 取位码
        MOV     R1, #0FBH       ; 指向 8155 的位码口
        MOVX    @R1, A          ; 输出位选码
HERE:   DJNZ    R7, HERE        ; 延时
        INC     R0              ; 指向下一个显示单元
        CLR     C
        MOV     A, R6
        RRC     A               ; 位选码右移一位
        MOV     R6, A
        JNZ     DIR1            ; 未显示完 6 个 LED，继续循环
        SETB    P2.7            ; 恢复原态
        CLR     RS0
        POP     DPL
        POP     DPH
        POP     ACC
        RET
TAB:        字形段码表（同静态显示程序）
```

10.8.2 LCD 液晶显示原理及其接口

液晶显示器，简称 LCD，是一种功耗很低的显示器。其应用领域非常广泛，从电子表到计算器，从袖珍仪表到便携式计算机，到处都在使用。

1．LCD 的工作原理

液晶（Liquid Crystal）是一种处于液态晶体的有机化合物，它既具有液体的流动性和连续性，又具有某些晶体特有的光学特性。在电场的作用下，晶体排列发生改变，从而影响液晶整体的光折射特性，造成某些部分的视觉变化，从而达到显示的目的。液晶显示器是一种平板型的显示器，可根据需要将电极做成各种文字、数字、图形以获得各种形态的显示。它能在低电压 3V ～ 6V 下工作，功耗很低，只有 0.3μW ～ 100μW。因而能方便地与 CMOS 电路直接匹配，而且在室外强光下也可正常使用。

2．LCD 的驱动方式

LCD 液晶显示器是把液晶密封在两个玻璃片之间，在玻璃上镀有透明的导电层。当在两个电极间加上电压时，在液晶上形成了一个电场。当液晶两个电极上加的电压为 0 时，则关闭显示；而两个电极上加反相的电压，则打开显示。为此在液晶的两个电极之间所施加的电压必须周期性地改变极性，其加电情况如图 10-85 所示。

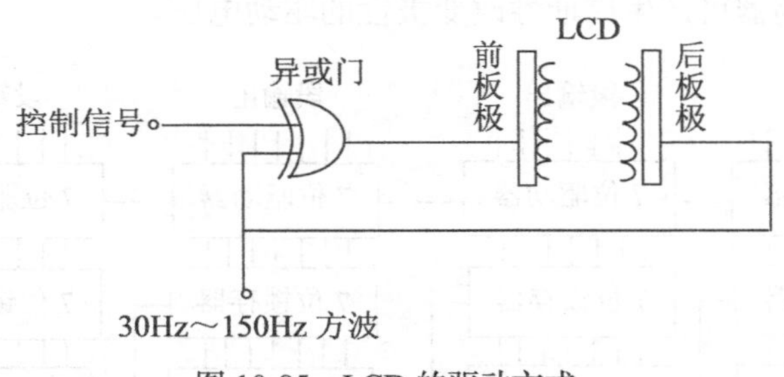

图 10-85　LCD 的驱动方式

当加在异或门上的电压为 0 时，即控制信号为 0 时，这时 30Hz～150Hz 方波通过异或门加到 LCD 的前板极和后板极的信号则完全相同，关闭显示。当控制信号为 1 时，加在前板极和后板极的信号则正好反相，打开显示。而这个反相的电压必须周期性地改变极性，否则 LCD 中会发生化学反应，并最终导致液晶的损坏。这个交流信号，一般采用 30Hz～150Hz 的方波。

3．LCD 显示器的驱动和接口

LCD 与单片机的接口，可采用为 LCD 液晶显示器开发的专用的 CMOS 译码驱动电路，有些液晶显示器做成与 LED 相同的 7 段排列形状。图 10-86 所示为美国 Intersil 公司出品的 CMOS 液晶显示驱动器 ICM7211M 的外形；图 10-87 所示是它的内部结构。

ICM 7211M 7211AM

引脚名	引脚号	引脚号	引脚名
V	1	40	D1
E1	2	39	C1
G1	3	38	B1
F1	4	37	A1
BP	5	36	OSC
A2	6	35	GND
B2	7	34	$\overline{CS2}$
C2	8	33	$\overline{CS1}$
D2	9	32	DS2
E2	10	31	DS1
G2	11	30	B3
F2	12	29	B2
A3	13	28	B1
B3	14	27	B0
C3	15	26	F4
D3	16	25	G4
E3	17	24	E4
G3	18	23	D4
F3	19	22	C4
A4	20	21	B4

图 10-86　ICM7211M 的外形

在图 10-87 中该液晶显示器有两条位选输入线 DS1 和 DS2，用以对 LCD 的 4 个显示位进行选择。当 DS2、DS1 为 00、01、10 和 11 时，对应选中 LCD 的最高位、次高位、次低位和最低位。ICM7211M 内部本身有字符发生器，它根据来自单片机的 4 位数据 B0～B3 输出相应的显示字形码，送至位选信号所选中的显示位上。$\overline{CS1}$ 和 $\overline{CS2}$ 是两个低电平有效的片选信号，选中它可把位选信号 $\overline{CS1}$、$\overline{CS2}$ 和数据输入信号 B0～B3 送入内部锁存器锁存。LCD 驱动器本身的 RC 振荡器可产生周期性改变极性的驱动电压。

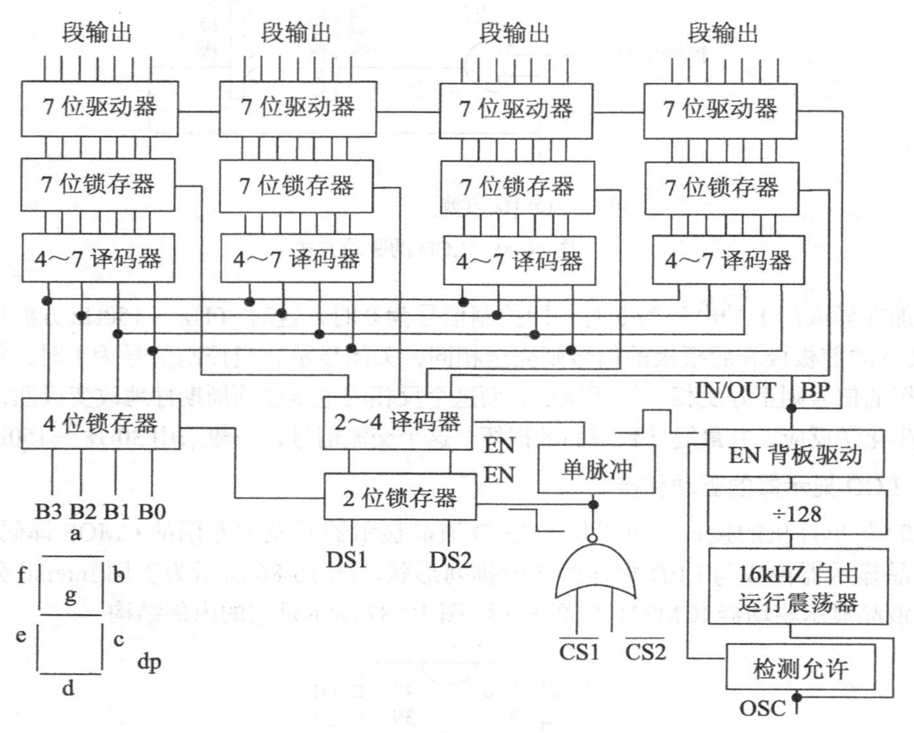

图 10-87　ICM7211M 内部结构

（1）80C51BH 的任一并行口控制 4 位 LCD 显示器的接口电路

用 80C51BH 的任一并行输出信号接至 LCD 驱动器，驱动器的输出再去驱动控制 LCD，其电路如图 10-88 所示。

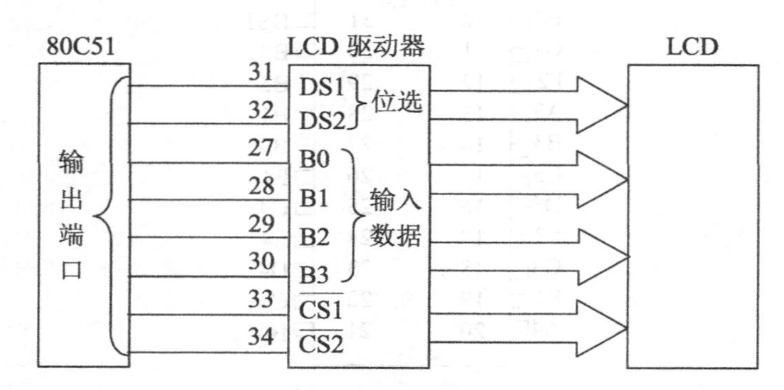

图 10-88　80C51 和 LCD 驱动器的接口

（2）LCD 显示程序设计

假设 DISPH1 和 DISPL0 为 80C51 片内 RAM 显示缓冲区高、低字节单元地址，用以存放显示数据的高 2 位和低 2 位。

LCD 驱动器的 DS1 和 DS2 位选信号、DIB0～DIB3 四个数据输入端、$\overline{CS}$ 均接至 80C51BH 的同名 I/O 线上。

其程序如下：

```
UPDATE: MOV    A,     DISPH1          ;取高字节数据
        CLR    DS2                    ;选显示器最高位
        CLR    DS1
        CALL   SHIFTLD                ;显示最高位
        SETB   DS1                    ;选次高位
        CALL   SHIFTLD                ;显示次高位
        MOV    A, DISPL0              ;取低字节数据
        CLR    DS1                    ;选次低位
        SETB   DS2
        CALL   SHIFTLD                ;显示次低位
        SETB   DS1                    ;选最低位
        CALL   SHIFTLD                ;显示最低位
        RET
SHIFTLD:RLC    A                      ;逐次获得 4 个二进制位
        MOV    DIB3,  C
        RLC    A
        MOV    DIB2,  C
        RLC    A
        MOV    DIB1,  C
        RLC    A
        MOV    DIB0,  C
        CLR    CS
        SETB   CS                     ;锁存数据和位选信号
        RET
```

10.8.3　16X2 字符型液晶 1602A 驱动仿真实例

1602A 是一款非常通用的 16X2 字符型液晶。其价格低廉、容易采购、控制方便。

1．1602A 电气特性及接口

1602A 可以显示两行字符，每行 16 个。工作电压有 3.3V 和 5V 两种。

控制器接口信号说明：

引脚 1：V_{SS} 为电源地

引脚 2：V_{DD} 为电源正极

引脚 3：VL 为偏压信号

引脚 4：RS 为数据命令选择

引脚 5：R/W 为读写选择

引脚 6：E 为使能信号

引脚 7～14：D0～D7 为数据 I/O

引脚 15～16：BLA、BLB 为背光源正负极

2．基本操作时序及状态字说明

基本操作时序如下：

读状态：输入：RS=L，RW=H，E=H　　输出：D0～D7 为状态字

写指令：输入：RS=L，RW=L，D0～D7= 指令码，E= 高脉冲　　输出：无

读数据：输入：RS=H，RW=H，E=H　　输出：D0～D7 为数据

写数据：输入：RS=H，RW=L，D0～D7= 数据，E= 高脉冲　　输出：无

状态字说明：

D0～D7 分别代表 STA0～STA7；

STA0～6 代表当前数据地址指针的数值；

STA7 为读写操作使能状态标志位。1：禁止操作　0：允许操作；

对 1602A 每次进行读写操作之前，必须进行读写检测，确保 STA7 为 0。

3．指令说明及初始化

初始化：

显示模式设置：

指令码为：00111000　设置 16×2 显示，5×7 点阵，8 位数据接口。

显示开/关及光标设置：

指令码为：00001DCB　D=1 开显示　D=0 关显示；
C=1 显示光标　C=0 不显示光标；
B=1 光标闪烁　B=0 不显示光标；

指令码为：000011NS　N=1 读或写一个字符后地址指针加一，且光标加一；
N=0 读或写一个字符后地址指针减一，且光标减一；
S=1 当写一个字符时，整屏显示左移（N=1）或右移（N=0）；
S=0 当写一个字符时，整屏显示不移动。

数据控制：

控制器内部设有一个数据地址指针，用户可以通过它们来防卫内部的全部 80 字节 RAM。

其他命令：

01H 显示清屏　数据指针清零，所有显示清零；

02H 显示回车　数据指针清零。

初始化过程：

延时 15ms

写指令 38H（不检测忙信号）

延时 5ms

写指令 38H（不检测忙信号）

延时 5ms

写指令 38H（不检测忙信号）

以后每次写指令、读/写数据操作之前均需要检测忙信号

写指令 08H：显示关闭

写指令 01H：显示清屏

写指令 06H：显示光标移动设置

写指令 0CH：显示开及光标设置

4．控制器接口时序说明

读操作时序，如图 10-89 所示。

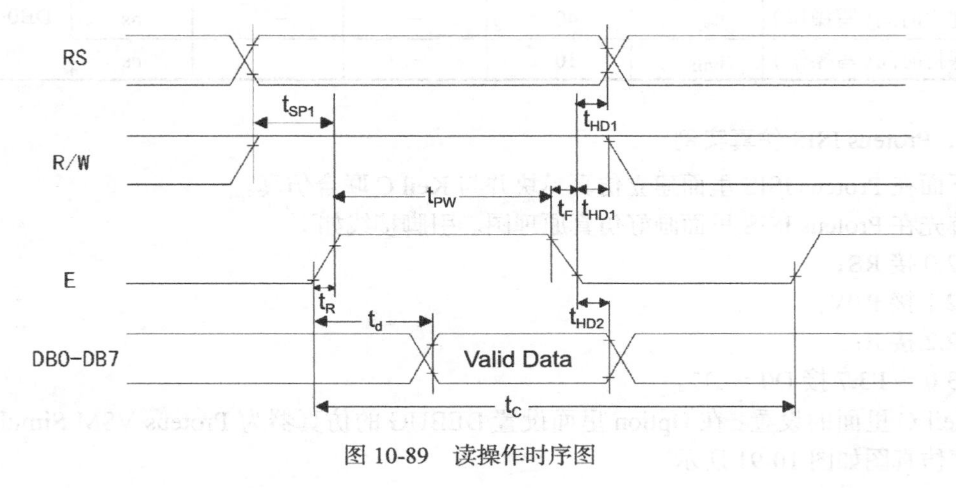

图 10-89　读操作时序图

写操作时序，如图 10-90 所示。

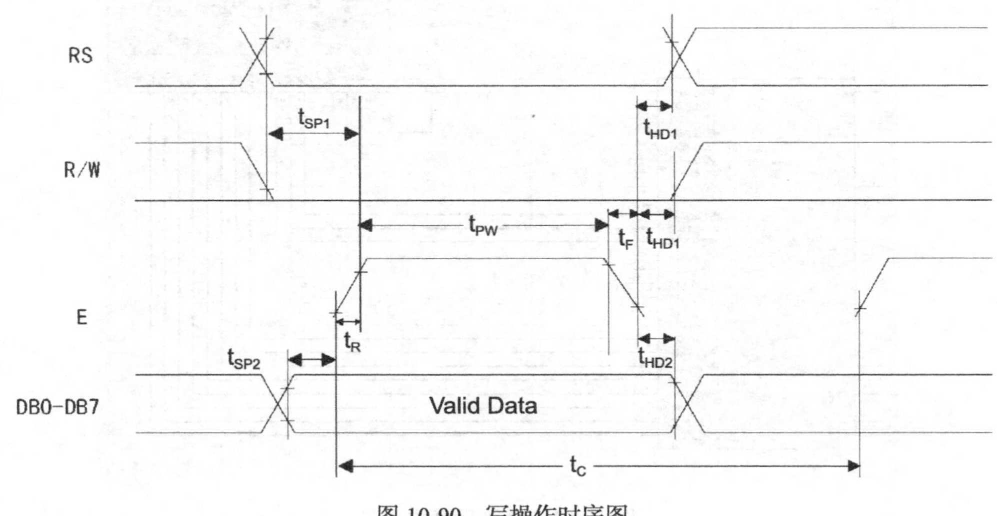

图 10-90　写操作时序图

时序参数，如表 10-11 所示。

表 10-11　时序参数信息表

时序参数	符号	极限值			单位	测试条件
		最小值	典型值	最大值		
E 信号周期	t_C	400	–	–	ns	引脚 E
E 脉冲宽度	t_{PW}	150	–	–	ns	
E 上升沿/下降沿时间	t_R，t_F	–	–	25	ns	
地址建立时间	t_{SP1}	30	–	–	ns	引脚 E、RS、R/W
地址保持时间	t_{HD1}	10	–	–	ns	
数据建立时间(读操作)	t_D	–	–	100	ns	引脚 DB0～DB7
数据保持时间(读操作)	t_{HD2}	20	–	–	ns	
数据建立时间(写操作)	t_{SP2}	40	–	–	ns	
数据保持时间(写操作)	t_{HD2}	10	–	–	ns	

5．Proteus ISIS 仿真实例

下面在 Proteus ISIS 里面建立仿真模块并与 Keil C 联合仿真。

首先在 Proteus ISIS 里面画好仿真原理图。引脚接线如下。

P2.0 接 RS；

P2.1 接 R/W；

P2.2 接 E；

P3.0～P3.7 接 D0～D7。

Keil C 里面的设置：在 Option 里面设置 DEBUG 的仿真器为 Proteus VSM Simulator，最终程序仿真图如图 10-91 所示。

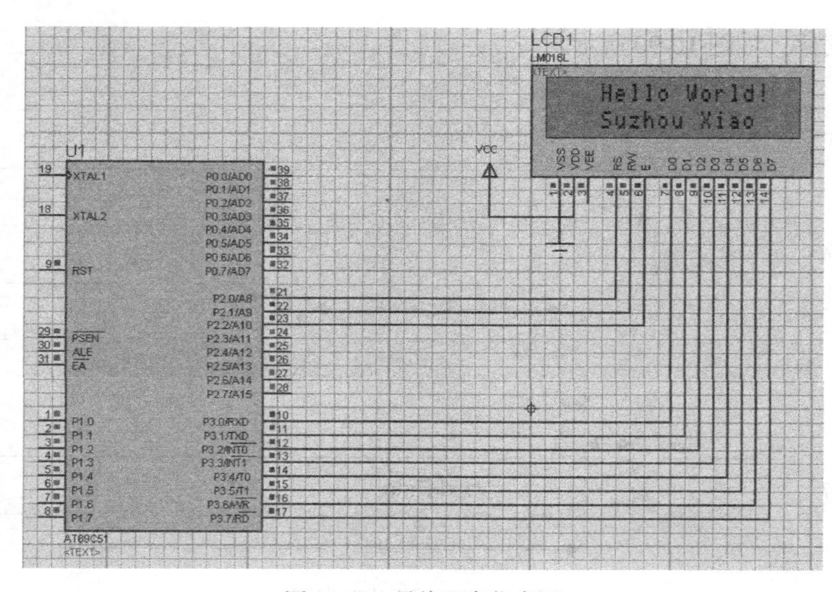

图 10-91　最终程序仿真图

10.8.4 192X64 图形点阵液晶 TG19264A 驱动仿真实例

TG19264A 是一种图形点阵液晶显示器，它主要由行驱动器/列驱动器及 192 × 64 全点阵液晶显示器组成。可完成图形显示，也可以显示 12 × 4 个（16 × 16 点阵）汉字。

TG19264A 的主要技术参数和性能如下。

（1）电源：V_{DD}：+5V。

（2）显示内容：192（列）× 64（行）点。

（3）全屏幕点阵。

（4）7 种指令。

（5）与 CPU 接口采用 8 位数据总线并行输入/输出和 8 条控制线。

（6）占空比为 1/64。

（7）工作温度：−10℃～ +60℃，存储温度：−20℃～ +70℃。

外形尺寸如表 10-12 所示。

表 10-12　外形参数及其对应尺寸

ITEM	NOMINAL DIMEN	UNIT
模块体积	130 × 65 × 12.5	mm
视域	104 × 39	mm
行列点阵数	192 × 64	dots
点距离	0.508 × 0.508	mm
点大小	0.458 × 0.458	mm

1．TG19264A 接口及说明

TG19264A 的结构图如图 10-92 所示。

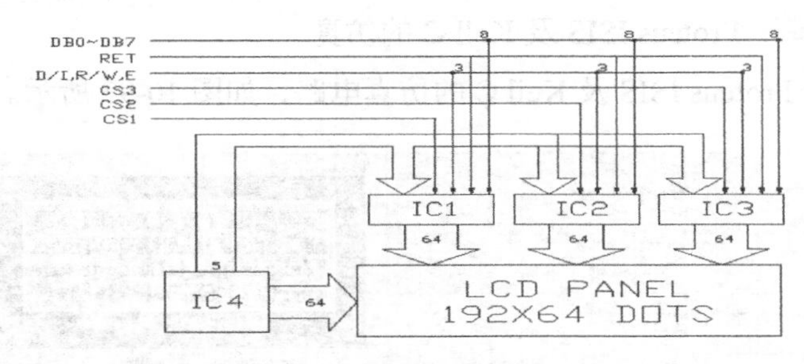

图 10-92　TG19264A 结构图

在图 10-92 中，IC4 为行驱动器。IC1、IC2 和 IC3 为列驱动器。IC1、IC2、IC3 和 IC4 含有以下主要功能器件。了解如下器件有利于对 LCD 模块进行编程。

（1）指令寄存器（IR）

IR 是用于寄存指令码，与数据寄存器数据相对应。当 D/I=0 时，在 E 信号下降沿的作用下，指令码写入 IR。

（2）数据寄存器（DR）

DR 是用于寄存数据的，与指令寄存器寄存指令相对应。当 D/I=1 时，在下降沿作用下，

图形显示数据写入 DR，或在 E 信号高电平作用下，由 DR 读到 DB7～DB0 数据总线。DR 和 DDRAM 之间的数据传输是模块内部自动执行的。

（3）忙标志：BF

BF 标志提供内部工作情况。BF=1 表示模块在内部操作，此时模块不接受外部指令和数据。当 BF=0 时，模块为准备状态，随时可接受外部指令和数据。利用 STATUS READ 指令，可以将 BF 读到 DB7 总线，来检验模块的工作状态。

（4）显示控制触发器 DFF

此触发器是用于模块屏幕显示开和关的控制。当 DFF=1 时为开显示（DISPLAY ON），DDRAM 的内容就显示在屏幕上，当 DFF=0 时为关显示（DISPLAY OFF）。DDF 的状态是由指令 DISPLAY ON/OFF 和 RST 信号控制的。

（5）XY 地址计数器

XY 地址计数器是一个 9 位计数器。高 3 位是 X 地址计数器，低 6 位为 Y 地址计数器，XY 地址计数器实际上是作为 DDRAM 的地址指针，X 地址计数器为 DDRAM 的页指针，Y 地址计数器为 DDRAM 的 Y 地址指针。X 地址计数器是没有计数功能的，只能通过指令设置。Y 地址计数器具有循环计数功能，各显示数据写入后，Y 地址自动加 1，Y 地址指针范围是从 0 到 63。

（6）显示数据 RAM（DDRAM）

DDRAM 是存储图形显示数据的。数据为 1 表示显示选择，数据为 0 表示显示非选择。

（7）Z 地址计数器

Z 地址计数器是一个 6 位计数器，此计数器具备循环计数功能，它是用于显示行扫描同步。当一行扫描完成，此地址计数器自动加 1，指向下一行扫描数据，RST 复位后 Z 地址计数器为 0。

Z 地址计数器可以用指令 DISPLAY START LINE 预置。因此，显示屏幕的起始行就由此指令控制，即 DDRAM 的数据从哪一行开始显示在屏幕的第 1 行。此模块的 DDRAM 共 64 行，屏幕可以循环滚动显示 64 行。

2．TG19264A 基于 Proteus ISIS 及 Keil C 的仿真

TG19264A 基于 Proteus ISIS 及 Keil C 的仿真电路，如图 10-93 所示。

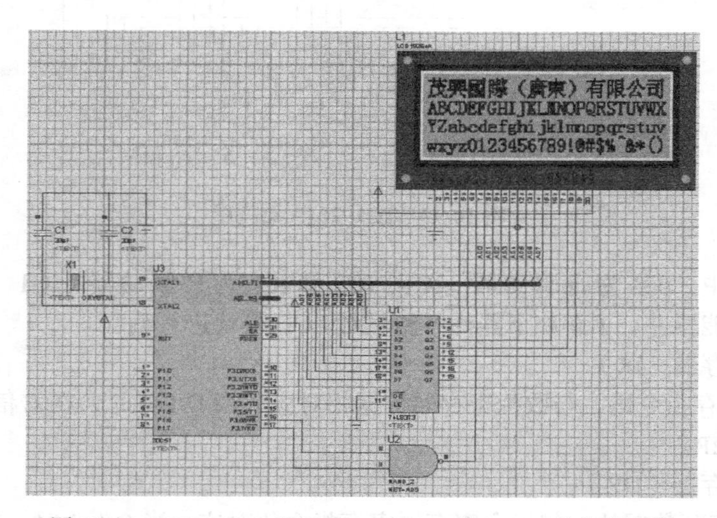

图 10-93　TG19264A 基于 Proteus ISIS 及 Keil C 的仿真电路

10.8.5 真空荧光显示器（VFD）及显示器接口

VFD 是一种特殊变体的三级真空管，电子从负极（灯丝）发射出来通过栅网加速，撞击正极表面附着的磷光体，从而发光。VFD 的优点如下。

- 自动发光装置；
- 高清晰度和高亮度使其具有更好的显示效果；
- 低压操作，低电耗；
- 可靠且使用寿命长；
- 具有从红色到蓝色等多种色彩，使用滤色器可获得更多色彩；
- 宽视角；
- 反应速度快；
- CIG（集成芯片玻璃）技术，包括驱动集成电路的 VFD。

VFD 和 LCD 一样，需要由专门的控制芯片来驱动其工作，其中 PT6311（如图 10-94 所示）便是其中的一种，下面来做具体介绍。

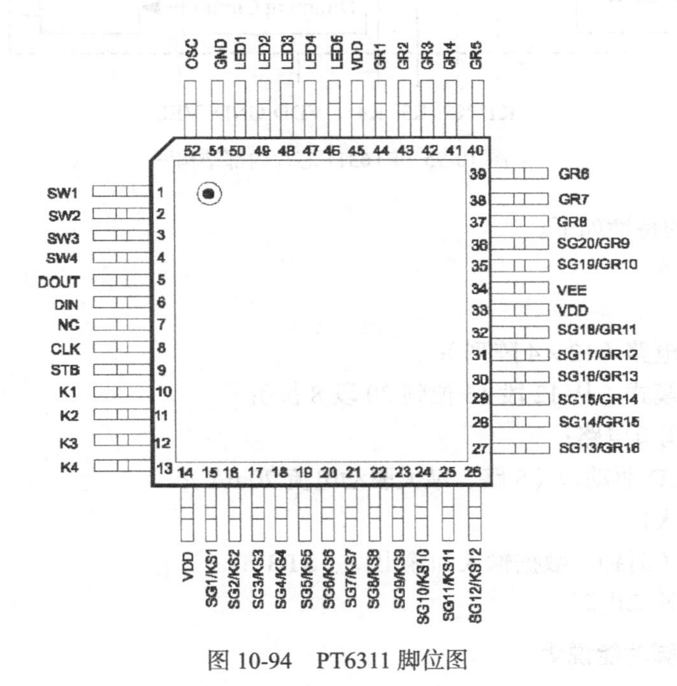

图 10-94　PT6311 脚位图

1．概述

PT6311 芯片是用来驱动 VFD 显示的驱动控制芯片。其内部结构图如图 10-95 所示。

PT6311 芯片与 NEC 公司的 uPD16311 管脚相兼容，能以 1/8～1/16 的工作周期（Duty Factor）驱动荧光显示，它内含 12 个区段（Segment）输出脚、8 个栅极（Grid）输出脚、8 个区段/栅极输出脚，足够一般的显示使用。它集显示存储单元、控制电路、键盘扫描等功能于一体，通过三线串行接口接收串行输入数据，易于与微控制器接口，是单片机系统驱动 VFD 显示的理想芯片。

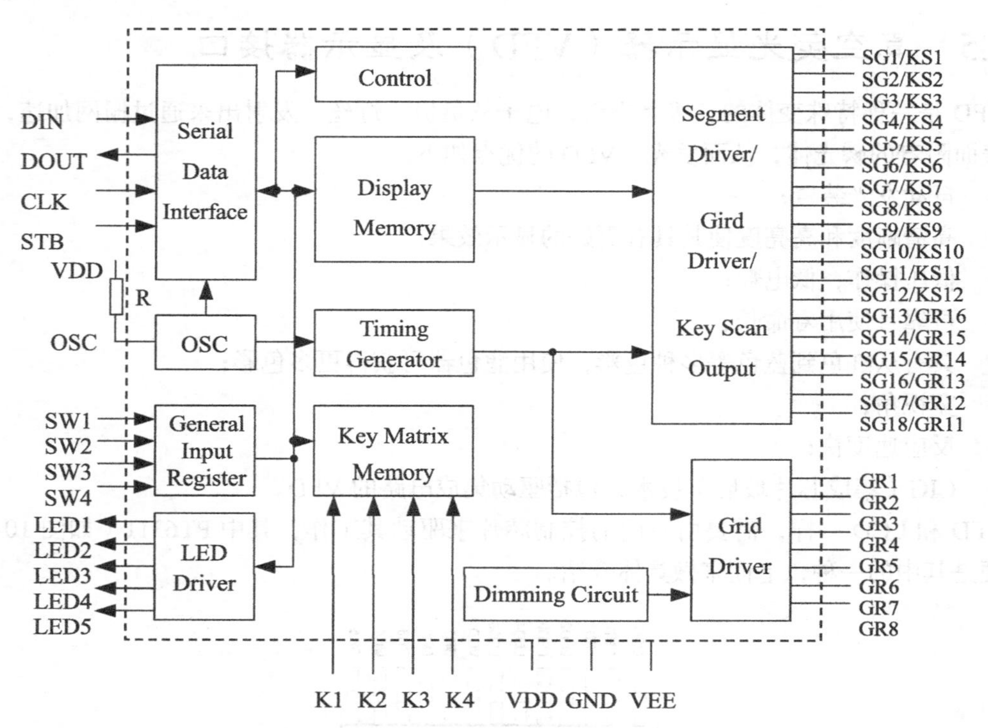

图 10-95　PT6311 芯片内部结构图

PT6311 芯片的特性如下。

- CMOS 技术；
- 低功耗；
- 键盘扫描电路（12×4 阵列）；
- 多种显示模式（从 12 段 16 位到 20 段 8 位）；
- 8 步亮度调节电路；
- 专用的 LED 驱动口（5 路、最大驱动电流 20mA）；
- 个通用输入口；
- 串行接口（时钟、数据输入和输出口、STB）；
- 输出无须外部电阻。

2．PT6311 引脚功能说明

PT6311 为 52 脚 QFP 封装形式。各引脚功能如表 10-13 所示。

表 10-13　PT6311 的引脚功能介绍

引 脚 名 称	I/O	说　　明	引　脚　号
SW1～SW4	I	这 4 个引脚可作为通用输入口	1～4
DOUT	O	数据输出（N 沟道、源极开路输出脚）：在时钟下降沿输出串行数据，低位在前	5
DIN	I	数据输入：在时钟上升沿输入串行数据，低位在前	6

续表

引 脚 名 称	I/O	说　明	引 脚 号
NC		悬空	7
CLK	I	时钟输入：在时钟上升沿输入串行数据，低位在前	8
STB	I	选通信号：STB 为“高”时，CLK 无效	9
K1～K4	I	按键：在显示周期结束后，这些脚上的数据被锁存	10～13
VDD		电源	14、33、45
SG1/KS1～SG12/KS12	O	段输出，又作为键盘扫描	15～26
SG13/Grid16～SG20/Grid9	O	段或位输出	36～35、32～27
VEE		负电源	34
Grid1～Grid8	O	位输出	44～37
LED1～LED5，	O	LED 输出口	50～46
VSS		地	51
OSC	I	振荡器：此脚接一个电阻，决定振荡频率	52

PT6311 的功能设定由 4 个命令来完成。命令用于设置显示驱动器的显示模式和状态。在 STB 下降沿后输入到 PT6311 的 DIN 脚的第一个字节作为命令。如果 STB 在传送命令或数据的同时由于某种原因被置高电平，串行通信被重新初始化，传送的数据和命令无效。

（1）命令 1：显示模式设置如图 10-96 所示。

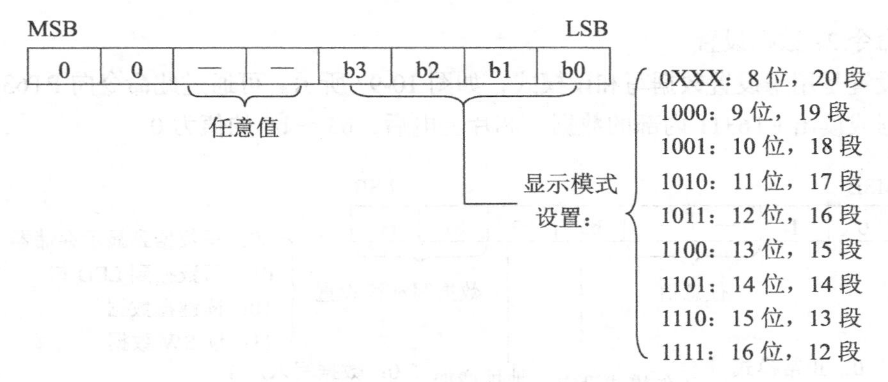

图 10-96　显示模式设置

在图 10-96 中，PT6311 提供了 8 种显示模式，8 个位中，b7、b6 设置为 0，b5、b4 为任意值，b3～b0 的值决定显示模式。当命令执行时，显示被强制关闭，键盘扫描也停止，只有当显示 ON 命令执行后才能恢复显示。芯片在上电后，默认模式为 16 位，12 段。由串行接口发送来的显示数据存放于显示存储器。8 位一个单元，地址如表 10-14 所示。段 17～段 20 的地址低 4 位有效，高 4 位忽略。格式如下：

b0　　　b3	b4　　　b7
XXH L	XXH U
低 4 位	高 4 位

表 10-14　PT6311 的地址表

SG1	SG4 SG5	SG8 SG9	SG12 SG13	SG16 SG17	SG20
00HL	00HU	01HL	01HU	02HL	DIG1
03HL	03HU	04HL	04HU	05HL	DIG2
06HL	06HU	07HL	07HU	08HL	DIG3
09HL	09HU	0AHL	0AHU	0BHL	DIG4
0CHL	0CHU	0DHL	0DHU	0EHL	DIG5
0FHL	0FHU	10HL	10HU	11HL	DIG6
12HL	12HU	13HL	13HU	14HL	DIG7
15HL	15HU	16HL	16HU	17HL	DIG8
18HL	18HU	19HL	19HU	1AHL	DIG9
1BHL	1BHU	1CHL	1CHU	1DHL	DIG10
1EHL	1EHU	1FHL	1FHU	20HL	DIG11
21HL	21HU	22HL	22HU	23HL	DIG12
24HL	24HU	25HL	25HU	26HL	DIG13
27HL	27HU	28HL	28HU	29HL	DIG14
2AHL	2AHU	2BHL	2BHU	2CHL	DIG15
2DHL	2DHU	2EHL	2EHU	2FHL	DIG16

（2）命令 2：数据设置

数据设置是用来设置数据写和读模式，如图 10-97 所示。可通过此命令向 PT6311 传送要显示的数据或读出 PT6311 内部的数据。芯片上电后，b3～b0 的值为 0。

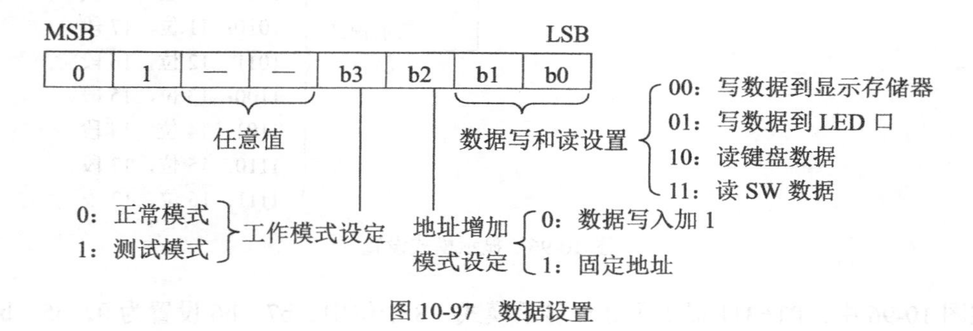

图 10-97　数据设置

键盘阵列与键值数据存储器：

PT6311 的键盘阵列由 K1～K4 作为行线，KS1～KS12 作为列线组成 12×4 的键盘阵列，如图 10-98 所示。

PT6311 完成键盘扫描后，每个键值的数据被存储在 PT6311 内的键值数据存储器中，键所在的位置与键值数据存储器对应关系如表 10-15 所示。可通过读命令从中读出键值，最低位在前。当最高位数据（SG12，b7）被读出后，最低位数据（SG1，b0）被作为下一个数据读出。

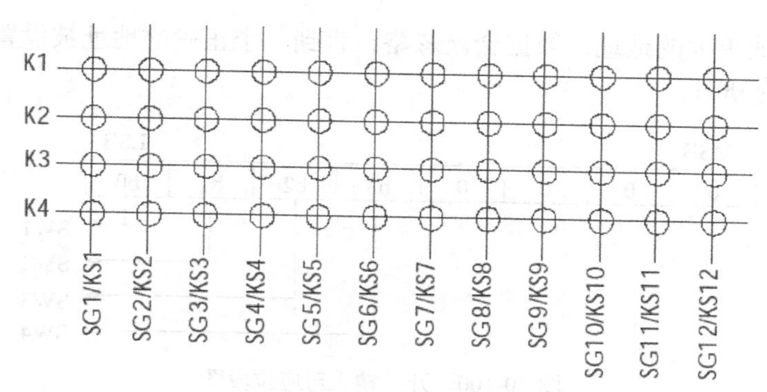

图 10-98　键盘阵列

表 10-15　键所在的位置与键值数据存储器对应关系表

K1　…　K4	K1　…　K4
SG1/KS1	SG2/KS2
SG3/KS3	SG4/KS4
SG5/KS5	SG6/KS6
SG7/KS7	SG8/KS8
SG9/KS9	SG10/KS10
SG11/KS11	SG12/KS12
b0　…　b3	b4　…　b7

读顺序

LED 显示：

PT6311 有 5 个 LED 输出口，对应为 LED1～LED5，可通过写命令把数据写到 LED 口，最低位在前，如图 10-99 所示。写“0”对应的 LED 亮；写“1”对应的 LED 灭。因为只有 5 个 LED 输出口，b5～b7 没有被使用。注意，上电时，b4～b0 的初始值为 1，所有 LED 灭。

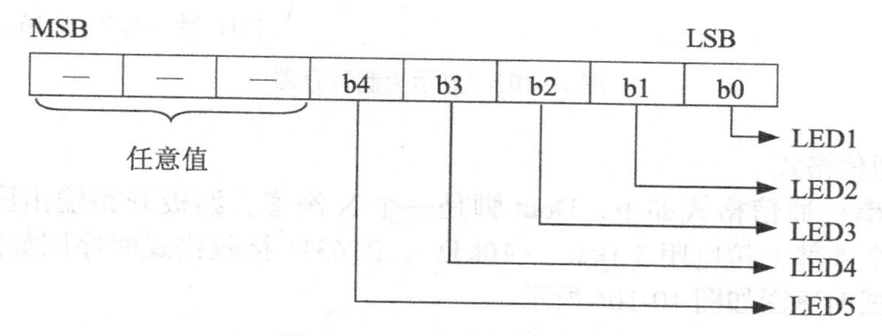

图 10-99　LED 显示位段图

开关数据：

PT6311 提供 4 个开关输入，即 SW1～SW4 开关数据可通过读命令读出，因为只有 4 个开关输入，b7～b4 均为 0，b3～b0 对应为 SW1～SW4 的开关数据，如图 10-100 所示。

（3）命令 3：地址设置

地址设置用来设置显示存储器的地址，格式如图 10-101 所示。有效地址为 00H～2FH，如果地址为 30H 或更大的地址，数据会被忽略，直到一个正确的地址被设置为止。芯片上电后，地址被设置为 00H。

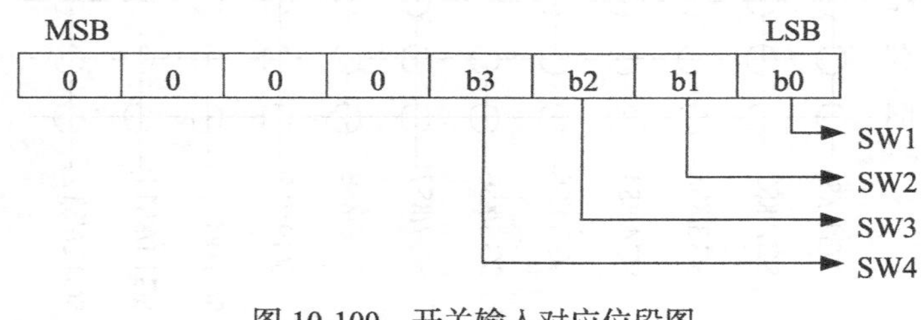

图 10-100　开关输入对应位段图

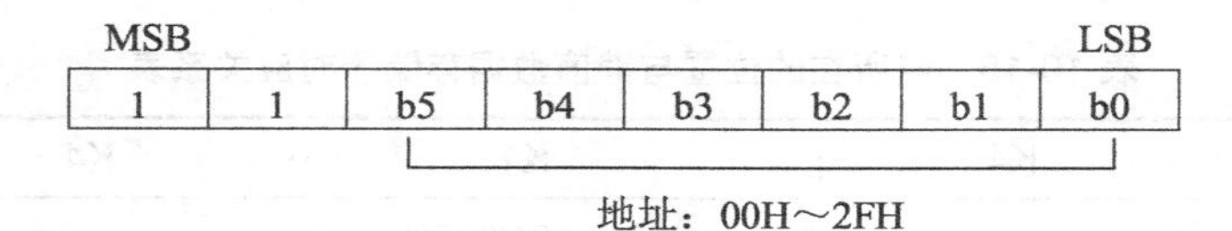

图 10-101　地址设置对应位段图

（4）命令 4：显示控制

显示控制命令用来开或关一个显示，同时还设置脉冲宽度，如图 10-102 所示。芯片上电后，1/16 脉宽被设置，显示被设置为关（键盘扫描停止）。

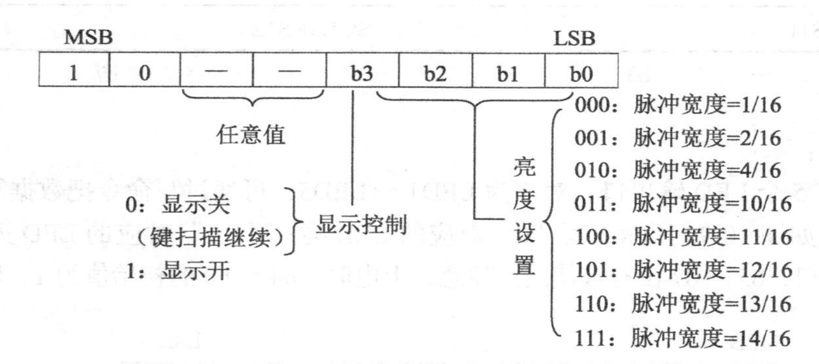

图 10-102　显示控制寄存器

（5）串行通信格式

PT6311 的串行通信格式如下，Dout 脚是一个 N 沟道、漏极开路输出脚，因此必须在这个脚上加一个外部上拉电阻（1kΩ ～ 10kΩ）。PT6311 接收格式时序图如图 10-103 所示。PT6311 发送格式时序图如图 10-104 所示。

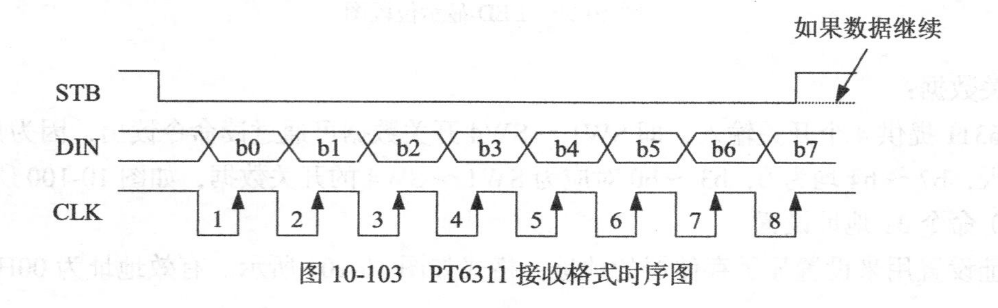

图 10-103　PT6311 接收格式时序图

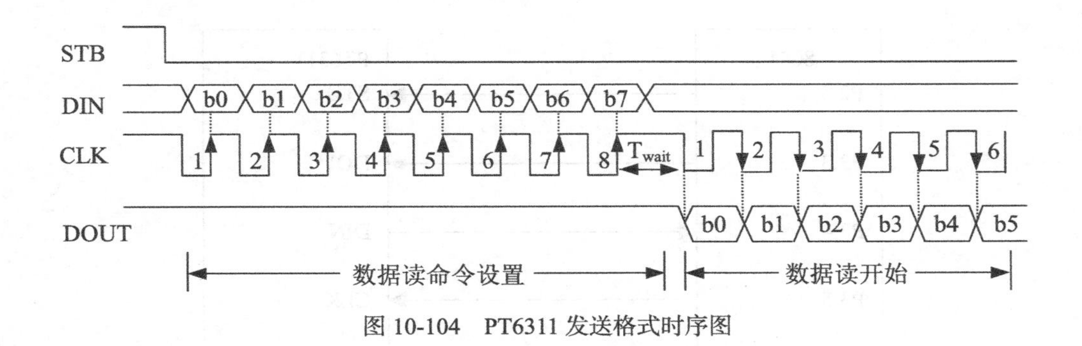

图 10-104　PT6311 发送格式时序图

这里：$T_{wait} \geqslant 1\mu s$。

下面给出了两种地址设定模式的流程图。

数据写入后地址加 1，如图 10-105 所示。

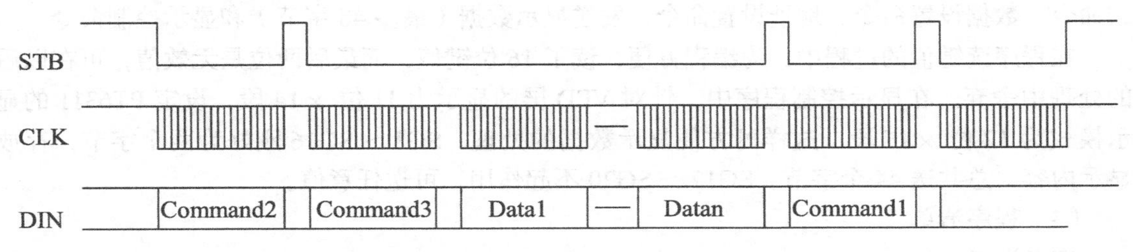

图 10-105　数据写入后地址加 1 的流程图

其中：Data1 ～ Datan：最多 48 字节。

数据写入固定地址的流程图如图 10-106 所示。

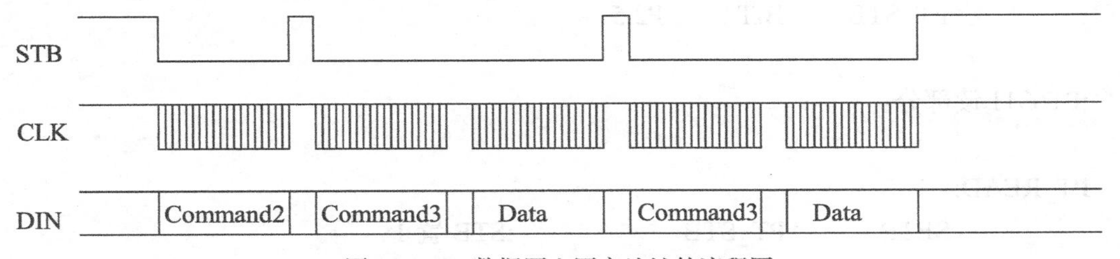

图 10-106　数据写入固定地址的流程图

3．PT6311 应用实例

在某一测量仪表中，显示器件为 VFD 屏，采用 PT6311 作为键盘和显示控制器件。其中按键的数量为 14 个，VFD 屏为 11 位 ×14 段的显示区域，故 PT6311 芯片完全可以满足要求。

（1）硬件接口，如图 10-107 所示。

图 10-107 中仅画出了 PT6311 与 8051 的接口，与 VFD 部分的接口略。

（2）软件说明

根据系统功能要求，PT6311 主要实现 14 个按键的扫描和 11 位 ×14 段的 VFD 屏显示功能，而无通用输入口和 LED 输出口等情况。PT6311 设置完后，可对其进行更新显示内容、读键值的操作。更新 PT6311 的显示内容有两种方式：一种是以地址加 1 的方式更新显示所有

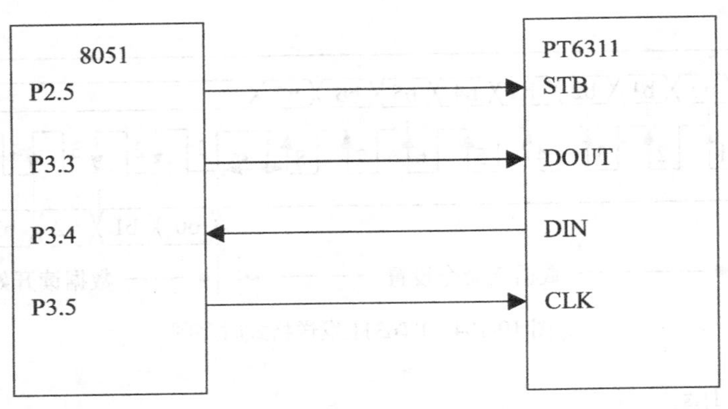

图 10-107　PT6311 与 8051 的硬件接口

内容；另一种是更新指定地址的显示内容。本程序采用前一种方式，操作步骤为：设置显示模式命令、数据设置命令、地址设置命令、发送显示数据（最多 48 字节）和显示控制命令。

在程序读键值的过程中，为编程方便，读了 16 位键值，而最后两位是无效值，可在以后的处理中舍弃。在显示控制程序中，针对 VFD 屏的显示为 11 位 ×14 段，设定 PT6311 的显示模式为 12 位 ×16 段，这样可方便显示数据的处理，SG1～SG16 刚好为两个字节，存放显示内容，总共送 44 个字节。SG17～SG20 不起作用，可送任意值。

（3）程序清单

定义端口：

```
        E_P_DI      BIT     P3.4
        E_P_DO      BIT     P3.3
        E_P_CLK     BIT     P3.5
        PT_STB      BIT     P2.5

;PT6311 读部分：

PT_READ:
        SETB    PT_STB          ;STB 置 1
        SETB    E_P_DO          ;DO 置 1
        SETB    E_P_CLK         ;CLK 置 1
        CLR     PT_STB          ;STB 清零
; 送命令 COMMAND2：
        CLR     E_P_DI          ;0 送 DI
        CLR     E_P_CLK         ; 发送一个时针信号，送命令位 0 进芯片
        SETB    E_P_CLK
        SETB    E_P_DI          ;1 送 DI，读键值
        CLR     E_P_CLK
        SETB    E_P_CLK
        CLR     E_P_DI          ;0 送 DI，数据写入后地址加 1
```

```
        CLR     E_P_CLK
        SETB    E_P_CLK
        CLR     E_P_DI          ;0 送 DI，正常工作模式
        CLR     E_P_CLK
        SETB    E_P_CLK
        CLR     E_P_DI          ;0 送 DI
        CLR     E_P_CLK
        SETB    E_P_CLK
        CLR     E_P_DI          ;0 送 DI
        CLR     E_P_CLK
        SETB    E_P_CLK
        SETB    E_P_DI          ;1 送 DI
        CLR     E_P_CLK
        SETB    E_P_CLK
        CLR     E_P_DI          ;0 送 DI
        CLR     E_P_CLK
        SETB    E_P_CLK

; 读键值
        MOV     R7,#2
        MOV     R0,#KEYDAT0     ; 键值存放单元地址送 R0
PTRD2:  CLR     A
        MOV     R6,#8
PTRD1:  CLR     E_P_CLK
        SETB    E_P_CLK
        MOV     C,E_P_DO        ; 键值送进位位
        RRC     A               ; 键值右移进 A
        DJNZ    R6,PTRD1
        MOV     @R0,A
        INC     R0
        DJNZ    R7,PTRD2
        SETB    PT_STB          ; 读完 16 个键值，结束
        RET

;PT6311 写部分：
PT_WR_0:
        MOV     R0,#G1L         ; 显示内容单元地址送 R0
        MOV     R7,#11          ; 送数长度送 R7
; 送命令 COMMAND1：设定显示为 12 位，16 段
```

```
        SETB        PT_STB
        SETB        E_P_CLK
        CLR         PT_STB
        SETB        E_P_DI
        CLR         E_P_CLK
        SETB        E_P_CLK
        SETB        E_P_DI
        CLR         E_P_CLK
        SETB        E_P_CLK
        CLR         E_P_DI
        CLR         E_P_CLK
        SETB        E_P_CLK
        SETB        E_P_DI
        CLR         E_P_CLK
        SETB        E_P_CLK
        CLR         E_P_DI
        CLR         E_P_CLK
        SETB        E_P_CLK
        CLR         E_P_DI
        CLR         E_P_CLK
        SETB        E_P_CLK
        CLR         E_P_DI
        CLR         E_P_CLK
        SETB        E_P_CLK
        CLR         E_P_DI
        CLR         E_P_CLK
        SETB        E_P_CLK
        SETB        PT_STB
        NOP
;送命令 COMMAND2:
        CLR         PT_STB
        CLR         E_P_DI
        CLR         E_P_CLK
        SETB        E_P_CLK
        CLR         E_P_DI
        CLR         E_P_CLK
        SETB        E_P_CLK
        CLR         E_P_CLK
        SETB        E_P_CLK
```

```
        CLR     E_P_CLK
        SETB    E_P_CLK
        CLR     E_P_DI
        CLR     E_P_CLK
        SETB    E_P_CLK
        CLR     E_P_DI
        CLR     E_P_CLK
        SETB    E_P_CLK
        SETB    E_P_DI
        CLR     E_P_CLK
        SETB    E_P_CLK
        CLR     E_P_DI
        CLR     E_P_CLK
        SETB    E_P_CLK
        SETB    PT_STB
        NOP
;送命令 COMMAND3：设定起始地址为 00H
        CLR     PT_STB
        CLR     E_P_DI
        CLR     E_P_CLK
        SETB    E_P_CLK
        CLR     E_P_DI
        CLR     E_P_CLK
        SETB    E_P_CLK
        CLR     E_P_DI
        CLR     E_P_CLK
        SETB    E_P_CLK
        CLR     E_P_DI
        CLR     E_P_CLK
        SETB    E_P_CLK
        CLR     E_P_DI
        CLR     E_P_CLK
        SETB    E_P_CLK
        CLR     E_P_DI
        CLR     E_P_CLK
        SETB    E_P_CLK
        SETB    E_P_DI
        CLR     E_P_CLK
        SETB    E_P_CLK
```

```
        SETB    E_P_DI
        CLR     E_P_CLK
        SETB    E_P_CLK
        NOP

;送数据 DATA:
PTWR04: MOV     R6,#8
        MOV     A,@R0           ;要显示的数据内容送 A
PTWR01: RRC     A               ;右移，由低到高按位送入
        MOV     E_P_DI,C
        CLR     E_P_CLK
        SETB    E_P_CLK
        DJNZ    R6,PTWR01
        INC     R0
        MOV     R6,#8
        MOV     A,@R0           ;送完 1 字节，再送另 1 字节
PTWR02: RRC     A
        MOV     E_P_DI,C
        CLR     E_P_CLK
        SETB    E_P_CLK
        DJNZ    R6,PTWR02
;因设定显示为 12 位，16 段，故 SG17～SG20 送任意值

        MOV     R6,#8
PTWR03: MOV     E_P_DI,C
        CLR     E_P_CLK
        SETB    E_P_CLK
        DJNZ    R6,PTWR03
        INC     R0
        DJNZ    R7,PTWR04
        SETB    PT_STB
        NOP

;送命令 COMMAND4：设定脉宽为 14/16，开显示

        CLR     PT_STB
        SETB    E_P_DI
        CLR     E_P_CLK
        SETB    E_P_CLK
```

```
SETB    E_P_DI
CLR     E_P_CLK
SETB    E_P_CLK
SETB    E_P_DI
CLR     E_P_CLK
SETB    E_P_CLK
SETB    E_P_DI
CLR     E_P_CLK
SETB    E_P_CLK
SETB    E_P_DI
CLR     E_P_CLK
SETB    E_P_CLK
SETB    E_P_DI
CLR     E_P_CLK
SETB    E_P_CLK
CLR     E_P_DI
CLR     E_P_CLK
SETB    E_P_CLK
SETB    E_P_DI
CLR     E_P_CLK
SETB    E_P_CLK
SETB    PT_STB
RET
```

10.9　基于 GSM 通信系统的电力接地线状态远程监控系统设计

在电力线路施工和维护中，为保证变配电设备和施工人员的安全，需要对电力线路进行可靠接地，其示意图如图 10-108 所示，且为了防止工人疏忽，需对其接地状态进行可靠的监控。对于分布广的电力线，在野外和恶劣环境下的数据采集和传输十分困难，如何解决数据传输和进行控制是十分重要的。数据的传输方式可采用有线传输（如有线的串、并行总线、I^2C 总线、CAN 总线等），也可采用无线传输。

在本实例中主要介绍一种和单片机密切相关的无线数据传输系统——电力接地线状态远程监控系统。目前该监控系统已经成功申请了国家专利。在本实例中通过对数据通信原理的简单叙述和 GSM 短消息的解析，重点介绍该系统的智能接地线监控装置（下位机）的设计，利用单片机对 G100A 短信模块控制实现数据的无线传输。这不仅可以使读者把所学理论知识加以升华，而且希望收到举一反三和触类旁通的效果。

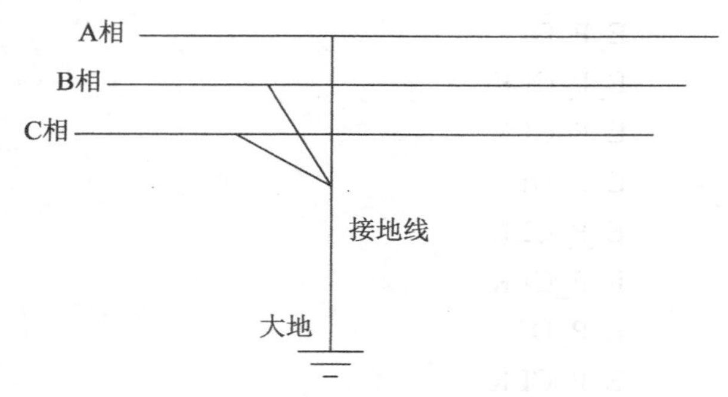

图 10-108　电力线接地示意图

10.9.1　电力接地线状态远程监控系统设计

随着全球移动通信系统 GSM 的迅速普及，短消息服务业务 SMS 作为 GSM 网络的一种基本业务日趋成熟。基于 SMS 短消息服务业务，以 GSM 通信系统作为无线传输网络，其占用系统资源少，建网速度快，投资费用少，利用现成的 GSM 网络为解决所提及问题提供了新方案——利用 GSM 网络短消息平台资源，实现了数据采集和处理。

对电力工业中电力线的接地状态测量，可提高施工的可靠性和安全性，本实例电力接地线状态远程监控系统正是利用单片机串口对 GSM 数据传输模块进行控制，实现接地状态的数据远程传输。系统由监控中心（上位机）和智能接地线监控装置（下位机）两部分组成。只需将智能接地线监控装置（下位机）接在电力线上，接地状态数据就会自动发送到监控中心。监控中心还可以通过 GSM 通信网络将数据转发到多个远程观测点，实现分布式多点远程观测。远程监控系统结构框图如图 10-109 所示。

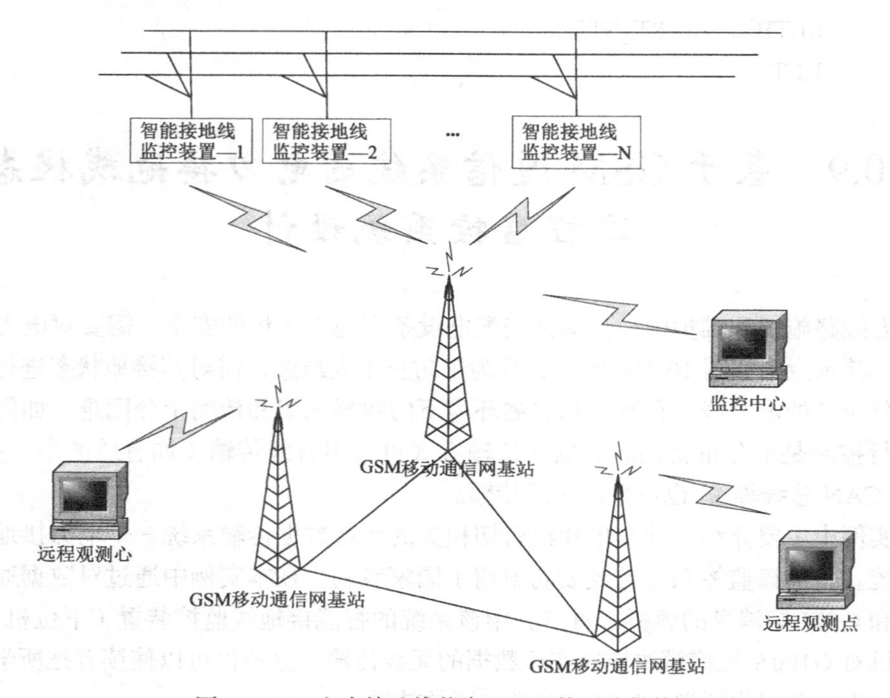

图 10-109　电力接地线状态远程监控系统结构图

监控中心由服务端监控程序和监控中心计算机、GSM 数据传输模块、IC 存储卡写入单元、打印机等组成。智能接地线监控装置由单片机系统、GSM 数据传输模块、接地状态检测电路和 IC 存储卡读卡单元等组成。上位机和下位机的结构方框图如图 10-110 和图 10-111 所示。

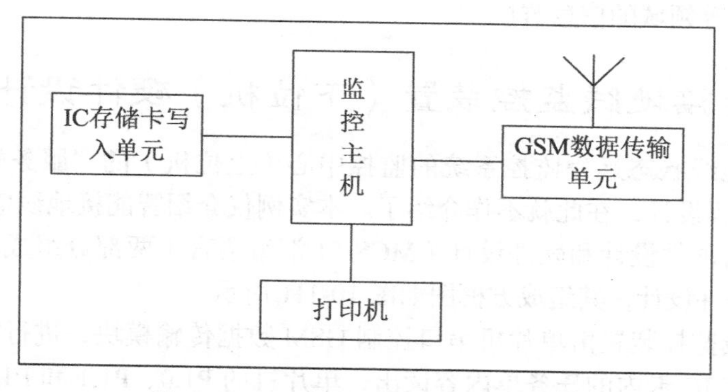

图 10-110　监控中心（上位机）方框图

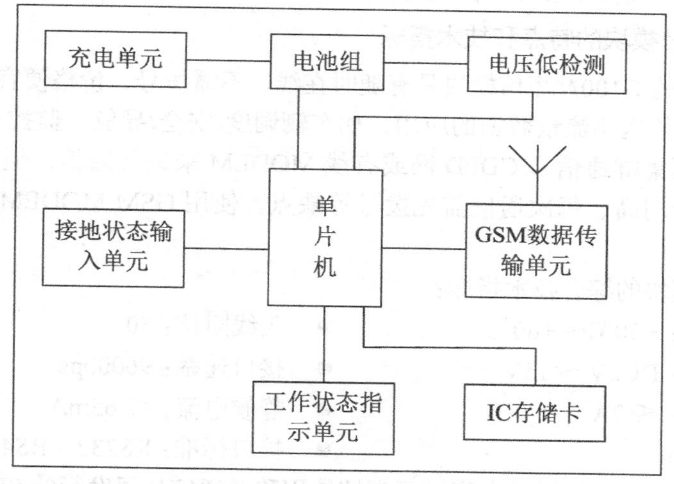

图 10-111　智能接地线监控装置（下位机）方框图

监控中心在专用的“服务端监控程序”的监控下，由施工负责人员下达施工任务单（任务单也称工作票，包括检修线路名称、线路施工负责人名称、检修设备号或电线杆号、施工挂接的接地线号、该接地线挂接施工人员名称）给施工人员，通过一个专用 IC 卡写入器写入信息到 IC 存储卡，监控中心在收到下位机发来的信息后，给下位机发送应答信号。

智能接地线监控装置以单片机 89C2051（89C2051 与 MCS-51 单片机完全兼容）作为控制器，读取 IC 卡中的内容，并和当前接地线状态数据，经过单片机处理后，一起打包送给 GSM 数据传输模块发送出去。监控中心通过 GSM 数据传输模块可以接收信息，由于任务单（工作票）是唯一的，故在监控主机上可以清楚地知道是哪一个施工点位置的智能接地线监控装置发送来的接地线状态信息和任务完成情况。通过“服务端监控程序”，使接地状态（是否接地和接地时间）、施工人员、负责人员、线路信息等显示在中心计算机屏幕上，还可以将这些信息转发给远程观测点，实现分布式多点远程观测，使有关管理部门随时了解目前线路施工的工作情况，实现对整个电力线线路系统检修施工的全面管理和控制。

该远程监控系统是集单片机应用技术，无线通信技术，系统软件工程的“三位一体”的智能化系统。本系统适合于移动、分散、无人值守的监测，可应用于冶金、石油能源、电力、水利、地质、农业等领域的信息监控。

10.9.2 智能接地线监控装置（下位机）硬件设计

由于电力接地线状态远程监控系统的监控中心（上位机）的“服务端监控程序”采用VC高级语言多线程设计，在此就不作介绍了。本实例仅介绍智能接地线监控装置（下位机）的设计，它主要由硬件设计和软件设计（MCS-51 汇编语言）两部分组成。下面分别给予说明，先介绍它的硬件设计，其组成方框图如图 10-111 所示。

该智能接地线监控装置由单片机串口控制 GSM 数据传输模块，进行接地状态的数据远程传输，将存储在 IC 卡内的任务单内容读出，单片机的 P1.0、P1.1 和 P1.2 引脚检测接地线状态数据，经过单片机处理后的数据和任务单中的线路施工信息一起打包送入 GSM 数据传输模块将信息发送给监控中心（上位机）。

1．G100A 短信模块的特点和技术指标

北京捷麦公司的 G100A 短信模块具有随时在线、不需拨号、价格便宜、覆盖范围广等特点，特别适合于需传送小流量数据的应用，如车辆调度/安全/导航、监控/监测等领域。以往这些领域往往采用集群通信、CDPD 网或有线 MODEM 来进行通信，但这些技术大多存在通信范围有限、费用高、每次通信需先拨号等缺点。使用 GSM-MODEM，这些问题便迎刃而解。

G100A 短信模块的综合技术指标：

- 工作温度：−30℃～+60℃
- 天线阻抗：50
- 输入电压：DC5V～15V
- 接口速率：9600bps
- 发射电流：≤ 2A
- 静候电流：≤ 65mA
- 重量：450g
- 接口标准：RS232、RS485、TTL 电平可选
- 模块的上盖板上有 SIM 卡座，可直接使用移动通信公司发行的 SIM 卡

G100A 短信模块集成了西门子 TC35 的 GSM 信道单元、信令转换单元、串口电平转换单元。其信令格式及应用开发极其简便。在应用中监控终端和监控服务器通过 RS232 接口连接 TC35T 来发送和接收 GSM 短消息，以及完成数据交换功能。语音编解码三位一体全速率，增强全速率及半速率（FR/EFR/HR）体积小及耗电量低；话音、传真、短信息及数据功能；为特定应用设计的 AT 命令遥控系统已通过 GSM Phase2+ 技术标准的所有认证；全屏蔽及即装即用。

内置 TC35 GSM 模块主要技术参数

- 调制方式：GMSK
- 占用带宽：≤ 200kHz
- 频率范围：890MHz～915MHz 1710MHz～1755MHz
- 杂散发射限值：≤ −30dBm
- 频率容限：≤ 0.1ppm
- 发射功率：≤ 33dBm+2Db

2．智能接地线监控装置电原理图

该装置的原理图主要由单片机 89C2051 及复位、晶振电路、GSM 数据传输模块、电平转换电路、电压比较器电路、单片机的保护电路和接口电路、IC 卡存储芯片以及继电器电路等组成。其电路原理图如图 10-112 所示。

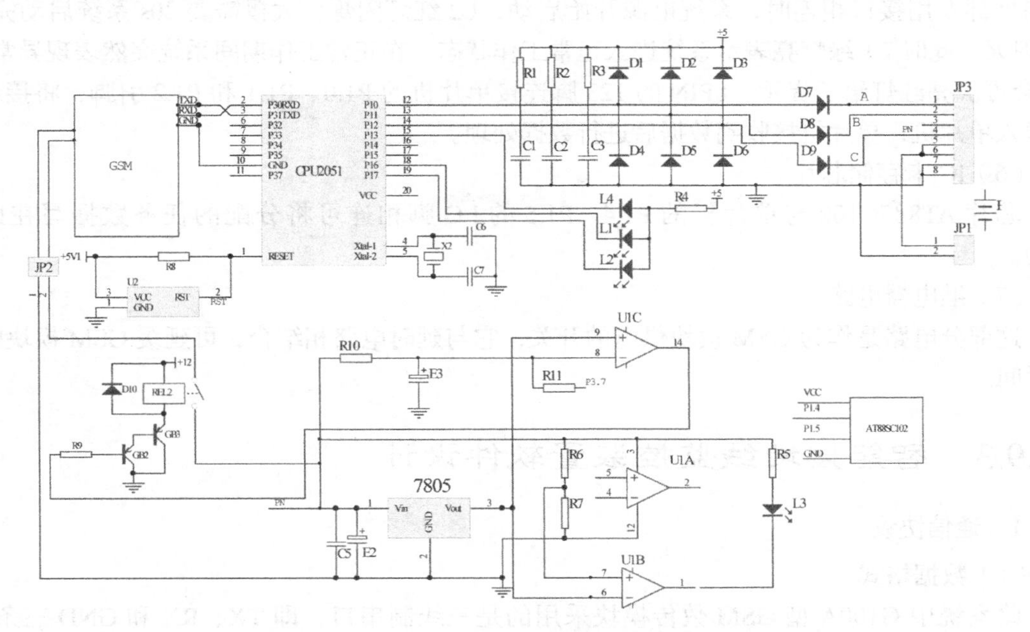

图 10-112　智能接地线监控装置电原理图（下位机）

现对各部分电路说明如下。

（1）单片机及复位、晶振电路

单片机 89C2051 是智能接地线监控装置系统的控制器（单片机 89C2051 与 MCS-51 单片机完全兼容），当单片机 89C2051 检测到接地数据后就会对数据进行处理，然后通过串行口把数据送到 GSM 数据传输模块中，GSM 数据传输模块利用 GSM 网络发送数据。远程接收端，也通过 GSM 模块接收到接地信号后，送入单片机处理，然后通过 232 接口送入监控中心（上位机）的计算机。另外此模块连接的 LMP810M 为单片机的复位芯片。晶振电路为单片机提供工作时钟周期。

（2）GSM 数据传输模块

通过串口与单片机相连，单片机控制 GSM 数据传输模块，可利用 GSM 网络将需要发送/接收的数据进行发送/接收。其优点是不受传输距离的约束，且实时性较好，传输数据的错误率较低。

（3）电平转换电路

通过三端稳压管 7805 将电池输入的电压转化为稳定的 5VDC，为单片机系统以及电压比较电路，继电器电路提供所需要的工作电压和基准电压。

（4）电压比较器电路

负责对电池电量的电压实时比较，主要通过电阻 R6 和 R7，对电池提供的电压与电压比较电路输出的5V电压进行比较，当R7分压低于5V时，灯L3红灯亮，说明此时电池电压低，需进行充电。

（5）单片机的保护电路和接口电路

这部分电路中L1、L2为系统工作状态指示灯，当8PIN的数据线、电源线、GND线接口与外部专用接口相连时，系统电源开始启动，L2红灯闪烁，大概需要20s系统启动完毕，L2熄灭。此时L1绿灯亮表示系统进入正常工作状态。在正常工作期间系统突然表现异常时，L2会再次亮红灯给予提示。8PIN的123脚连接单片机的P1.0、P1.1和P1.2引脚，将接地信号送入单片机，单片机接收到数据后进行数据处理。

（6）IC卡存储芯片

芯片AT88SC102与单片机的P1.4、P1.5的I/O脚相连可将分配的任务数据写在此芯片中。

（7）继电器电路

这部分电路是作为GSM模块供电的开关，它与延时电路相结合，可延缓GSM模块的上电时间。

10.9.3 智能接地线监控装置软件设计

1．通信协议

（1）数据格式

此系统中G100A型GSM数传模块采用的是三线制串口，即TX、RX和GND三条线，没有其他任何握手和数据流控制线。

其传输数据格式为：1个起始位、8个数据位、1个停止位，无校验（即51系列单片机串型通讯的方式1），串口速率为固定的9600bit/s。

（2）帧格式

无论是数据还是命令都用右面的格式来表示：

D7H	控制字节	信息

不管是命令还是数据，都有一个包头D7H，接着就是一个控制字节。本模块规定：当控制字节大于147时，数据包为命令，否则就为数据。比如命令D7HFFH参数，其中D7H为包头，FFH为控制字节，因FFH>147，故参数为命令字节。模块就是靠数据包的第2个字节来识别发给它的信息是命令信息还是数据信息的。

（3）发送用户数据语法

语法格式：

D7H	控制字节=UDL	STA	UD

UDL：要发送的除包头D7H以外总的数据长度。包括STA、UD和它本身的字节长度，因STA和UDL的字节长度一般是固定的，即固定为1+6=7个字节，所以其长度可由如下公式计算：

UDL数值=1+6+UD长度，接收方收到的时间字节也不包含在内。

STA：接收方的电话号码，即目的地址。号码需要进行格式转换。

UD：需要发送的有效数据。其总长度小于或等于140个字节。因为短信息的数据长度不能超过140个字节。

假设要发送 00H、11H、22H、33H、44H 和 55H 共 6 个字节数据，接收方的电话号码（目的地址）是 13655436789，UDL=0DH（13 个字节），STA=01H，36H，55H，43H，67H，89H，UD=00H，11H，22H，33H，44H，55H。

发送格式如下：

D7H	0DH	01H	36H	55H	43H	67H	89H	00H	11H	22H	33H	44H	55H

（4）接收用户数据语法

语法：

D7H	UDL	SOA	UD	DATE

SOA：发送方的电话号码，即源地址。

DATE：短信中心收到短信的时间，即发送方发送短信的时间。共 6 个字节的 BCD 码，依次是年、月、日、时、分、秒，其中 UDL 并不包含这 6 个字节。

假设收到上面发送来的 00H、11H、22H、33H、44H 和 55H 共 6 个字节数据，发送方的电话号码（源地址）是 13920855795，发送时间是 2003-08-12 13:21:21。UDL=0DH（13 个字节），SOA=01H，39H，20H，85H，57H，95H，UD=00H，11H，22H，33H，44H，55H。

接收到的数据格式如下：

D7H	0DH	01H	39H	20H	85H	57H	95H	00H	11H	22H	33H	44H	55H	03H	08H	12H	13H	21H	21

（5）电话号码的表示

GSM 短信模块是用 GSM 模块的短信息功能来传输数据的，所以在使用它传输数据的时候就要用到电话号码。为了规范和方便，下面介绍数据包中电话号码的表示方法。

数据包中用 6 个 8 位二进制字节表示电话号码，每个字节中高 4 位和低 4 位均用 BCD 码表示 1 位十进制的电话号码，这样每个字节可表示两位电话号码，6 个字节共可表示 12 位电话号码，因现行的电话号码均为 11 位，而 6 字节能表示 12 位十进制的 BCD 数，所以在传输数据表示电话号码时要将电话号码的前面补 0 以凑足 12 位。假设电话号码是 13501237654，转换成 6 节 BCD 码后变为 01H，35H，01H，23H，76H，54H。

将电话号码转换成数据包中 BCD 码的格式的步骤如下。

- 电话号码的左边补一个“0”；
- 从左向右每两位分成一组；
- 分别将各组转换成 BCD 码。

如果要将数据包中的数据还原成电话号码，步骤正好相反。

（6）所用术语

信息：信息是指 GSM 模块与上位机通信的内容。

数据：上位机通过串口，发送给模块 GSM 模块，通过 GSM 模块的无线发送及 GSM 网络传输给另一 GSM 模块的信息叫作数据。由上位机通过串口发送给 GSM 模块的数据叫作发送数据。由 GSM 模块收到短信后传送给上位机的数据叫作接收数据。数据的起始点是上位机，目的点是另一上位机。

命令：上位机通过串口，发送给 GSM 模块让模块执行一定的动作或 GSM 模块传送给上位机报送模块内的一些参数或状态的信息叫作命令。若命令的起始点是上位机，目的点则是 GSM 模块。

（7）命令集，如表 10-16 所示。

表 10-16　命令集

格　式	方　向	功　能
D7HFDH	模块→上位机	模块已工作。上电初始化完成后即返回此命令码
D7HFEH	上位机→模块	询问模块是否工作。初始化后用此命令询问模块，只要模块工作正常，会立即返回 D7HFDH，否则不返回任何命令码
D7HFAH	模块→上位机	数据已经成功发送。由于网络原因，发送相同的数据量所需要的时间也是不一样的，即延迟时间也是不相同的，所以发送数据时，要等到数据发送的回应命令码（D7HFAH 或 D7HFCH）后再发送下一次数据
D7HFCH	模块→上位机	数据发送失败，需要重新发送
D7HECH	上位机→模块	询问模块的软件版本
D7HECH	模块→上位机	回答软件版本。后跟 8 个字节的版本信息（ASC Ⅱ码）
D7HFBH	模块→上位机	模块忙
D7HFFH	模块→上位机	数据实际长度与字节长度不符。如果数据的实际长度小于长度字节所给的数据长度，则模块会用此次数据的最后一个字节来补足长度，继续发送数据。如果数据的实际长度大于长度字节所给的数据长度，模块会将多出的字节丢掉，并返回表示模块忙的命令码（D7HFBH）
D7HFBH	上位机→模块	系统复位

2．下位机发送数据程序

按照已设计的硬件电路，进行软件编程。下位机发送数据程序流程图如图 10-113 所示。只有在下位机检测到三相电力线与三相接地线同时连接才表示接地状态，而三相电力线与三相接地线同时断开才表示断开状态，在这两种状态下，89C2051 才通过串行口把状态数据信息送到 GSM 数据传输模块中，GSM 数据传输模块利用 GSM 网络将状态数据信息以短信方式发送出去。远程接收端，通过 GSM 数据传输模块接收到状态数据信息后，由单片机处理再通过 232 接口送入监控中心（上位机）的监控主机，在上位机端通过“服务端监控程序”显示出接地状态信息。

发送数据源程序如下：

```
        AA      EQU     P1.0                    ;A 相闭合检测
        BB      EQU     P1.1                    ;B 相闭合检测
        CC      EQU     P1.2                    ;C 相闭合检测
        OUT     EQU     P1.3                    ; 定义工作状态标志
        FLAG    EQU     00H                     ; 定义发送标志位
        T_DEL   EQU     30H                     ; 定义时间间隔
        T_10MS  EQU     31H                     ; 定义延时时间
;-------------------------------------------------------------------------------
        ORG     0000H
```

```
        LJMP    MAIN
        ORG     000BH                       ;定时器 0 中断入口地址
        LJMP    T0_INT
        ORG     0023H                       ;串行口中断入口地址
        LJMP    RT_INT
```

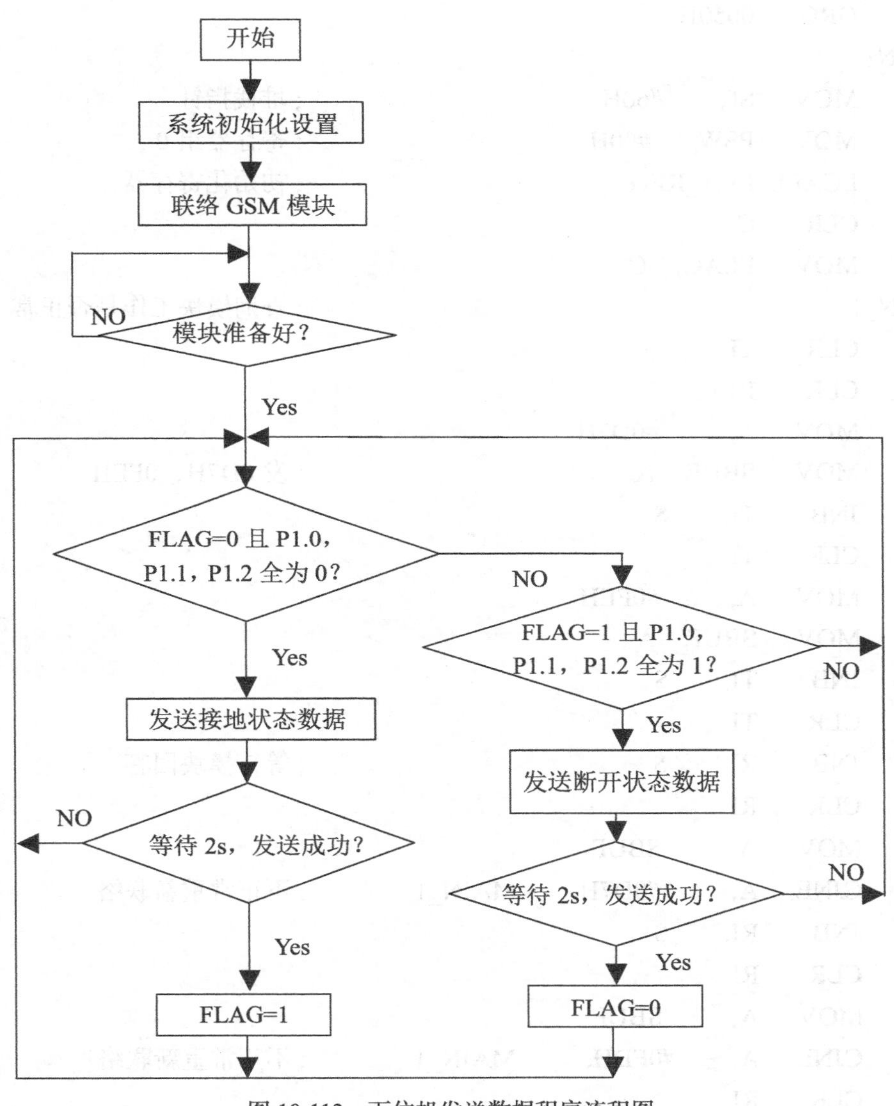

图 10-113　下位机发送数据程序流程图

```
        ORG     0030H
DATA1:                                      ;定义三相全接地时的 G100A 发送
        DB      0D7H, 0EH                   ;数据长度
        DB      01H,67H,01H,54H,54H,90H     ;定义手机号码为：16701545490
        DB      31H,31H,31H,33H,0D8H,0D8H,0EH  ;定义全接地时的发送数据
```

```
        ORG     0040H
DATA0:                                           ;定义三相断开时的发送数据长度
        DB      0D7H,0EH
        DB      01H,67H,01H,54H,54H,90H          ;定义手机号码为:16701545490
        DB      30H,30H,30H,33H,0D8H,0D8H,0EH    ;定义全断开时的发送数据
        ORG     0050H
MAIN:
        MOV     SP,     #60H                     ;堆栈指针
        MOV     PSW,    #00H                     ;寄存器组 0
        LCALL   INIT_REG                         ;初始化寄存器
        CLR     C
        MOV     FLAG,   C
MAIN_1:                                          ;查询模块工作是否正常
        CLR     TI
        CLR     RI
        MOV     A,      #0D7H
        MOV     SBUF,   A                        ;发 0D7H,0FEH
        JNB     TI,     $
        CLR     TI
        MOV     A,      #0FEH
        MOV     SBUF,   A
        JNB     TI,     $
        CLR     TI
        JNB     RI,     $                        ;等待模块回答
        CLR     RI
        MOV     A,      SBUF
        CJNE    A,      #0D7H,    MAIN_1         ;不正常重新联络
        JNB     RI,     $
        CLR     RI
        MOV     A,      SBUF
        CJNE    A,      #0FDH,    MAIN_1         ;不正常重新联络
        CLR     RI
MAIN_LOOP:
        CPL     P1.3                             ;P1.3 接发光二极管显示工作状态
        MOV     T_DEL,  #5
MAINLOOP1:                                       ;模块正常工作,查询接地状态
        JNB     FLAG,   PD1
        LCALL   NOW_OFF                          ;查询三相是否全断开
```

```
        JNC     PD1
        LCALL   SENDDATA0                           ; 发送三相全断开时的数据
        LJMP    PD2
PD1:
        JB      FLAG,   PD2
        LCALL   NOW_ON                              ; 查询是否三相全接地
        JC      PD2
        LCALL   SENDDATA1                           ; 发送三相全接地时的数据
PD2:
        MOV     A, T_DEL
        JZ      MAIN_LOOP
        SJMP    MAINLOOP1
;-------------------------------------------------------------------------------
; 定时器 0 中断子程序：    10ms 定时
T0_INT:
        PUSH    ACC
        PUSH    PSW
        MOV     TH0,    #0FCH
        MOV     TL0,    #66H                        ;1ms 时间常数
        MOV     A,      T_10MS
        JZ      T01
        DEC     T_10MS
        LJMP    T0_END
T01:
        MOV     T_10MS, #09H
        MOV     A,      T_DEL
        JZ      T0_END
        DEC     T_DEL                               ;10ms 减 1
T0_END:
        POP     PSW
        POP     ACC
        RETI
;-------------------------------------------------------------------------------
; 串行口接收/发送中断子程序
RT_INT:
        RETI
;-------------------------------------------------------------------------------
; 判断三相是否接地（P1.0、P1.1、P1.2 是否都为 0）
```

```
NOW_ON:
        MOV    A,     #0FFH
        MOV    P1,    A
        MOV    A,     P1                        ; 读 P1 口内容
        MOV    C,     ACC.0
        ORL    C,     ACC.1
        ORL    C,     ACC.2
        RET
;------------------------------------------------------------------
; 判断三相是否断开（P1.0、P1.1、P1.2 是否都为 1）
NOW_OFF:
        MOV    A,     #0FFH
        MOV    P1,    A
        MOV    A,     P1                        ; 读 P1 口内容
        MOV    C,     ACC.0
        ANL    C,     ACC.1
        ANL    C,     ACC.2
        RET
;------------------------------------------------------------------
; 初始化程序
INIT_REG:
        MOV    TMOD,  #21H                      ; 定时器 0 方式 1，16 位计数器
                                                ; 定时器 1 方式 2
        MOV    TH0,   #0FCH                     ; 定时器 0 设为 1 毫秒
        MOV    TL0H,  #66H                      ; 时间常数（11.0592M）
        ;MOV   TH1,   #0E8H
        ;MOV   TL1,   #0E8H                     ; 波特率为 1200
        ;MOV   TH1,   #0F4H
        ;MOV   TL1,   #0F4H                     ; 波特率为 2400
        ;MOV   TH1,   #0FAH
        ;MOV   TL1,   #0FAH                     ; 波特率为 4800
        MOV    TH1,   #0FDH
        MOV    TL1    #0FDH                     ; 波特率为 9600（11.0592M）
        MOV    PCON,  #0
        MOV    SCON,  #01010000B                ; 串行方式 1（异步接受/发送）
        MOV    IE,    #00010010B                ; 定时器 0、串行口中断允许
        SETB   TR0                              ; 启动定时器 0
        SETB   TR1                              ; 启动定时器 1
```

```
        SETB    EA                              ; 开中断
        SETB    PS                              ; 串行口中断高优先级
        CLR     ES                              ; 串行口中断允许
        RET
;-----------------------------------------------------------------------------
; 三相全断开时，发送的数据（从 E²PROM DATA0 开始的数据块）
SENDDATA0:
        LCALL  TESTREV0
        LCALL  COMTX
        MOV     T_DEL,    #200                  ;2s 定时
SD01:
        CLR     RI
SD04:
        JB      RI,   SD00
        MOV     A,     T_DEL
        JZ      SD0END
        LJMP    SD04
SD00:
        MOV     A,    SBUF                      ;2s 内收到 0FAH 表示已成功发送
        CJNE    A,    #0FAH,    SD01
        CLR     FLAG                            ; 置 0 表示已经成功发送断开状态数据
SD1END:
        RET
;-----------------------------------------------------------------------------
; 三相全接地时，发送的数据（从 E²PROM DATA1 开始的数据块）
SENDDATA1:
        LCALL  TESTREV1
        LCALL  COMTX
        MOV     T_DEL,   #200                   ;2s 定时
SD11:
        CLR     RI
SD14:
        JB      RI,      SD10
        MOV     A,       T_DEL
        JZ      SD1END
        LJMP    SD14
SD10:
        MOV     A,    SBUF                      ;2s 内收到 0FAH 表示已成功发送
```

```
        CJNE    A,    #0FAH,   SD11
        SETB    FLAG                              ; 置 1 表示已经成功发送接地状态数据
SD1END:
        RET
;--------------------------------------------------------------------------
; 取 DATA1 开始的数据块到 50H 开始的 RAM 中
TESTREV1:
        MOV     DPTR,   #DATA1
        MOV     R0,       #50H
        LJMP    TESTDATA1
;--------------------------------------------------------------------------
; 取 DATA0 开始的数据块到 50H 开始的 RAM 中
TESTREV0:
        MOV     DPTA,     #DATA0
        MOV     R0,        #50H
TESTDATA1:
        CLR     A
        MOVC  A,      @A+DPTR
        MOV     @R0,    A
        INC     DPTR
        INC     R0
        CJNE    A,   #0EH,   TESTDATA1
        RET
COMTX:                                            ; 串口发送 RAM 中 50H 开始的
        CLR     ES                                ; 单元中数据，"0E" 为结束标志
        MOV     R0,    #50H
COMTX1:
        MOV     A,     @R0
        CJNE    A,    #0EH,      COMTX2           ; 判断数据是否发送完
        RET
COMTX2:
        MOV     SBUF,   A
        JNB     TI,      $
        CLR     TI
        INC     R0
        AJMP    COMTX1
        END
```

思考与习题

1. 定时/计数器的控制字有哪些？分别简述其功能。
2. 定时/计数器的模式有哪些？比较其区别。
3. 简述中断系统的作用，并概述如何在程序中运用中断。
4. 简述串行接口的工作原理及其功能。
5. 单片机外部串行口的拓展总线有哪些？为什么串行口要进行拓展？简述其应用。
6. 有哪两种按键方式？分别简述其原理。
7. 试说明非编码键盘的工作原理，如何去键抖动？如何判断键释放？
8. 试设计一个 2×2 的矩阵式键盘电路并编写键盘扫描子程序。
9. 试说明 LED 静态显示和动态显示各自的特点。
10. 简述 LCD 液晶显示的原理。

第 11 章　基于 MCS-51 的 A/D、D/A 应用

单片机广泛应用于工业检测及过程的自动控制中，必须先把外部采集到的模拟量（如电压、电流、温度、压力、速度或加速度等）通过模/数转换器，即 A/D 转换器（Analog to Digital Converter，ADC）转换成数字量，送到计算机进行处理。所得结果再通过数/模转换器（Digital to Analog Converter，DAC）转换为与输入数字量成正比例的模拟量（如电压、电流或脉冲宽度等），去驱动执行部件完成对被控参数的控制。所以 D/A、A/D 转换器也是单片机在工业控制中不可缺少的部分。

11.1　A/D 转换原理及应用

11.1.1　ADC 转换原理及技术性能指标

A/D 转换器用于把被控对象的各种模拟信息变成计算机可以识别的数字信息。按转换原理通常可分为计数器式、双积分式、逐次逼近式和并行式等多种。计数器式 A/D 的结构简单，但转换速度慢，现已很少采用。双积分式 A/D 转换精度很高，抗干扰能力也强，但速度较慢，常用于数字测量仪表。逐次逼近式 A/D 转换速度较快，转换精度也较高，广泛应用于中高速的数据采集系统，但与双积分 A/D 相比抗干扰性较差，价格也较高。而并行式 A/D 的结构复杂，造价也高，用于需要极高转换速度的场合。

A/D 转换器的主要技术参数和性能指标如下。

（1）分辨率

n 位 A/D 转换器的分辨率为 2^{-n}，习惯上以二进制的位数或 BCD 码的位数表示，标志着 A/D 转换器对输入电压微小变化的响应能力。例如 8 位的 ADC 分辨率为输入满刻度值 VFS 的 1/256，当 VFS=5V 时，数字输出的最低位 LSB 所对应的电平值为 5V/256=0.02V，也即输入电压低于此值时，转换器无响应，数字输出量为 0。

（2）转换速率

转换速率是完成一次 A/D 转换所需要的时间的倒数。而完成一次 A/D 转换的时间指的是从输入转换的启动信号到转换结束所需的时间。不同型号的 ADC 差别很大，一般转换时间大于 1ms 为低速，1ms ～ 1μs 为中速，小于 1μs 为高速，小于 1ns 的为超高速。一般逐次逼近式的 A/D 转换器属于中速。

（3）转换精度

A/D 转换器的精度参数反映的是实际的 A/D 转换器与理想的 A/D 转换器之间的差别，可表示成绝对误差或相对误差。例如，ADC0801 8 位逐次逼近式 A/D 转换器其手册上给出的不可调整的总误差≤ ±1/4LSB，相对误差为 0.1%。

（4）电源抑制比

电源抑制比 PSRR 反映 A/D 转换器对电源电压变化的抑制能力，用改变电源电压使数据发生 ±1LSB 变化时所对应的电源电压变化范围来表示。

11.1.2 ADC0809 与单片机的接口与应用

1．ADC0809A/D 转换器

ADC0809 是 8 路 8 位逐次逼近式的 A/D 转换器。该器件的主要性能如下。

- 采用单一的 +5V 电源逐次逼近式 A/D 转换。工作时钟典型值为 640kHz，转换时间约为 100μs。
- 分辨率为 8 位二进制码，总失调误差为 ±1LSB。
- 模拟量输入电平范围为 0V ～ 5V，不需要零点和满度调节。
- 具有 8 通道模拟量选通开关控制，可以直接接入 8 个单端模拟量。
- 数字量输出采用三态逻辑，输出符合 TTL 电平。

ADC0809 内部逻辑结构如图 11-1 所示。

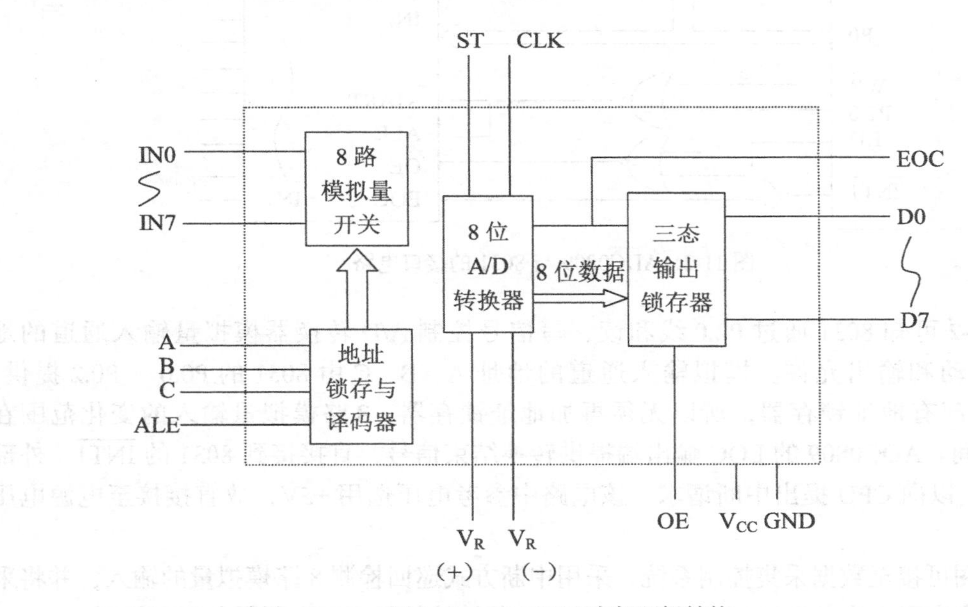

图 11-1　ADC0809 内部逻辑结构

ADC0809 引脚功能如下。

- IN0 ～ IN7：8 个模拟输入通道的输入引脚。
- D0 ～ D7：8 位数字量输出引脚，输出转换结果。
- START：启动信号输入引脚。A/D 转换由正脉冲启动，其上升沿使 ADC0809 复位，下降沿启动 A/D 转换。
- ALE：地址锁存允许信号，输入。A、B、C 三位地址码被送入内部的地址锁存器中，以选择模拟输入通道。

- EOC：转换结束信号，输出。启动信号后经延时，使 EOC 降为低电平，待转换结束，恢复到高电平。
- OE：输出允许信号，输入。高电平有效。
- CLK：时钟信号，典型值为 640kHz，范围为 10kHz～1280kHz。
- V_R（+）和 V_R（-）：参考电压的正负端输入引脚。用来与输入的模拟信号进行比较，作逐次逼近的基准。其典型值为 V_R（+）=+5V，V_R（-）=0V。
- Vcc 和 GND：+5V 的电源和地。

2．ADC0809 与 MCS-51 单片机的接口

如图 11-2 所示为 MCS-51 单片机与 ADC0809 的接口电路。

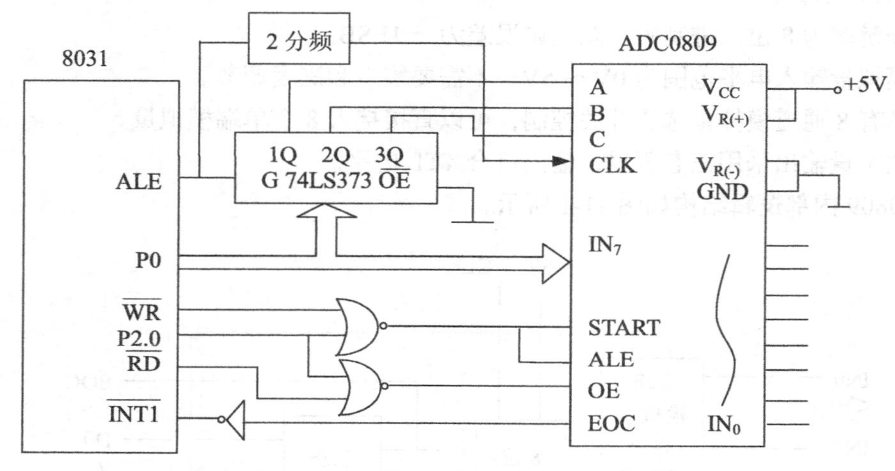

图 11-2　ADC0809 与 8031 的接口电路

由图 11-2 可知 8031 通过 P2.0 线和读、写信号控制 A/D 转换器模拟量输入通道的地址锁存，启动和输出允许。模拟输入通道的地址 A、B、C 由 8031 的 P0.0～P0.2 提供。ADC0809 内部有地址锁存器，所以无须再加地址锁存器。8 路模拟量输入的变化范围在 0V～5V 之间。ADC0809 的 EOC 输出端提供转换结束信号，直接接到 8031 的 $\overline{INT1}$（外部中断 1）上，以向 CPU 提出中断请求。该电路中参考电压选用 +5V，故直接接至电源电压 Vcc 上即可。

该接口图可接至数据采集控制系统，采用中断方式巡回检测 8 路模拟量的输入，并将采集到的数据依次存入片内 RAM 70H～77H 单元。其初始化程序和中断服务程序如下：

初始化程序：

```
        ORG     0000H
        SJMP    START
        ORG     0013H
        AJMP    INTR1
START:  MOV     R0,     #70H        ; 片内 RAM 首址→ R0
        MOV     R2,     #08H        ;8 路通道计数器
        SETB    IT1                 ; 设 INT1 为边沿触发
```

```
        SETB    EX1                     ; 开放外部中断 1
        SETB    EA                      ;CPU 开中断
        MOV     DPTR,  #0FEF8H          ; 指向 0809 的 0 通道
READ:   MOVX    @DPTR,  A               ; 启动 A/D
HERE:   SJMP    HERE                    ; 等待中断
        DJNZ    R2,    READ             ;8 路未全部采完，继续
        ...
中断响应服务程序：
INTR1:  MOVX    A,    @DPTR             ; 读取转换数据
        MOV     @R0,   A                ; 存入片内 RAM
        INC     DPTR                    ; 更新为下一通道
        INC     R0                      ; 更新为下一 RAM 单元
        RETI
```

11.1.3　MC14433 与单片机的接口及应用

双积分式 A/D 转换器的转换速度慢，但精度可做得比较高，对周期性变化的干扰信号积分后为零，抗干扰性能很好。目前双积分式 A/D 转换器应用于数字测量仪器上较多。适用于单片机接口的有 32 位双积分 A/D 转换器、MC14433（精度相当于 11 位二进制数）和 4-1/2 双积分 A/D 转换器 ICL7135（精度相当于 14 位二进制数）等。

1．MC14433 A/D 转换器

MC14433（5G14433）采用双积分原理完成 A/D 转换，全部转换电路用 CMOS 大规模集成电路技术设计，具有功耗低、精度高、功能完整、使用简便及与其他电路兼容等优点。

其主要特性参数如下。

- 转换精度：读数的 ±0.05%±1 个字（3-1/2 位的十进制，相当于 11 位二进制数）。
- 电压量程：1.999V 和 199.9mV 两档。量程扩展通过外加控制电路实现。
- 转换速度为 3～10 次/秒，相应的时钟频率变化范围为 50kHz～150kHz。
- 基准电压取 2V 或 200mV（相应量程为 1.999V～199.9mV）。
- 有过量程和欠量程标志信号输出，配上控制电路可完成自动量程切换。
- 片内具有自动极性转换和自动调零功能。
- 转换结果的输出形式为经过多路调制的 BCD 码，并有多路调制选通脉冲输出，通过外接译码电路可实现 LED 动态扫描显示或 LCD 显示。
- 输入阻抗大于 100MΩ。
- 工作电压范围：±4.5V～±8V 或 9V～16V。电源为 ±5V 时，典型功耗为 8mW。

MC14433A/D 转换器为 24 脚双列直插式封装，其管脚排列如图 11-3 所示，引脚的功能介绍如下：

- V_{AG}：模拟地，作被测电压 V_X 和基准电压 V_{REF} 的地。
- V_{REF}：基准电压输入端。
- V_X：被测电压输入端。

- R_1：外接积分电阻端。
- C_1：外接积分元件端，积分波形输出端。
- C_{01}、C_{02}：外接失调补偿电容端，通常取 0.1μF。
- DU：定时输出控制端，若输入一个正脉冲，则使转换结果送至结果寄存器。
- EOC：转换周期结束标志输出。每个 A/D 转换周期结束时，EOC 端输出一正脉冲，宽度为时钟信号周期的 1/2。实际使用时，DU 常和 EOC 端相连，每次转换结束都送到输出锁存器。
- CLK0、CLK1：时钟信号输入、输出端。
- $\overline{\text{OR}}$：过量程标志，当 $|V_X|>V_R$ 时，输出低电平。
- DS4～DS1：复路调制选通脉冲信号输出的个位、十位、百位和千位。
- Q0～Q3：A/D 转换结果输出信号（BCD 码），Q0 为 LSB 位，Q3 为 MSB 位。
- V_{EE}：负电源端，整个电路的电源负端。主要作为内部模拟部分的负电源。而所有输出驱动电路的电流不流过该端，而是流向 V_{SS} 端。
- V_{SS}：数字地。输出的低电平基准。
- V_{DD}：正电源端。

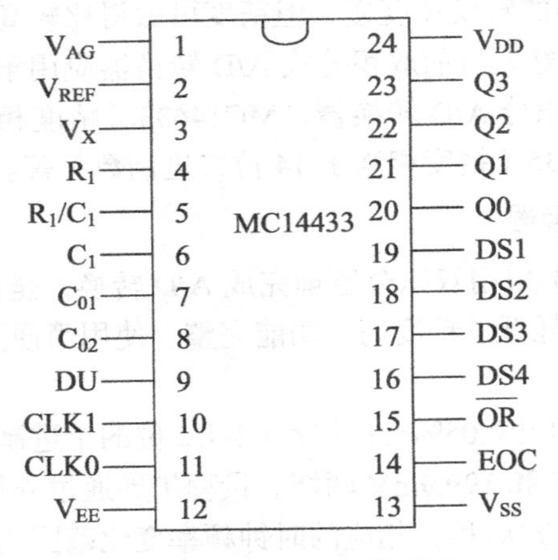

图 11-3　MC14433 管脚排列图

2．MC14433 与 MCS-51 单片机的接口

MC14433 最典型的应用是作为数字表头 A/D 转换电路。此外，它有与微机交换信息的特殊功能，使用更为方便。但用作数据采集 A/D 芯片时，只适用于低速采集。其抗干扰能力较强，精度也较高。如图 11-4 所示是 MC14433 与 MCS-51 单片机中的 8031 的直接接口电路。MC14433 输出数据 Q0～Q3、DS1～DS4 与 8031 的 P1 口相连，EOC 与 DU 端相连，所以 MC14433 能自动连续转换。8031 读取 A/D 转换结果，既可用中断方式，又可用查询方式。采用中断方式时，EOC 端输出的正脉冲经反相后与 8031 外部中断输入端 $\overline{\text{INT0}}$ 或 $\overline{\text{INT1}}$ 相连。采用查询方式时，EOC 端可接入 8031 任一 I/O 或扩展 I/O 口。

根据图 11-4 所示的接口，将 A/D 转换接口由 8031 控制采集后送入片内 RAM 中的 2EH、2FH 单元，给定的数据存储格式如下：

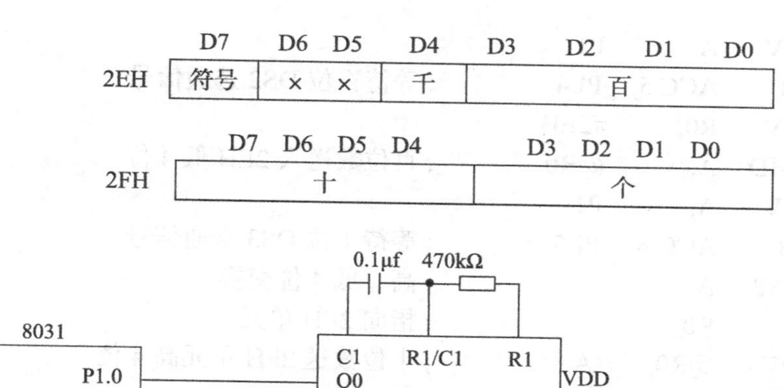

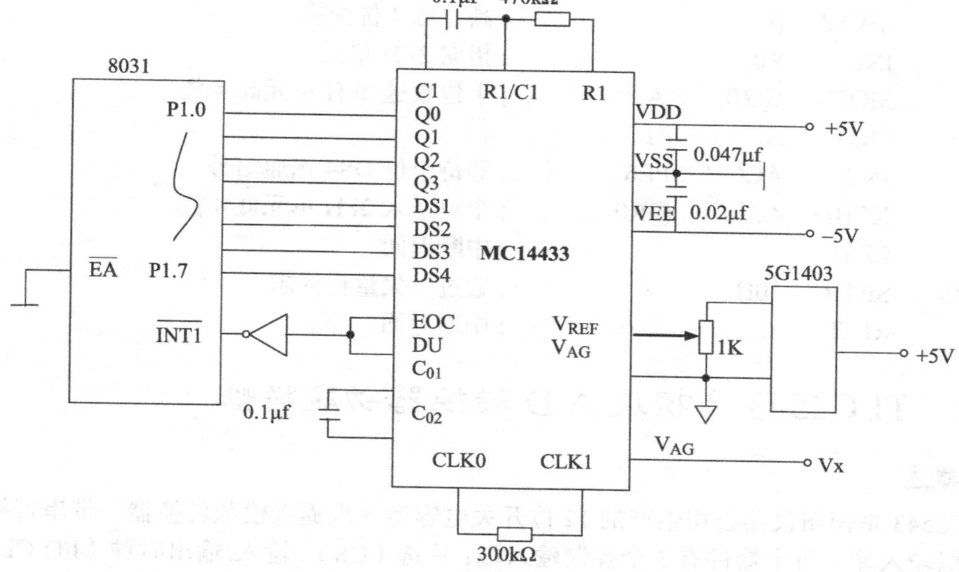

图 11-4　MC14433 与 8031 直接接口电路

MC14433 上电后，即对外部模拟输入电压信号进行 A/D 转换，当 8031 开放中断时，允许 $\overline{\text{INT1}}$ 中断请求，并置外部中断为边沿触发方式，执行下列程序后，每次 A/D 转换结束时，都将把 A/D 转换结果送入片内 RAM 中的 2EH、2FH 单元。

初始化程序：

```
INIT1:  SETB   IT1                 ;选择INT1边沿触发方式
        MOV    IE,    #84H         ;CPU开中断，允许外部中断1INT1
```

外部 $\overline{\text{INT1}}$ 中断服务程序：

```
PINT1:  MOV    A,      P1
        JNB    ACC.4, PINT1        ;等待DS1选通信号
        JB     ACC.0, PER          ;查是否过、欠量程，是则转至PER
        JB     ACC.2, PL1          ;判断结果的正负，1为正，0为负
        SETB   77H                 ;为负数，符号位置1，77H为符号位地址
        AJMP   PL2
PL1:    CLR    77H                 ;正数，把符号位置0
PL2:    JB     ACC.3,   PL3        ;查千位（1/2位）数为0或1
        SETB   74H                 ;千位数置1
        AJMP   PL4
PL3:    CLR    74H                 ;千位数置0
```

```
PL4:    MOV    A,      P1
        JNB    ACC.5,  PL4        ；等待百位 DS2 选通信号
        MOV    R0,     #2EH
        XCHD   A,      @R0        ；百位数送入 2EH 低 4 位
PL5:    MOV    A,      P1
        JNB    ACC.6,  PL5        ；等待十位 DS3 选通信号
        SWAP   A                  ；高、低 4 位交换
        INC    R0                 ；指向 2FH 单元
        MOV    @R0,    A          ；十位数送 2FH 单元高 4 位
PL6:    MOV    A,      P1
        JNB    ACC.7,  PL6        ；等待个位 DS4 选通信号
        XCHD   A,      @R0        ；个位送入 2FH 单元低 4 位
        RETI                      ；中断返回
PER:    SETB   10H                ；置过、欠量程标志
        RETI                      ；中断返回
```

11.1.4　TLC2543 高精度 A/D 转换器功能特性

1．概述

TLC2543 是德州仪器公司生产的 12 位开关电容型逐次逼近模数转换器，带串行控制和 11 个模拟输入端。每个器件有 3 个控制输入端：片选（$\overline{CS}$）、输入/输出时钟（I/O CLOCK）以及地址输入端（DATA INPUT），它还可以通过一个串行的三态输出端（DATA OUT）与主处理器或其外围的串行口通信输出转换结果，并可以从主机高速传输数据。

除了高速的转换器和通用的控制能力外，TLC2543 有一个片内的 14 通道多路器，可以在 11 个输入通道或 3 个内部自测试（self-test）电压中任意选择一个。采样/保持是自动的，在转换结束时转换结束（EOC）输出端变高以指示转换的完成。其转换器结合外部输入的差分高阻抗的基准电压，具有简化比率转换、模拟电路与逻辑电路和电源噪声隔离的特点，开关电容的设计可以使在整个温度范围内有较小的转换误差。

（1）TLC2543 的引脚排列及说明

TLC2543 有两种封装形式：DB、DW 或 N 封装以及 FN 封装，这两种封装的引脚排列如图 11-5 所示，引脚说明如表 11-1 所示：

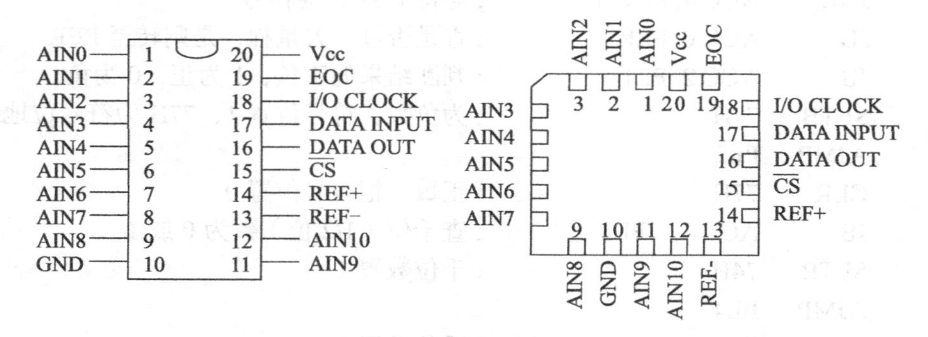

图 11-5　TLC2543 的两种封装形式

表 11-1　TLC2543 引脚说明

引 脚 号	名　　称	I/O	说　　明
1～9，11、12	AIN0～AIN10	I	模拟输入端：这 11 个模拟信号输入由内部多路器选择，4.1MHz 的 I/O CLOCK，驱动源阻抗必须小于或等于 50Ω，并且须用 60pF 的电容来限制模拟输入电压的斜率
15	$\overline{CS}$	I	片选端：在 $\overline{CS}$ 端的一个由高至低变化，将复位内部计数器并控制和使能 DATA OUT、DATA INPUT 和 I/O CLOCK；一个由低至高的变化，将在一个设置时间内禁止 DATA INPUT 和 I/O CLOCK
17	DATA INPUT	I	串行数据输入端：一个 4 位的串行地址选择下一个即将被转换的模拟输入或测试电压。在 I/O CLOCK 的前 4 个上升沿时，移入 4 个地址位并读入地址寄存器后，I/O CLOCK 将剩下的几位依次输入
16	DATA OUT	O	用于 A/D 转换结果输出的三态串行输出端：DATA OUT 在 CS 为高时处于高阻抗状态，而当 CS 为低时处于激活状态。CS 一旦有效，按照前一次转换结果的 MSB/LSB 值将 DATA OUT 从高阻抗状态转变成相应的逻辑电平，I/O CLOCK 的下一个下降沿根据下一个 MSB/LSB 将 DATA OUT 驱动成相应的逻辑电平，剩下的各位依次移出
19	EOC	O	转换结束端：在最后的 I/O CLOCK 下降沿之后，EOC 从高电平变为低电平并保持低，直到转换完成及数据准备传输
10	GND		地：GND 是内部电路的地回路端，除另有说明外，所有电压测量都相对于 GND
18	I/O CLOCK	I	输入/输出时钟端，I/O CLOCK 接收串行时钟输入并完成以下 4 个功能： （1）在 I/O CLOCK 的前 8 个上升沿它将 8 个输入数据位输入输入数据寄存器，在第 4 个上升沿之后多路器动作生效； （2）在 I/O CLOCK 的第 4 个下降沿在选定的多路器的输入端上的模拟输入电压开始向电容器充电并继续到 I/O CLOCK 的最后一个下降沿； （3）它将前一次转换的数据的其余 11 位移出 DATA OUT 端，在 I/O CLOCK 的下降沿时数据变化； （4）在 I/O CLOCK 的最后一个下降沿它将转换的控制信号传送到内部的状态控制位
14	REF+	I	正基准电压端：基准电压的正端通常为 Vcc，被加到 REF+，最大的输入电压范围取决于加于本端与加于 REF− 端的电压差
13	REF−	I	负基准电压端：基准电压的低端通常为地，被加到 REF−
20	Vcc		正电源端

（2）TLC2543 的主要特性

TLC2543 的主要特性如下。

- 12 位分辨率 A/D 转换器；
- 在温度范围内 10μs 转换时间；
- 11 个模拟输入通道；
- 三路内置自测试方式；

- 固有的采样与保持；
- 线性误差 1LSB Max；
- 片内系统时钟；
- 转换结束 End-of-Conversion EOC 输出；
- 单极性或双极性输出；
- 可编程的 MSB 或 LSB 前导；
- 可编程的输出数据长度。

（3）TLC2543 的功能方块

TLC2543 的功能方框图如图 11-6 所示。

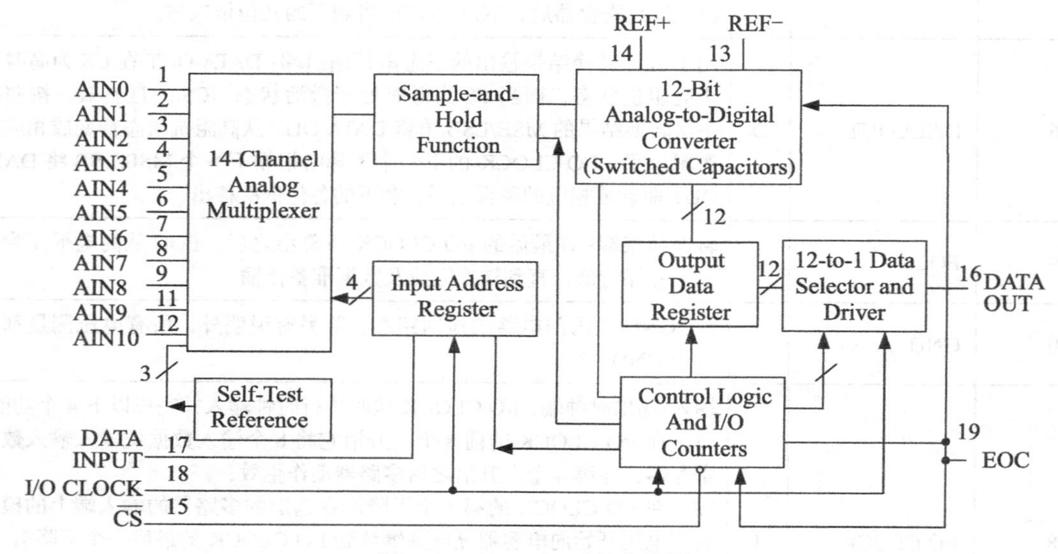

图 11-6　TLC2543 功能方块图

2．功能说明

（1）工作时序

转换器的工作分成两个连续的不同周期：I/O 周期和实际转换周期。

I/O 周期由外部提供的 I/O CLOCK 定义，延续 8、12 或 16 个时钟周期，这取决于选定的输出数据的长度。在 I/O 周期中可同时发生两种操作：

① 一个包括地址和控制信息的 8 位数据流被送到 DATA INPUT。这个数据在前 8 个输入/输出时钟的上升沿时被移入器件，当 12 或 16 个 I/O 时钟传送时，在前 8 个时钟之后 DATA INPUT 便无效。

② 在 DATA OUT 端串行地提供 8、12 或 16 位长度的数据输出。当 $\overline{\text{CS}}$ 保持为低时，第 1 个输出数据位发生在 EOC 的上升沿。若转换是由 $\overline{\text{CS}}$ 控制，则第 1 个输出数据位发生在 $\overline{\text{CS}}$ 的下降沿。这个数据是前一次转换的结果，在第 1 个输出数据位之后的每个后续位由后续的 I/O 时钟每个下降沿输出。

转换周期对用户是透明的，它是由 I/O 时钟同步的内部时钟来控制的。转换时，器件对模拟输入电压完成逐次逼近式的转换，在转换周期开始时 EOC 输出端变低而当转换完成时变高，并且输出数据寄存器被锁存。只有在 I/O 周期完成后才开始一次转换周期。这样可减小外部的数字噪声对转换精度的影响。

如图 11-7 和图 11-8 所示为芯片工作时的时序图，片选输入信号 $\overline{CS}$ 使能或禁止器件。在正常工作时 $\overline{CS}$ 必须为低，$\overline{CS}$ 的使用不需要与数据传输同步，但它可以在转换中间被置 1，以协调几个器件共享同一个总线时的数据传送。

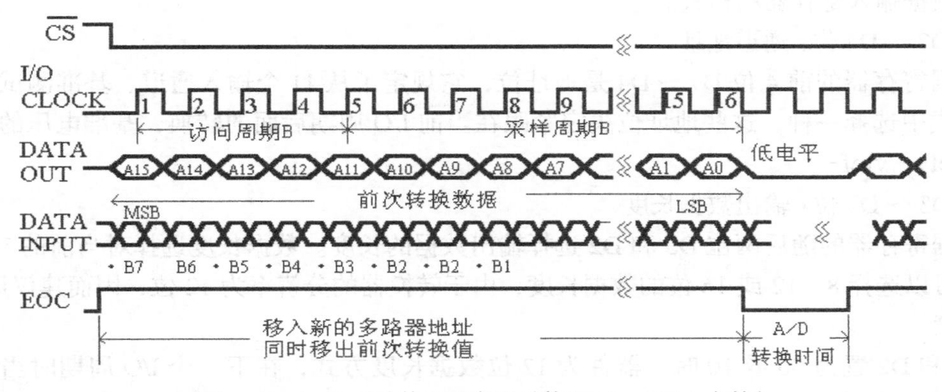

图 11-7　16 个时钟传送时序图（使用 CS，MSB 在前）

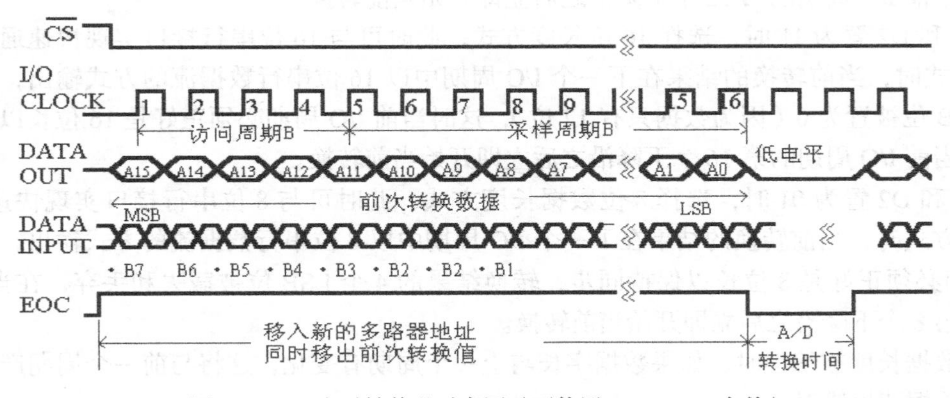

图 11-8　16 个时钟传送时序图（不使用 CS，MSB 在前）

片选（$\overline{CS}$）脉冲要插到每次转换的开始处，或是在转换时序的开始处变化一次后保持 $\overline{CS}$ 为低，直到时序结束。图 11-7 显示每次转换和数据传递使用 16 个时钟周期和在每次传递周期之间插入一个 $\overline{CS}$ 的时序。图 11-8 显示每次转换和数据传递使用 16 个时钟周期，仅在每次转换序列开始处插入一次 $\overline{CS}$ 时序。从中可以看出第 1 个输出数据位发生时间的不同。

I/O CLOCK 接收输入的 8、12 或 16 个时钟长度取决于输入数据寄存器中的数据长度选择位，在 4 个地址已经输入到输入数据寄存器中后转换器立即开始对选定的输入端采样，模拟输入的采样开始于输入 I/O CLOCK 的第 4 个下降沿而保持在 I/O CLOCK 的最后一个下降沿之后，I/O CLOCK 的最后一个下降沿也使 EOC 变低并开始转换。

EOC 信号用以表示转换的开始和结束。在复位状态，EOC 总是为高；在采样周期，EOC 保持高直到第 8、第 12 或第 16 个 I/O CLOCK 下降沿之后（取决于在输入数据寄存器中的数据长度选择），在EOC信号变低后模拟输入信号可以改变而不影响转换结果。转换完成后，EOC信号再次变高而转换结果被锁存入输出数据寄存器。EOC的上升沿将转换器返回到复位状态，一个新的I/O周期就开始了。

（2）输入数据格式

输入数据为一个包括地址和控制信息的8位数据流。它在I/O CLOCK序列的上升沿被输入到内部的地址和控制寄存器，该寄存器规定了转换器的工作和输出数据的长度。如表11-2所示为数据输入寄存器的格式。

① D7～D4位：通道地址

数据寄存器的前4位D7～D4是地址位，它规定了从11个输入通道、基准测试电压或掉电方式中选择一种，这些地址位决定紧跟在当前I/O周期后面的转换，基准电压的额定值等于Vref+－Vref−。

② D3～D2位：输出数据长度

数据寄存器的随后两位D3和D2选择输出数据的长度。数据长度选择对当前的I/O周期有效，可以选择8、12或16位的数据长度，由于转换器的分辨率为12位，因而建议用12位数据长度。

D3和D2置为00或10时，器件为12位数据长度方式，在下一个I/O周期时当前转换的结果以12位串行数据流的方式输出，故当前I/O周期必须正好是12位长以正确地保持同步，在当前I/O周期的第12个下降沿之后立即开始当前转换。

D3和D2置为11时，选择16位长度方式，此时可与16位串行接口实现快速通信。在16位方式时，当前转换的结果在下一个I/O周期中以16位串行数据流的方式输出，而它的4个LSB位被置为0（因为数据只有12位），这时当前I/O周期必须正好是16位长以保持同步，在当前I/O周期的第16个下降沿之后立即开始当前转换。

D3和D2置为01时，选择8位数据长度方式，此时可与8位串行接口实现快速通信。在8位方式时，当前转换的结果在下一个I/O周期中以8位串行数据流的方式输出，故当前I/O周期必须正好是8位长以保持同步，转换结果的4个LSB位被截去和丢弃，在当前I/O周期的第8个下降沿之后立即开始当前转换。

当数据长度被编程时，如果数据字长与上一个周期有变化，这将与前一个周期产生冲突而导致数据读出错误。

③ D1位：数据输出方式

数据寄存器中的D1位控制输出的二进制数的传送。当D1被置为0时，转换结果以MSB导前格式输出；当D1被置为1时，数据以LSB导前格式输出。MSB导前或LSB导前的选择影响着下一个I/O周期而不是当前的I/O周期。因此，当数据方向从一种变为另一种时，当前I/O周期是不会被破坏的。

④ D0位：数据极性格式

数据寄存器中的D0位用来控制转换结果的二进制数据格式。当D0被置为0，转换结果被表示成单极性（无符号二进制）数据。当输入电压等于Vref−时，转换结果是一个全零（000…0）；当输入电压等于Vref+时，转换结果是一个全1（111…1）；而（Vref+ +Vref−）/2的转换结果则是一个1后面为0（100…0）。当D0被置1，转换结果被表示成双极性（有符号二进制）数据。当输入电压等于Vref−时，转换结果是一个1后面为0（100…0）；当输入电压等于 Vref+ 时，转换结果是一个 0 后面跟全 1（011…1）；而（Vref+ +Vref−）/2 的转换结果则是一个为全 0（000…0），MSB 被表示为符号位。单极性或双极性格式的选择总是影响当前转换周期而在下一个 I/O 周期中输出结果，当改变单极性和双极性之间的格式时，对当前 I/O 周期的数据输出没有影响。

表 11-2　输入寄存器格式

功能选择	输入数据字节							
	地址位				L1	L0	LSBF	BIP
	D7（MSB）	D6	D5	D4	D3	D2	D1	D0（LSB）
选择输入通道								
AIN0	0	0	0	0				
AIN1	0	0	0	1				
AIN2	0	0	1	0				
AIN3	0	0	1	1				
AIN4	0	1	0	0				
AIN5	0	1	0	1				
AIN6	0	1	1	0				
AIN7	0	1	1	1				
AIN8	1	0	0	0				
AIN9	1	0	0	1				
AIN10	1	0	1	0				
内部测试								
（Vref+ −Vref−）/2	1	0	1	1				
Vref−	1	1	0	0				
Vref+	1	1	0	1				
软件断电	1	1	1	0				
输出数据长度								
输出 8 位					0	1		
输出 12 位					X	0		
输出 16 位					1	1		
输出顺序								
MSB（高位）先出							0	
LSB（低位）先出							1	
极性								
单极性（二进制）								0
双极性（2 的补码）								1

注：X 表示为任意值（0、1）

（3）数据输出

输入数据寄存器的 D3 和 D2 位决定了代表转换结果的数字输出有效位的数目；D1（LSBF）

位决定了数据传输的方向；而 D0（BIP）位则决定了数据的算法，在任何输出格式中数据总是向 MSB 右侧对齐的，内部的转换结果总是 12 位长。当选择 8 位数据传送时，内部结果的 4 个 LSB 位被截去，以提供一种更快的单字节传送；当采用 12 位传送时，所有的位都被传送；当采用 16 位传送时，4 个 LSB 填充位总是被补充到内部转换结果中，在 LSB 导前方式 4 个前导 0 被输出，而在 MSB 导前方式最后 4 位输出为 0。

11 个模拟输入端 3 个内部电压和掉电方式都按照表 11-2 中所示的输入地址由输入多路器选择。输入多路器是一种断开先于接通式的多路开关，以减小由通道开关所引入的输入与输入间耦合的噪声。3 个内部测试输入端可通过地址设定与 11 个模拟输入端一样被加到多路器，然后以与外部模拟输入同样的方式采样和转换。其转换结果如表 11-3 所示。

表 11-3　测试方式选择

内部自测试电压选择	送入数据输入寄存器的值		单极性输出结果（十六进制）
	二　进　制	十　六　进　制	
（Vref+−Vref−）/2	1011	B	800
Vref−	1100	C	000
Vref+	1101	D	FFF

当一个 1110 的二进制地址在前 4 个 I/O CLOCK 周期中被送入输入数据寄存器时，就选中了掉电方式，并在第 4 个 I/O CLOCK 脉冲的下降沿时掉电方式被激活。在掉电方式时，所有的内部电路都被置为一种低电流待机方式，不进行转换，内部输出缓冲器保持前一次转换周期的数据结果，所有的数字输入端被保持为高于 Vcc−0.5V 或低于 0.5V。在上电复位和第 1 个 I/O 周期之前，转换器通常开始于掉电方式，器件保持在掉电方式直到一个有效的（不同于 1110）输入地址被输入。在 I/O 周期完成后，即可完成一次正常的转换，它的结果在下一个 I/O 周期中被移出器件。由于器件的内部调整，从掉电方式返回后器件第 1 次转换结果的读数可能不准确。

（4）基准电压输入

本器件使用两个基准电压输入端，分别为 Ref+ 和 Ref− 引脚端。这两个电压值建立了模拟输入的上限和下限以分别产生满量程读数和零度读数；按照极限参数的规定，这些电压以及模拟输入一定不能超过正电源或低于地。当输入信号等于或高于 Ref+ 端的电压时，数字输出为满量程；当输入信号等于或低于 Ref− 端电压时，输出为 0。

11.1.5 TLC2543 A/D 转换器应用及基于 Proteus ISIS 的仿真实例

TLC2543 与 CPU 8051 的连接电路图如图 11-9 所示。

1．硬件接口

由于 MCS-51 系列单片机不具有 SPI 或相同能力的接口，为了便于与 TLC2543 接口，采用软件合成 SPI 操作，为减少微处理器时钟频率对数据传送速度的影响，尽可能选用较高时钟频率。接口电路如图 11-10 所示。

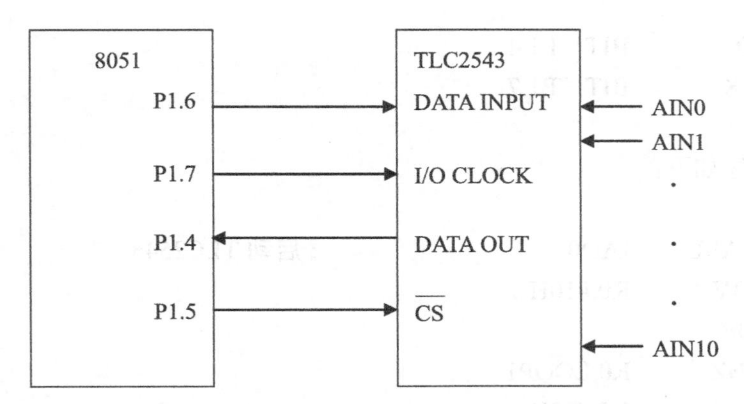

图 11-9　TLC2543 与 8051 的连接电路图

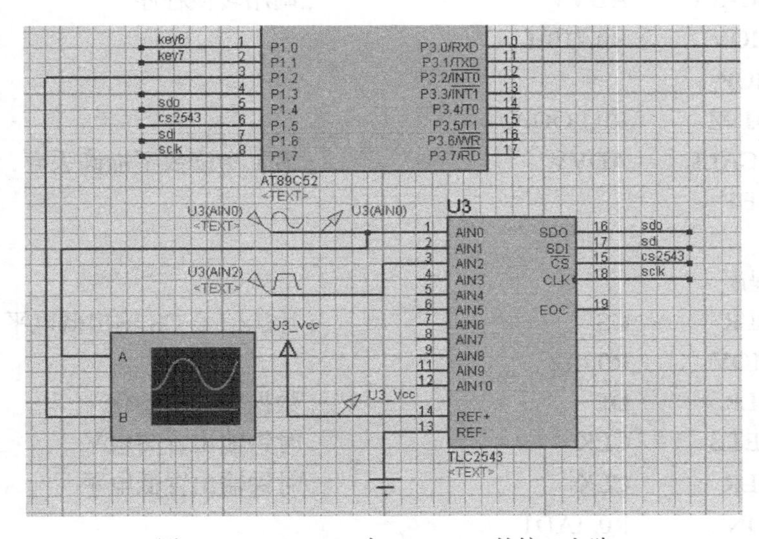

图 11-10　TLC2543 与 AT89C52 的接口电路

TLC2543 的 I/O 时钟、数据输入以及片选信号由 P1.7、P1.6、P1.5 提供，转换结果由 P1.4 口串行读出。

2．汇编程序说明及清单

TLC2543 的通道选择和方式数据为 8 位，其功能为 D7、D6、D5 和 D4 用来选择要求转换的通道，D7D6D5D4=0000 时选择 0 通道，D7D6D5D4=0001 时选择 1 通道，依次类推；D3 和 D2 用来选择输出数据长度，本程序选择输出数据长度为 12 位，即 D3D2=00 或 D3D2=10；D1，D0 选择输入数据的导前位，D1D0=00 选择高位导前。

TLC2543 在每次 I/O 周期读取的数据都是上次转换的结果，当前的转换结果在下一个 I/O 周期中被串行移出。第 1 次读数由于内部调整，读取的转换结果可能不准确，应丢弃。

程序清单如下：

```
;伪指令定义
        CS      BIT   P1.5
        DI      BIT   P1.6
```

```
        DO          BIT   P1.4
        CLK         BIT   P1.7
```

数据采集程序如下：

```
AD:     LCALL   IAD0                ;启动 TLC2543
        MOV     R0,#10H
LOOP1:  NOP
        DJNZ    R0,LOOP1
        MOV     R7,#00H
        LCALL   ADVV                ;调用转换程序
        MOV     R0,#10H
LOOP2:  NOP
        DJNZ    R0,LOOP2
        LCALL   ADVV                ;第 1 次读数不准确丢弃，再读一次
        RET
```

初始化子程序

```
IAD0:   CLR     CS                  ;片选信号 CS 输出低电平
        MOV     R0,#12
IAD1:   CLR     DI                  ;数据输入初始化
        SETB    CLK                 ;时钟输出置高电平
        CLR     CLK                 ;时钟输出置低电平
        DJNZ    R0, IAD1
        SETB    CS
        RET
```

单片机通过编程产生串行时钟，并按时序发送与接收数据位，完成通道方式/通道数据的写入和转换结果的读出，程序如下，供数据采集模块 AD 调用。

```
ADVV:   MOV     A,R7                ;把方式/通道控制字放到 A
        ANL     A,#0FH              ;屏蔽高 4 位
        SWAP    A                   ;交换
        MOV     R0,#08H             ;先读高 8 位
        CLR     CS                  ;CS 变低，开始一个工作周期
AD1:    MOV     C,DO                ;数据输出
        RLC     A
        MOV     DI,C                ;输出方式/通道位
        SETB    CLK                 ;产生一个脉冲
        CLR     CLK
        DJNZ    R0,AD1
```

```
        MOV     R6,A            ;转换结果的高 8 位放到 R6 中
        CLR     A
        MOV     R0,#04H         ;后读低 4 位
AD2:    MOV     C,DO
        RLC     A
        SETB    CLK
        CLR     CLK
        DJNZ    R0,AD2
        MOV     R7,A            ;转换结果的低 4 位放到 R7 中
        SETB    CS
        MOV     A,R6            ;以下处理 12 位数据，放入 4BH、4CH
        SWAP    A
        PUSH    ACC
        ANL     A,#0FH
        MOV     R6,A
        MOV     R4,A
        POP     ACC
        ANL     A,#0F0H
        ORL     A,R7
        MOV     R3,A
        MOV     4CH,R4
        MOV     4BH,R3
        RET
```

3．Keil C 程序清单

因为篇幅关系，下面只给出了 Keil C 的 2543 程序。

```
uint ADRead(uchar port)
{
    uint ad=0,i;
    sclk=0;
    cs2543=0;
    port<<=4;
    for(i=0;i<12;i++)
        {
        if(sdo) ad|=0x01;
        sdi=(bit)(port&0x80);
        sclk=1;
        delay1(3);
        sclk=0;
```

```
            delay1(3);
            port<<=1;
            ad<<=1;
            }
        cs2543=1;
        ad>>=1;
        return(ad);
}
```

4．Proteus ISIS 的仿真结果

Proteus ISIS 仿真结果如图 11-11 所示。

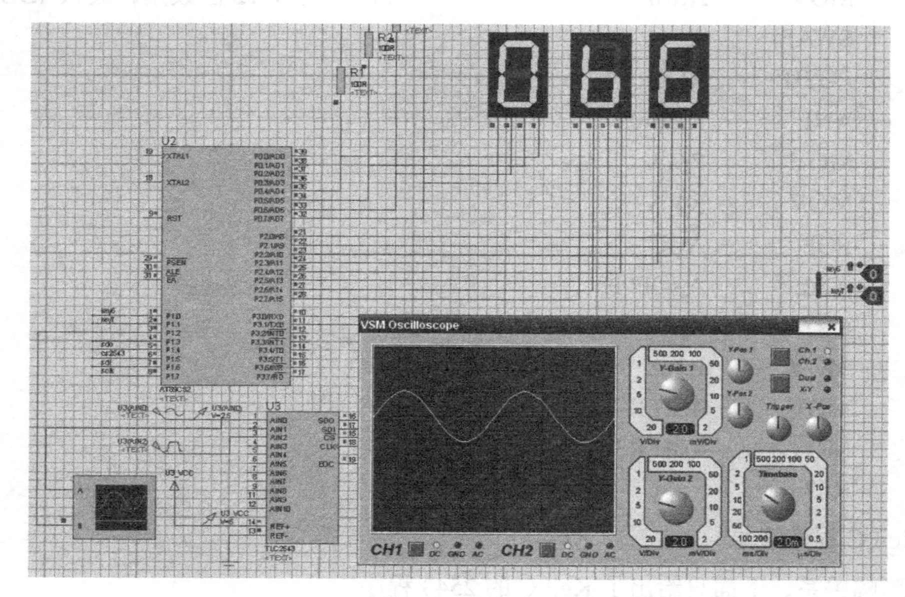

图 11-11　TLC2543 与 8051 的 Proteus 仿真结果

11.2　DAC 的接口及应用

D/A 转换器的功能是把输入的数字信号转换成与此数值成正比的模拟电压或电流的模拟信号。

11.2.1　DAC 转换器技术性能指标

衡量一个 D/A 转换器的性能，可以采用许多参数。生产 DAC 芯片的厂家，提供了各种参数供用户选择，一些主要的参数如下：

（1）分辨率

分辨率即输入数字发生单位数码变化时，所对应的输出模拟量（电压或电流）的变化量。

n 位的 D/A 转换器分辨率 2^{-n}，实际使用中往往采用输入数字的位数或最大输入码的个数表示。例如 8 位二进制 DAC，其分辨率为 8 位，显然位数越多，分辨率越高。

（2）转换精度

转换精度描述满量程时 DAC 的实际模拟输出值和理论值的接近程度。例如，满量程时理论输出值为 10V，实际输出值是 9.99V～10.01V，则其转换精度为 ±10mV。通常 DAC 的转换精度为分辨率的一半，即 LSB/2。

（3）偏移量误差

偏移量误差是指数字量为 0 时，输出模拟量对 0 的偏移值。这种误差可以通过 DAC 的外接 V_{REF} 和电位器加以调整。

（4）线性度

线性度指 DAC 的实际转换特性曲线和理论直线之间的最大偏差。通常，线性度不应超过 ±LSB/2。

（5）建立时间

建立时间描述 D/A 转换器速度的快慢。一般是指输入数字量变化后，输出模拟量稳定到相对应数值范围内所经历的时间。一般高速 D/A 转换时间为 1μs～100 ns，若为低速则大于 100μs。

（6）外接芯片与计算机接口形式

外接 DAC 若不带锁存器，为了保护来自单片机的转换数据，接口时必须接在端口线上；带锁存器的 DAC 可直接与数据总线连接。

11.2.2　DAC 0832 与单片机的接口及应用

1．DAC 0832D/A 转换器

DAC 0832 是以 CMOS 工艺制造的 8 位 D/A 转换芯片，价格低廉，接口简单，在单片机控制系统中得到了广泛的应用。如图 11-12 所示是它的内部结构图。

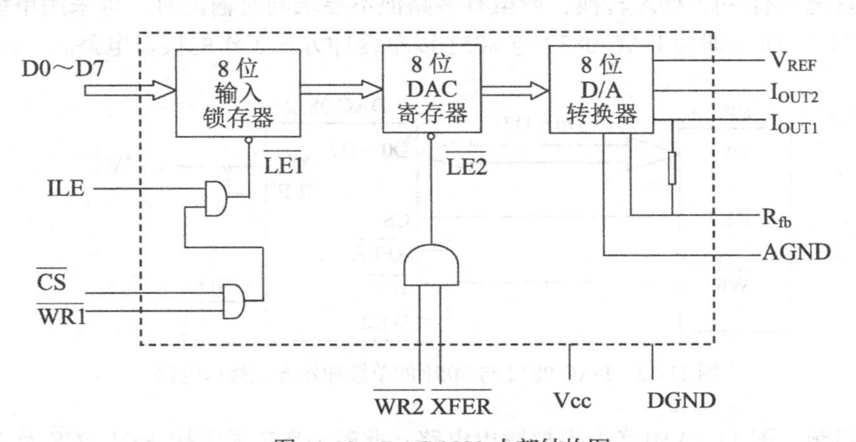

图 11-12　DAC 0832 内部结构图

从图 11-12 中可见 DAC 0832 由两个 8 位寄存器和一个 8 位 D/A 转换器组成。它的引脚功能如下：

- D0～D7：8 位输入数据。
- ILE：输入数据锁存允许信号，高电平有效。
- $\overline{CS}$：芯片选择信号，低电平有效。
- $\overline{WR1}$：输入锁存器的写选通信号，低电平有效。
- $\overline{WR2}$：DAC 寄存器的写选通信号，输入，低电平有效。
- $\overline{XFER}$：数据传送控制信号，低电平有效。
- V_{REF}：基准电压（可为 −10V～+10V），基准电压决定了 D/A 转换器输出电压的范围。
- R_{fb}：内部反馈电阻对外引脚，用以输入来自片外运算放大器的反馈信号。
- I_{OUT1}、I_{OUT2}：电流输出引脚。DAC 0832 属电流输出型，两输出电流之和为常数。当要得到与输入数字量成正比的电压输出，可把此两引脚输出的电流信号转换成电压形式。
- Vcc：供电电源。可为 +5V～+10V。
- DGND：数字量地。为 Vcc、数据、地址及控制信号的零电平输入引脚。
- AGND：模拟量地。为 V_{REF} 及模拟电压的地线。

2．DAC 0832 与 MCS-51 单片机的接口

从图 11-12 可得知，0832 的输入锁存器和 DAC 寄存器构成了两级数据输入锁存。在使用时，数据输入可采用直线方式（两级直通）、单缓冲方式（一级锁存、一级直通）或双缓冲方式（两级锁存）。DAC 0832 内部的 3 个与门组成了寄存器输出控制逻辑电路，能对数据的锁存与否加以控制。当 $\overline{LE1}$、$\overline{LE2}$ 为 0 时，输入数据被锁存；当 $\overline{LE1}$、$\overline{LE2}$ 为 1 时，锁存器的输出跟随输入。

（1）直线方式

此时 $\overline{LE1}$ 和 $\overline{LE2}$ 均为 1，外来数据直接通过前两级锁存器而到达 D/A 转换器。

（2）单缓冲方式接口

此时 $\overline{LE1}$ 和 $\overline{LE2}$ 受制于同一组外部信号，两级寄存器同时锁存数据。

在一个系统只有一路 D/A 转换，或虽有多路但不要求同时输出时，可采用单缓冲器方式接口。如图 11-13 所示即为 DAC 0832 与 8051 以单缓冲方式工作的接口电路。

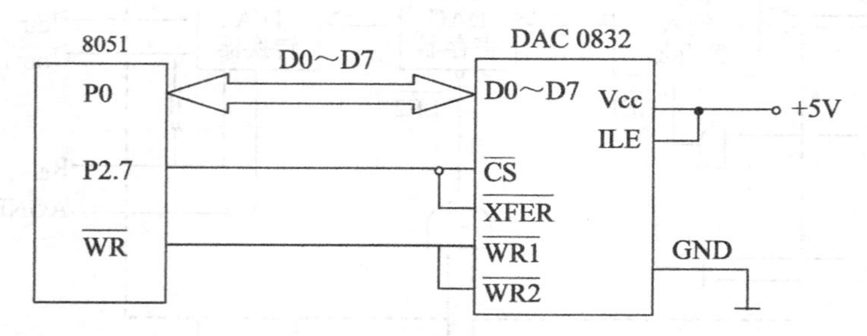

图 11-13　DAC 0832 与 8051 的单缓冲器方式接口电路

为说明问题，图 11-13 中略去模拟输出电路，此时，ILE 固定接 +5V，$\overline{CS}$ 及 $\overline{XFER}$ 接地址选择线 P2.7，两级数据锁存器的写信号 $\overline{WR1}$、$\overline{WR2}$ 与 8051 的 $\overline{WR}$ 端相连。当地址选择线选中 DAC 0832 后，只要输出 $\overline{WR}$ 控制信号，DAC 0832 就能完成数字量的输入锁存和 D/A 的转换输出。

执行下面的几条指令就能完成一次 D/A 的转换：

```
MOV     DPTR, #7FFFH      ; 指向 0832
MOV     A, #DATA          ; 数字量装入 A 累加器
MOVX    @DPTR, A          ; 使 P2.7 和 WR 有效，并进行 D/A 的转换
```

（3）双缓冲同步方式接口

对于多路 D/A 转换接口，要求同步进行 D/A 输出时，必须采用双缓冲同步方式。在这种情况下，数字量的输入锁存和 D/A 转换分两步完成，即 CPU 数据总线分时地向各路 D/A 转换器输入要转换的数字量，并锁存在各自的输入寄存器中，然后由 CPU 对所有的 D/A 转换器发出控制信号，使各个 D/A 转换器输入锁存器中的数据送入 D/A 寄存器，实现同步转换输出。

如图 11-14 所示是一个两路同步输出的 D/A 转换接口电路（图中略去模拟电压输出电路）。P2.5、P2.6 分别选择两路 D/A 转换器的输入锁存器，控制输入的锁存；P2.7 连到两路 D/A 转换器的 $\overline{XFER}$ 端，起同步控制作用。8051 的 $\overline{WR}$ 与所有的 DAC 0832 的 $\overline{WR1}$、$\overline{WR2}$ 相连，在执行 MOVX 输出指令时，CPU 自动输出 $\overline{WR}$ 控制信号。

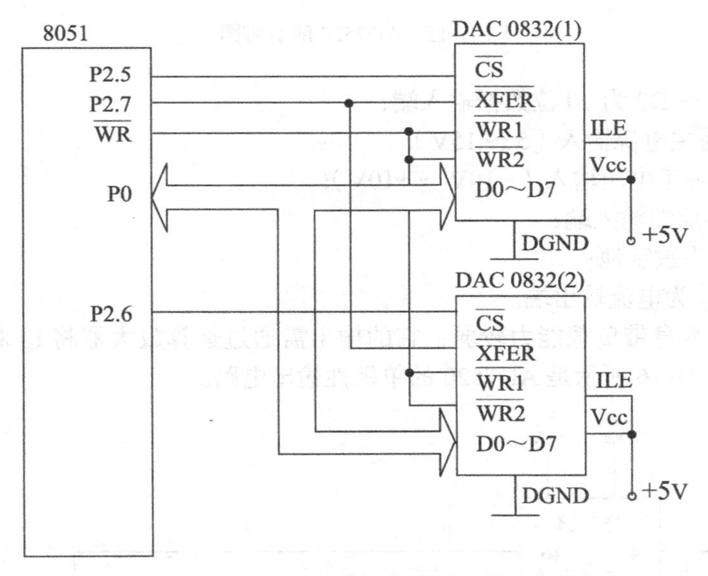

图 11-14　DAC 0832 的双缓冲同步方式接口电路

执行下面几条指令后，就能完成两路 D/A 的同步转换输出：

```
MOV     DPTR,   #0DFFFH     ; 指向 DAC 0832（1）
MOV     A,      #DATA1      ; 装入 DAC 0832（1）的数据
MOVX    @DPTR, A            ;DATA1 送入 DAC 0832（1）中
MOV     DPTR,   #0BFFFH     ; 指向 DAC 0832（2）
MOV     A,      #DATA2      ; 装入 DAC 0832（2）的数据
MOVX    @DPTR, A            ;DATA2 送入 DAC 0832（2）中
MOV     DPTR,   #7FFFH      ; 提供给 DAC 0832（1）、（2）的 XFER 信号
MOVX    @DPTR, A            ; 产生 WR 信号，完成 D/A 转换
```

11.2.3　AD7520 与单片机的接口及应用

AD7520D/A 转换器是一种价廉、低功耗的 10 位 D/A 转换器，其内部由 CMOS 电流开关和 T 型电阻网络构成，结构简单、通用性好。但 AD7520 芯片内部不带输入锁存器，无参考电压及电压输出电路。AD7520 在应用时，不能直接和数据总线相连，而需先通过有输出锁存功能的 I/O 口或与锁存器相连。

1．AD7520 的引脚功能

如图 11-15 所示为 AD7520 的引脚图。

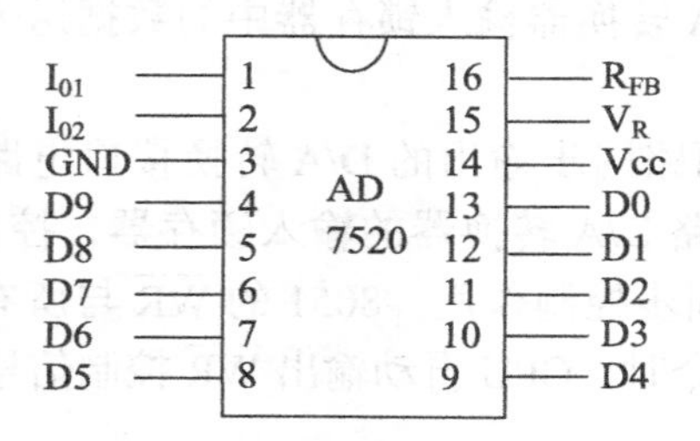

图 11-15　AD7520 的引脚图

引脚说明：D0～D9 为 10 位数据输入端；

Vcc 为主电源输入（5～15V）；

V_R 为参考电压输入（−10V～+10V）；

R_{FB} 为反馈输入端；

GND 为数字地；

I_{01}、I_{02} 为电流输出端。

由于 AD7520 本身带负载能力较弱，它的输出需通过运算放大器将 I_{01} 和 I_{02} 转换成相应的电压输出。如图 11-16 所示是 AD7520 的单极性输出电路。

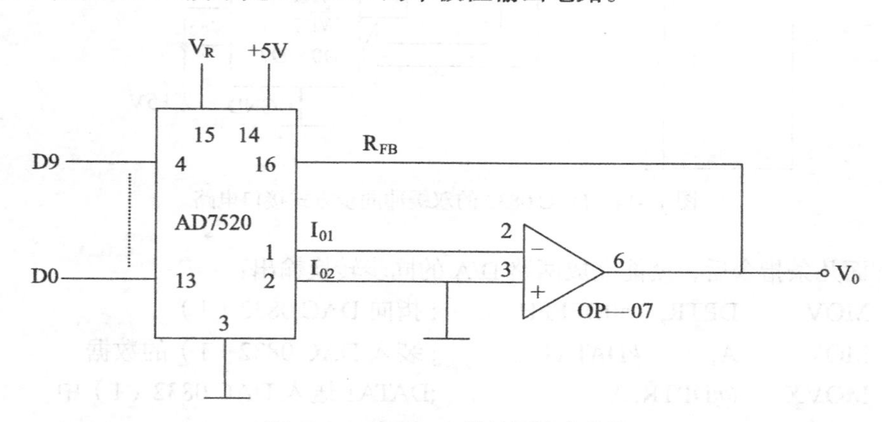

图 11-16　AD7520 单极性输出电路

2．AD7520 与 MCS-51 单片机的接口

（1）AD7520 的一级缓冲接口及应用

如图 11-17 所示是 AD7520 与 MCS-51 单片机的一种接法。8051 的数据为 8 位，所以 10

位数据需分两次输出，先送高 2 位到 74LS74 双 D 触发器，后送低 8 位数据到 74LS377 八 D 触发器中锁存。虽然 8051 的 P1 口有锁存能力，但因要分两次送出 10 位数据，故还需外加锁存器。当然也可增加 P0 口来送数据。按图中接法，双 D 触发器 74LS74 地址为 7FFFH，而 74LS377 地址为 BFFFH。

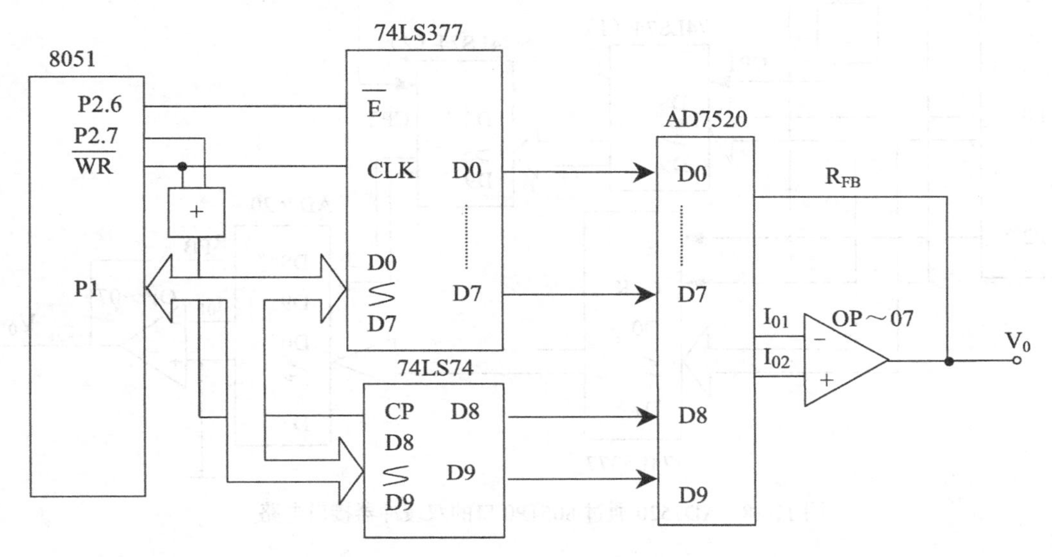

图 11-17　AD7520 与 8051P1 口的接口方法

完成 1 次 D/A 转换的程序如下：

```
MOV     DPTR, #7FFFH        ; 指向 74LS74
MOV     A,     #DATA1       ; 装入高 2 位数据
MOV     P1,    A            ; 送出高 2 位数据
MOVX    @DPTR,A             ; 产生锁存与写信号
MOV     DPTR, #BFFFH        ; 指向 74LS377
MOV     A,     #DATA2       ; 装入低 8 位数据
MOV     P1,    A            ; 送出低 8 位数据
MOVX    @DPTR,A             ; 产生锁存与写信号
RET
```

（2）AD7520 双缓冲接口及应用

在图 11-17 的电路中 D/A 的输出有可能产生“毛刺”现象。这是由于单片机与所送出的高 2 位和低 8 位数据不同时送到 AD7520 的输入端所造成的。为此，可采用如图 11-18 所示的双缓冲器接口方式，消除“毛刺”现象。该接口是 74LS74（2）和 74LS377 同步锁存高 2 位和低 8 位数据。这样，AD7520 可同时将这 10 位数据进行 D/A 转换从而输出模拟量，可有效解决“毛刺”问题。在图 11-18 中，74LS74（1）地址为 BFFFH，74LS74（2）地址为 7FFFH，74LS377 地址为 7FFFH。8051 分两次操作，在将高 2 位数据输入到 74LS74（1）后，接着把低 8 位数据送 74LS377 的同时，把 74LS74（1）的内容送到 74LS74（2），因而 10 位数据同时到达 AD7520 的数据输入端。

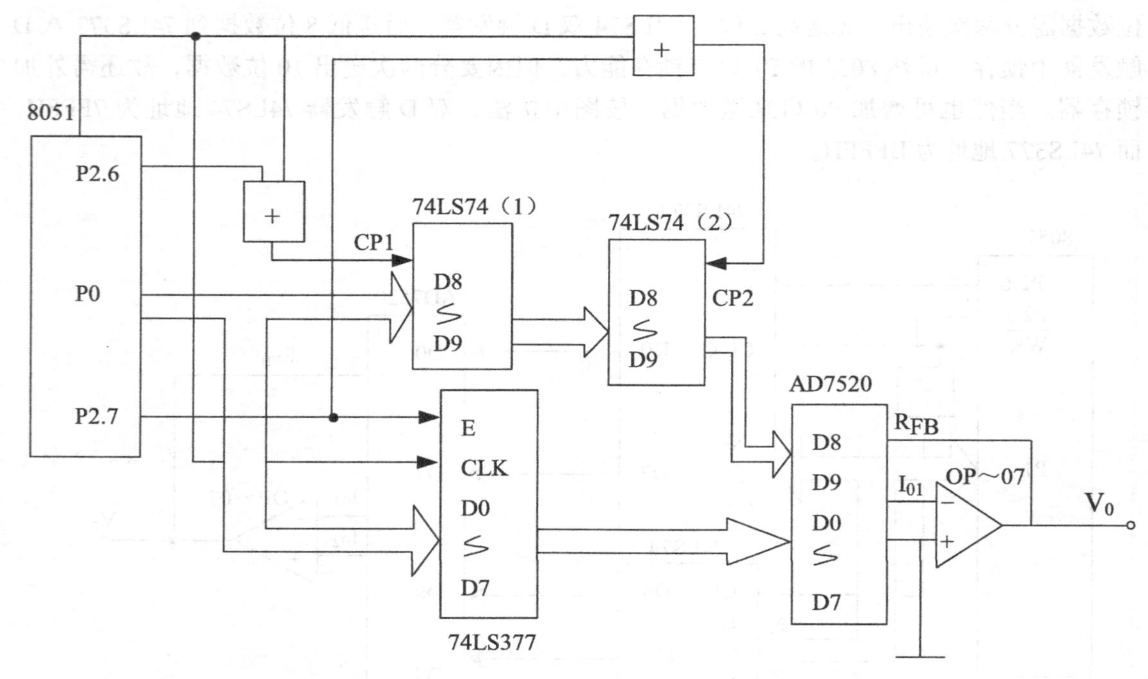

图 11-18　AD7520 通过 8051P0 口的双缓冲器接口电路

D/A 转换的程序如下：

```
        MOV     DPTR,   #0BFFFH         ;指向 74LS74（1）
        MOV     A,      DATA1           ;装入高 2 位数据
        MOVX    @DPTR,  A               ;产生 CP1 锁存高 2 位数据至 74LS74（1）
        MOV     DPTR,   #7FFFH          ;指向 74SL377 和 74LS74（2）
        MOV     A,      #DATA2          ;装入低 8 位数据
        MOVX    @DPTR,  A               ;产生 CP2 和 CLK，10 位数据同时送
                                         AD7520，并转换
```

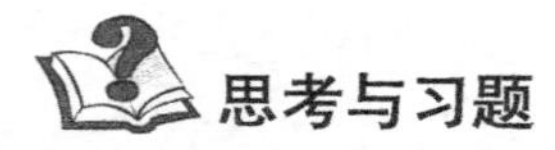
思考与习题

1. 简述 AD、DA 转换的作用及原理。
2. AD 转换的参数有哪些？简要介绍一下它们的含义。
3. 常用的 AD 转换器有哪些？
4. DA 转换的重要参数有哪些？简要介绍一下这些参数。
5. 常用的 DA 转换器有哪些？
6. DAC 0832 与 8051 单片机相连接时需哪些控制信号？起到什么作用？
7. 在一个 8051 单片机与一片 DAC 0832 组成的应用系统中，DAC 0832 的地址为 7FFFH，输出电压为 0～5V。试画出有关逻辑框图，并编写产生一个矩形波的转换程序。矩形波的高电平为 2.5V，低电平为 1.5V，波形占空比为 1∶4。

第12章　单片机应用实例（四旋翼飞行器飞控系统的设计）

12.1　四旋翼飞行器飞控系统原理介绍

四旋翼飞行器也被称为四旋翼飞机，是一种由四个呈十字形交叉的螺旋桨以及电控单元组成飞行器，可以搭载其他部件工作（如摄像头进行空中拍摄）。图12-1所示为四旋翼飞行器飞控单元3D效果图。

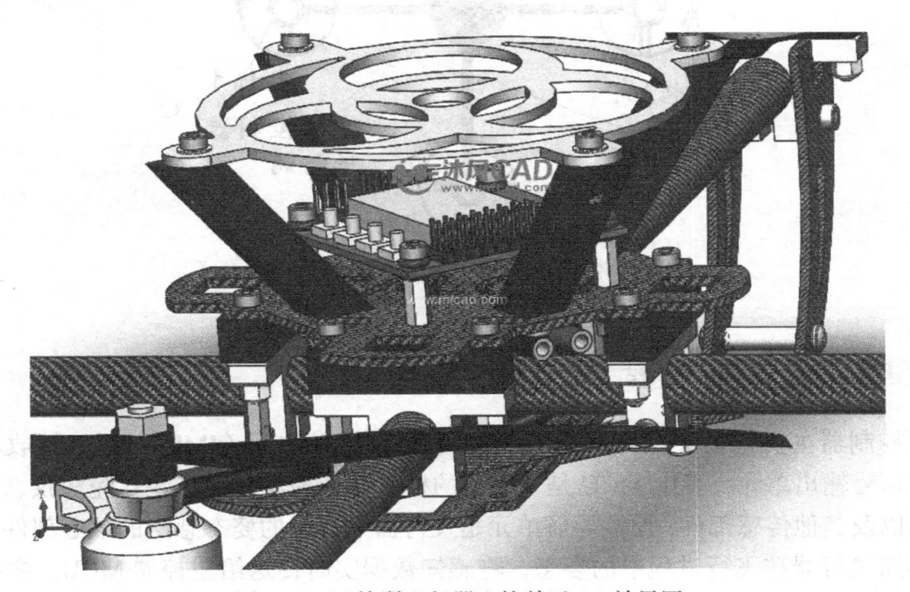

图12-1　四旋翼飞行器飞控单元3D效果图

四旋翼飞行器采用四个旋翼作为飞行的驱动源，旋翼对称分布在飞行器的前、后、左、右四个方位，四个旋翼处于同一水平高度，且四个旋翼的结构和半径都相同，其中上旋翼和下旋翼按照逆时针方向旋转，左旋翼和右旋翼按照顺时针旋转；四个直流电机与四个旋翼对称安装在飞行器的支架末端，在支架的交叉中心空间安装电池以及飞行控制板和电调。

12.1.1　四旋翼飞行器飞行控制原理

飞控是四旋翼飞行器的中央处理单元，是整个飞行器的大脑与灵魂，负责接收采集机身自带的各姿态传感器信号以及遥控器的控制信号，并对其融合，根据融合的数据判断自身的运动状态，以PPM或PWM信号方式传递给电调，对后续姿态进行相应的调整，控制电调如何继续飞行。

四旋翼飞行器各个旋翼对机身所施加的反扭矩与旋翼的旋转方向相反，因此当电机1和电机3逆时针旋转的同时，电机2和电机4顺时针旋转，因此当飞行器平衡飞行时，陀螺效应和空气动力扭矩效应均被抵消，可以平衡旋翼对机身的反扭矩；在四旋翼飞行器在飞行空间共有沿3个坐标轴作平移和旋转动作的6个姿态动作，这6个姿态动作的控制都可以通过调节不同电机的转速来实现。这六种姿态动作分别是：垂直运动、前后运动、侧向运动、滚转运动、偏航运动、俯仰运动。图12-2所示为四旋翼飞行器的基本结构图。

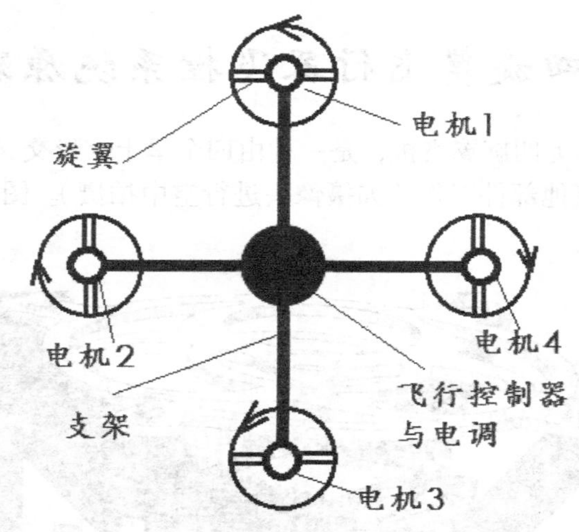

图12-2　四旋翼飞行器的基本结构图

12.1.2　四旋翼飞控技术架构

飞行控制器主要包括主控处理器（MCU）、惯性导航单元（IMU）、遥控接收单元以及电调控制信号输出单元。其中MCU是飞控器的核心微处理器，IMU包含陀螺仪、三轴加速度传感器以及其他传感部件；惯性导航单元是飞行器飞行中的姿态感测的核心部件，其主要作用为感知飞行器在飞行过程中的姿态，将感知数据实时传送给主控器MCU。主控处理器MCU根据接收到的遥控信号，以及惯性导航单元的数据，通过飞行算法的处理结果，控制飞行器的稳定飞行。因为有大量的姿态传感数据和算法控制数据需要处理且需要实时性极高的控制，因此需要性能和稳定性相对较高的微处理器芯片。图12-3所示为飞控基本技术架构单元。

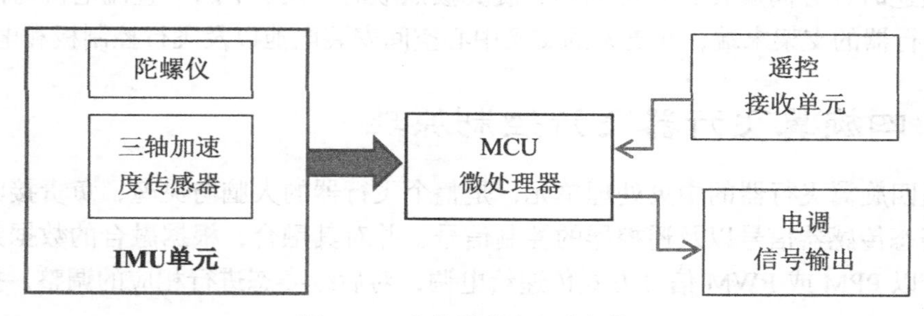

图12-3　飞控器基本组成架构

12.2　四旋翼飞行器基本工作原理

四旋翼飞行器是由十字机架、飞控器、电调板、上下左右直流电机与螺旋桨、遥控接收器、姿态传感器、锂电池组等组成；部分飞行器还包含 GPS 定位单元；图 12-4 所示为四旋翼飞行器的基本组成框图。

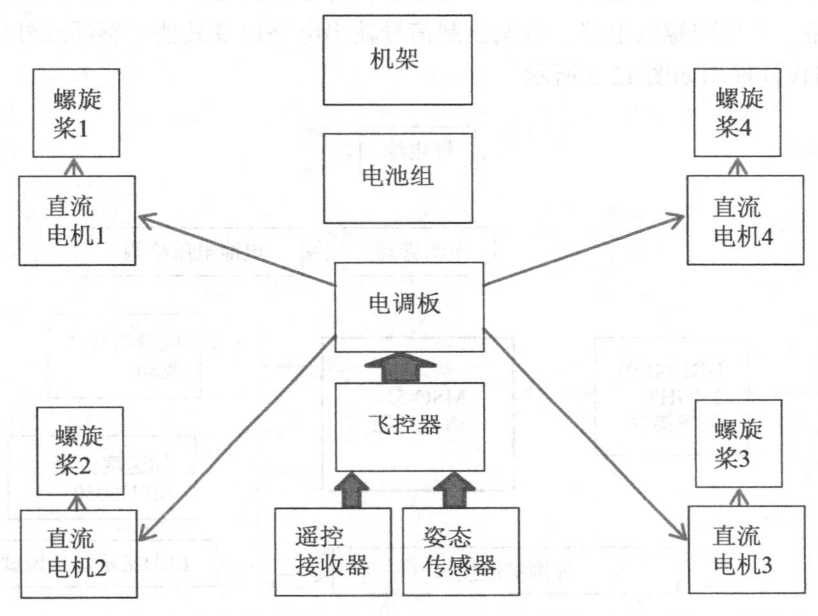

图 12-4　四旋翼飞行器基本组成图

其中机架是整个飞行器部件的承载平台，机架的性能主要体现在耐用性与安全性以及使用与部件安装的便利性；典型的机架包含十字形机架和 X 型机架；重量、轴距、材料是机架的主要选型参数。

图 12-4 中四旋翼飞行器除了支架外，主要包含控制系统、动力系统还有传感系统以及遥控接收系统，其中控制系统主要是指飞行控制器，飞行控制器是整个飞行器的核心单元，负责整个飞行器的所有运行控制。动力系统包含电调板、直流电机、螺旋桨以及锂电池组；电调板是给直流电机提供功率驱动的，电调板受控于飞控，飞控的输出信号可调节电调板的输出功率的大小，电调的输出功率大小不同又可控制直流电机的转动速度。直流电机是带动螺旋桨转动的部件，直流电机的转速直接决定螺旋桨的旋转速度，从而改变空气动力的平衡。螺旋桨是飞行器的飞行翅膀，由螺旋桨的转动改变空气动力的平衡，当螺旋桨的旋转反推动控制的动力超过飞行器自身重量时，则飞行器可飞离地面。

遥控接收器是飞行器的指令接收中心，用户的遥控指令实时传输至飞行器，飞控根据指令实时调节飞行控制姿态。

姿态传感器是飞行器的眼睛和耳朵，是飞行器姿态感测单元，飞行器在飞行中的所有姿态数据必须由各不同姿态传感单元进行采集，然后采集的数据由飞控的微处理器进行姿态数据解析与判断，只有这样才能保证飞行的平稳与安全飞行。

12.3 飞控硬件电路设计与器件选型

12.3.1 飞控硬件总体设计框图

飞控硬件电路设计一般包含MCU微处理器、电源转换电路、无线遥控接收电路、电池电源管理电路、六轴陀螺仪电路、电调控制信号输出电路以及其他传感器或外围部件扩展电路；飞控电路设计框图如图12-5所示。

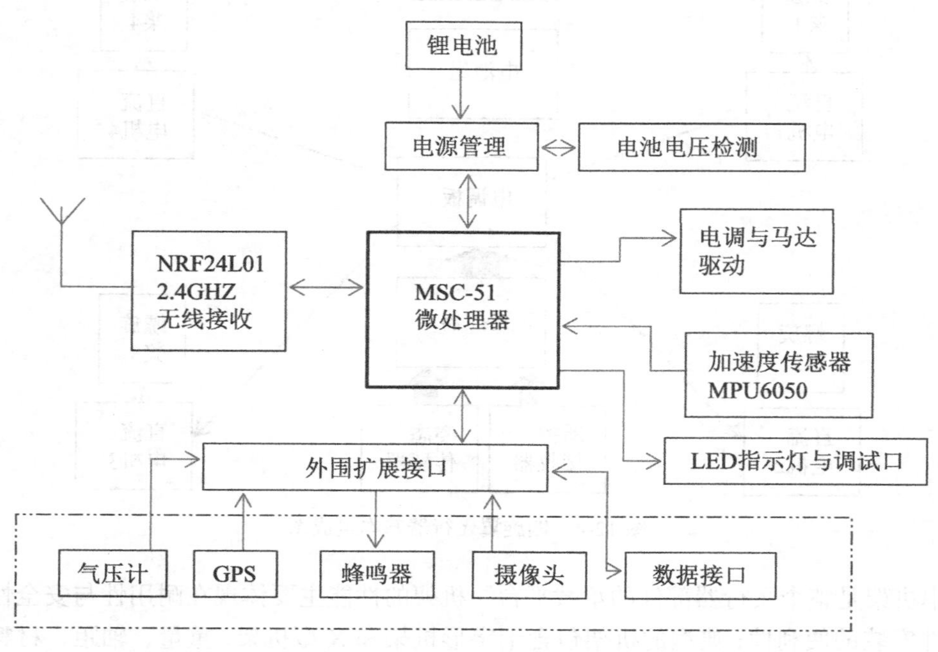

图12-5　飞控电路设计框图

在进行飞行器硬件电路设计的时候按照以下流程进行：

硬件方案设计→主要元件选型→电路原理图设计→PCB LAYOUT设计→出PCB GERBER文件→PCB样板打样→PCBA焊接→PCBA样板测试。

12.3.2 电机驱动电路设计

直流电机只通过4个SI2302 MOS管驱动的，SI2302是N沟道的MOSFET，直接推动4个直流马达，4路SI2302分别受控于主控MCU的4路PWM信号的占空比；SI2302导通电压Vgs<4V，是具有较好的驱动性能的场效应管。图12-6中每个SI2302场效应管接一个33kΩ的下拉电阻，目的是为了防止在单片机没接管电机的控制权时，电机由于PWM信号不稳定开始猛转。接一个下拉电阻，保证了场效应管输入信号要么是高，要么是低，没有不确定的第三种状态。这样就保证电机也只有两种状态，要么转，要么不转。主控输出的是PWM波形，用于控制场效应管的关闭和导通，从而控制电机的转动速度。

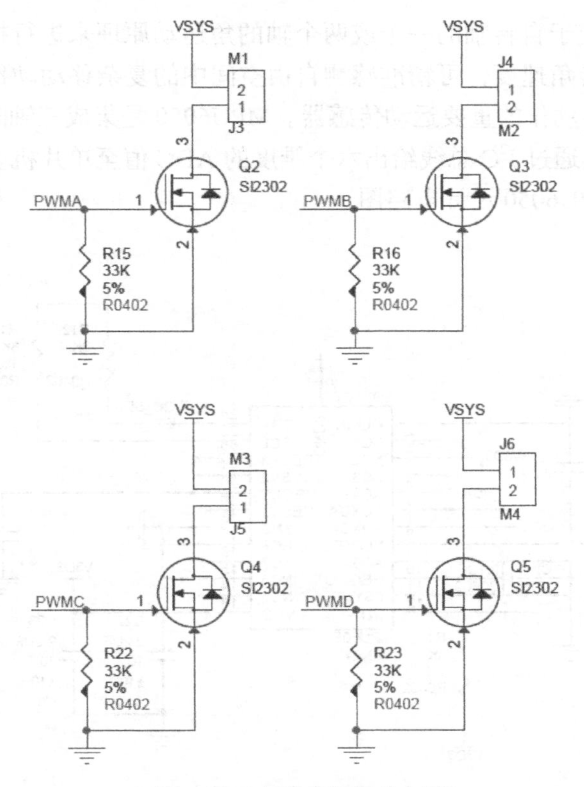

图 12-6　直流电机驱动电路

12.3.3　姿态传感器组电路设计

姿态传感器是用来感知飞行器在空中的姿态和运动状态，主要包括陀螺仪、加速度传感器、电子罗盘以及气压计，如图 12-7 所示。

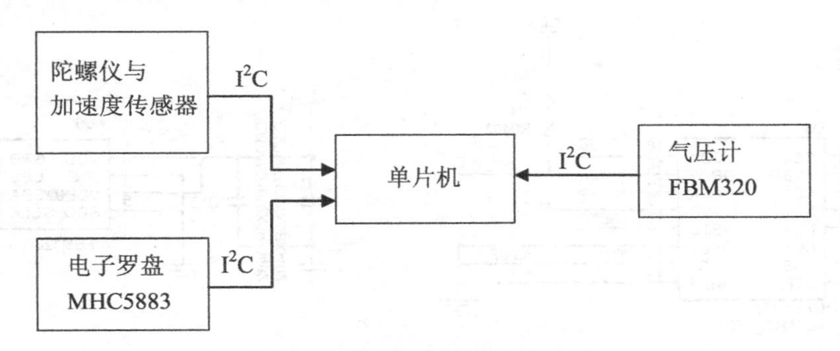

图 12-7　姿态传感器组原理框图

在图 12-7 中单片机与传感器之间的通信，可通过单片机硬件 I^2C 通信口实现，也可直接通过单片机的普通 I/O 口模拟 I^2C 时序实现通信。

加速度传感器可用来感知线性加速度与倾斜角度，单一或多轴加速器可感应结合线性与重力加速度的幅度与方向，可实现运动感测功能；陀螺仪是利用高速回转体的动量矩敏感壳体相对惯性空间绕正交于自转轴的一个或两个轴的角运动原理来进行检测的装置。陀螺仪可感测一轴或多轴的旋转角速度，可精准感测自由空间中的复杂移动动作，因此陀螺仪成为追踪物体移动方位与旋转动作的重要运动传感器。MPU6050 是集成三轴陀螺仪与三轴加速度传感器于一体的芯片，其通过 I²C 总线给出六个维度的 ADC 值至单片机。

图 12-8 所示为 MPU6050 设计电路图。

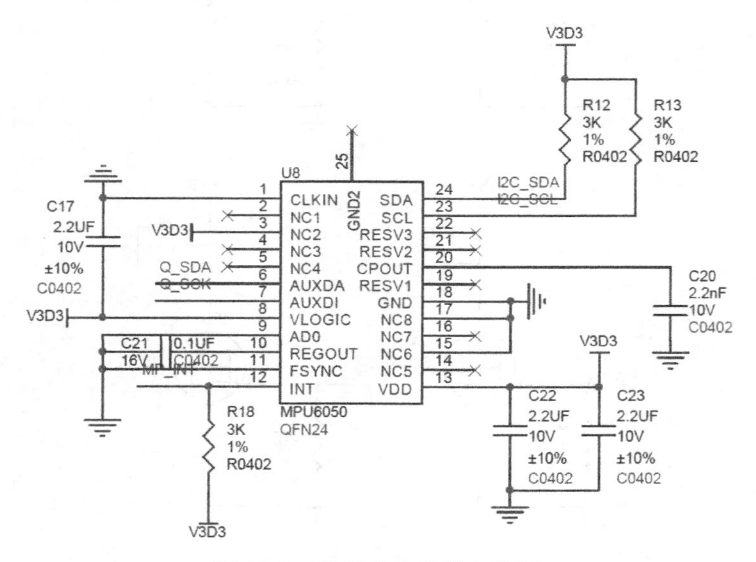

图 12-8 MPU6050 设计电路图

电子罗盘也叫数字指南针、磁力计，是利用地磁场来确定北极的一种方法，HMC5883 是一个三轴磁力计芯片。气压计可根据气压的变化来感测物体的相对与绝对高度，FBM320 是测量气压的主要器件，其也是通过 I²C 接口与单片机进行数据交互。

电子罗盘和气压计设计电路如图 12-9 所示。

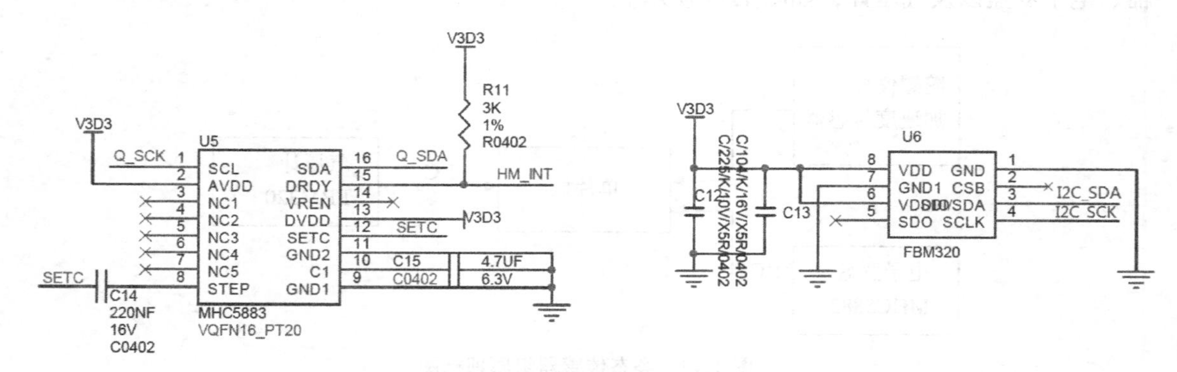

图 12-9 电子罗盘与气压计设计电路

12.3.4 无线通信与遥感

无线遥控采用 2.4G 工作频段，2.4G 属于全球免申请频段；市场上的飞行器的遥控器基本上都是使用 2.4G 无线通信模块，对应遥控器会配置一个接收机。遥控器（发射机）和接收机需要配对使用。

采用 Nordic 公司的 NRF24L01 收发一体芯片，实现发射端与接收端的快速通信连接，其通信距离一般为 20m 左右，但飞行器一般飞行距离会超过 20m，则设计上可在 NRF24L01 模块射频段增加 PA（Power Amplifier，功率放大），可将通信距离扩大至百米以上。图 12-10 所示为 2.4G 无线遥控通信电路图。

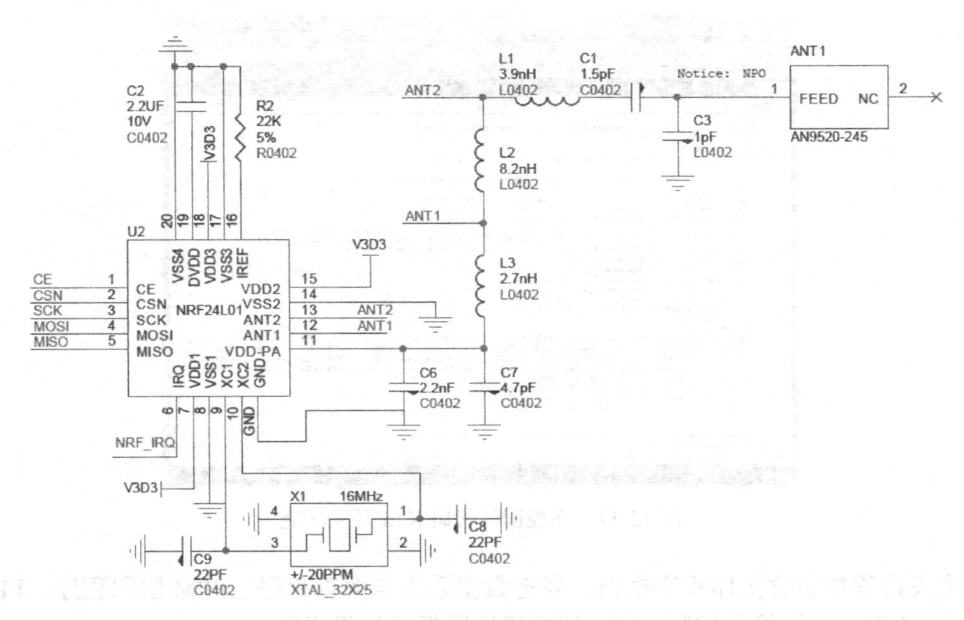

图 12-10　无线遥控通信电路图

12.3.5　PPM 与调速电路设计

PPM 信号是由遥控器发送过来，PPM 信号是将多个控制通道（约 10 个控制通道）集中放在一起调制的信号。也就是一个 PPM 脉冲序列里面包含了多个通道的信息。PPM 信号解码后可转换成多个 PWM 信号，PWM 信号连接 MOSFET（场效应管），最终实现对多个控制电机的控制。

电路转换框图如图 12-11 所示。

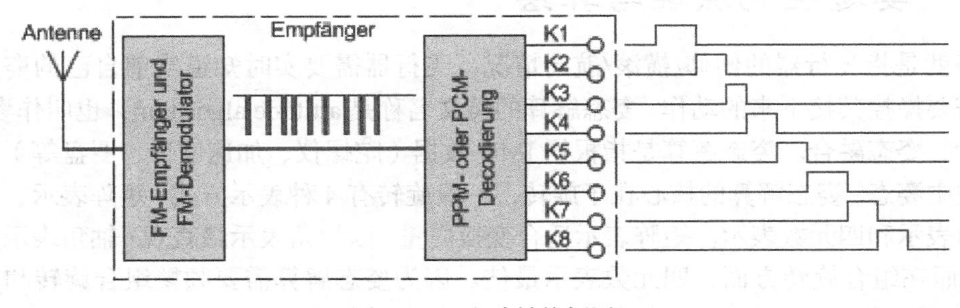

图 12-11　电路转换框图

12.4 飞行控制器软件设计

12.4.1 飞控程序的控制流程

飞控程序通过单片机编程实现，编程环境采用 Keil 软件，如图 12-12 所示。

图 12-12 飞控固件代码 Keil 开发环境

整个飞控程序包含主体程序框架、姿态数据采集与解算程序、PPM 解码程序、PID 模糊算法程序、PWM 电机输出控制程序、遥控无线数据接收程序等。

12.4.2 飞控软件总体设计概要

飞控软件代码总体设计流程如图 12-13 所示。

图 12-13 中程序设计思路是首先对单片机进行初始化操作，包含定时器初始化、各 GPIO 口初始化以及串口初始化等；然后设定油门与目标姿态，再接收 AHRS 数据，接收到后获取 roll 与 pitch 数据，运用 PID 模糊控制解算，输出相应电机 PWM 调整量，对姿态进行新的控制，再次等待接收油门与目标姿态数据后重复上述过程。

12.4.3 姿态控制原理与算法

姿态就是指飞行器的俯仰/横滚/航向情况，飞行器需要实时知道当前自己的姿态，才能够根据需要操控其接下来的动作。姿态解算的英文名称是 attitude algorithm，也叫作姿态分析、姿态估计、姿态融合。姿态解算是指根据 IMU 数据（陀螺仪、加速度计、罗盘等）求解出飞行器的空中姿态；姿态解算的核心在于旋转，一般旋转有 4 种表示方式：矩阵表示、欧拉角表示、轴角表示和四元数表示。矩阵表示适合变换向量；欧拉角表示最直观；轴角表示则适合几何推导；而在组合旋转方面，四元数表示最佳。因为姿态解算需要频繁组合旋转和用旋转变换向量，所以采用四元数保存飞行器的姿态。

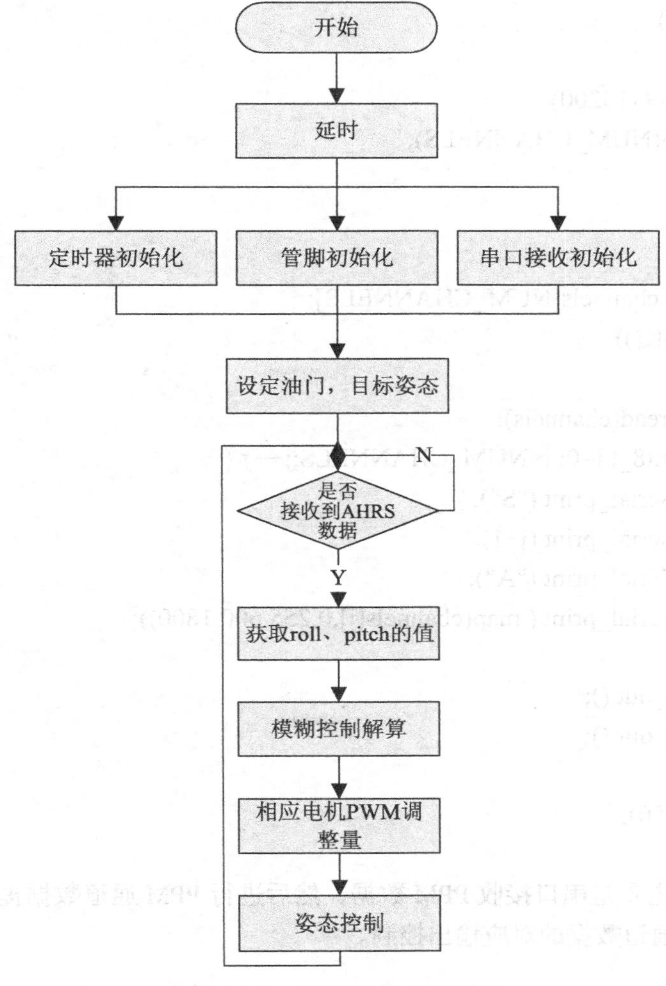

图 12-13　飞控程序主流程图

12.4.4　遥控数据接收 PPM 解码

油门与姿态控制数据是通过遥控器发出的，飞行器接收后要进行解析，流程如图 12-14 所示。

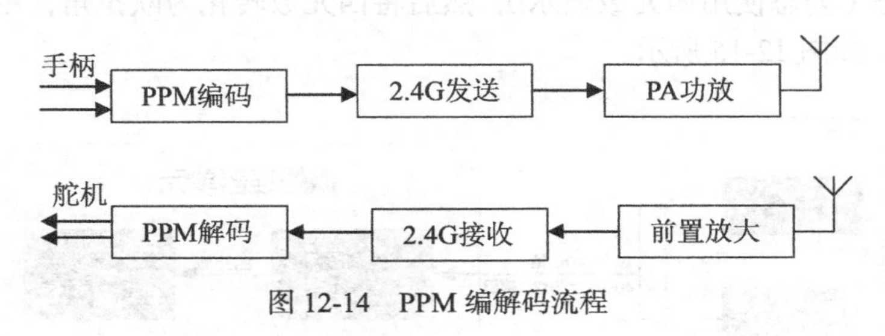

图 12-14　PPM 编解码流程

PPM 程序设计基本代码如下：

```
#include <PPM.h>
#difine   NUM_CHANNELS   6
```

```
void setup(void)
{
    Serial.begin(115200);
    PPM.begin(NUM_CHANNELS);
}
void loop(void)
{
    Uint16_t  channels[NUM_CHANNELS];
    if (PPM_OK())
    {
        PPM.read(channels);
        for(uint8_t j=0; j<NUM_CHANNELS;j++) {
            Serial_print ("S");
            Serial_print (j+1);
            Serial_print ("A");
            Serial_print ( map(channels[j],0,255,600,1800));
        }
        Serial_out ();
        Serial_out ();
    }
    Delay_ms(50);
}
```

上述代码流程主要是串口接收 PPM 数据，然后进行 PPM 通道数据提取，提取每个通道数据后再进行各个通道数据的对应输出控制。

12.4.5 姿态传感器数据采集与姿态解算

姿态解算到姿态控制的整个流程。AD 值是指 MPU6050 的陀螺仪和加速度值，三个维度的陀螺仪值和三个维度的加速度值，每个值为 16 位精度。AD 值通过姿态解算算法得到飞行器当前的姿态（姿态使用四元数表示），然后将四元数转化为欧拉角，用于姿态控制算法（PID 控制）中，如图 12-15 所示。

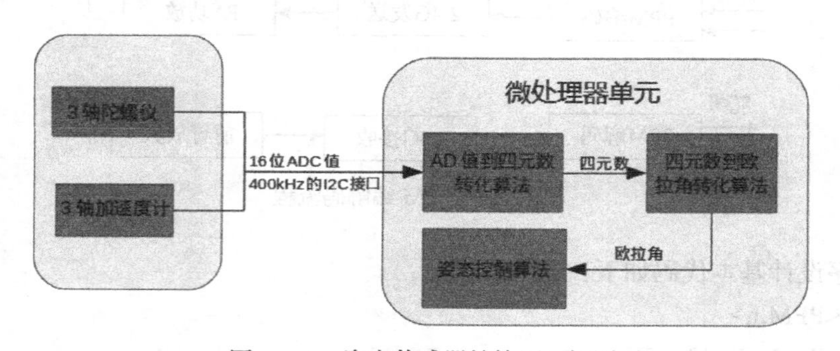

图 12-15　姿态传感器结算原理框图

12.5　飞控系统调试与实验

12.5.1　PPM 解码调试与 PWM 调速原理

PPM 信号是遥控器与接收以及电调油门控制舵机的重要信号，PPM 每个通道 1～2ms 脉宽，周期 20ms，即高电平 5V 宽度为 1ms 代表低速，剩下 19ms 四低电平 0；1.5ms 低代表舵机通道舵杆打到中心位置，剩下 18.5ms 是低电平。2ms 代表高速，舵机通道舵杆打到另一头顶端剩下 18ms 为低电平。发射端每 2ms 发送一次，总共可以容纳 10 个比例通道，在飞行器接收端把每个通道分离出来，脉宽信号也就是 20ms 更新一次；如图 12-16 和图 12-17 所示。

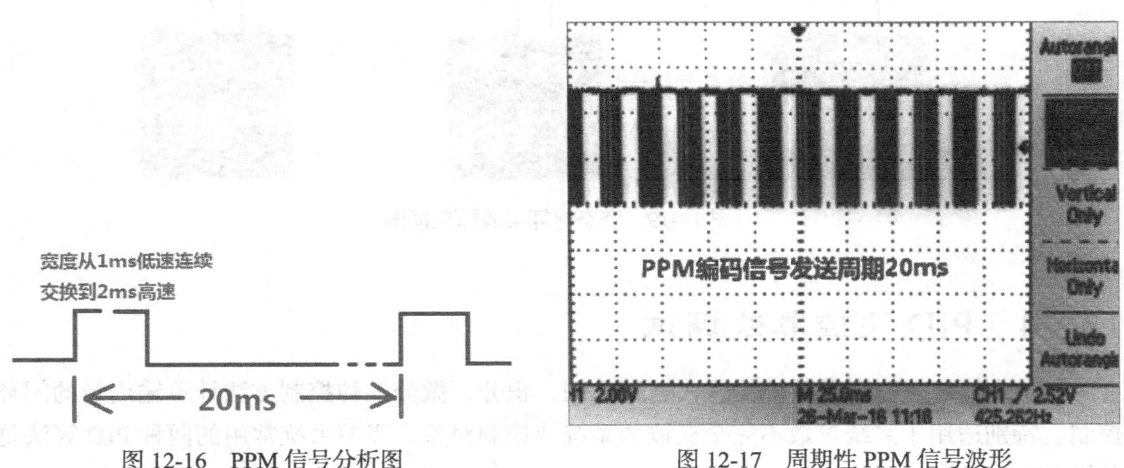

图 12-16　PPM 信号分析图　　　图 12-17　周期性 PPM 信号波形

12.5.2　电机驱动与 PWM 控制波形调试

测试通道 1 在 50% 油门时，PWM 高电平时间 1.5ms，PPM 通道 1 上升沿间隔 1.5ms，测试波形如图 12-18 所示。

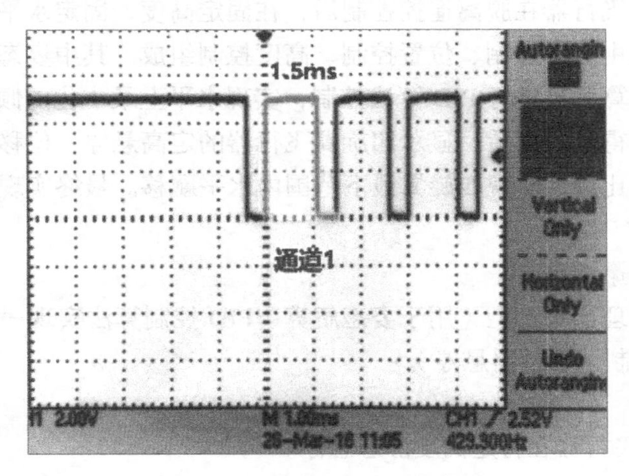

图 12-18　通道 1 PWM 波形图

12.5.3 姿态解算实验

姿态解算实验原理框图如图 12-19 所示。

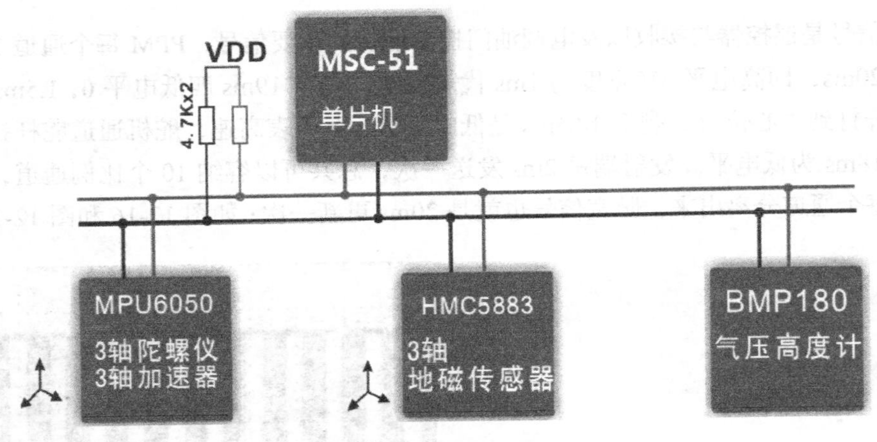

图 12-19 姿态解算实验原理框图

12.5.4 PID 飞控算法调试

PID 控制是一种利用系统偏差，通过比例、积分、微分三种控制方法计算输出量的闭环控制。特别适用于系统参数不完全获取的系统或控制对象。飞控系统常用的两种 PID 算法是单极 PID 和串级 PID。

四旋翼飞行器 PID 控制的步骤是：建立四旋翼无人机动力学方程→姿态控制回路解算→位置控制回路解算→ matlab 仿真算法实现。

12.5.5 自稳模式控制调试

自稳是指四旋翼飞行器在脱离遥控控制后，在固定高度、固定水平保持稳定悬停。四旋翼飞行器自稳系统是由姿态控制、位置控制、高度控制组成。其中姿态控制是四旋翼通过姿态传感器组的姿态解算后再进行 PID 算法控制，实现水平上最小化的倾斜。高度控制是指四旋翼利用测高传感器得到高度后，显示四旋翼飞行器的定高悬停。位移控制是指四旋翼采集位移数据与参考点对比后，实现四旋翼最下范围内水平飘移。最终实现四旋翼飞行器的稳定悬停。

硬件测试实验步骤如下。

主控芯片（微处理器）选型（用于姿态解算、PID 控制算法实现→姿态传感器组件焊接与调试→自问输出控制→飞行器悬停）。

悬停实验内容：

无风悬停：控制飞行器在特定高度静态悬停。

风力悬停：控制飞行器在风力作用下定高悬停。

12.5.6　飞控整机测试

飞控系统整理测试主要包含功能测试和性能测试，功能测试主要包含起飞、控制飞行控制、降落等环节。性能测试主要是指功能测试中各环节的实现参数的测试，如油门控制平稳度、飞行器飞行高度、飞行器单次飞行时长、马达转速与动力均衡性，等等。图 12-20 所示为整机测试四旋翼飞行器实物图。

图 12-20　整机测试四旋翼飞行器实物图

参 考 文 献

[1] 张迎新，等. 单片机初级教程 [M]. 北京：北京航空航天大学出版社，1999.

[2] 张迎新. 单片微型计算机原理、应用及接口技术（修订版）[M]. 北京：国防工业出版社，2004.

[3] 肖金球，等. 单片机原理与接口技术 [M]. 北京：清华大学出版社，2004.

[4] 李朝青. 单片机原理及接口技术 [M]. 北京：北京航空航天大学出版社，1999.

[5] 孙育才. MCS-51 系列单片微型计算机及其应用 [M]. 南京：东南大学出版社，1987.

[6] 何立民. MCS-51 系列单片机应用系统设计 [M]. 北京：北京航空航天大学出版社，1990.

[7] 何立民. 单片机高级教程应用与设计 [M]. 北京：北京航空航天大学出版社，2002.

[8] 徐安，等. 单片机原理与应用 [M]. 北京：北京希望电子出版社，2003.

[9] 风标科技. Proteus 综合教程. 北京风标科技，2008.

[10] 唐前辉. Proteus 入门教程. 重庆电专动力系，2008.

[11] Intel: MCS-51 Family of Single Chip Microcomputers User's Manual，1990

[12] Intel: 8-Bit Embedded Microcontrollers，1995

[13] 郁慧娣. 微机系统及其接口技术 [M]. 南京：东南大学出版社，1998.

[14] 张友德，等. 单片微型机原理、应用与实验 [M]. 上海：复旦大学出版社，1992.

[15] Keil 公司的 C51 Development Tools On line help

[16] 杨振江，等. 智能仪器与数据采集中的新器件及应用 [M]. 西安：西安电子科大出版社，2001.

[17] ATMEL 公司 AT93C46/56/66 数据手册

[18] TI 公司 TLC2543 数据手册

[19] 日本 SEIKO_EPSON 公司 SED1330 数据手册

[20] 北京德彼克创新科技有限公司 SED1330/SED1335 液晶控制器的应用

[21] 台湾普诚科技股份有限公司 PT6311 数据手册

[22] PHILIPS 公司 PDIUSBD12 数据手册

[23] Mathworks 的 Matlab 6.5 On line Help

[24] P&S DataCom 公司 PS2000A 数据手册

[25] PHILIPS 单片机本地化技术支持网站：http://www.zlgmcu.com

[26] 宏晶科技的 STC 系列单片机数据手册

[27] Cypress 的 CY7C68013A Datasheet

[28] CY7C68013A Application Note

[29] Silicon labs 的 C8051 内核单片机数据手册

[30] Labcenter Electronics 公司的 Proteus ISIS On line help

[31] Labcenter Electronics 公司的 Proteus ARES On line help
[32] Labcenter Electronics 公司的 Proteus ISIS 培训文档
[33] 马春燕，段承先，等. 微机原理与接口技术[M]. 北京：电子工业出版社，2007.
[34] 戴梅萼，史嘉权，等. 微型计算机技术及应用[M]. 北京：清华大学出版社，2004.
[35] 彭楚武，张志文. 微机原理与接口技术[M]. 长沙：湖南大学出版社，2004.
[36] 郑学坚，朱定华. 微型计算机原理及应用[M]. 4版. 北京：清华大学出版社，2014.
[37] "单片机与嵌入式系统应用"网站：http://www.mesnet.com.cn/
[38] "电子发烧友"网站：http://www.elecfans.com/
[39] 王福超. 四旋翼无人飞行器控制系统设计与实现[D]. 哈尔滨：哈尔滨工程大学，2013.
[40] 李华钧. 四旋翼无人飞行器姿态控制系统的设计与实现[D]. 北京：北京交通大学，2015.